Power Apps
ではじめる
ローコード開発入門

Power Fx 対応

掌田津耶乃 著

本書に掲載されているソースコードは、サポートサイト（http://www.rutles.net/download/518/index.html）からダウンロードすることができます。

時代は、ローコード！

開発の世界はこれまでにないほど切羽詰まった状況にあります。2020年の時点で不足しているIT技術者数は30万人！　とにかく人がいない。時間がない。お金がない！

自分が携わっている業務をIT化しようと考えても、発注すれば膨大な費用と信じがたいほどの期間がかかる。しかも上がってくる製品はおそろしく使いにくい代物、なんて可能性もないわけではない。

こうなったら、解決策は1つしかありません。「自分で作る」のです。「そんな無茶な……」なんて考えていませんか？　いいえ、今やそんな選択をするところが世界中で増えてきているのです。その理由は「ノーコード・ローコード」の登場です。

ノーコード・ローコードとは、名前の通り「コードを一切書かない、あるいはわずかしか書かずに開発をすること」です。

業務用アプリというのは多くの場合、だいたい同じような機能を実装しているだけです。業務用データにアクセスし、CRUD（Create, Read, Update, Delete）といった基本操作を行えればそれで事足れり、というケースも多いでしょう。やることが定型化している場合、それをアプリ化するのに必要な処理はどのアプリでもほぼ同じです。

そこで、こうした「業務用アプリで必要になる処理」をパーツ化し、それらを組み合わせるだけでアプリを作成できるようにしたのがノーコードであり、ローコードであるのです。

現在、ノーコード・ローコードの環境は世界で多数リリースされています。では、いったいどれを使えばいいのか？　日本でも安心して利用でき、これから先もずっと使い続けられる、そういう環境は何か？

現時点で考えるなら、ローコード開発環境に関してはマイクロソフト社の「Power Apps」が本命といっていいでしょう。ローコードでありながら非常に高機能で、マイクロソフト関連のサービスとも連携でき、しかも比較的廉価。Power Appsなら技術者でなくとも自分でアプリを開発できるようになります。

とはいえ、Power Appsはとにかく高機能であるため、ローコードといえども本格的に使いこなすにはそれなりに知識と経験が必要になります。そこで、「開発経験のない人でもPower Appsでアプリ開発ができるようにしよう」という思いから執筆したのが本書です。

とりあえずPower Appsがどんなものか知りたい人。わりと本気で自分の業務をアプリ化したいと思っている人。Power Appsは誰でも無料で使えます（1ヶ月）。無料期間を使って、本書でPower Appsがどんなものか体験してみてください。その上で、Power Appsを採用するかどうかを決めたって遅くはありません。

まずは、ローコードがどんなものか知りましょう。これからの時代、ここで得た知識は今後のアプリ開発においてきっと大きな力となってくれるはずです。

2021年3月　掌田津耶乃

Contents

Power Apps ではじめるローコード開発入門 Power Fx 対応

COLUMN

Chapter 1

Power Appsを開始しよう

ようこそPower Appsの世界へ！
Power Appsは「ローコード」と呼ばれる開発のためのツールです。
まずはこのPower Appsがどういうものか理解し、
アプリ作成から実行までの基本的な手順を頭に入れておきましょう。

Chapter
1

1.1.

Power Appsを準備する

時代はローコード！

アプリケーション開発の世界は、日に日に進化をしています。特にこの数年、アプリケーション開発のスピードが急速に上がってきているように感じる人は多いのではないでしょうか。

以前なら、例えばスマホアプリの開発であれば、最低でも数ヶ月～半年程度の期間をかけて開発するのが当たり前だったはずです。ところが最近では、明らかに1ヶ月もかけていないような短期間でリリースされるアプリがどんどん増えてきています。特に、企業などが提供するアプリの開発スピードは明らかに以前より速くなっています。

アプリの開発を考えている人の中には、最近の開発スピードに追いつけない焦りを感じてる人も多いことでしょう。「いったい、どうやったら1ヶ月もかけずに(場合によっては1週間もかけずに！)アプリをリリースできるんだ？」と疑問を抱く人も多いはずです。

従来からは想像ができないほど短期間にアプリが開発されるようになった理由、それは「ノーコード／ローコード開発」が急速に広まりつつあるからです。

ノーコード／ローコード開発とは?

ノーコード／ローコード開発とは、コード（ソースコード）をほぼ書くことなくアプリケーションの開発を行う技術のことです。一般的なアプリケーション開発では、プログラミング言語によって書かれたソースコードを作成し、これをコンパイルしてコンピュータが実行可能なプログラムに変換して作成します。ソースコードに問題（バグ）があればプログラムは正しく動きませんし、実行中に強制終了したり暴走したりする危険もあります。

ノーコード／ローコード開発では、あらかじめ利用可能な機能などが部品として一通り用意されており、それらを組み合わせることでアプリを作成します。

「ノーコード」「ローコード」と2つを併記していますが、これらは基本的には同じジャンルのものです。ノーコードはコード入力が一切行えないものを示し、ローコードは関数の設定など簡単なコード入力が可能なものを示します。どちらも本格的なプログラミング言語によるコード入力を排除し、用意されている機能を組み合わせてアプリ開発を行う、という点では同じです。ただ、用意される機能の中に簡単なコードを記述できる機能が含まれているかどうかの違いです。

一般的なアプリケーション開発

アプリケーション

```
0000 0001 0101 0010
0110 1101 1011 1101
0111 1111 1110 00...
```

コンパイル

```
void main(String[] args) {
    println("boot");
    String s = args[0];
    this.title = s;
    Window w = new Window();
    w.width = 400;
    w.height = 300;
    w.show();
}
```

ソースコード

ローコード／ノーコード開発

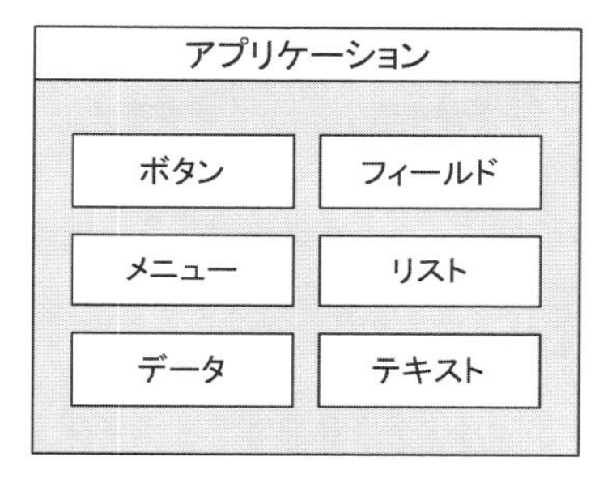

図1-1：一般的な開発はソースコードをコンパイルしてプログラムを作る。ノーコード／ローコードは部品の組み合わせで作成する。

ノーコード／ローコードは使えない?

「そんな、おもちゃのようなものでまともに使えるアプリなんて作れるの？」

読者の皆さんの中には、そう思う人もきっと多いことでしょう。ノーコード／ローコードという言葉を聞くと、「あんなもの実用にならないよ」と苦笑しながら答える人は実際、大勢います。

では、「ノーコード／ローコードは実用にならない」と考える人のために、こうしたツールがどのぐらい使えるものなのか、簡単にまとめてみましょう。

「用意された部品を組み合わせて作るので、ゲームのような複雑なものは作れない」

これは、「その通り」です。ノーコード／ローコードは部品の組み合わせで開発をするので、ゲームのようにほとんどの処理をコーディングしなければならないアプリは開発できません。ノーコード／ローコードは、作るアプリを選ぶのは確かです。

「一から使い方を覚えないといけないので、実は時間がかかる」

これは、「正しい」とも「間違い」ともいえません。ノーコード開発ツールは非常にシンプルで覚えるのも簡単なものが多いですが、ローコードの開発ツールはかなり高度な機能まで持っているものもあります。こうしたものは使いこなすのに、けっこう時間がかかる場合もあります。

ただし、使い方を覚えてしまえば、アプリの開発スピードは圧倒的です。ローコードは「学習に時間がかかる」場合はあるかもしれませんが、「開発に時間がかかる」ことはまずありません。

「部品の組み合わせなので、データベースのような高度な機能は使えない」

これは、「誤り」です。多くのノーコード／ローコード開発環境では、スプレッドシートやデータベースなどのデータを利用できるようになっています。「データを元に必要な情報をわかりやすく的確に表示し更新する」というのが、ローコード／ノーコード開発のメインターゲットとなる部分なのです。

「簡易ツールなので作ったアプリは遅いし、もっさりしている」

これも、「誤り」といっていいでしょう。ノーコード／ローコード開発ツールの中には、ネイティブコードを生成するものもあります。またWebアプリをベースにしたものであっても、現在のスマホで「実用的ではない遅さ」のアプリというのはほとんどありません。十分、実用に耐えるレベルのものが作成可能です。

「きちんと開発したアプリに比べるとバグっぽい」

これも、「誤り」でしょう。というより、一般的な開発のほうがバグやセキュリティ上の問題が生じる可能性は遥かに高いといえます。

ノーコード／ローコードの開発では動作をきちんと確認し、開発された部品だけでアプリが作られるため、バグが紛れ込む心配がありません。また、ユーザーのログイン機能やセキュリティなどは標準で組み込まれているため、安全面で「穴」があるようなアプリが作られることもありません。すべてをプログラマが実装するよりノーコード／ローコードのほうが堅牢なアプリが作られる、といってもいいでしょう。

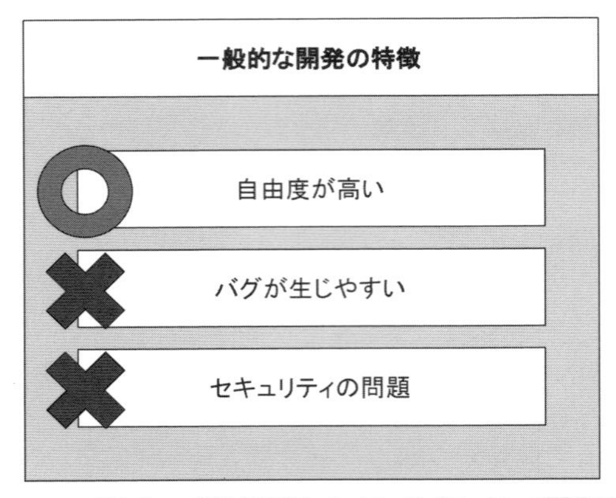

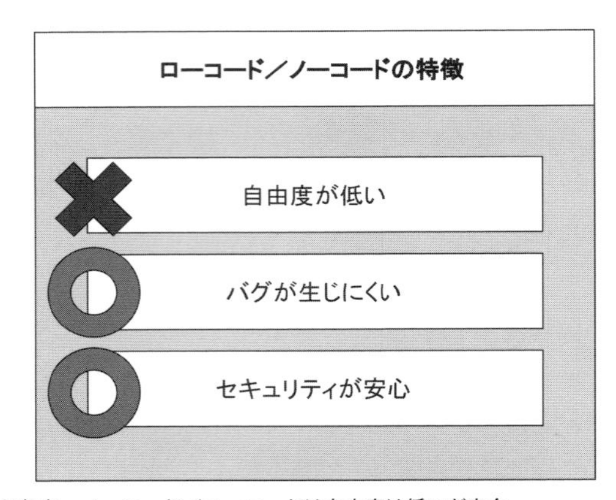

図1-2：一般的な開発とノーコード／ローコード開発の利点と欠点。ノーコード／ローコードは自由度は低いが安全。

ノーコード／ローコードの利点

まとめるなら、ノーコード／ローコードの欠点は「限られた機能しか使えない」という点に集約できます。逆に、これらによる開発のメリットは「安全で堅牢なアプリが作れる」ということ、そして「圧倒的な開発スピード」でしょう。

確かにローコード／ノーコードの開発環境は、作るアプリの内容が限定されています。ターゲットとしている対象から外れたアプリを作るのは極端に難しくなります。しかし、「こういうアプリを作るのに適している」という対象内のアプリについては、フルコーディングで開発するよりも圧倒的に早く開発できます。

ノーコード／ローコードが得意とする分野

ノーコード／ローコードが得意とするのは、「データを元にしたツール」です。おそらく、もっとも適しているのが「業務を支援するアプリ」の開発でしょう。例えば、次のようなものが思い浮かびます。

- スケジュール管理。個人の予定、会議室の予約など。
- タスク管理。プロジェクトの進行管理、メンバーのToDoなど。
- 業務データの共有と更新。発注受注、納品、請求の管理など。
- データベース。アドレスブック、蔵書データなどデータの蓄積と検索。

このように、データを管理する類いのものであれば、たいていのものがノーコード／ローコードで開発できるでしょう。これまでExcelやデータベースで管理していたようなものをアプリ化して、いつでもアクセスし使えるようにする。それが、ノーコード／ローコードのもっとも得意とするところなのです。

Power Appsとは？

「なるほど、ノーコード／ローコードが業務用アプリの開発には威力を発揮することはわかった。だけど、ノーコードの開発ツールってどこにあるんだ？　これから先も安心して使い続けられるメジャーなツールって、何かあるのか？」

そう思った人。ノーコード／ローコードの開発ツールは相当な数が存在しています。そして、現時点では「これがスタンダードだ」といえるほどに業界を席巻するツールはまだありません。この種のツールは、ツールごとに使い勝手も保存されるデータも異なり互換性がないため、少なくともこの先何年かは安心して使い続けられる保証がないと、本気で開発に利用する気にはなれないでしょう。

では、現時点でどのツールを選択すべきなのか。さまざまな考え方があるとは思いますが、本書では「Power Apps」という開発ツールについて説明をしていきます。なぜPower Appsなのか。その理由は次のようなものです。

●比較的安価で使える

ノーコード／ローコードの開発は、そのプラットフォームにデータなどを設置し、サーバーと連携して動きます。このため、プラットフォーム側と契約し利用料金を支払いながら運営することになります。

Power Appsの場合、1アプリあたり月額1090円から開始でき、比較的リーズナブルです（2021年4月現在の価格)。ユーザーごとに無制限で利用できるプランも4350円/月から用意されており、業務での利用を考えるなら十分に見合う金額といえるでしょう。

また、後述しますが、1ヶ月は無料でサービスを利用できるので、「とりあえず試してみて、ダメならやめる」ということも可能です。

●Webブラウザだけで使える

Power Appsの開発環境は、Webです。Webブラウザからアクセスするだけで、いつでも簡単にアプリの開発を行えます。この手軽さは何ものにも代えがたいでしょう。各種ソフトウェアのインストールなども不要(スマートフォンでアプリを動かす場合は専用アプリが1つ必要)なため、どのような環境でも利用できます。

●Webとスマホの両方に対応!

Power Appsは、Webアプリとスマートフォンアプリの両方に対応しています。Webの場合は公開すればすぐにWebブラウザからアクセスし利用できますし、スマホの場合は専用アプリをインストールし、そこからいつでも起動して使えるようになります。どちらの場合も開発の方法や手順はまったく同じであるため、複数プラットフォーム用のアプリをシームレスに開発できます。

●安心して使い続けられる

Power Appsはマイクロソフト社が提供するローコードツールです。マイクロソフト社は現在、「Power Platform」というプラットフォームを推進しています。これは必要最小限のコーディングでデータの収集・分析・予測などを一貫して行えるようにするサービス群で、Power Appsもこのプラットフォームを構成するサービスとして位置づけられています。

ローコード/ノーコードのツールの多くは比較的小規模の企業によって開発運営がされており、これから先も存続し続けるか不安に感じるところはあります。そんな中、マイクロソフト社によるPower Appsは、おそらくこの先もっとも安定的に提供され続けられるサービスといってよいでしょう。

●日本語化されている

ローコード/ノーコードのツールの多くは海外製です。そして、多くがまだ日本市場を本気で考えていないのか、日本語化されてはいません。こうした中、Power Appsはツールからドキュメントまですべて完全に日本語化されており、日本市場をしっかりととらえています。少なくとも日本でローコード開発を行うなら、Power Appsがもっとも安心できる環境でしょう。

●実はかなりの高機能!

Power Appsはノーコードではなく、「ローコード」のツールです。用意されている部品を組み合わせるだけでなく、用意されている関数を使い、簡単なコーディングのようなこともできます。

●外部サービスとの連携

Power Appsではオフィス365やOne Drive、Googleドライブ、Dropboxなどさまざまな外部サービスに接続し、それらのサービスに保管されているファイルを利用してアプリを作成できます。対応する外部サービスの多さは、おそらくローコード関係では随一といっていいでしょう。

Power Appsの利用を開始する

このPower Appsを利用する場合、注意したいのは「どこの組織にも所属しない個人のアカウントでは登録できない」という点です。

Power Appsは、基本的に企業や学校での利用を前提に作られています。このため、利用の際には企業や学校のメールアドレスでアカウントを作成することになります。個人でインターネットプロバイダに登録しているメールアドレスや、Gmailなどのフリーメールアドレスでは登録はできません。必ず会社や学校などの組織から発行されているメールアドレスを使ってアカウント登録をする必要があります。

企業等によっては、セキュリティの観点から会社のメールアドレスで外部サービスを個人的に利用することを禁じているところもあるでしょう。利用の際は、自身のメールアドレスで利用可能かどうか確認しておきましょう。

アカウントを登録する

Power Appsを利用するためには、アカウント登録を行う必要があります。これはPower Appsのサイトで行えます。

https://powerapps.microsoft.com/ja-jp/

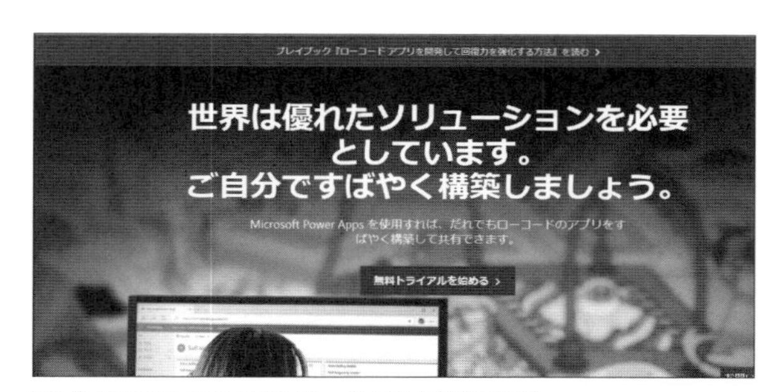

図1-3：Power Appsのサイト。ここから登録できる。

トップページには「無料トライアルを始める」というボタンが用意されています。クリックすると、無料トライアルの登録ページに移動します。これは1ヶ月間、無料でPower Appsを利用できるサービスです。この期間はPower Appsを使って無制限にアプリを作成し、実行できます。

ボタンをクリックすると、サインアップするメールアドレスを入力する画面になります。ここでメールアドレスを記入し、「サインアップ」ボタンをクリックしてください。

図1-4：メールアドレスを入力して「サインアップ」する。

登録するメールアドレスが企業等から割り当てられているものか、確認する画面が現れます。ここで「はい」を選ぶと登録の画面に進みます。同時に、入力したメールアドレスに「サインアップコード」と呼ばれるメールが送られます。

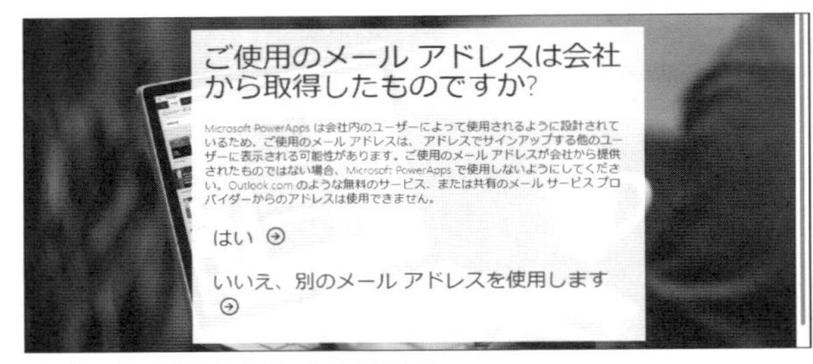

図1-5：メールアドレスの確認が現れる。

アカウントの登録画面に進みます。ここで氏名やパスワードなどを入力します。「確認コード」という欄がありますが、これは登録するメールアドレスに送られてくる「サインアップコード」という6桁の整数を記入します。

これらを入力して「開始」ボタンをクリックすれば、Power Appsが利用可能になります。

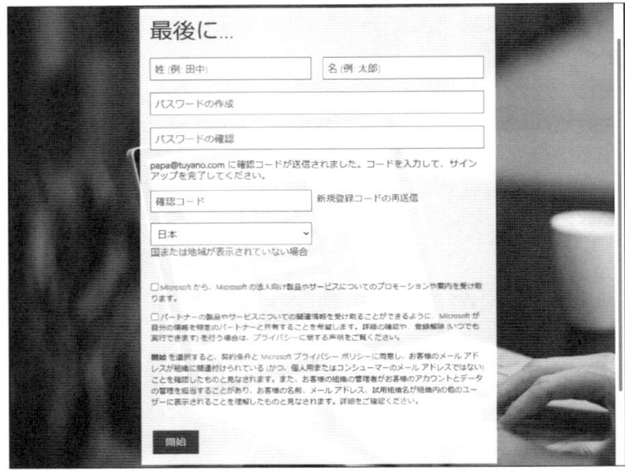

図1-6：氏名やパスワードなどを入力する。

コミュニティプランについて

無料トライアルの場合、1ヶ月間は無料で使うことができます。1ヶ月経過したら、それ以降は料金を支払う必要がありますが、実をいえば、Power Appsにはずっと無料で利用できるプランというのも存在します。それは「コミュニティプラン」と呼ばれるものです。以下のページからアカウント登録を行えます。ここから「無料で使い始める」ボタンをクリックし、無料トライアルと同様にアカウントの登録を行います。

図1-7：コミュニティプランのページ。

https://powerapps.microsoft.com/ja-jp/communityplan/

コミュニティプランも無料トライアルと同様に、個人アカウントでの登録は行えません。必ず企業や学校から取得したメールアドレスで登録を行うようにしてください。

Power Appsにサインインする

アカウント登録し、Power Appsが使えるようになったら、さっそくPower Appsのサイトにアクセスしましょう。以下のアドレスにアクセスしてください。

https://make.powerapps.com

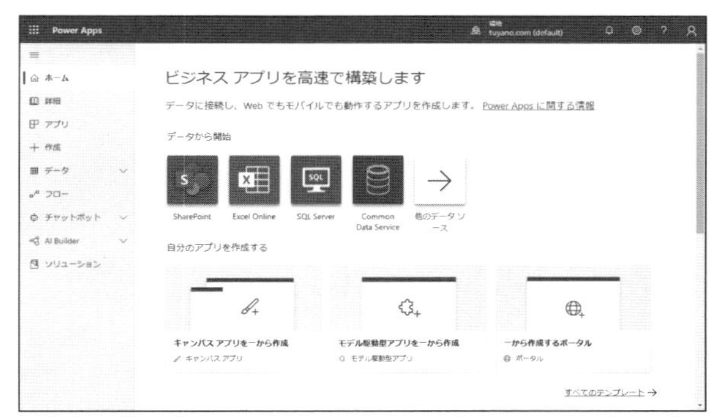

図1-8：Power Appsにサインインし、ホームにアクセスしたところ。

これがPower Appsのサイトです。デフォルトでは「ホーム」と呼ばれるページが表示されます。ここでアプリケーションの作成などの基本的な作業を行います。

なお、まだサインインをしていない場合は、アクセス時にサインインのための表示が現れます。ここでアカウントのメールアドレスとパスワードを順に入力してサインインすると、Power Appsのホームにアクセスできます。

図1-9：サインインしていないと、サインインのための表示が現れる。

ホーム画面について

ホーム画面は、大きく3つの領域に分かれています。上部に見えるツールバー部分、左端に項目のリストが表示されている部分、そして中央の表示領域です。それぞれの役割を順に整理していきましょう。

まずは、ツールバー部分についてです。画面の上部には、横長のバー表示があります。ここには、いくつかのアイコンが並んでいます。これらは、Power Appsの環境全体に関する設定などを呼び出すためのものです。

図1-10：ツールバーの部分。

左端のアイコン	「アプリ起動ツール」のアイコンです。クリックすると、Power Platformのアプリ名が表示され、ここからアプリを起動できます。Power AppsはPower Platformの1サービスであるため、他のアプリと連携するための機能が用意されています。  図1-11：アプリ起動ツールの表示。ここからPower Platformのアプリを起動できる。
環境名	バーの右側に「環境 ○○(default)」という表示があります。これはPower Appsの環境を切り替えるためのものです。Power Appsではプランごとに複数の環境を持てるようになっており、それをここで切り替えます。  図1-12：環境の表示。利用可能な環境が表示され、切り替えできるようになる。
通知アイコン	ベルのアイコンです。Power Apps内で発生した各種のイベント（更新や設定変更など）によるインフォメーションがまとめられています。
設定アイコン	Power Appsの設定です。右側から設定項目が現れ、クリックすると、その設定内容に表示が切り替わります。  図1-13：設定の表示。項目を選ぶと表示が切り替わる。
ヘルプアイコン	ヘルプの検索と表示を行うためのものです。
アカウントのアイコン	アカウントの表示です。サインアウトやアカウント情報の表示などを行います。  図1-14：アカウントの表示。

左側のリスト項目

画面の左側には、いくつもの項目がリスト表示されている部分があります。これは、さまざまな作業内容を切り替えるためのものです。Power Appsではアプリを作成するだけでなく、使用するデータの管理やフローと呼ばれる処理の作成などの作業を行います。画面左側のリストは、これらの作業内容を切り替えるためのものです。

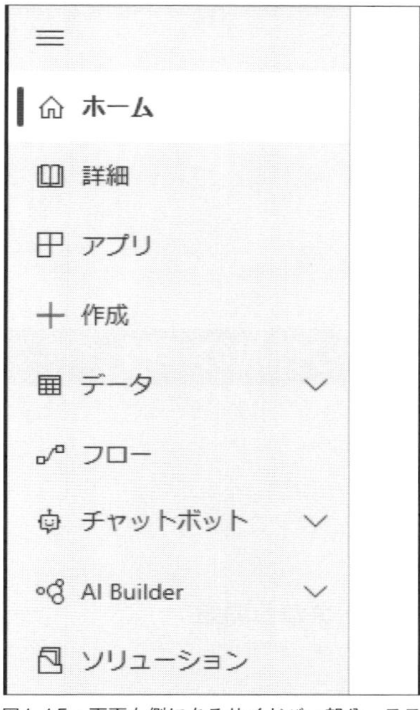

図1-15：画面左側にあるサイドバー部分。ここで作業内容を切り替える。

ホーム	ホーム画面（現在表示されている画面）のリンクです。
詳細	アプリ作成に関する説明などがまとめられています。
アプリ	作成したアプリの管理画面です。
作成	アプリの作成を行うためのものです。
データ	データへの接続や使用するテーブルなどを管理するためのものです。
フロー	「フロー」と呼ばれる各種処理の呼び出し手続きを管理します。
チャットボット	チャットボットの作成と管理を行います。
AI Builder	機械学習のためのツールを利用するためのものです。
ソリューション	ソリューション（ソフトウェアをパッケージ化し保守管理するための仕組み）を管理するものです。

デフォルトでは「ホーム」が選択されており、それ以外の項目を選ぶと、画面中央に表示されている内容が別のものに切り替わります。Power Appsの作業は「左側のリストから作業する内容を選び、切り替わった表示で操作を行う」というやり方をします。

これらの項目は、すべての機能を最初から利用するわけではありません。またプランによっては、これらの項目のいくつかは利用できなくなっています。無料トライアルの場合、デフォルトの環境ではデータベースが使えないため、データの一部機能、AI Builder、ソリューションなどが使えなくなっています。

Power Appsのアプリ開発当初は、「ホーム」「アプリ」「作成」ぐらいしか使うことはないでしょう。とりあえず、これら3つだけ頭に入れておけば十分です。

Chapter 1

1.2.
テンプレートでアプリを作る

アプリ作成の手順

左側のリストで「ホーム」が選択されている場合、中央の表示領域にはPower Appsのアプリを作成するための表示がされています。ここから項目をクリックして選択することでアプリケーションの作成を行えます。

用意されている表示は、「データから開始」と「自分のアプリを作成する」の2つです(それ以降にもいろいろな表示がありますが、これらはアプリ作成とは関係ないものです)。

●データから開始

あらかじめ用意してあるデータに接続し、それを元にアプリを作成するためのものです。「SharePoint」「Excel Online」などいくつかの接続項目がアイコンで表示され、それ以外は「他のデータソース」というアイコンを選択することで接続し、利用できるようになります。

●自分のアプリを作成する

一からアプリを作成するためのものです。Power Appsでは作成できるアプリには種類があります。ここでいくつかの種類が表示されています(アプリの種類については後述)。

すでにアプリ化したいデータが用意されており、それを使ったアプリを作りたいのであれば、「データから開始」のアイコンを利用できます。そうした準備がなく、「とにかく最初から作りたい」というならば、「自分のアプリを作成する」のアイコンを利用するのがよいでしょう。

図1-16：「ホーム」の表示。アプリを作成するための表示がある。

「作成」ページについて

アプリの作成については、もう1つ別のページが用意されています。左側のリストにある「作成」ページです。この項目をクリックすると、アプリ作成のためのページに移動します。

この「作成」ページにあるアプリ作成用のアイコンも、基本的には「ホーム」にあったものと同じです。表示は「空白から開始」「データから開始」と多少異なっていますが、用意されているアイコン類は同じものです。

ただし「作成」ページでは、その下に「テンプレートから始める」というものが用意されています。これは、あらかじめ主なアプリのテンプレートを用意しておき、それを選択するだけで基本部分が完成したアプリを作成してくれます。

用意されているテンプレートは標準で30種類以上あり、基本的な用途のアプリならばこのテンプレートを利用することで簡単に作成することができるでしょう。

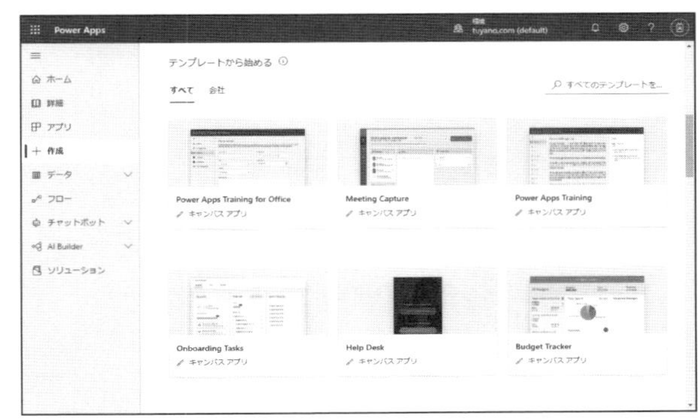

図1-17：「作成」ページにあるテンプレートからアプリを作るための表示。

Power Appsで作れるアプリの種類

アプリ作成に入る前に、「Power Appsで作れるアプリの種類」について触れておきましょう。アプリにはいくつかの種類があるのです。それは、次のようなものです。

●キャンバスアプリ

これが、皆さんがイメージするアプリです。キャンバスアプリはUI部品を配置して画面を作成し、それを操作して動かすものです。スマホのアプリでイメージされるのは、基本的にすべてこのキャンバスアプリと考えていいでしょう。

●モデル駆動形アプリ

モデルと呼ばれるものによって自動的に動作するアプリです。モデルとは、ビジネスデータをPower Appsで利用できるようにしたものと考えてください。このモデルの操作などに応じて表示や処理が行われるようにするものです。キャンバスアプリのように自分で表示を作成することはなく、基本的には実行する内容に応じて自動的に表示が決められます。

●ポータル

Webサイトに相当するものです。ビジネスデータなどと連携して表示されるWebサイトをポータルで簡単に作成できます。作成されたポータルはpowerappsportals.comというドメインで公開されます。

当面の間、「アプリの作成」といえば「キャンバスアプリ」を作ることだ、と考えましょう。キャンバスアプリがPower Appsアプリの基本といえます。その他のものは、キャンバスアプリの作成について一通り学んだあとで考えることにしましょう。

テンプレートでアプリを作成する

では、実際にアプリを作ってみましょう。「作成」ページの「テンプレートから始める」にある「Power Apps Training」テンプレートをクリックしてください。Power Appsアプリの演習用に用意されているテンプレートです。これは、タブレット型のキャンバスアプリのテンプレートです。ごくシンプルな作りのアプリであり、アプリ作成の基本を学ぶのに適したものでしょう。

テンプレートのアイコンをクリックすると、画面にテンプレートの説明パネルが現れます。ここにある「アプリ名」のところにアプリの名前（ここでは「Power Apps Training Sample」としておきます）を入力し、「作成」ボタンをクリックすれば、アプリの作成を開始します。

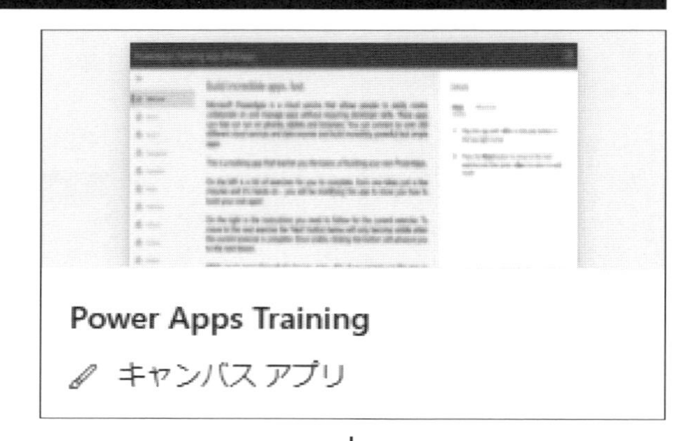

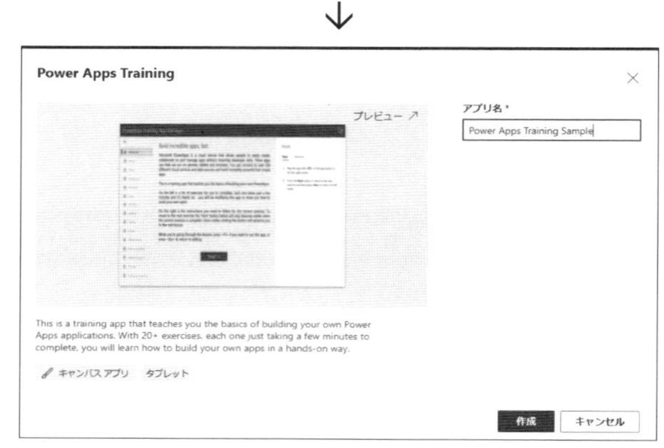

図1-18：「Power Apps Training」テンプレートのアイコンをクリックし、現れたパネルでアプリ名を入力し作成する。

Power Apps Studioについて

「作成」ボタンをクリックすると新しいタブが開かれ、アプリの作成画面が現れます。「Power Apps Studio」という、Power Appsのアプリ作成用の開発ツールです。これは、キャンバスアプリの開発のために用意されている専用のツールです。

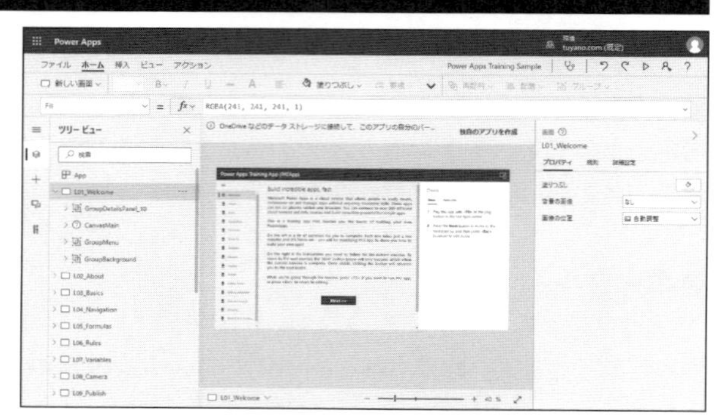

図1-19：Power Apps Studioが開かれる。

Power Apps Studioの画面はいくつかのエリアに分かれています。それぞれの役割を簡単にまとめておきましょう。

●最上部のバー

最上部には「Power Apps」と表示されたバーが表示されています。「ホーム」画面でも表示されていましたね。働きはまったく同じです。Power Platformの他のアプリを起動したり、環境やアカウントの設定などを呼び出す機能がまとめられています。

図1-20：最上部のバー部分。

●メニューバー

最上部のバーの下には「ファイル」「ホーム」「挿入」「ビュー」といった項目からなるメニューバーがあります。Power Apps Studioの主な機能はこれらのメニューから呼び出して利用します。

図1-21：メニューバー。

●メニュー右側のアイコン

メニューバーの右側には「Power Apps Training Sample」というプロジェクト名があり、その右側にいくつかのアイコンが並んでいます。これはアプリのテスト、プレビュー表示、共有といったアプリの利用に関する機能がまとめられています。

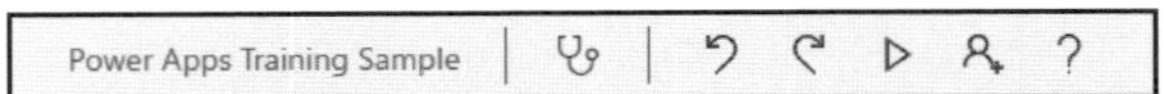

図1-22：メニューバー右側に並ぶアイコン。

●ツールバー

メニューバーの下にはさまざまなツールが並んだツールバーが用意されています。これは新しい画面の作成やツール類の基本的な表示の設定などをまとめたものです。作成した部品のフォント設定などはここで行えます。

図1-23：ツールバー。

●数式バー

ツールバーの下には式や値などを入力するための専用バーが用意されています。Power Appsでは配置した部品のさまざまな設定に関数などを使った式（Power Fx）を設定できます。

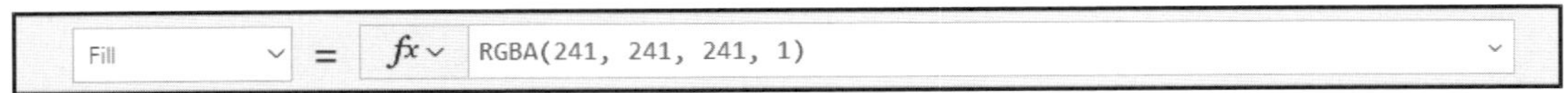

図1-24：数式バー。

●左側のアイコン表示部分

　数式バーより下の部分は、左から右にいくつかのエリアが並んでいます。一番左端にはいくつかのアイコンが縦に並んで表示されています。これらはその右側に表示されるビューを切り替えるためのもので、「ツリービュー」「挿入」「メディア」「高度なツール」といったアイコンが用意されています。一番上のハンバーガーアイコン（「≡」アイコン）をクリックすると、アイコンがリスト表示に変わります。

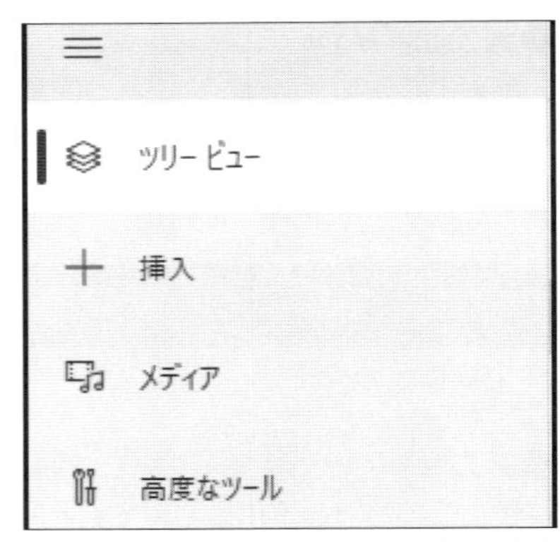

図1-25：アイコン表示部分。リスト表示にしたところ。

●ツリービュー

　左端のアイコンを選択すると、その右隣のエリアにビューと呼ばれるリストが表示されます。デフォルトでは「ツリービュー」が表示されています。これは、画面に配置されている部品類を一覧表示するものです。

図1-26：「ツリービュー」アイコンが選択された状態のリスト表示部分。

●中央のデザイナー

　中央には、アプリの画面を編集するデザイナーが用意されています。ここにUI部品を配置して表示を作成していきます。

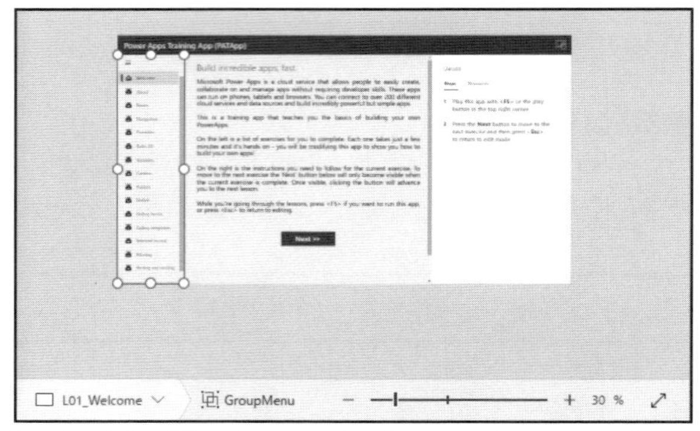

図1-27：中央の編集エリア。ここに部品を配置しレイアウトしていく。

●プロパティタブ

右側には、中央の編集エリアに配置された部品のプロパティを編集するための表示が用意されます。

図-28：プロパティタブ。選択した部品のプロパティを編集する。

配置されたコントロールを見てみよう

アプリの開発は、基本的に「画面に表示される部品を配置し、必要な設定をする」という形で行います。これら画面に配置されるUI部品は「コントロール」と呼ばれます。テンプレートを利用した場合、アプリには初期状態で必要なコントロールがすべて組み込まれており、設定なども完了しています。

では、テンプレートで作成されたアプリにどのようなコントロールが用意されているのか見てみましょう。デフォルトでは、画面左端のアイコンでは「ツリービュー」が選択されているはずですね（別のアイコンが選択されている場合は「ツリービュー」に切り替えてください）。その右側の「ツリービュー」の表示には多数のコントロールがリスト表示されています。

一番上の「App」は、アプリケーション本体を示すものです。その下に、「L01_Welcome」「L02_About」……というように「L番号_○○」という名前のコントロールがずらっと並んでいるのがわかるでしょう。これらはウインドウに相当するものです。Power Apps Trainingテンプレートはタブレット型の横長な画面で作られており、一見したところはWebサイトのような表示になっています。ですから、「ウインドウ=ページ」と考えるとわかりやすいでしょう。ツリービューには多数のページが用意されている、と考えるわけですね。

図1-29：ツリービューにはウインドウのコントロールが多数並んでいる。

それぞれのウインドウ（ページに相当するもの）は左側の＞マークをクリックすると展開表示され、ウインドウ内に組み込まれているコントロールが階層的に表示されます。試しに「L01_Welcome」を選択して中身を展開表示してみてください。多くのコントロールが階層的に用意されているのがわかります。

図1-30：「L01_Welcome」を展開すると多数のコントロールが組み込まれている。

コントロールの編集について

これら組み込まれているコントロールは、中央に大きく配置されている編集用のデザイナーで編集作業を行います。ここではウインドウの表示が縮小された状態で表示されているでしょう。

デザイナー部分の下部に見えるスライダー（左端に「－」、右端に「＋」と表示されている）をスライドすることで表示を拡大・縮小できます。拡大した場合は、デザイナーの横と下に現れるスクロールバーで表示位置を調整できます。

配置されたコントロールはクリックして選択できます。選択されたコントロールは中央部分をドラッグして移動したり、周辺部分をドラッグでリサイズしてレイアウトを調整できます。

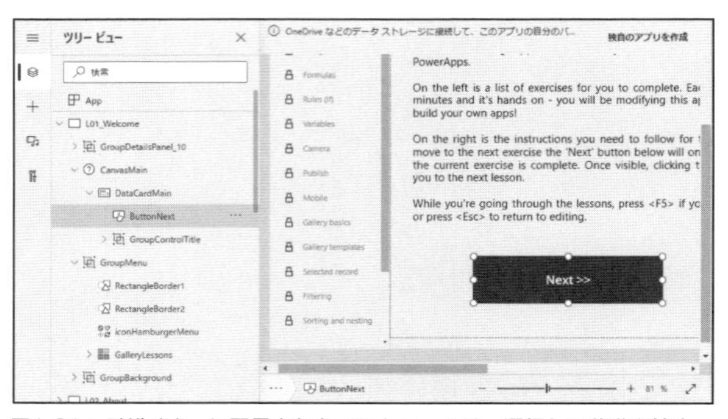

図1-31：デザイナーに配置されたコントロールは、選択して移動や拡大・縮小ができる。

プロパティタブについて

コントロールには、そのコントロールの表示や性質などを示す属性（プロパティ）が多数用意されています。リストビューかデザイナーで配置したコントロールを選択すると、右側のプロパティタブにそのコントロールの属性が表示されます。ここから各属性の値を編集することで、コントロールの表示や挙動を設定することができます。

用意される属性は、コントロールの種類によって変わります。共通するもの（位置や大きさなど）もありますが、コントロール固有の属性もあるので、それぞれのコントロールごとに使い方を覚えていく必要があるでしょう。

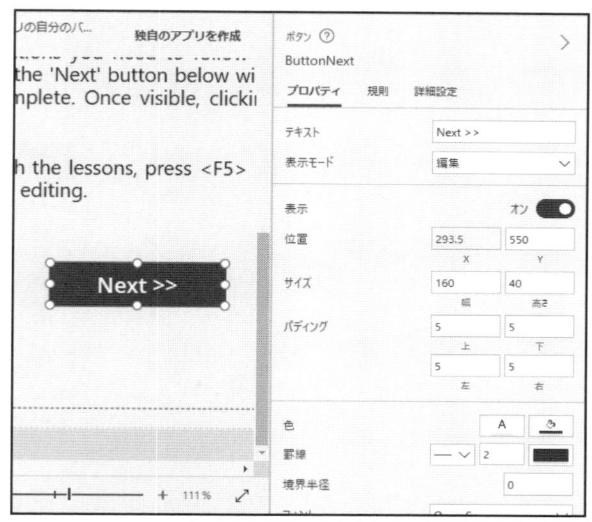

図1-32：ボタンを選択すると、プロパティタブにボタンの属性（プロパティ）が表示される。

アプリの保存と実行

アプリの基本的な内容（どのように表示が作られているか）がわかったら、アプリを保存しましょう。メニューバーから「ファイル」をクリックしてください。画面表示が変わるので、左側のリストから「名前を付けて保存」を選びます。これで、右側に保存のための設定が現れます。

アプリの保存は、まず保存場所を選び、それから名前を入力します。保存場所として以下の2つが用意されています。

クラウド	Power Appsのサーバーに保存します。
このコンピューター	コンピューター内にファイルとして保存をします。

ここでは「クラウド」を選択します。そして右側のフィールドにファイル名（デフォルトで「Power Apps Training Sample」と設定されています）を指定して「保存」ボタンをクリックすれば、アプリが保存されます。

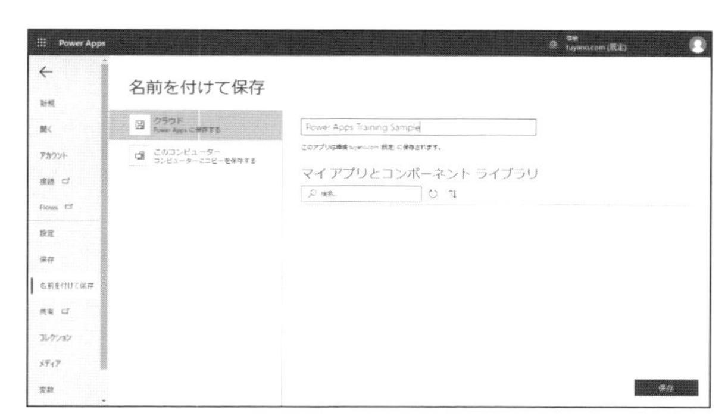

図1-33：「名前を付けて保存」でクラウドに保存をする。

アプリを動かそう

保存したら「ホーム」画面に戻り、左側のリストから「アプリ」を選択してください。右側に、保存されているアプリの一覧が表示されます。ここに「Power Apps Training Sample」が追加されます。何も表示されてない場合は、ページをリロードしてみてください。

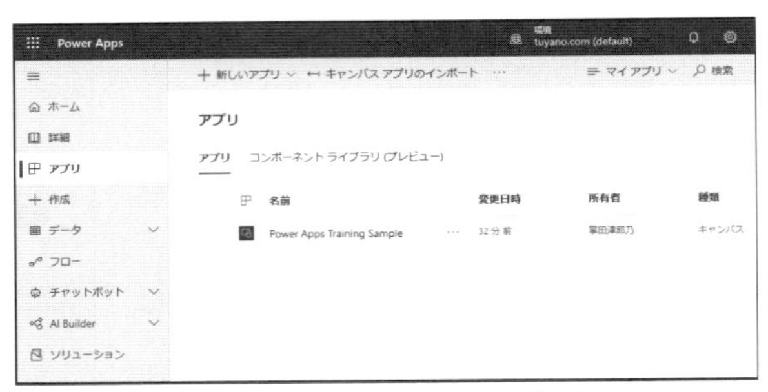

図1-34：「アプリ」には保存されたアプリがリスト表示される。

では、リストに表示されている「Power Apps Training Sample」をクリックしてみましょう。新たにタブが開かれ、作成したWebアプリが開かれます。これが、サンプルで作成されたアプリなのです。実際にボタンをクリックするなどして動かしてみてください。演習用に用意されたテンプレートなので、ほとんどの機能はまだ実装されておらず動きませんが、「アプリを作って実際に動かす」という基本的な操作はこれでわかったことでしょう。

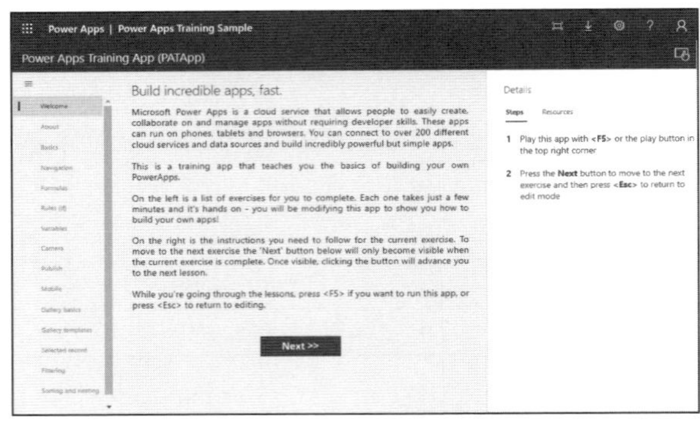

図1-35：実行されたWebアプリ。いくつかの機能はちゃんと動く。

Power Appsアプリについて

今回の例はWebアプリですが、スマートフォンのアプリも同様にしてWebブラウザ上で実行することができます。スマートフォンアプリの場合は、別途専用アプリを使ってスマホで実行することもできますが、基本は「Webアプリ」として作成されます。それを専用アプリ内で実行しているのです。

この専用アプリは「Power Apps」というものです。AndroidのPlayストアやiPhoneのAppストアで検索してインストールしてください。どちらも基本的な使い方は同じです。

図1-36：PlayストアにあるPower Appsアプリ。これをインストールしておく。

Power Appsアプリは、起動したらサインインする必要があります。Power Appsでサインインしたのと同じアカウントを指定してください。サインインすると、利用可能なアプリがリスト表示されます。作成したPower Apps Training Sampleも表示されるでしょう。

図1-37：利用可能なアプリがリスト表示される。

リストから使いたいアプリをタップすると、その場で起動します。先ほどのPower Apps Training Sampleの場合はWebアプリであるため、90度スマホを倒した状態で表示されます。

スマホ用に作成したアプリはそのまま動作します。「スマホ用」と「Web用」の違いはアプリの内部構造などの違いではなく、単純に表示される画面の向きと大きさの違いであることがわかるでしょう。どのプラットフォーム用に作ったものであっても、Webブラウザやスマホアプリですべて問題なく動作するのが確認できます。

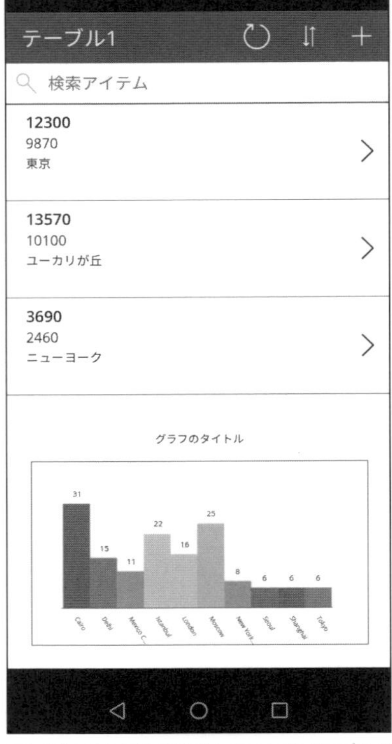

図1-38：サンプルで作成したスマホ用アプリの画面。Power Appsアプリ内で動く。

Power Apps Studioを使いこなそう

Power Appsの登録からアプリ作成、実行までを一通り行ってみました。まだ流れを追って説明しただけなので、具体的なアプリ作成の仕方などはわかりませんが、それでもだいたい「Power Appsでどうやってアプリを作っていくか」はイメージできるようになったことでしょう。

Power Appsの開発は、キャンバスアプリを作成すると開かれるPower Apps Studioで作業をします。まずは、このPower Apps Studioを使ってキャンバスアプリの基本部分を作成できるようになることが当面の目標と考えましょう。

Chapter 2

キャンバスアプリの基本をマスターする

Power Appsの基本となるアプリは「キャンバスアプリ」と呼ばれるものです。
これはPower Apps Studioという編集ツールを使って作成をします。
まずはキャンバスアプリの作り方をしっかりと理解し、
自分でスクリーンを作れるようになりましょう。

Chapter
2

2.1. Power Apps Studioの基本

キャンバスアプリを作ろう

前節でPower Appsのテンプレートを使って簡単なアプリを作成し、実行する手順を覚えました。作成したのは「キャンバスアプリ」と呼ばれるものです。これはPower Apps Studioという専用の編集ツールで開かれ、UIや動作を編集することができました。

テンプレートは、あらかじめ用意されているものの中から作成したいものを選ぶだけなので、そこから用途が外れると使えません。自分の業務に合わせたアプリを作成したいなら、テンプレートではなく自分で一からキャンバスアプリを作る必要があります。そのためには、Power Apps Studioの基本的な使い方を覚えないといけません。

では、実際にキャンバスアプリを作りながら、Power Apps Studioの使い方を学習していきましょう。

アプリを一から作成する

Power Appsのホーム左側にあるリストから「作成」を選んでください。そして、右側に表示される「空白から作成」の中から「キャンバスアプリを一から作成」をクリックしてください。

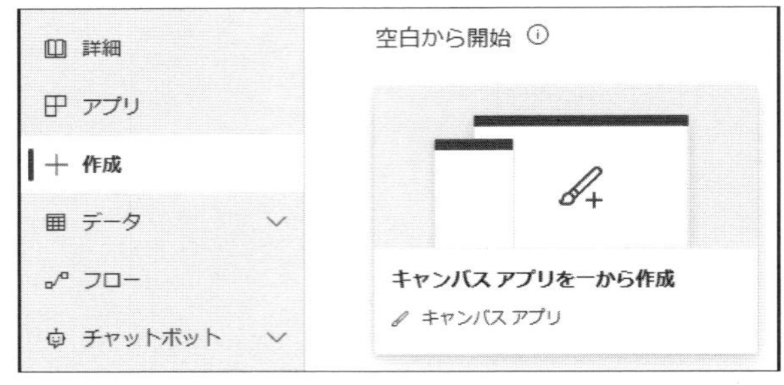

図2-1：「作成」から「キャンバスアプリを一から作成」を選ぶ。

画面にパネルが現れます。ここでアプリ名を「サンプルアプリ」と入力しておきましょう。下の「形式」では「電話」を選ぶことにします。そして右下の「作成」ボタンをクリックすれば、アプリが作成されます。

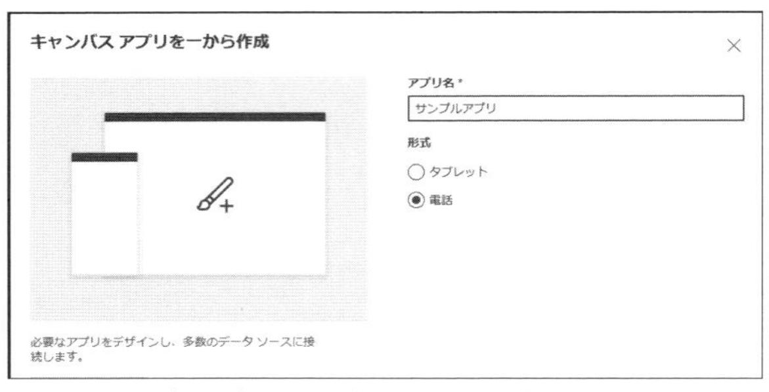

図2-2：「サンプルアプリ」とアプリ名を入力し、「電話」形式を選択する。

アプリを作成するPower Apps Studioが開かれたら、まず保存しておきましょう。「ファイル」メニューをクリックし、表示が切り替わったら左側のリストから「名前を付けて保存」を選びます。その右隣りにある「クラウド」を選び、名前を入力（ここでは「サンプルアプリ」と入力しておきます）して「保存」ボタンをクリックします。これでアプリが保存されます。

保存したら、画面左上の「←」アイコンをクリックして元のPower Apps Studio画面に戻ります。

図2-3：「ファイル」メニューから「名前を付けて保存」を選んで保存をする。

Power Apps Studioでの作業手順

Power Apps Studioの編集画面に戻り、説明を続けましょう。このツールに用意されているさまざまな要素（各種のバーやリストのことです）の役割については簡単に説明をしましたね。あとは、それらを実際に使ってどのようにアプリの画面を作成していくかがわかればいいのです。

デフォルトでは「Screen1」という部品が1つだけ配置されています。これは「スクリーン」と呼ばれるもので、パソコンなどのアプリにおける「ウインドウ」に相当するものです。

スクリーン内にはまったく何もコントロール類は用意されていません。ここに部品を配置して表示をデザインしていくのです。

部品の配置は2通りの方法があります。「挿入」メニューと「挿入」ペインです。

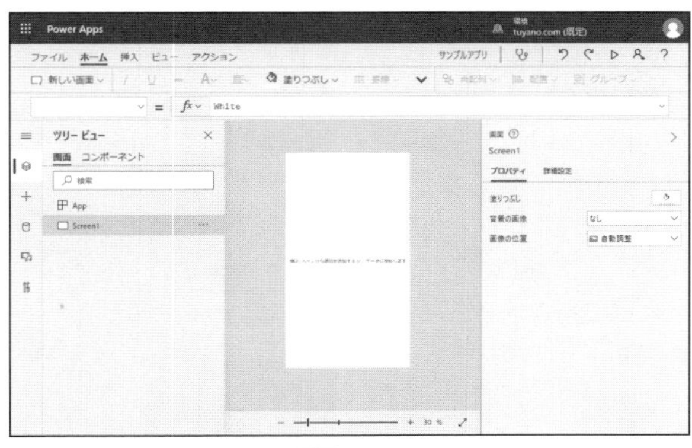

図2-4：Power Apps Studioの画面。

「挿入」メニューについて

メニューバーにある「挿入」をクリックして選択すると、その下に「ラベル」「ボタン」といった項目が並ぶツールバーが表示されます。ここから配置したいコントロールを選ぶと、画面中央のデザイナーにコントロールが挿入されます。

ツールバーには基本的なコントロールが一通り用意されています。「ラベル」のようなものはクリックするだけでコントロールが挿入されます。「入力」などはクリックすると入力関係のコントロールをまとめたリストがプルダウンして現れるので、ここから使いたいものを選びます。

図2-5：「挿入」メニューを選ぶと、コントロール類がツールバーに表示される。

「挿入」ペインについて

もう1つは、左端に縦に並ぶアイコンから「挿入」アイコン(「＋」アイコン)をクリックする方法です。すると、アイコンの右側に「挿入ペイン」と呼ばれるものが現れます。コントロールのリストが表示されたもので、ここからコントロール名の項目をクリックするか、あるいは項目をデザイナー上までドラッグ＆ドロップすることでコントロールを配置できます。クリックした場合は、スクリーンの上部から自動的に部品が配置されます。ドラッグ＆ドロップの場合は、ドロップした場所にコントロールが配置されます。

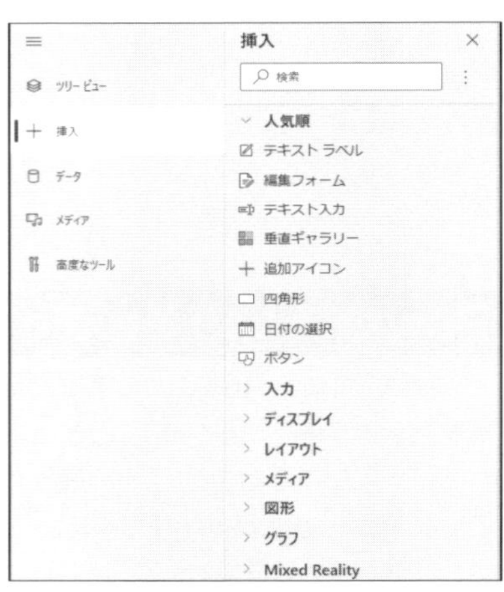

図2-6：挿入ペイン。リストにあるコントロールをクリックかドラッグ＆ドロップする。

ラベルを配置しよう

では、実際にコントロールを配置してみましょう。左側のアイコンから「＋」アイコンをクリックして挿入ペインを表示してください。コントロールのリストが表示されます。

ここから一番上の「テキストラベル」という項目をクリックしましょう。これで、デザイナーの上部に「ラベル」が挿入されます。これはテキストを表示するためのコントロールです。

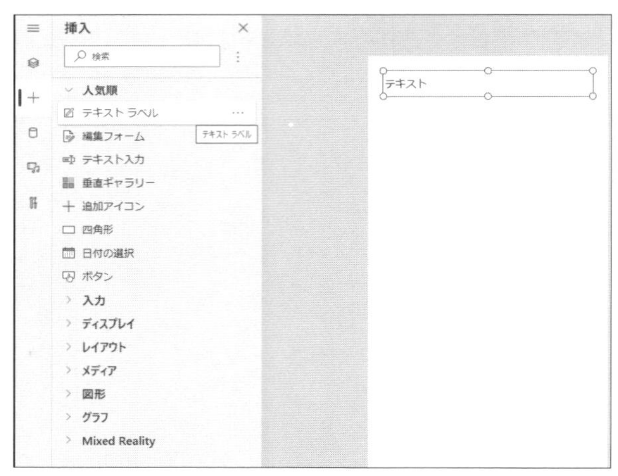

図2-7：挿入ペインからラベルを追加する。

デザイナーに配置されたコントロールは、クリックして選択すると四角い枠線が表示されます。その中央付近をマウスでドラッグすることで移動できます。また、枠線の四隅や線の中央には○が表示され、この部分をマウスでドラッグしてコントロールの大きさを変更することができます。

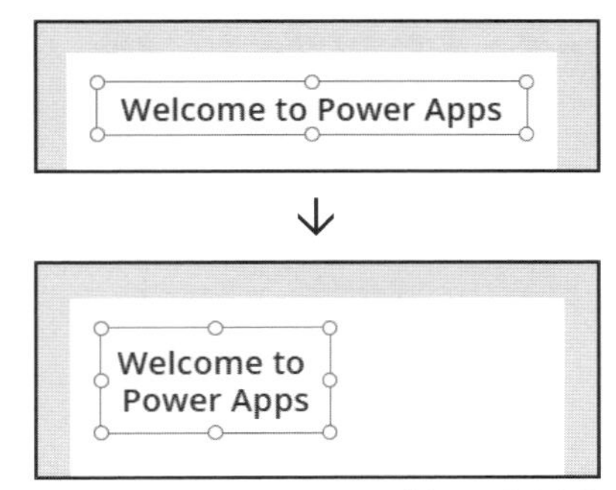

図2-8：枠線の○部分をドラッグすると大きさを変更できる。

ラベルの属性を操作する

配置したラベルを選択すると、そのラベルの属性が右側のプロパティタブに表示されます。ここに並ぶ項目の値を変更することで、ラベルの表示を変えることができます。

プロパティタブの上部には、表示テキストに関する属性が次のように並んでいます。

テキスト	ラベルに表示されるテキストを設定します。
フォント	使用するフォント名をプルダウンメニューから選択します。
フォントサイズ	テキストのフォントサイズを整数で入力します。
フォントの太さ	フォントの太さをプルダウンメニューから選びます。
フォントスタイル	斜体、下線、取り消し線をアイコンでON/OFFします。
テキストのアラインメント	テキストの位置揃えをアイコンから選びます。
高さの自動調整	ラベルの縦幅を表示に合わせて自動調整します。
行の高さ	各行の高さを入力します。
オーバーフロー	表示しきれないテキストの扱いを選びます。
表示モード	表示の状態（無効、編集、ビュー）を選択肢から選びます。

これらを使って、ラベルの表示をいろいろと調整してみてください。フォント関係の設定は、基本的にラベル全体で設定されます。ラベルに表示されたテキストの一部のみを変更することはできないので注意しましょう。

図2-9：プロパティタブで表示テキストの属性を設定する。

位置と大きさに関する属性

その下には、コントロールの位置と大きさに関する属性が用意されています。以下にまとめておきましょう。

表示	表示をON/OFFするためのものです。
位置	スクリーンの左上を基準とした位置を指定します。
サイズ	横幅と高さを指定します。
パディング	テキスト周囲の余白幅を指定します。

コントロールの位置や大きさはラベルに限らず、どのコントロールでもだいたい同じものが用意されています。

また、これらはデザイナー上に配置されたコントロールの位置や大きさを操作すると、それに同期して更新されます（これらの属性を変更した場合も、デザイナーの表示はそれに合わせて更新されます）。つまり、デザイナーと属性タブのどちらを使っても同じというわけです。

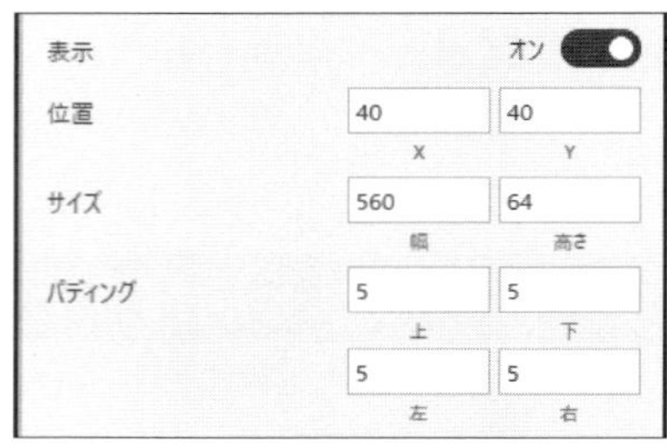

図2-10：位置と大きさに関する属性。

その他のラベルの属性

その他にも、ラベルに関する細かな設定が属性として用意されています。

色	テキストと背景の色を指定します。
罫線	周辺の枠線表示用です。線の種類、太さ、色を設定します。
フォーカスがある外枠	選択状態を示す外枠の太さと色を指定します。
折り返し	折り返し表示をON/OFFします。
垂直方向の配置	縦方向の位置揃えを指定します。
無効時の色	無効な状態を表すテキストと背景色を指定します。
ポイント時の色	選択状態を示すテキストと背景の色を指定します。
ヒント	ヒントとして表示するテキストを指定します。
タブ移動順	タブで移動する順番です。-1はタブ移動に含まれないようにします。

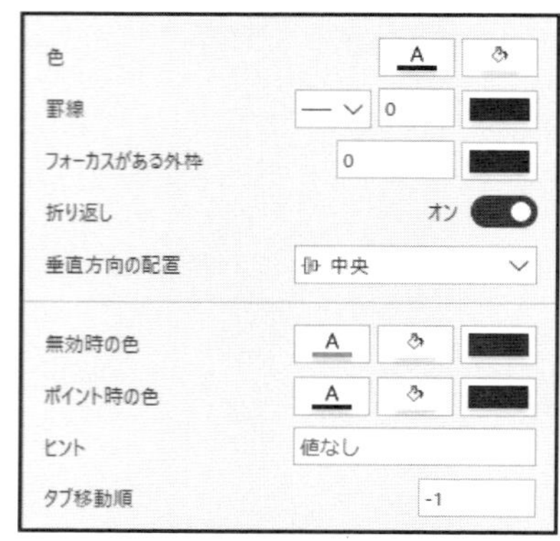

図2-11：その他のラベルの属性。

これらのうち、「色」はよく使うことになるので覚えておきましょう。色関係はアイコンをクリックすると色を選択するカラーパレットがポップアップして現れます。ここから使いたい色を選べばいいでしょう。

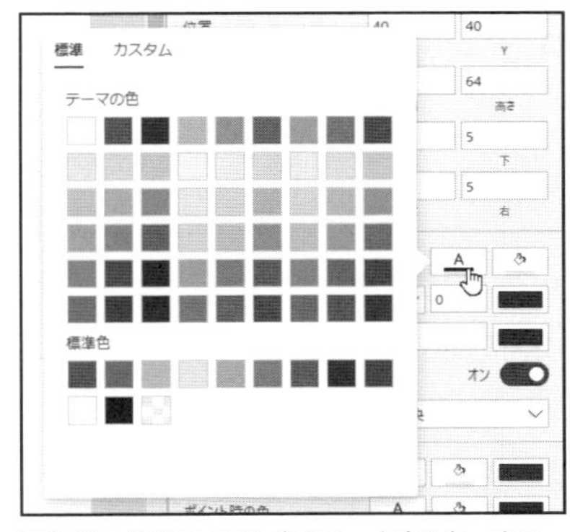

図2-12：色のアイコンをクリックすると、カラーパレットが現れる。

テキスト入力とボタン

ラベルでコントロールの基本的な使い方がわかったら、他のコントロールを配置してみましょう。挿入ペインから「テキスト入力」と「ボタン」という項目を探し、それぞれデザイナーにコントロールを配置してみてください。配置後、位置や大きさなどを適当に調整しておきましょう。

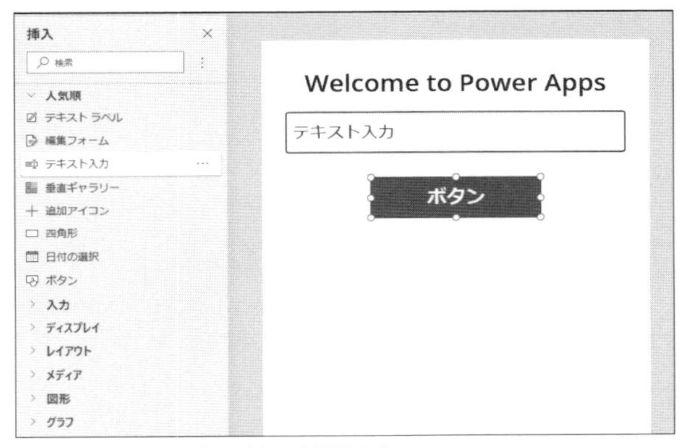

図2-13：テキスト入力とボタンを配置する。

テキスト入力の属性

これらのコントロールでは、表示テキストや位置・大きさなどの属性はラベルとほぼ同じものが用意されていますが、コントロール独自の設定もあります。これらについてまとめておきましょう。

まず、テキスト入力の独自属性からです。表示テキストのフォント関連の下に以下の項目が追加されます。

クリアボタン	テキストを入力すると、右端に×アイコンが追加されます。
スペルチェックの有効化	スペルチェックをON/OFFします。
最大の大きさ	最大文字数を指定できます。
モード	1行のみか、複数行か、パスワード入力かを選びます。

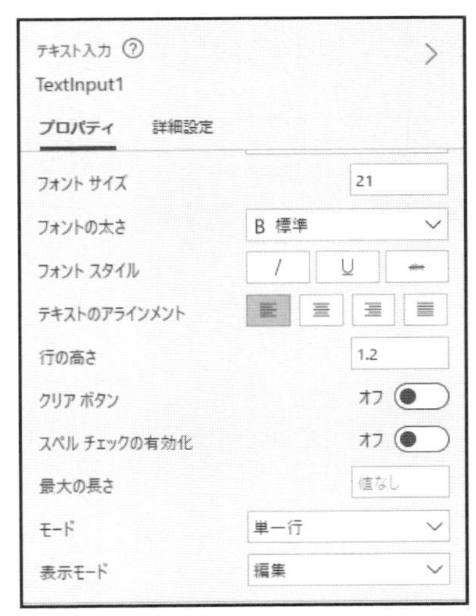

図2-14：テキスト入力の属性ペインでは、表示テキスト関連の項目にラベルにはなかったものが追加されている。

ボタンの属性

ボタンについては、独自に追加される属性はほとんどありません。「無効時の色」「ポイント時の色」といった設定のところに以下の項目が追加されているだけです。

押された状態の色	ボタンをプレスしたときのテキストと背景の色を指定します。

この他、ボタンをクリックした際の処理に関する属性などもあるのですが、それらは属性タブの表示を「詳細設定」に切り替えないと表示されません。

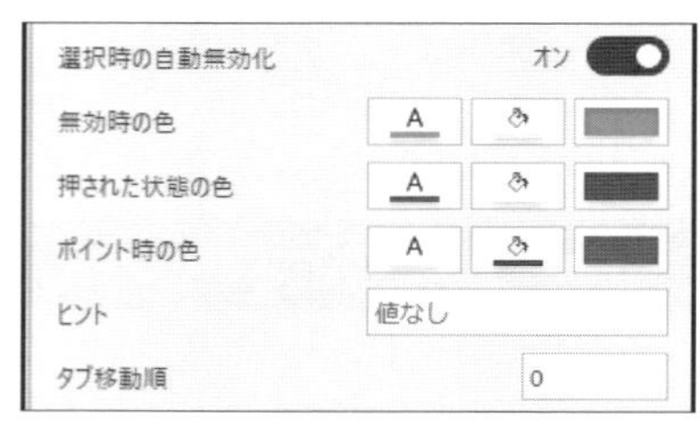

図2-15：ボタンでは、押された状態の色の属性が用意される。

実行してコントロールを使ってみる

では、これらを配置したコントロールを使ってみましょう。画面右上にある「アプリのプレビュー」アイコン（▷）をクリックしてください。画面にアプリのプレビュー表示が現れます。

これはプレビューとはいえ、テキスト入力をクリックするとちゃんとテキストが記入できますし、ボタンを押すと色が変わってクリックしたことがわかるようになっています。動作そのものはアプリ実行時と同じように機能するのです。

ただし、ここではコントロールを配置しただけですから、ボタンなどはクリックしても何も起こりません。機能は何もない状態です。

> ボタンをクリックして何らかの処理を実行させるには、Power Fxと呼ばれる機能が必要です。これについてはChapter 4で説明します。

図2-16：「アプリのプレビュー」アイコンでプレビュー表示をする。テキストの入力やボタンクリックはそのまま行える。

その他のコントロールについて

Power Appsには他にも多数のコントロールが用意されています。それらの基本的な使い方（働きと主な設定など）についても説明をしていきましょう。ただし！　ここで注意してほしいのは、「コントロールの中には、ただ配置するだけでは使えないものもある」という点です。Power Appsには業務で使うデータを利用するような仕組みがいろいろと用意されています。このため、別途データソースがなければ使えないコントロールもあるのです。これらはデータの扱い方がわからないと使えません。

そこで、ここではまず「ただ配置するだけで使えるコントロール」についてのみ説明をしておきます。それ以外のものはデータの利用について一通り理解できたところで、必要に応じて触れていくことにしましょう。

以下のコントロールは、挿入ペインの「入力」内にまとめられています。ここから部品をクリックして配置し、利用してください。

日付の選択

日付を扱うためのコントロールです。基本的な属性のみで独自の属性というのは特にありません。

このコントロールは実行してクリックすると、その場でカレンダーがポップアップして現れます。ここから日付を選択すると、その日付が入力されるようになっています。

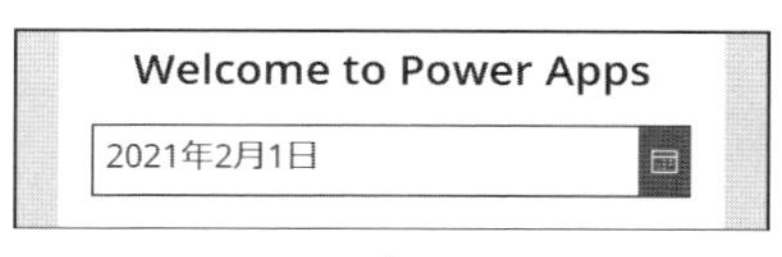

図2-17：日付の選択はクリックでカレンダーがポップアップする。

チェックボックス

クリックしてチェックをON/OFFするインターフェイスですね。配置して実行すると、クリックするだけで自動的にチェックがON/OFFされます。特に設定などは不要です。

チェックボックスに表示されるテキストは「テキスト」属性で設定できます。チェック状態は「規定」属性の値をONにすることで、デフォルトでチェックされた状態で表示させることができます。

図2-18：チェックボックスはクリックでチェックをON/OFFする。

チェックボックスには、チェックを表示する部分に関する属性が追加されています。以下の項目でチェックの表示を設定できます。

チェックボックスのサイズ	チェックボックスの大きさを整数で指定します。
チェックボックスの色	枠線と背景の色を設定します。
チェックマークの塗りつぶし	チェック部分の色を設定します。
垂直方向の配置	ボックスの縦方向の配置を指定します。

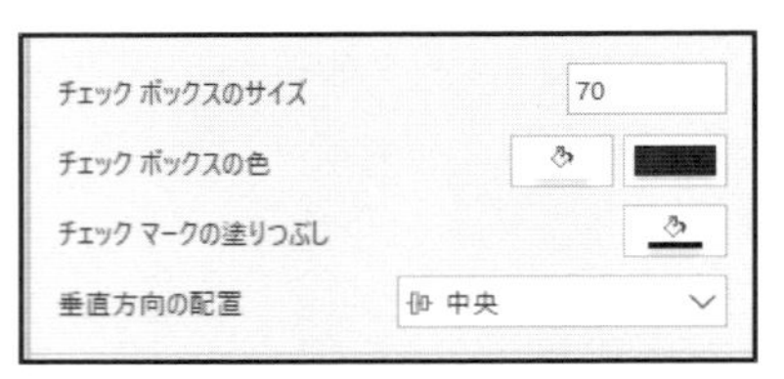

図2-19：チェックボックス関連の属性。

切り替え

チェックボックスはパソコンではよく使われるインターフェイスですが、スマートフォンの場合はそれよりも「切り替え」を使うことが多いでしょう。これはクリックやドラッグでボタンをスライドしてON/OFFするインターフェイスです。デフォルトではラベルが表示されており、ON/OFFの状態をテキストで表示します。

図2-20：切り替えはボタンを左右にずらしてON/OFFする。

切り替えにはON/OFF状態を表示するラベルに関する属性と、切替部分の色に関する属性として次のようなものが用意されています。

既定	起動時のON/OFF状態を指定します。
ラベルを表示する	ONにするとラベルが表示されます。
ラベルの位置	ラベルの位置（切り替えの右か左か）を選択します。
Falseの塗りつぶし	OFFのときの切り替えの色を指定します。
Trueの塗りつぶし	ONのときの切り替えの色を指定します。
ハンドルの塗りつぶし	ハンドル部分のデフォルト色を指定します。

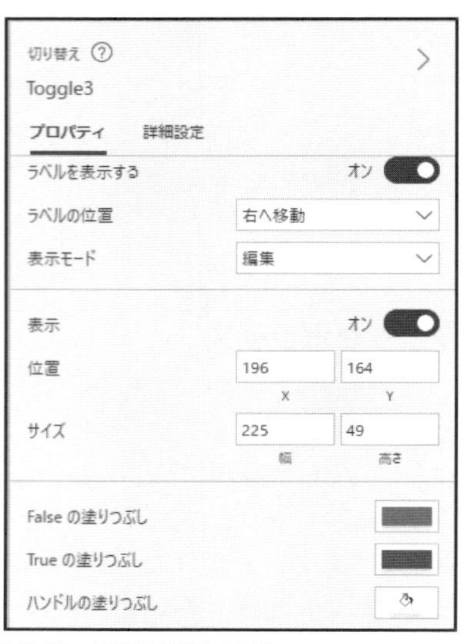

図2-21：切り替え関連の属性。

スライダー

「スライダー」はハンドル部分を左右にドラッグして動かすことで数値を入力するインターフェイスです。最小値・最大値を指定できるので、一定範囲からだいたいの値を入力させるのに役立ちます。

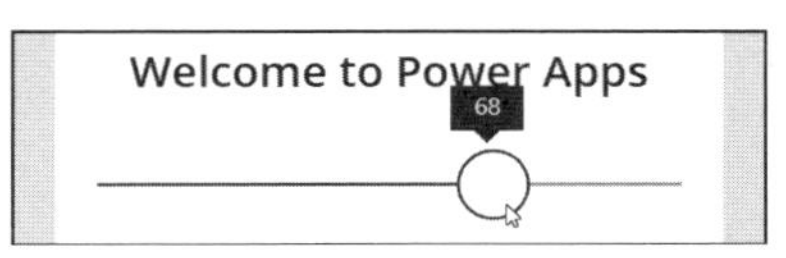

図2-22：スライダー。ハンドルを左右にドラッグして値を設定する。

スライダーを利用するためには、入力する値の範囲などを指定する必要があります。その他、ハンドルの表示などについて次のような属性が用意されています。

既定	デフォルトでの値を指定します。
レイアウト	縦向きか横向きかを選びます。
最大	最大値を入力します。
最小	最小値を入力します。
値の表示	ドラッグ中、値をリアルタイムに表示します。
ハンドルのサイズ	ドラッグするハンドル部分の大きさを入力します。
レール	ハンドルがドラッグされる直線部分の色を指定します。
値の塗りつぶし	レールの値を示す部分の色を指定します。
ハンドルの塗りつぶし	ハンドルの色を指定します。
罫線	コントロールの枠の表示を指定します。

図2-23：スライダーの属性。

評価

「評価」は1～5個の★を使って表すインターフェイスです。Amazonなどで商品のレビューに使われているので、すでにおなじみでしょう。クリックすることで選択する星の数を変更できます。

星の数や1つ1つの大きさなどは、ある程度調整することができます。ただし★以外の形状は、標準ではサポートしていません。

図2-24：評価。星をクリックして、いくつ表示されるかを指定する。

評価では、表示する★に関する属性がいくつか用意されています。

既定	デフォルトでの★の数を指定します。
最大	星の最大数を指定します。
値の表示	値の表示をON/OFFするものです。
評価の塗りつぶし	★の塗りつぶし色を指定します。

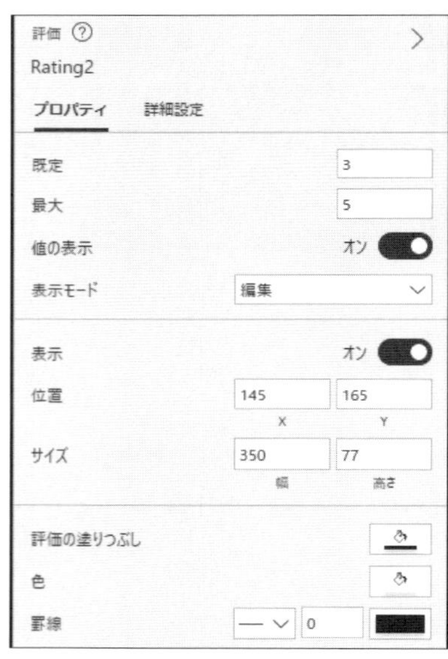

図2-25：評価の属性。

タイマー

「タイマー」はその名の通り、時間をはかるコントロールです。キッチンタイマーのようなボタンを考えればいいでしょう。配置するとボタンに「00:00:00」と表示され、ボタンをクリックすると1秒毎に表示が更新されていきます。再度クリックすれば停止します。

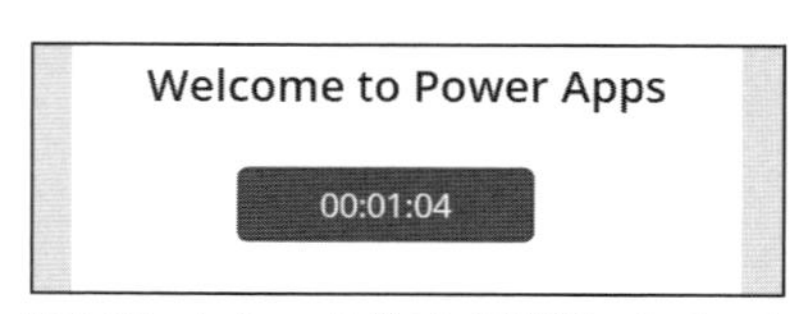

図2-26：タイマーはボタンの形をしている。クリックするとタイマーをスタートする。

タイマーには、タイマーの挙動に関する属性がいくつか用意されています。以下にまとめておきます。

テキスト	表示時刻に関する設置です。ただし、関数で指定する必要があります。
期間	タイマーの期間をミリ秒数で指定します。デフォルトは60000ミリ秒(60秒)です。
繰り返し	ONにすると、繰り返しカウントします。
自動開始	ONにすると、スクリーンを開いたときにタイマーをスタートします。
自動一時停止	スクリーンを移動する際に、自動的にタイマーを一時停止します。

図2-27：タイマーの属性。

リッチテキストエディター

テキスト入力は簡単なテキストの入力を行うのに使うものでしたが、記述したテキストのフォントなどは特に設定できませんでした。入力したテキストのフォントや位置揃えなどまで細かく設定したテキストを作成したいときは、「リッチテキストエディター」を使います。

これは配置するだけで、入力テキストのフォントを設定するためのツールバーが上部に表示されるようになります。

図2-28：リッチテキストエディターでは上部にスタイルを設定するバーが現れる。

リッチテキストエディターは、テキスト入力に比べて非常にパワフルに見えますが、用意されている属性はほぼ同じです。表示されるツールバーなどに関する属性はなく、フォントサイズとスペルチェック機能のON/OFFがある程度です。

入力されるテキストは「既定」に設定されています。デフォルトの値を見ればわかるように、これはHTMLのタグを使ってスタイルを指定していることがわかります。

図2-29：リッチテキストエディターの属性。

水平・垂直コンテナーについて

コントロールは実際にユーザーが操作する部品ですが、こうしたものの他に、コントロールの配置（レイアウト）に関する部品というのも用意されています。それが「コンテナー」です。

コンテナーには「水平コンテナー」と「垂直コンテナー」が用意されています。それぞれ部品を水平および垂直に並べて配置するためのものです。挿入ペインの「レイアウト」内に用意されています。

これらは配置しても何も表示はされません。内部にコントロールを配置してレイアウトするためのものですので、コンテナー自体の表示はないのです。

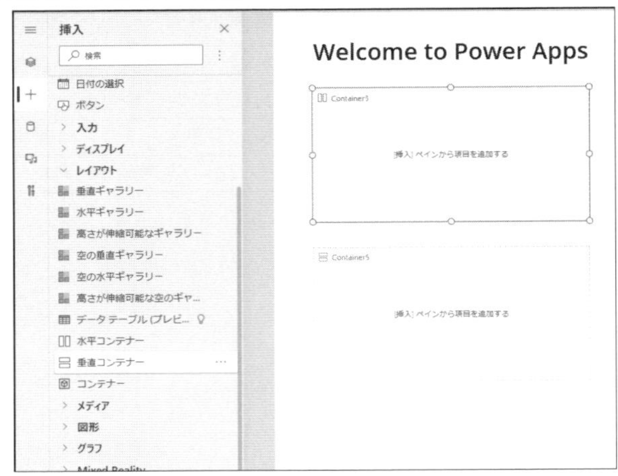

2-30：水平・垂直コンテナーを配置したところ。見た目には何も表示はされない。

コントロールを組み込む

コンテナーは、自身の中にコントロールを組み込んで使います。デザイナーに配置したコンテナーを選択し、挿入タブからコントロールをクリックすれば、コンテナー内にコントロールが組み込まれます。

組み込まれたコントロールは、表示位置の調整はできません。コンテナーにより、自動的に配置が決められます。水平コンテナーではコントロールは横一列に、垂直コンテナーでは縦一列に並べられます。

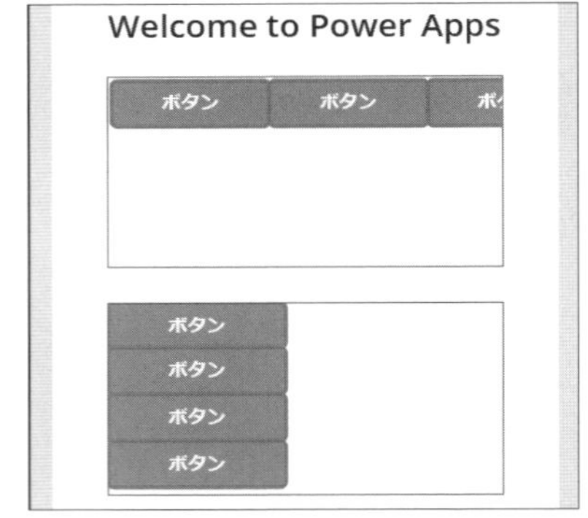

図2-31：コンテナー内に複数のボタンを配置したところ。

コンテナーの属性

水平・垂直コンテナーには配置に関する属性がいろいろと用意されています。以下に、その働きを整理しておきましょう。

通信方向	コントロールを並べる方向（水平、垂直）を選びます。
両端揃え（水平方向）	横方向のコントロールの位置揃えを指定します。
両端揃え（垂直方向）	縦方向のコントロールの位置揃えを指定します。
ギャップ	上下左右の余白です。
水平方向のオーバーフロー	コンテナーから横方向にはみ出した部分の扱いを指定します。
垂直方向のオーバーフロー	コンテナーから縦方向にはみ出した部分の扱いを指定します。
折り返す	はみ出したコントロールを折り返し表示するかどうかです。

これらの属性を見てわかるように、実は「水平」「垂直」コンテナーというのは同じものです。単に、通信方向が水平のものと垂直のものを別々に用意してあるだけなのです。

図2-32：コンテナーの属性。配置に関するものが用意されている。

また、組み込んだコントロールは、デフォルトではずっと一列に表示されていくため、そのままではコンテナーからはみ出した部分は表示されません。オーバーフローを「スクロール」にすることでスクロール表示するか、あるいは「折り返す」をONにして複数行（あるいは複数列）に表示されるようにして対応します。

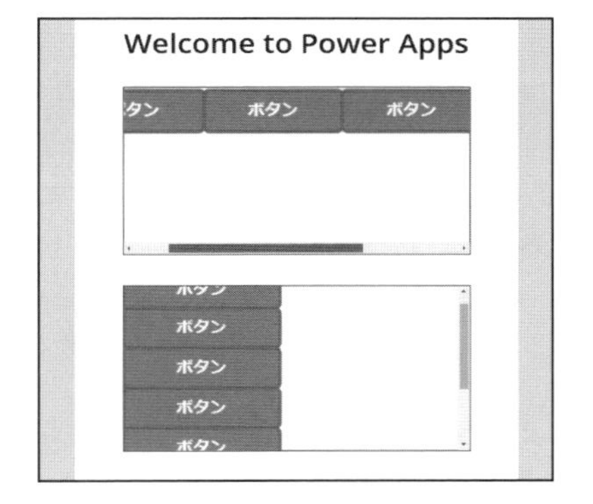

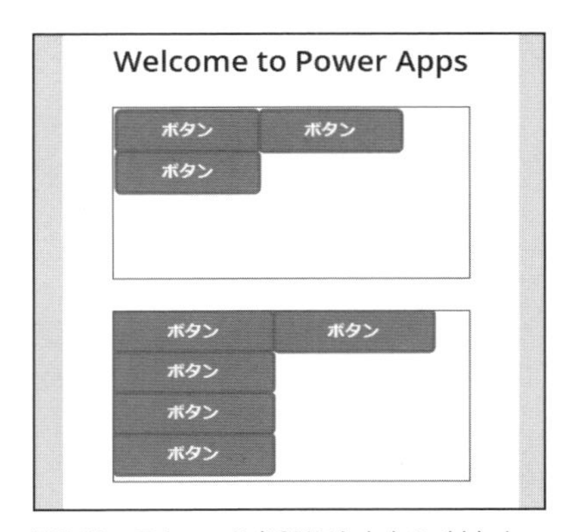

図2-33：スクロールをONにしたもの（上）と、折り返しをONにしたもの（下）。

Chapter 2

2.2. データの接続と利用

アプリはデータで活きる!

ここまでキャンバスアプリの基本的なコントロールについて説明をしてきましたが、おそらく多くの人が消化不良だったはずです。コントロールの属性と動作はわかったが、それらが具体的にどうやって使われるのかが一切説明されていないのですから。

これは、実をいえば「現段階では使いようがない」ためです。Power Appsのキャンバスアプリは、一般的なアプリのように「UI部品を配置して、実行する処理を用意すれば動く」というものではありません。そもそもPower Appsはローコード開発環境であり、処理を記述するプログラミング言語など持っていません(実は「Power Fx」というもので処理は実装できるのですが、これについては改めて触れます)。

基本的なコントロールについて一通り説明をしたのは、「コントロールの利用に慣れるため」です。ここまで説明したコントロールは、一般的なアプリなどで普通に見られる、皆さんにとって「おなじみの部品」でした。

そうしたものを配置し、属性を設定して表示を変えるなどして、キャンバスアプリのコントロール利用に慣れていくようにしたわけですね。

これから、ようやく「ちゃんと使えるコントロール」について説明をしていくことになります。それは、「データと連結されたコントロール」です。

データがすべて!

Power Appsは業務などで利用するデータを扱ったアプリの開発を行うものです。つまり、「データ」ありきの開発なのです。これより先は、データがなければ何もできないといっていいでしょう。

では、データとは具体的にどんなものなのか?　それはExcelやGoogleスプレッドシートなどのファイルであったり、データベースであったりします。

つまり、データそのものというより、「データを提供する情報源(データソース)」を用意する必要があるのです。

このデータソースはどうやって取得するのか?　それは「接続」というものを使います。接続とは、さまざまなデータソースにアクセスするための機能です。

Power Appsにはさまざまなデータソースに接続する機能が用意されています。これらを使い、まずデータソースとなるサービスなどに接続をし、そこにあるファイルやデータベースなどから必要なデータを受け取るのです。

「接続を用意する」、「接続先からデータを取り出す」。この手順をよく頭に入れてください。

「接続」を表示する

実際に接続を作成しましょう。アプリの編集を行っているPower Apps Studioの「ファイル」メニューをクリックし、現れたリストから「接続」をクリックしてください。Power Appsサイトの接続ページが開かれます。

これは、Power Appsに用意されている接続を管理するページです。新しい接続を作成したり、作成した接続を編集・削除することができます。

ではここで、「OneDrive」への接続を作成してみましょう。OneDriveはマイクロソフト関連のファイルをクラウドで扱う場合の基本となるサービスですし、ここからExcelなどのファイルを作成したり編集したりできます。OneDriveへの接続を作成し、OneDriveにデータとなるExcelファイルなどを作成して利用すればいいでしょう。

OneDriveにサインアップする

「まだOneDriveを使ったことがない」という人は、以下にアクセスしてください。ここで「無料でサインアップ」ボタンをクリックし、アカウントを作成します。なお、すでにサインアップしている人は飛ばして次に進んでください。

https://onedrive.live.com

図2-34：OneDriveのサイトにアクセスする。

1 「アカウントの作成」という表示が現れたます。ここで登録するメールアドレスを入力し、次に進みます。

図2-35：アカウント登録するメールアドレスを入力する。

2 続いてパスワードを入力します。これがアカウントに設定されるパスワードになりますので、注意して入力ください。

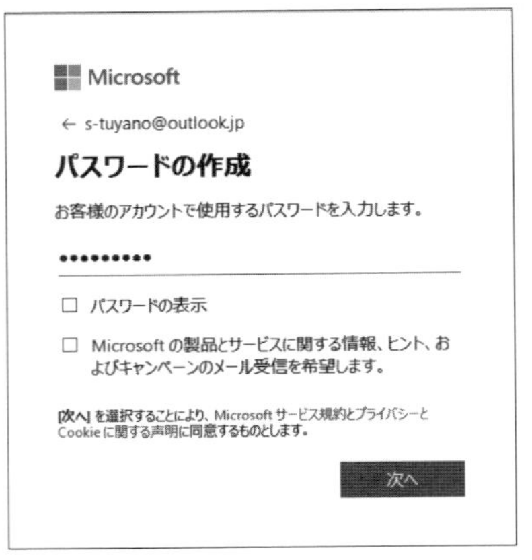

図2-36：パスワードを入力する。

3 名前を入力します。姓·名をそれぞれ入力して次に進みましょう。

図2-37：名前を入力する。

4 最後に、画面に表示されたテキストを入力し、次に進みます。テキストが正しければアカウントが作成され、OneDriveにアクセスされます。

図2-38：表示されたテキストを入力し、次に進むとアカウントが作成される。

OneDriveへの接続を作成する

OneDriveの準備ができたらPower Appsに戻ってOneDriveの接続を作成しましょう。以下の手順に従って作業を行ってください。

図2-39：「接続」ページを開く。

1「新しい接続」または「接続の作成」ボタンをクリックすると、画面に接続の一覧リストが現れます。この中から「OneDrive」を選択してください。

図2-40：接続の一覧リスト。「OneDrive」を選択する。

2アラートが表示されます。そのまま「作成」ボタンをクリックします。

図2-41：接続作成のアラート。「作成」ボタンをクリックする。

3画面にウインドウが現れ、Microsoftアカウントへのサインインが求められます。接続するOneDriveのMicrosoftアカウントでサインインしてください。

図2-42：Microsoftアカウントのサインインウインドウでサインインする。

4 OneDriveへの接続が作成され、「接続」ページに項目として追加されます。

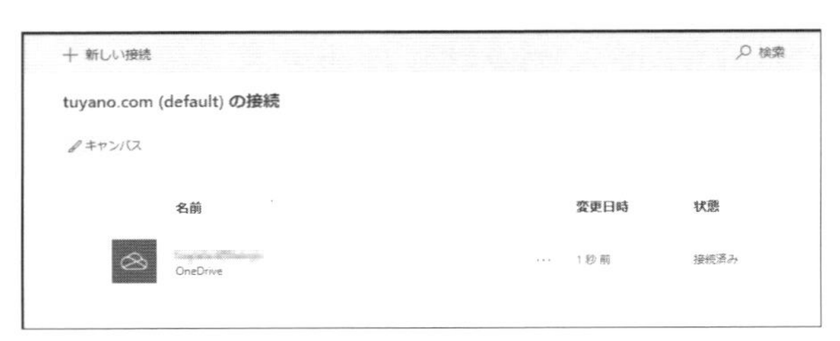

図2-43：OneDriveの接続が作成された。

OneDriveにアクセスする

接続が作成できたら、Webブラウザから以下のアドレスにアクセスしてください。

https://onedrive.live.com

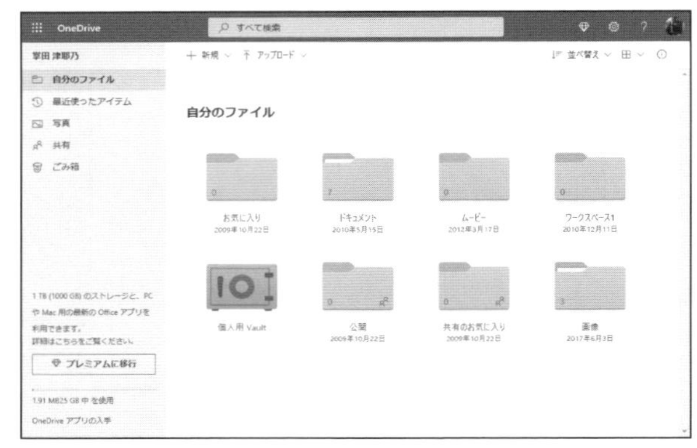

図2-44：OneDriveにアクセスする。

すでにOneDriveを使ったことがある人なら、おなじみの画面です。ここに利用するデータを用意すれば、OneDrive接続を使ってアクセスできるようになります。あとは、OneDriveにデータファイルを用意するだけですね。

Excelファイルを用意しよう

では、業務でもっとも広く使われているExcelのファイルを作成してPower Appsから利用することにしましょう。

OneDriveの左上にあるアイコンをクリックし、ポップアップして現れたアプリのリストから「Excel」を選んで起動してください。

図2-45：Excelを選択して開く。

office.comに移動します。ここで「新しい空白のブック」をクリックして新しいExcelのブックを作成してください。

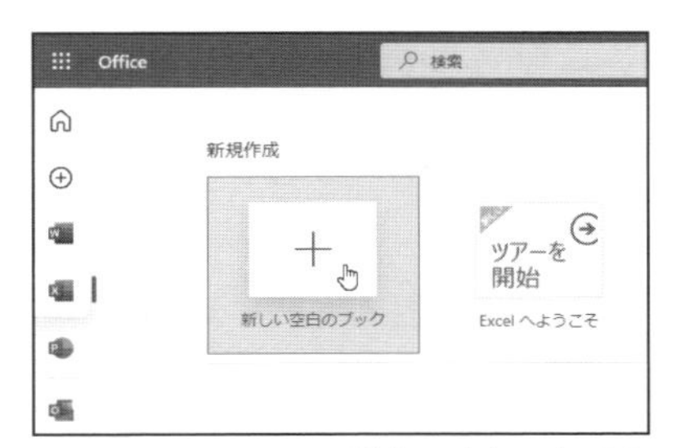

図2-46：office.comで「新しい空白のブック」をクリックする。

Web版のExcel（Excel Online）が起動します。アプリケーション版のExcelを利用している人は、別途それを起動して使ってもかまいません。

デフォルトでは、「ブック.xlsx」というシンプルな名前でOneDriveに保存されます。アプリケーション版のExcelを使っている人は、同様に「ブック.xlsx」というファイル名でOneDriveに保存をしてください。

ここで簡単なデータを作成しましょう。

図2-47：Excel Onlineが起動する。

Excelデータを作成する

Excelのブックに簡単なデータを入力しましょう。最初のシート（「Sheet1」）のA1セルから次のようにデータを入力しておきます。これはサンプルですので、支店名や細かな数値などはそれぞれ適当に記入してかまいません。

支店	前期	後期
東京	12300	10900
大阪	9870	8910
名古屋	6540	5670
ニューヨーク	24900	19870
ロンドン	18810	20100
パリ	15100	17650

A1　fx 支店

	A	B	C
1	支店	前期	後期
2	東京	12300	10900
3	大阪	9870	8910
4	名古屋	6540	5670
5	ニューヨーク	24900	19870
6	ロンドン	18810	20100
7	パリ	15100	17650
8			

図2-48：Excelにデータを入力する。

ここでは支店名と前期・後期の売上データを用意しました。ごく単純なものですが、これを使ってアプリを作成していくことにしましょう。

テーブルを作成する

Excelのデータを Power Appsで利用する場合、データをシートに記入しただけではいけません。利用するデータを「テーブル」として設定しておく必要があります。

シートに記述したデータの部分をドラッグで選択してください。そしてメニューバーから「挿入」を選び、「テーブル」を選択します。画面にテーブルのデータ範囲を表示するダイアログが現れるので、値を確認して「OK」ボタンをクリックします。

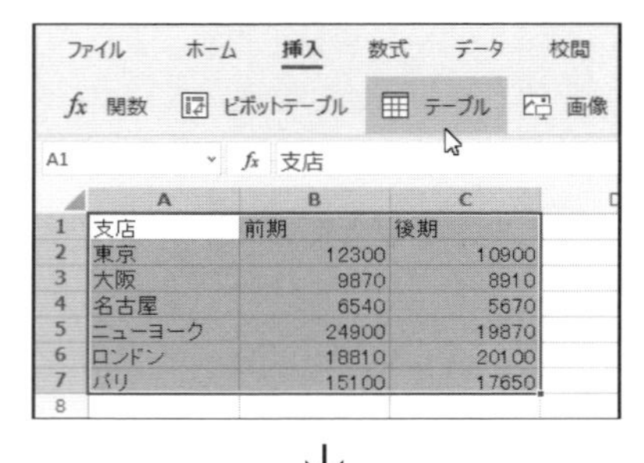

	A	B	C
1	支店	前期	後期
2	東京	12300	10900
3	大阪	9870	8910
4	名古屋	6540	5670
5	ニューヨーク	24900	19870
6	ロンドン	18810	20100
7	パリ	15100	17650
8			

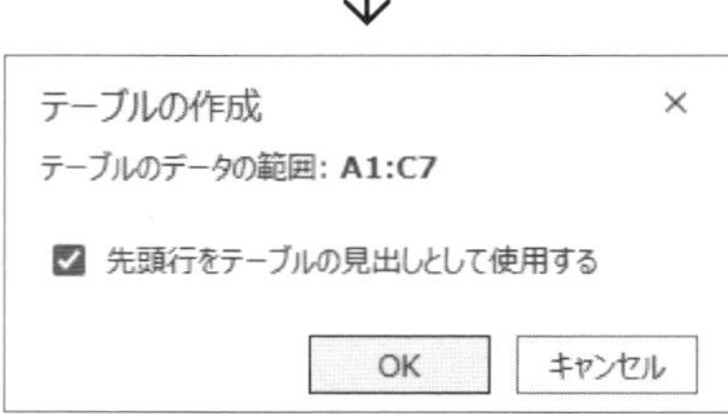

図2-49：「テーブル」を選択し、ダイアログで範囲を確認する。

選択された範囲の表示が変わり、テーブルが作成されます。テーブル内のセルを選択し、メニューバーから「テーブルデザイン」を選ぶと、テーブル名やテーブルの表示デザインがメニューバーの下に表示されます。テーブル名は「テーブル1」となっているのを確認しましょう（他の名前になっている場合は、テーブルの名前を控えておいてください。あとで必要になります）。

これで、Excel側の準備は整いました。

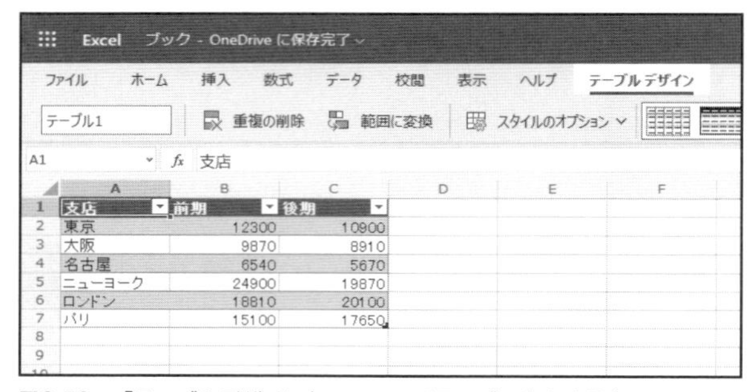

	A	B	C
1	支店	前期	後期
2	東京	12300	10900
3	大阪	9870	8910
4	名古屋	6540	5670
5	ニューヨーク	24900	19870
6	ロンドン	18810	20100
7	パリ	15100	17650

図2-50：「テーブルデザイン」メニューでテーブル名を確認する。

Excelファイルからアプリを作る

作成したテーブルを使ってアプリを作成しましょう。すでにあるアプリに追加して作ることもできますが、テーブルを元にアプリを自動生成することも可能です。まずは、より簡単なこの方法から使ってみましょう。以下の手順に沿って作業してください。

1. Power Appsサイトの「ホーム」画面に戻ります。そこにある「データから開始」の中から「他のデータソース」を選択してください。ホームではなく「作成」画面にも同じアイコンがあるので、そちらをクリックしてもOKです。

図2-51：ホームから「他のデータソース」アイコンをクリックする。

2 新たにタブが開かれます。左側のリストから「新規」が選択され、その隣に接続のリストが表示されています。ここから「One Drive」を選択してください。さらに右側に、OneDriveにあるファイルとフォルダのリストが現れるので、先ほど作成したExcelファイル(「ブック.xlsx」ファイル)を選択してください。

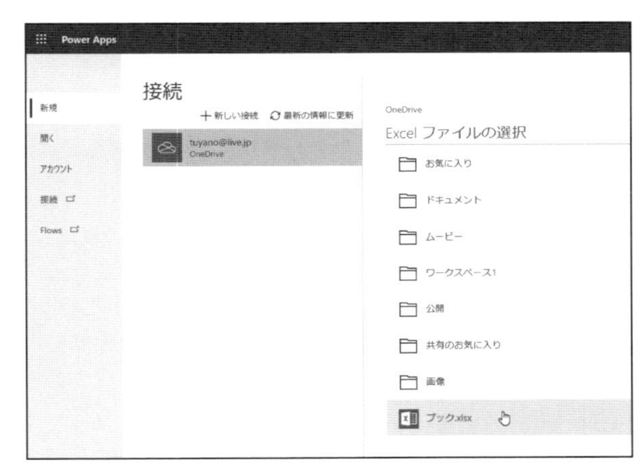

図2-52：OneDriveから「ブック.xlsx」を選ぶ。

3 選択したブック内のテーブルがリスト表示されるので「テーブル1」を選択し、「接続」ボタンをクリックしてください。選択したテーブルを利用する新しいアプリが作成され、その編集を行うPower Apps Studioの画面が開かれます。

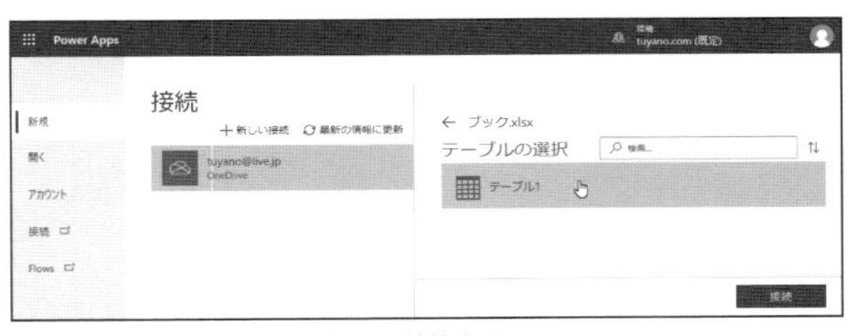

図2-53：「テーブル1」を選択し、接続する。

アプリの内容をチェックする

作成されたアプリがどのようになっているのか見ていきましょう。

アプリでは、デフォルトで多数のコントロールが配置されています。デザイナーに表示されているスクリーンには、Excelのブックに作成したテーブルの内容がプレビュー表示されていることでしょう。アプリを作成した段階で、すでにブックからデータを取得し利用する仕組みが組み込まれていることがわかります。

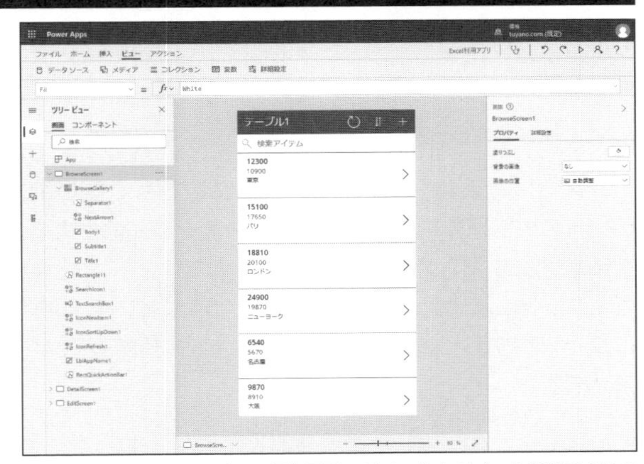

図2-54：作成されたアプリの編集画面。デフォルトでブック利用のためのコントロールが組み込まれている。

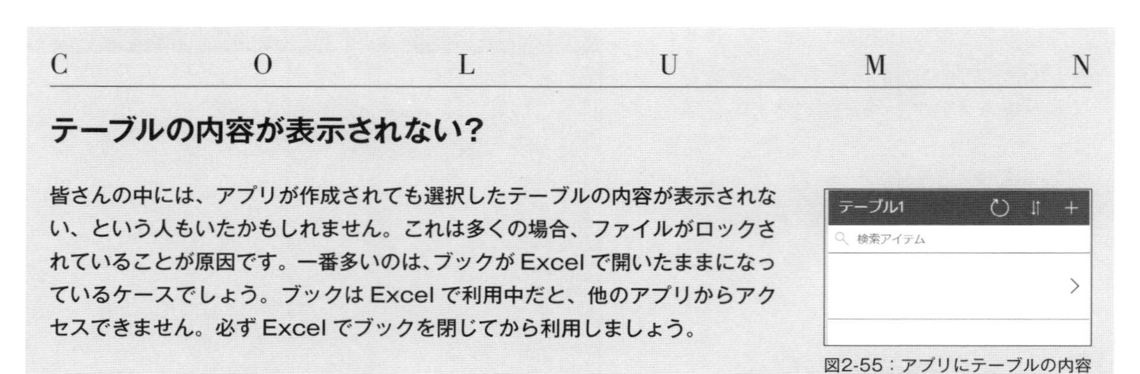

C O L U M N

テーブルの内容が表示されない?

皆さんの中には、アプリが作成されても選択したテーブルの内容が表示されない、という人もいたかもしれません。これは多くの場合、ファイルがロックされていることが原因です。一番多いのは、ブックがExcelで開いたままになっているケースでしょう。ブックはExcelで利用中だと、他のアプリからアクセスできません。必ずExcelでブックを閉じてから利用しましょう。

図2-55：アプリにテーブルの内容が表示されない状態。

アプリを実行する

では、右上の「アプリのプレビュー」アイコン(▷)をクリックしてアプリを動かしてみましょう。実行すると、画面にテーブルのデータがリスト表示されます。テーブルのデータがアプリで利用されていることがわかります。

図2-56：アプリの起動画面。

リストにある適当な項目をクリックしてみてください。そのデータの内容が表示されます。今回のテーブルは支店名と前期・後期のデータだけですから、起動画面のリストにすべてが表示されていました。しかし、データの項目が多い場合はこのようにクリックすると、そのデータのすべての値を表示することができます。

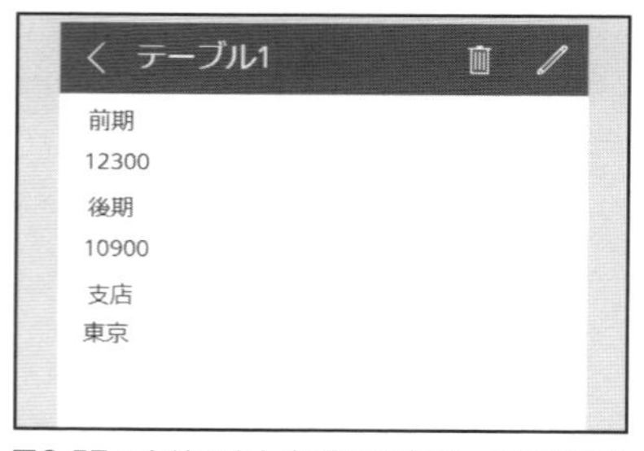

図2-57：クリックした項目の全データが表示される。

そのまま右上にある鉛筆アイコンをクリックすると、データの編集フォームが現れます。内容を書き換えてチェックマークのアイコン(✓)をクリックすれば、データが更新されます。

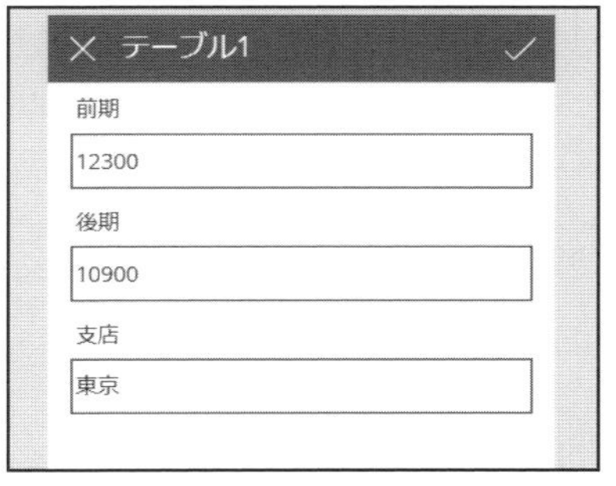

図2-58：編集フォーム。内容を更新しチェックアイコンをクリックすると更新される。

データの詳細表示からトップの表示へは、左上の「<」アイコンをクリックして戻れます。トップページには右上に「＋」アイコンがあり、これをクリックすると新しいデータが入力できます。

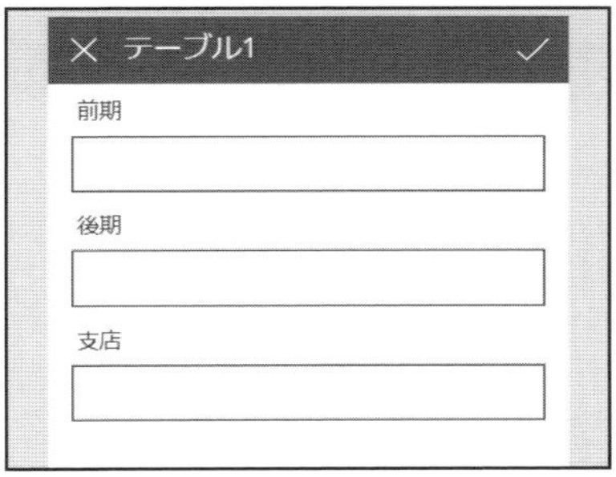

図2-59：新しいデータの入力フォーム。入力しチェックアイコンをクリックすれば保存される。

このように、アプリには標準で「データのリスト表示」「データの詳細表示」「データの編集フォーム」「データの新規作成フォーム」といった機能が組み込まれているのがわかります。

3つのスクリーンについて

プレビューを終了し、Power Apps Studioによる編集画面に戻りましょう。このアプリでは3つのスクリーンが用意されていることがわかります。それぞれ以下のものです。

BrowseScreen1	最初に現れるデータのリスト表示画面です。
DetailScreen1	リストの項目をクリックして現れる詳細表示画面です。
EditScreen1	データの編集および作成用フォームの画面です。

これらはツリービューで組み込まれているコントロールをリスト表示するとすぐにわかります。3つのスクリーン内に細々とコントロールが用意されていますね。これらのスクリーンではデータを利用したコントロールが使われており、簡単に接続したテーブルとデータをやり取りできるようになっているのです。

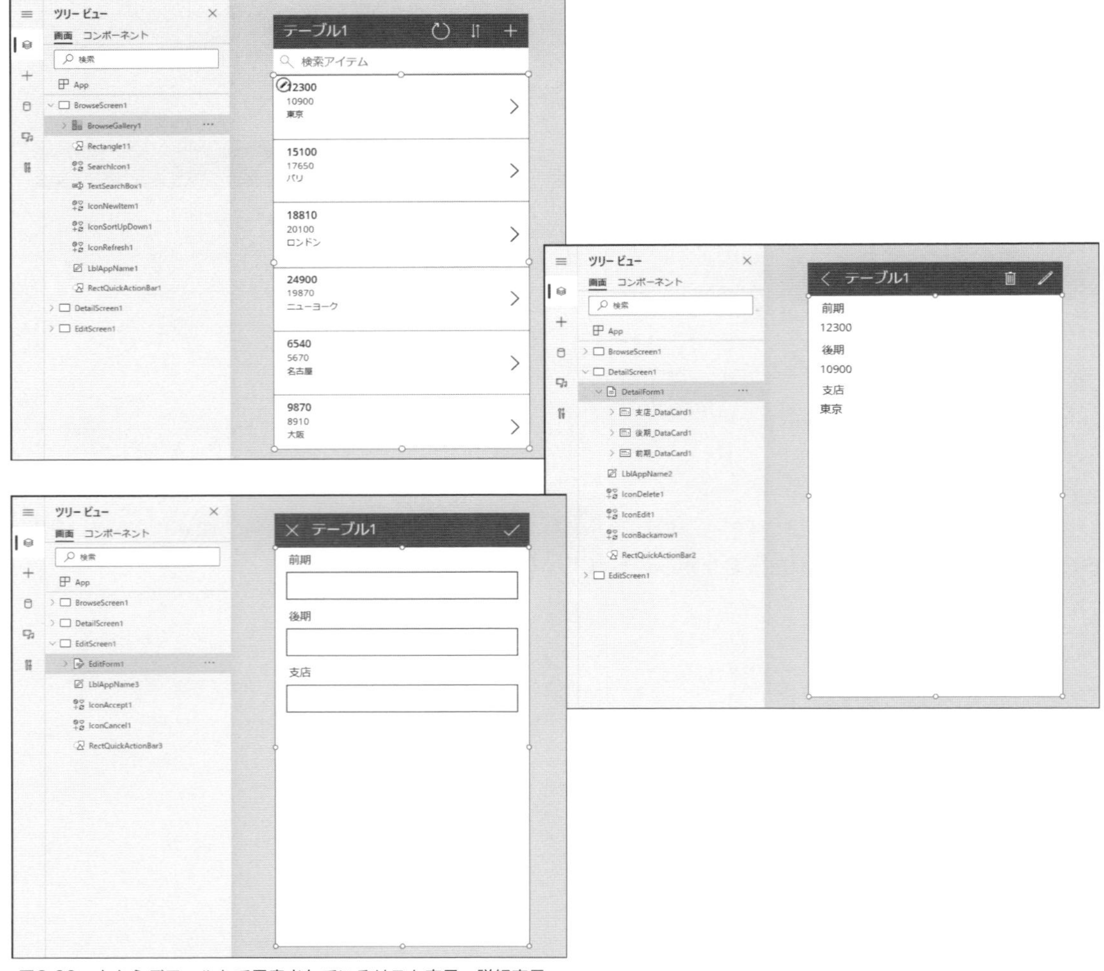

図2-60：上からデフォルトで用意されているリスト表示、詳細表示、編集・作成用フォームの3つのスクリーン。

BrowseGalleryコントロールについて

では、各スクリーンで使われているデータ接続のコントロールについて説明していきましょう。まず最初は、起動時に現れるデータのリスト表示画面（BrowserScreen1スクリーン）に用意されている「BrowseGallery」です。

BrowseGalleryはデータをブラウズするためのコントロールです。データの一覧表示を管理するコントロールであり、これ自体にはデータを表示する機能はありません。この中に表示用のコントロールが組み込まれており、それらを使って表示が行われます。用意されているコントロールは次のようになります。

Title1, Subtitle1, Body1	3つのラベルは、各データの項目3つの値を表示するものです。
NavArrow1	詳細画面に移動する「>」アイコンのコントロールです。
Separator1	各項目の間に表示される仕切り線のコントロールです。

このように、実際にデータなどが表示されるのはBrowseGalleryの機能ではなく、この中に組み込まれているラベルなどのおかげなのです。BrowseGallery自体は、あくまで「データを管理する」ためのものなのですね。

（※実をいえば、Power Appsには「Browse Gallery」というコントロールはありません。この実態は「Gallery」というコントロールなのです。Galleryについてはもう少しあとで説明します）

図2-61：BrowseGallery1には、表示のためのコントロールがいろいろと組み込まれている。

BrowseGalleryの属性

配置されたBrowseGallery1を選択すると、右側の属性タブに専用の属性が多数表示されます。これらを使ってテーブルのデータの表示を設定しているのです。用意されている項目についてまとめておきます。

図2-62：BrowseGalleryの属性。

データソース	使用するデータソースを指定します。ここでは「テーブル1」になっています。
フィールド	「編集」で組み込まれた各ラベルに表示する項目を指定します。クリックするとラベル名の一覧が現れ、表示する項目を選べます。  図2-63：フィールドをクリックすると各ラベルに表示する項目が設定できる。
レイアウト	表示する項目とレイアウトをポップアップ表示された中から選びます。 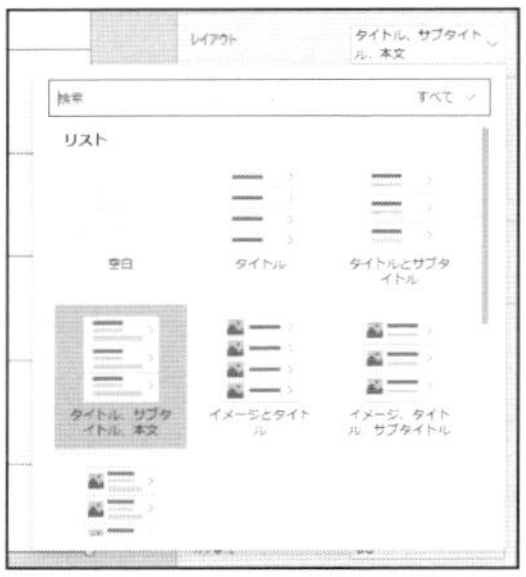 図2-64：ポップアップで現れるレイアウト。
折り返しの数	項目を折り返して複数列表示するためのものです。  図2-65：折返しを2にすると2列で表示される。
テンプレートのサイズ	各項目の高さの指定です。
テンプレートのパディング	各項目の周囲の余白幅の指定です。
スクロールバーの表示	必要に応じて右側にスクロールバーを表示します。
ナビゲーションの表示	必要に応じて表示を上下に移動するボタンを追加します。  図2-66：ナビゲーションの表示をONにするとリストの上下に移動用のボタンが追加される。
ナビゲーションステップ	ナビゲーションアイコンで移動する個数です。

DetailFormコントロールについて

データの詳細情報を表示する「DetailScreen1」スクリーンに配置されているのが、「DetailForm」というコントロールです。指定データの内容をすべてまとめて表示するものです。

このDetailFormは、日本語では「表示フォーム」と呼ばれます。DetailFormは指定したデータソースのデータにある値を整理して表示するのに使われます。DetailFormの中には「カード（Card）」と呼ばれる項目が用意されており、このカードで各項目の内容が表示されます。DetailFormはデータを管理し、カードをレイアウトするためのものです。

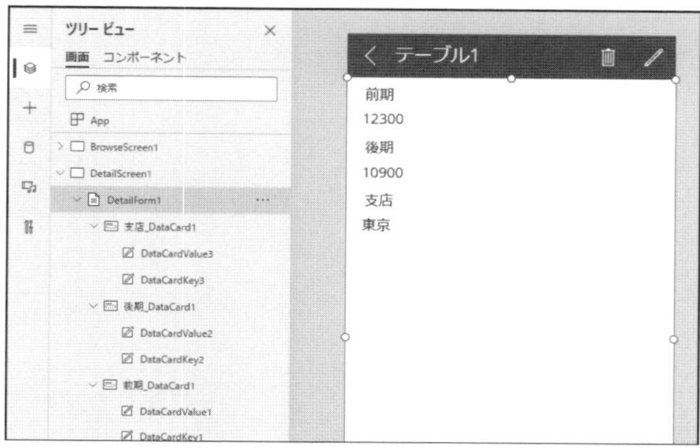

図2-67：DetailFormの中には、いくつかのDetailCardが組み込まれている。

DetailFormの属性

このDetailFormには、専用の属性がいくつか用意されています。以下に、各項目について簡単にまとめておきます。

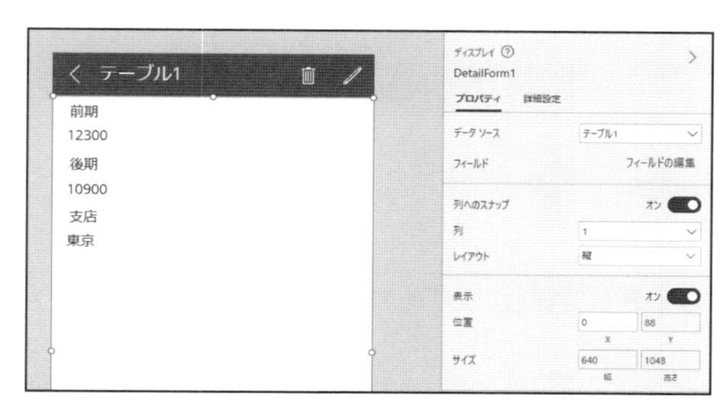

図2-68：DetailFormに用意されている属性。

データソース	データソースの指定です。クリックすると、利用可能なデータソースがプルダウンして現れます。

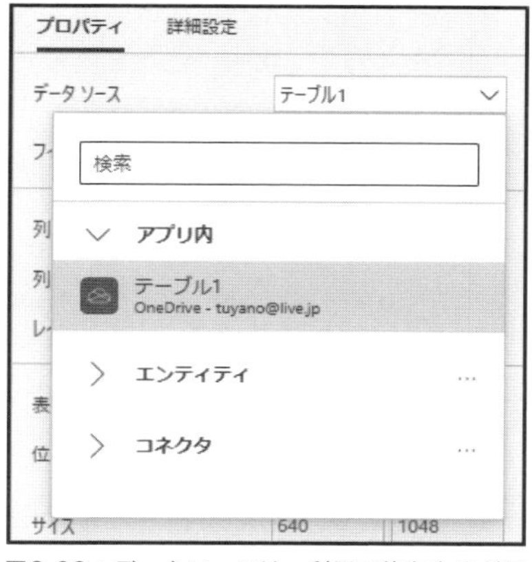

図2-69：データソースは、利用可能なものが選べるようになっている。

フィールド	各項目の内容を指定します。使用するコントロールの種類（どういう値を表示するか）を選びます。

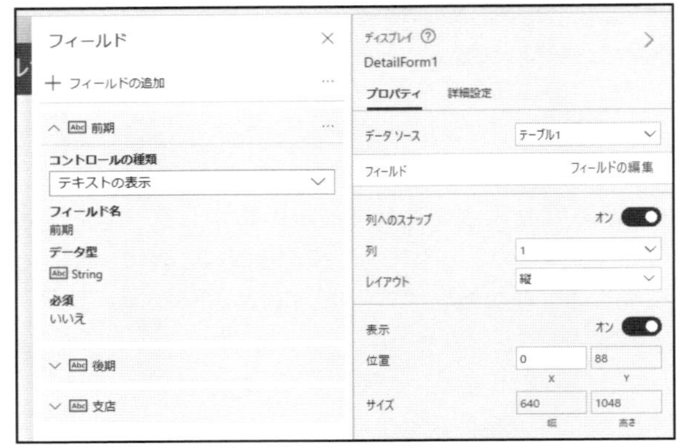

図2-70：フィールドをクリックすると、各項目の値の種類を設定できる。

列へのスナップ	各Cardの位置とサイズを自動調整する機能です。常にONにしておきましょう。
列	表示する列数です。
レイアウト	項目のラベルと値を並べる方向（縦か横か）を指定できます。

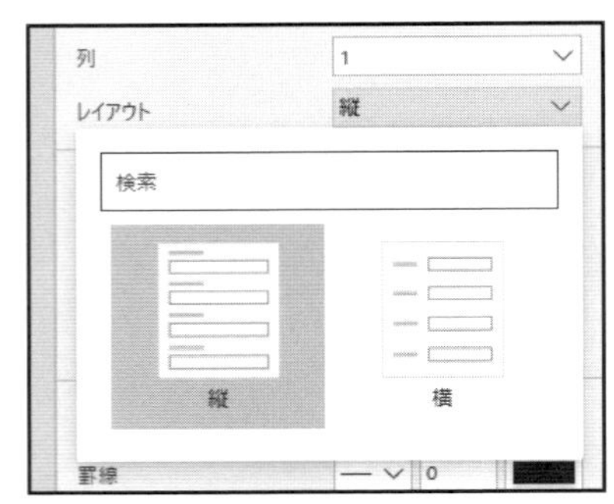

図2-71：レイアウトではラベルと値を縦に並べるか、横に並べるかを選択する。

カード（Card）について

DetailFormには、カード（Card）と呼ばれる各項目を表示するためのコントロールが組み込まれています。このCardの中には、項目名と指定した項目の値を表示するラベルなどが用意されます。テーブル1の場合、支店と前期・後期のための3つのCardが組み込まれています。

各Cardには、表示に関する次のような属性が用意されています。これらを使ってCard内の表示を整えていきます。

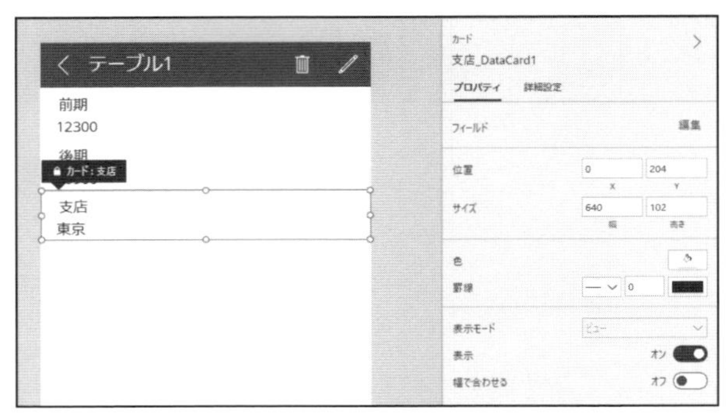

図2-72：Cardと用意される属性。これは支店用のCardを選択したところ。

フィールド	DetailFormにあったフィールド属性と同じです。このCardに表示される値の種類を指定します。
幅で合わせる	値に応じて幅を自動調整します。

EditFormコントロールについて

値の作成や編集用に用意されているフォームのスクリーン（EditForm1）に配置されているフォームは、「EditForm」というコントロールです。先ほどのDetailFormが「データを表示するためのフォーム」であったのに対し、こちらは「データを入力・編集するためのフォーム」です。

このEditFormの中にも、やはり各項目の値を扱うための「カード（Card）」コントロールが項目の数だけ用意されています。EditFormはデータを管理し、カードをレイアウトするための入れ物としての役割を果たします。

図2-73：EditFormコントロール。中に複数のCardが組み込まれている。

EditFormの属性

このEditFormにも、いくつかの専用の属性が用意されています。これらについて簡単に説明しておきましょう。

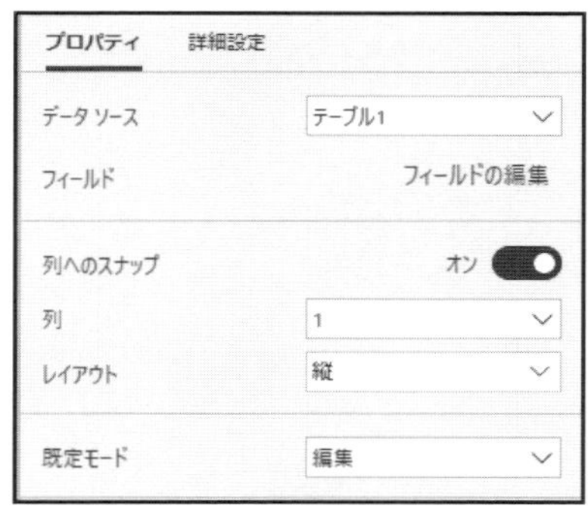

図2-74：EditForm用に用意されている属性。

データソース	データソースの指定です。クリックすると、利用可能なデータソースがプルダウンして現れます（EditFormと同じ）。
フィールド	各項目の内容を指定します。使用するコントロールの種類を選びます（EditFormと同じ）。
列へのスナップ	各Cardの位置とサイズを自動調整する機能です。
列	表示する列数です。
レイアウト	項目のラベルと値を並べる方向を指定します。
既定モード	EditForm独自の属性で、フォームのモードを指定します。「編集」「新規」「ビュー（表示用）」から選びます。 図2-75：既定モードには「編集」「新規」「ビュー」の3つが用意されている。

BrowseGalleryと2つのフォーム

接続したデータソースを元に自動生成されるアプリは、突き詰めるなら「BrowseGallery」「DetailForm」「EditForm」の3つのコントロールを使ってデータの表示や作成・編集などを行えるようにしたものといえます。これらの基本的な使い方がわかれば、データを扱うアプリの作成は決して難しいものではないのです。

ただし、そのためには各コントロールの使い方がしっかりと頭に入っていなければいけません。データ利用のコントロールのポイントは「データソース」と「フィールド」の設定です。これらをきちんと行うことができれば、データを利用したアプリを作成できるようになります。

DetailForm、EditFormなどのフォームの具体的な作成手順は、次の「2.3. 自作アプリでデータを活用しよう」で説明します。

Chapter 2

2.3. 自作アプリでデータを活用しよう

自作アプリからExcelデータを利用する

データ利用の基本がどうなっているのか一通りわかったところで、自作のアプリから接続したデータソースを利用してみることにします。

先に作成した「サンプルアプリ」の編集画面に戻りましょう。すでにタブを閉じてしまった人は、Power Appsのホーム画面の左側にあるリストから「アプリ」を選択し、「サンプルアプリ」の左端のチェックをONにして選択してから上部の「編集」をクリックします。これで、アプリをPower Apps Studioで開いて編集できるようになります。

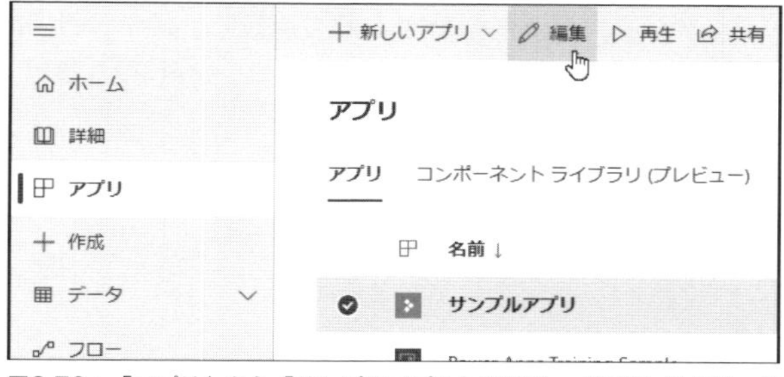

図2-76：「アプリ」から「サンプルアプリ」を選び、「編集」をクリックして開く。

データソースを追加する

続いて、アプリにデータソースを追加します。Power Apps Studioの左端にあるアイコンから「データ」を選択してください。その右側にデータソースのリストを表示する欄が現れます。そこから「データの追加」をクリックし、プルダウンして現れた表示から「コネクタ」内にある「OneDrive」を選びます。

　すると接続のリストが現れるので、再度「OneDrive」を選んでください。

図2-77：「データの追加」から「OneDrive」を選び、現れたリストから再度「OneDrive」を選ぶ。

　画面の右側に「Excelファイルの選択」というパネルが現れ、OneDriveにあるファイル・フォルダのリストが表示されます。ここから「ブック.xlsx」を選んでください。ブック内にあるテーブルのリストが現れるので「テーブル1」を選び、「接続」ボタンで接続してください。

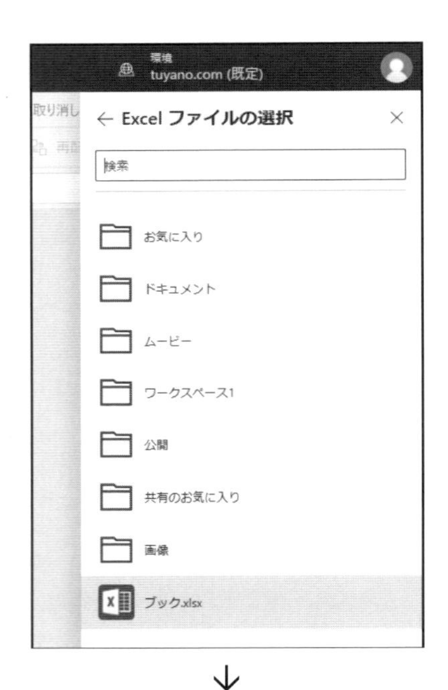

図2-78：ブックを選び、さらにテーブルを選んで接続する。

データタブの表示に戻ります。追加した「テーブル1」のアイコンがリストに追加されます。これでデータソースが用意できました。

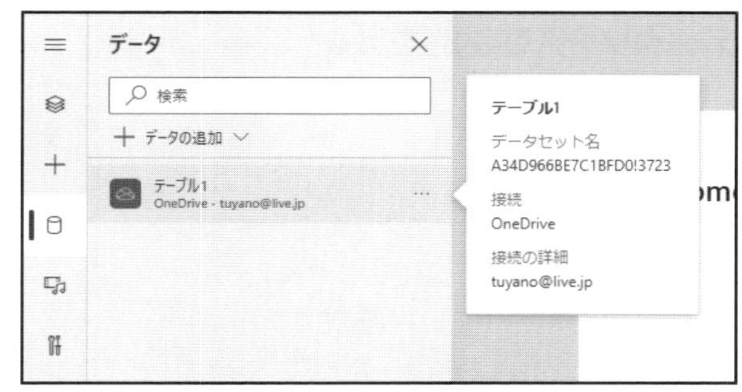

図2-79：データに「テーブル1」の項目が追加された。

垂直ギャラリー（Gallery）を作成する

では、データソースであるテーブル1のデータを利用したコントロールを作成しましょう。ここでは「垂直ギャラリー」というコントロールを使ってみます。画面左端のアイコンから「挿入」を選び、その右側に表示されるコントロールのリストから「垂直ギャラリー」をクリックしてください。デザイナーにコントロールが追加されます。追加後、位置などを調整しておきましょう。

図2-80：垂直ギャラリーを追加する。

配置された垂直ギャラリーを選択すると、右側の属性タブにその属性が表示されます。名前はおそらく「Gallery1」といったものになっているでしょう。

この垂直ギャラリーは、「ギャラリー（Gallery）」というコントロールのエイリアスです。Power Apps Studioの挿入タブの「レイアウト」内にはこの他にも「水平ギャラリー」や「空のギャラリー」など、多くのギャラリーが用意されています。

が、これらはすべて「ギャラリー（Gallery）」という同じコントロールです。コントロールの属性をあらかじめ調整したエイリアスが多数揃えられていたのですね。また、先に登場した「BrowseGallery」というコントロールもこのGalleryの一種です。データソースからデータを取り出し一覧表示するものは、基本的にすべてこのGalleryコントロールだ、と考えていいでしょう。

データソースを設定する

配置したばかりの状態では、Galleryにはダミーデータがサンプルとして表示されています。これにデータソースを設定することで、実際のデータが表示されるようになります。

配置したGalleryの属性タブから「データソース」の値部分（「なし」が設定されています）をクリックしましょう。現れたパネルの中から「アプリ内」にある「テーブル1」を選択してください。これでGalleryにテーブル1のデータが表示されるようになります。

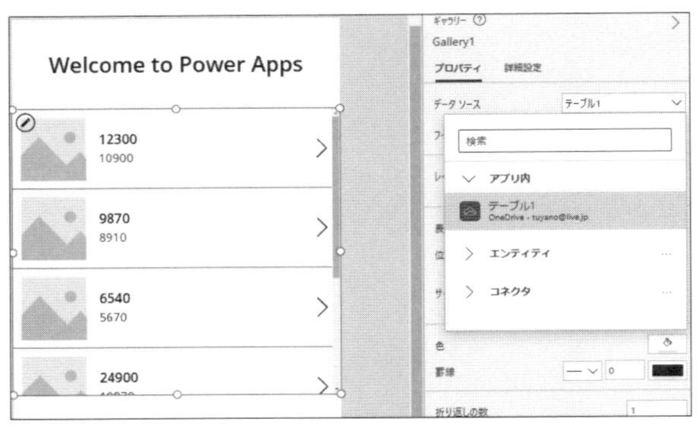

図2-81：垂直ギャラリーの「データソース」から「テーブル1」を選ぶ。

レイアウトを変更する

デフォルトでは、イメージと2つの数値（前期・後期の値）が表示された状態になっていることでしょう。今回、イメージは表示する必要がありませんし、支店名をタイトルに表示したほうがわかりやすくなります。そこで、レイアウトを変更しておきましょう。

属性タブの「レイアウト」の値の部分をクリックすると、用意されているレイアウトがポップアップ表示されます。その中から「タイトル」をクリックして選んでください。これでタイトルのテキストだけがリスト表示されるように表示が変わります。

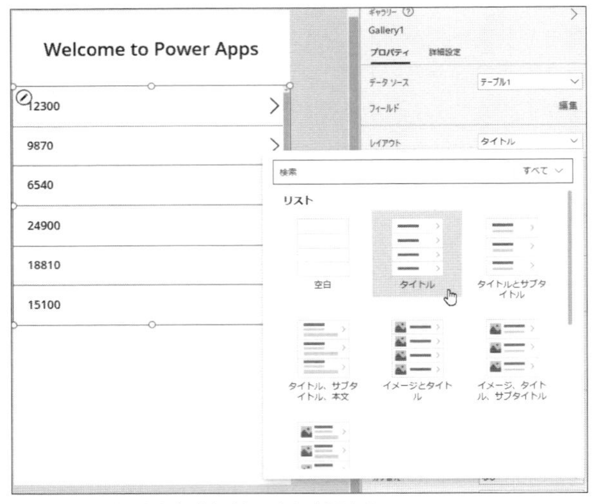

図2-82：レイアウトを「タイトル」に変更する。

タイトルを「支店」に変更する

続いて、タイトルとして表示される項目を変更します。Galleryの属性タブから「フィールド」のところにある「編集」をクリックしてください。右側に「データ」というパネルが現れ、タイトルを表示するラベルの設定が行えます。

そこにあるプルダウンメニューから「支店」を選択しましょう。これでタイトルに支店の値が表示されるようになります。

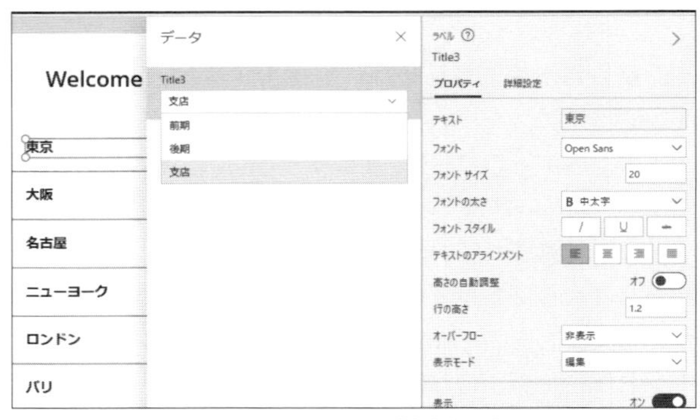

図2-83：フィールドでタイトルの項目を「支店」に変更する。

詳細表示スクリーンを作る

これで支店名をリスト表示することはできるようになりました。次は支店をクリックすると、その詳細情報が表示されるようにしましょう。そのためには、詳細表示のスクリーンを用意する必要があります。

では、新しいスクリーンを作成しましょう。ツールバーにある「新しい画面」をクリックしてください。下にパネルが現れ、作成するスクリーンの内容を選べるようになります。

ここから「空」をクリックして選択しましょう。これで、何もコントロールがない状態のスクリーンが作成されます。ツリービューから、「Screen2」という新しいスクリーンが追加されていることを確認しましょう。
(なお、スクリーンの名前は「Screen3」など少し違っている場合もあります。作成されたスクリーンの名前を控えておきましょう)

図2-84：「新しい画面」から「空」を選択すると、新しいScreen2が作成される。

Screen1からの移動を設定する

続いて、Screen1にあるGallery1の項目をクリックしたらScreen2に移動するように、移動の設定を行いましょう。これは「アクション」という機能を使って作成します。アクションとはその名の通り、何らかの動作を行うための設定です。

ツリービューからデフォルトで用意されている「Screen1」をクリックして選択してください。そして、その中の「Gallery1」を選択し、メニューバーの「アクション」をクリックして下に現れる項目の中から「移動」をクリックします。さらに下にパネルが現れるので、そこから「Screen2」「ScreenTransaction.Fade」を選択します（デフォルトでこれらが選ばれています）。これらは移動先のスクリーンと、移動時の視覚効果を設定するためのものです。

図2-85：「移動」から移動先のスクリーンと視覚効果を選ぶ。

プレビューで移動しよう

設定できたら、ツリービューからデフォルトのスクリーン（Screen1）を選択して表示し、プレビューしましょう。これでScreen1が表示されます。ここから項目をクリックすると、なにもないスクリーンに移動します。まだデータは表示されませんが、移動はできるようになりました！

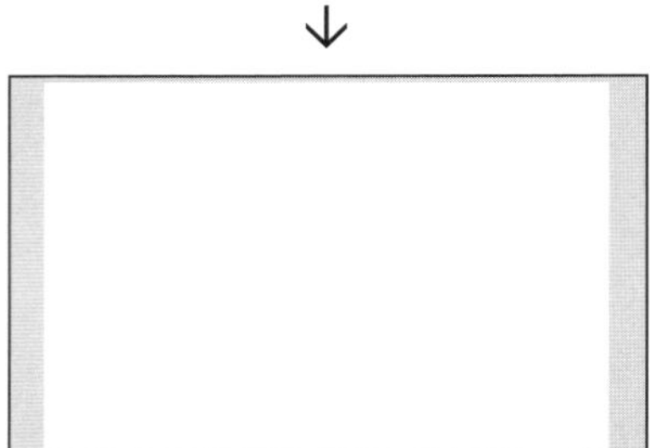

図2-86：Screen1のリストから項目をクリックするとScreen2に移動するようになった。

表示フォーム（ViewForm）を作成する

では、Screen2に詳細情報が表示されるようにしましょう。詳細情報は「表示フォーム（ViewForm）」というコントロールを使って表示します。

ツリービューからScreen2を選択して表示し、挿入ペインに表示を切り替えて、リストにある「入力」というところから「表示フォーム」を探してクリックしてください。これでスクリーンにViewFormが追加されます。

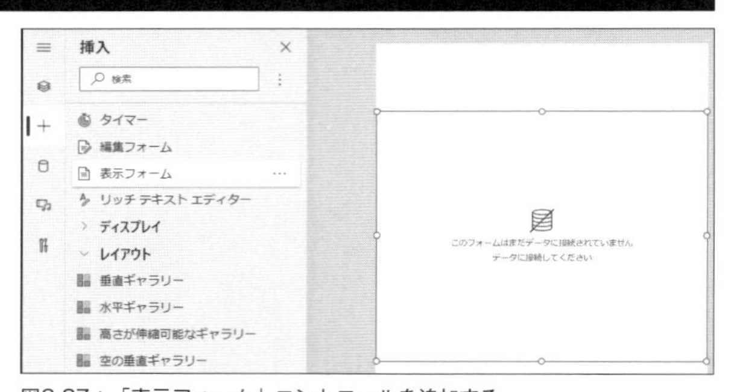

図2-87：「表示フォーム」コントロールを追加する。

データソースの設定

表示フォームを利用するためには、データソースとフィールドを設定しなければいけません。まず、データソースから設定していきましょう。

配置したViewFormコントロールを選択し、属性タブから「データソース」の値部分（「なし」と設定されています）をクリックしてください。利用可能なデータソースを表示したパネルが現れるので、ここから「アプリ」内の「テーブル1」を選択します。

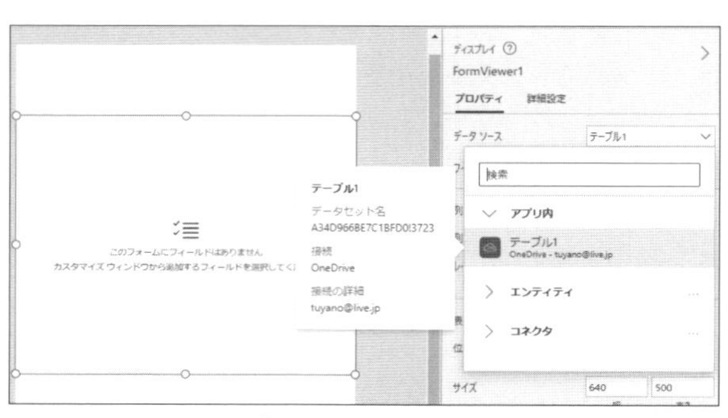

図2-88：データソースに「テーブル1」を選ぶ。

フィールドの作成

続いてフィールドを設定していきます。属性タブの「フィールド」のところにある「フィールドの編集」をクリックしてください。横に「フィールド」と表示されたパネルが現れます。ここに、用意するフィールドを追加していきます。

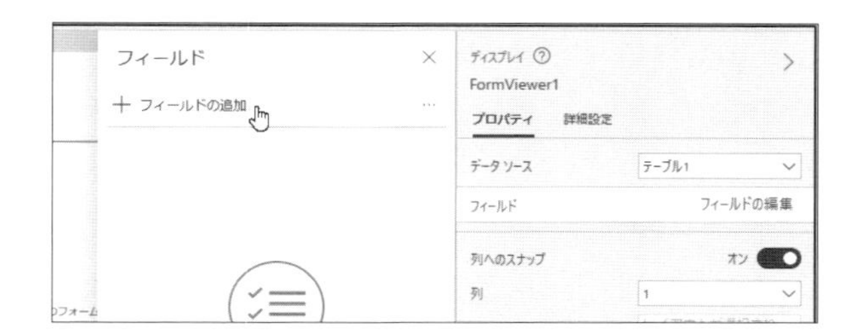

「フィールドの追加」をクリックし、現れたパネルから「支店」のチェックをONにして「追加」ボタンをクリックしてください。これで支店のフィールドが追加されます。同様にして「前期」「後期」のフィールドも追加しましょう。これで3つの項目がすべてフィールドとして追加されます。

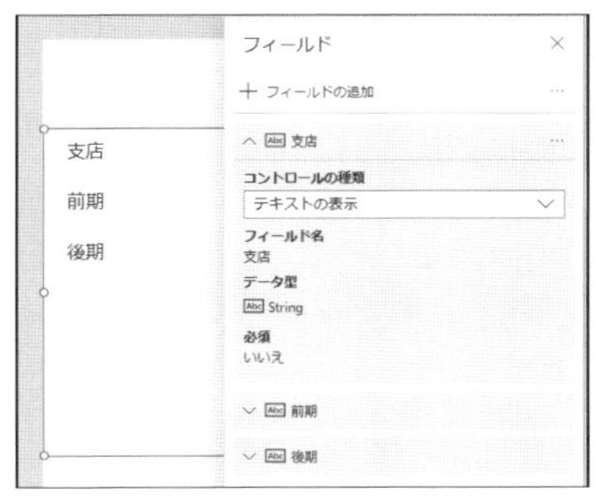

図2-89：「フィールドの編集」をクリックし、3つのフィールドを追加する。

ViewFormのItemに値を設定する

これで詳細情報の表示は用意できました。これで完成？　いいえ、まだ完成ではありません。なぜならこの状態で実行しても、詳細情報の表示を行うViewFormには、クリックした項目の情報は表示されないからです。

ViewFormはそれ単体で表示を行うのではなく、Screen1のGalleryと連携して働きます。Galleryで項目をクリックすると、その項目のデータがViewFormに表示されるのですね。したがって、ViewFormには「どの項目のデータを表示するか」がわからなければいけません。

これは、通常のやり方では設定できません。まず、配置したViewFormを選択してください。そして属性タブの上部に見える「詳細設定」のリンクをクリックし、表示を切り替えてください。下に表示される属性が変わります。

この中から「Item」という項目を探します。そしてその値として、次のようにテキストを入力します。

```
Gallery1.Selected
```

これは、Gallery1で選択されている項目を設定するための文です。Power Appsでは「Power Fx」という機能を使うことで他のコントロールの値を利用できます。これでItemという属性に、Gallery1で選んだ項目が設定されるようになりました。これにより、内部に組み込まれたViewFormには得られた値の内容が表示されるようになります。

ここで使った「Gallery1.Selected」というのは、Gallery1の選択されたデータを示す式です。Power Appsではこうした式を書いて値として利用できます。式については改めて説明をしますので、「Power Appsでは用意された値を選ぶだけでなく、もっと複雑な値を使う方法も用意されているのだ」ということだけ覚えておきましょう。

図2-90：Gallery1の項目をクリックすると、そのデータを表示する。

プレビューで動作を確認する

設定できたら動かしてみましょう。ツリービューで「Screen1」を選択して表示し、プレビューを開始します。表示されたリストからデータを見たい項目をクリックするとScreen2に移動し、選択したデータが表示されます。

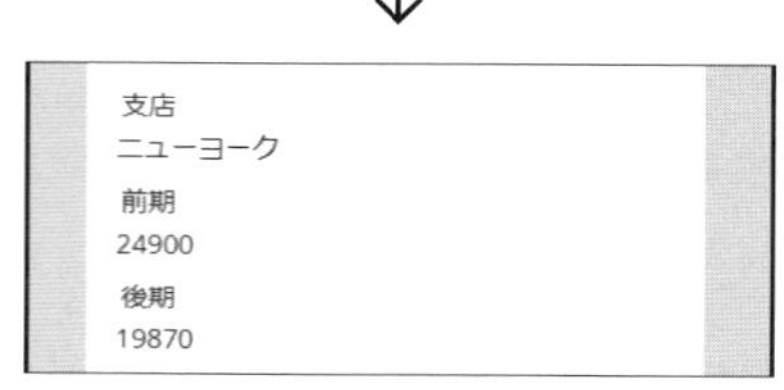

図2-91：リストから項目をクリックすると、その詳細情報が表示される。

Screen1に戻るボタンを作る

これで「リストから詳細情報へ」という移動ができるようになりました。あとは詳細情報からリストに戻る機能も必要ですね。

ツリービューからScreen2を選択して表示し、挿入ペインから「ボタン」をクリックして追加しましょう。属性タブからテキストを「戻る」と変更し、フォント関係は見やすい形で適当に設定しておきます。

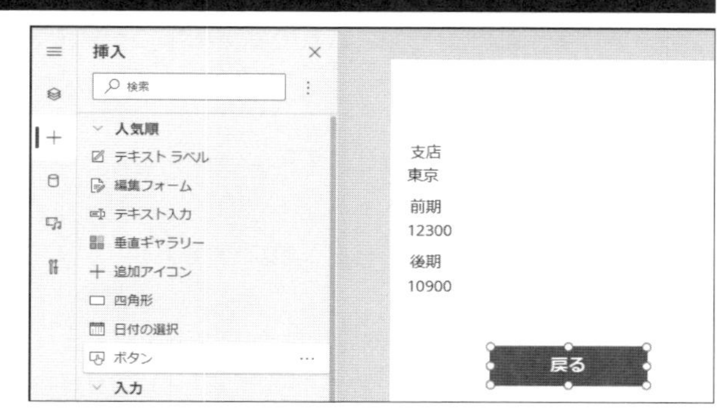

図2-92：ボタンを1つ追加する。

作成したボタンに、Screen1に戻るアクションを設定しましょう。スクリーンの移動はすでにやりましたね。

配置したボタンを選択し、メニューバーから「アクション」を選びます。下に現れたバーから「移動」をクリックし、移動先を「Screen1」に設定します。視覚効果はデフォルトのままでいいでしょう。

図2-93：「アクション」から「移動」を選び、Screen1を選択する。

これで、ボタンクリックでScreen1に戻る機能ができました。プレビューで動作を確認しましょう。

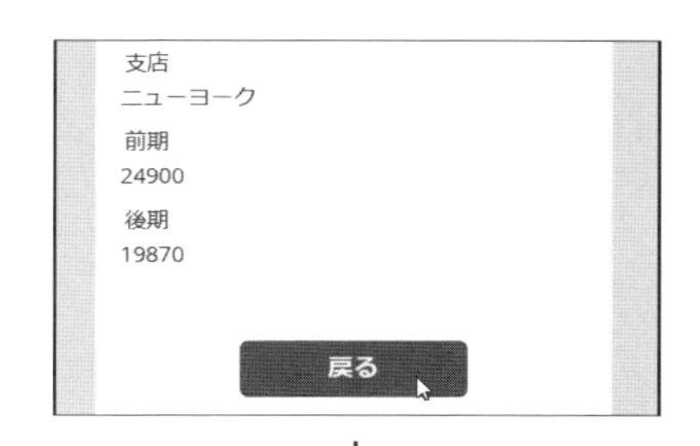

図2-94：詳細情報のスクリーンから「戻る」ボタンをクリックすると、元のリスト表示の画面に戻るようになった。

データの作成フォームを作る

データの表示については、これで基本的なことはできるようになりました。続いて、「データの作成」についても作ってみましょう。

これは、作成のためのフォームを表示する専用スクリーンが必要になります。そして、そのスクリーンに移動するボタンなども用意しなければいけません。順に作業をしていくことにしましょう。

まず、新規スクリーンを作成します。「挿入」メニューから「新しい画面」をクリックし、「空」を選んで新しいスクリーンを作成しましょう。これは「Screen3」という名前になります。

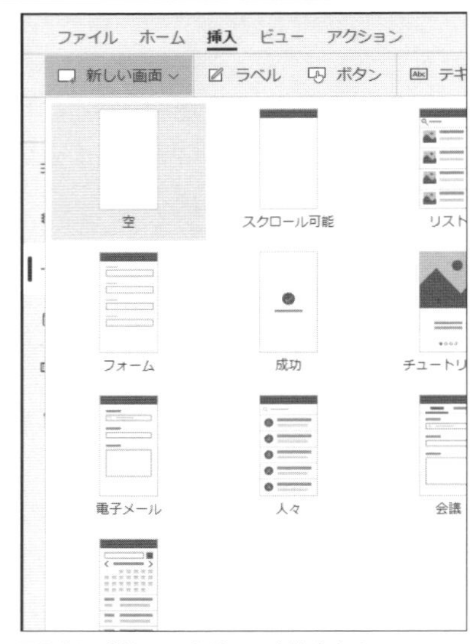

図2-95：新しいスクリーンを作成する。

移動アクションの作成

トップ画面となるScreen1に、作成したScreen3に移動する機能を用意しましょう。Screen1を開き、挿入ペインから「ボタン」を選択してボタンを作成してください。

図2-96：新しいボタンを追加する。

「アクション」メニューから「移動」をクリックして、移動先を「Screen3」にしておきます。効果は適当に選んでおいてかまいません。これでScreen3に移動するボタンができました。

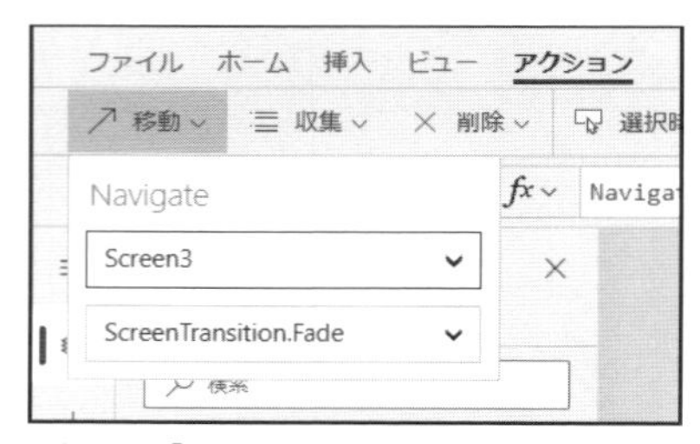

図2-97：「移動」でScreen3を選んでおく。

編集フォームを追加する

Screen3にデータの作成のための表示を作りましょう。データの作成は「編集フォーム」というコントロールを利用します。すでにあるデータの編集だけでなく、データの新規作成を行う際にも使われます。挿入ペインから「入力」内にある「編集フォーム」をクリックしてデザイナーに配置してください。

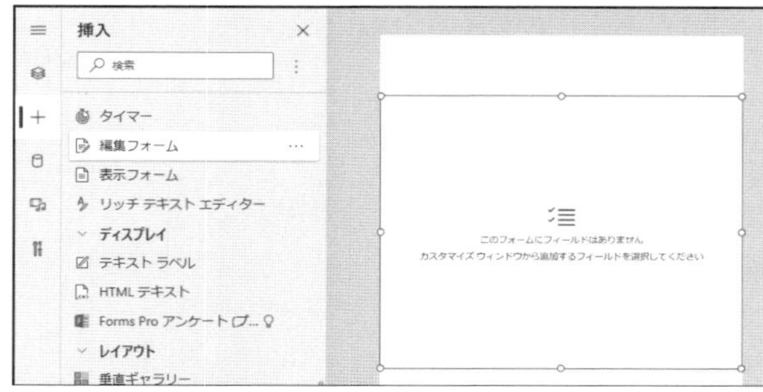

図2-98：編集フォームを作成する。

フィールドを作成する

この段階では、編集フォームにはまだ何も表示されていません。ここから属性タブで設定を行います。まず「データソース」から「テーブル1」を選びます。そして「フィールドの編集」をクリックしてフィールドを追加するためのパネルを呼び出し、「＋フィールドの追加」ボタンで3つのフィールドを追加します。それぞれ「支店」「前期」「後期」を指定しておきましょう。

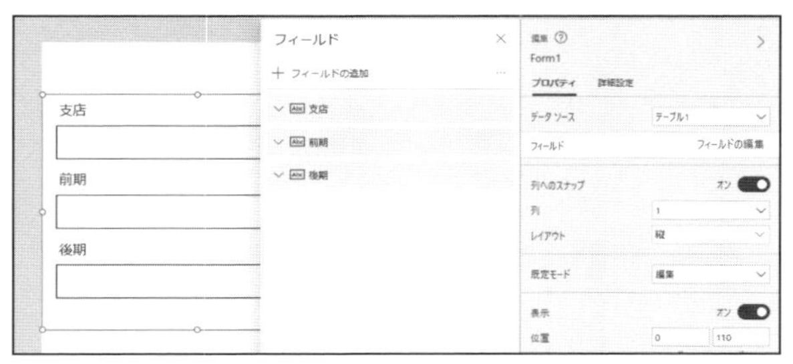

図2-99：「フィールドの編集」で支店・前期・後期のフィールドを追加する。

既定モードの変更

属性タブから「既定モード」の値を「新規」に変更します。これは、編集フォームの働きを指定するものです。これにより、このフォームが新規作成用か、編集用か、データの表示用かを指定します。「新規」にすることで、新たにデータを作成するためのフォームとして機能するようになります。

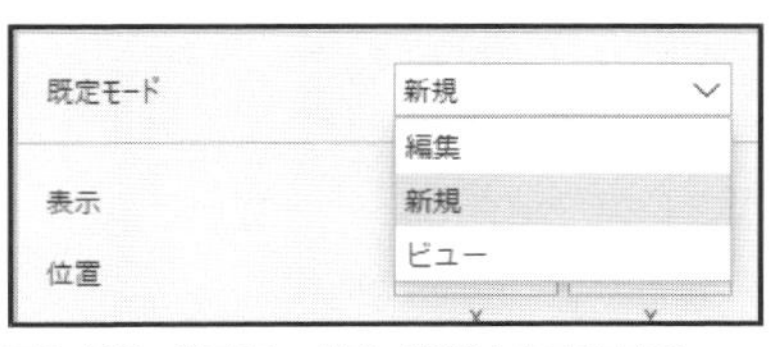

図2-100：既定モードを「新規」に変更する。

ボタンにアクションを設定する

ボタンを用意し、データの保存を行うようにします。挿入ペインでScreen3にボタンを1つ追加しましょう。属性タブから「詳細設定」を選び、「OnSelect」という属性をクリックして次のように記述をします。

▼リスト2-1

```
SubmitForm(Form1);
Navigate(Screen1);
```

ここで記述したのは、Power Fxという機能に用意された関数です。これでフォームを送信してデータの追加を行い、Screen1に戻る処理を実現しています。

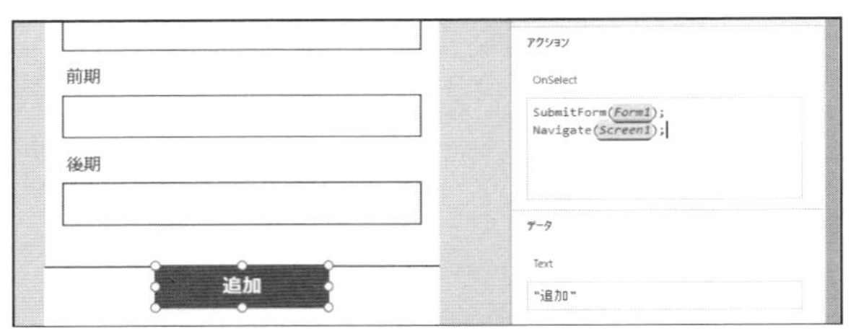

図2-101：ボタンのOnSelectに関数を記述する。

動作を確認しよう

新規作成フォームができました。アプリを実行して動作を確認しましょう。Screen1のボタンをクリックすると新規作成フォームの画面（Screen3）に移動します。ここでデータを記入し送信するとそのデータが保存され、Screen1に戻ります。リストには、フォームに記述したデータが追加されているのがわかるでしょう。

図2-102：フォームを送信すると、その内容が追加される。

データが追加されることを確認したら、元データとなっているExcelファイルを開いて内容を調べてみてください。フォームから送信したデータがテーブルに追加されているはずです。こんな具合にアプリでデータを追加すると、元データとなるExcelファイルも更新されるようになっているのです。

A1 fx 支店

	A	B	C	D
1	支店	前期	後期	_PowerApp
2	東京	12300	10900	17x6BHdsDd0
3	大阪	9870	8910	8DOyiPAbol0
4	名古屋	6540	5670	3HSIhvYluUU
5	ニューヨーク	24900	19870	mr7qNYGUQLE
6	ロンドン	18810	20100	FCnkn4jK-wI
7	パリ	15100	17650	69WhiVQmXbM
8	テスト	12345	98765	qCMqOIwpnyU

図2-103：Excelで追加データが書かれていることを確認する。

図形コントロールについて

これでデータを作成するフォームのスクリーンができました。ここでは編集フォームとともに「ボタン」が重要な役割を果たしています。データの保存やスクリーンの移動などはすべてボタンで行いました。このボタンは、実は「ボタン」以外のもので作成することもできます。それは「図形」コントロールです。挿入ペインを見ると、「図形」というところにさまざまな図形のコントロールが用意されていることがわかるでしょう。

これらは単に、画面に簡単な図を表示するというだけのものではなく、ボタンとして機能させることもできるのです。図形を配置し「アクション」メニューをクリックすれば、通常のボタンと同様にクリックしたときの処理を設定することができます。

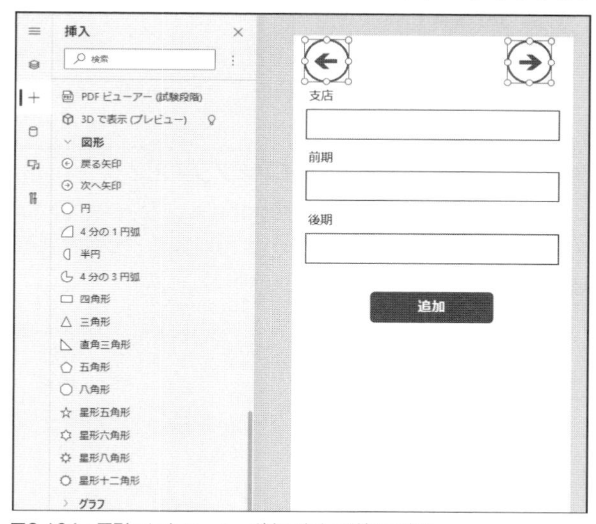

図2-104：図形コントロール。ボタンとして利用できる。

移動アクションは重要

これでいくつかのスクリーンを用意し、それらを行き来しながら表示を行う、ということができるようになりました。スクリーンの移動は「アクション」にある「移動」を使って簡単に設定できます。

アクションは、よく利用する機能をコントロールに設定するために用意されている機能です。中でも「移動」は、おそらくもっともよく使うアクションでしょう。使い方は割と簡単ですので、ここで確実に覚えておくようにしましょう。

また、今回は触れませんでしたが、移動には視覚効果の設定も用意されています。「ScreenTransition.○○」という値を選んで指定します。どのような効果が用意されているのか、いろいろと変更して試してみると面白いでしょう。

Chapter
2

2.4.

データを利用するコントロール

ドロップダウン（Dropdown）について

Power Appsにはたくさんのコントロールが用意されていますが、それらの中にはデータが用意されていなければ使えないものも多数あります。データソースを用意することで、こうしたコントロールも使えるようになります。

先にGalleryやViewFormといったコントロールを使いましたが、これらもデータソースがなければ使えないコントロールでした。まぁ、これらは「データソースのデータを表示するためのもの」ですから当然といえば当然ですが、この他にもデータを必要とするコントロールはいろいろあるのです。

候補から1つを選ぶ「ドロップダウン」

まずは「ドロップダウン（Dropdown）」からです。これは挿入ペインの「入力」の中に用意されています。

Dropdownは複数の項目から1つを選ぶ、プルダウンメニューのような働きをします。配置した段階では項目は何も表示されません。

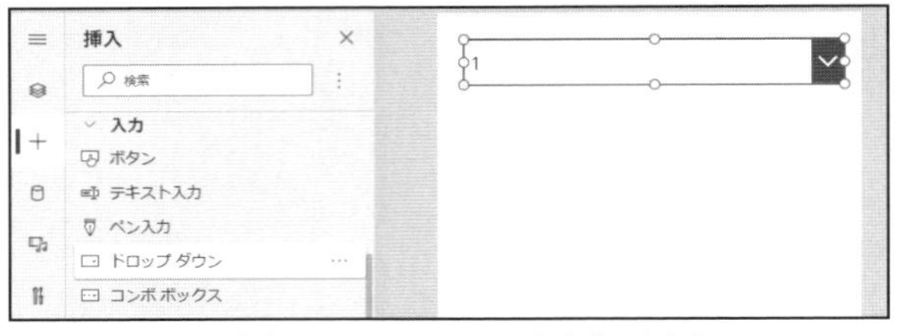

図2-105：ドロップダウン。デフォルトでは何も表示されない。

ドロップダウンの項目は、「項目」と「Value」という2つの属性で設定します。属性タブの「項目」は、クリックすると利用可能なデータソースを表示したパネルが現れるので、ここから使用するデータソースを選択します。そしてその下の「Value」から、選択したデータソースに用意されている値を選びます。これで、選択した値を候補として表示するDropdownが作成されます。

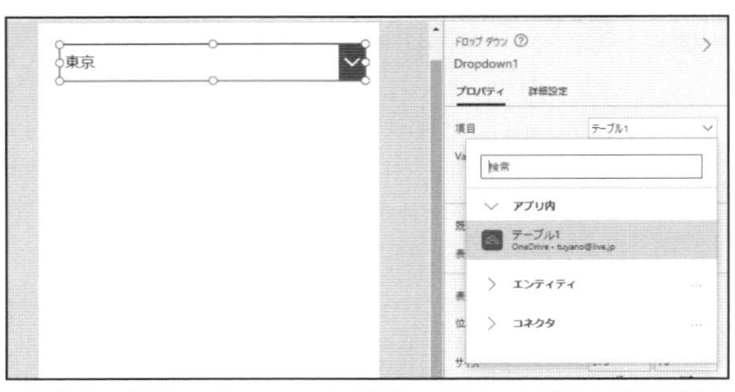

図2-106：「項目」でデータソースを選び、「Value」で表示する値を選ぶ。

実際にこれらを設定し、プレビューで動作を確かめてみましょう。クリックすると、設定した値がプルダウンして表示されます。そこから選ぶと、それが値として設定されるようになります。

Dropdownの属性には項目とValueの他に、表示色に関するものがいくつか用意されています。ただし、これらはデフォルトのままでも問題ありません。基本的に、表示項目の設定さえできれば使えると考えていいでしょう。

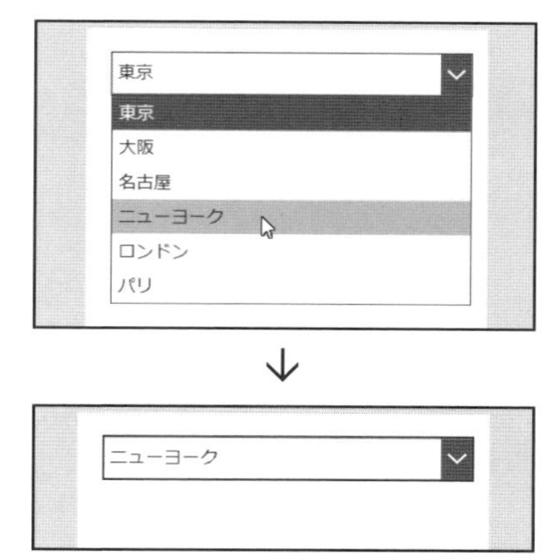

図2-107：クリックすると選択項目がプルダウンして現れる。そこから1つを選ぶと、それが値として選択される。

コンボボックス（ComboBox）について

ドロップダウンと似たものに「コンボボックス（ComboBox）」があります。これは値を選ぶというより、「データを選ぶ」ものといえます。つまり、いくつかの値がズラッと表示されるのではなく、いくつかのデータが表示され、そこから選ぶのです。

これも挿入ペインの「入力」に用意されています。ComboBoxを配置すると、同時にデータソースを選択するパネルがポップアップして現れます。これはデータソースを設定するまで、選択すると常に表示されます。「必ずデータソースを選んでください」ということなのでしょう。

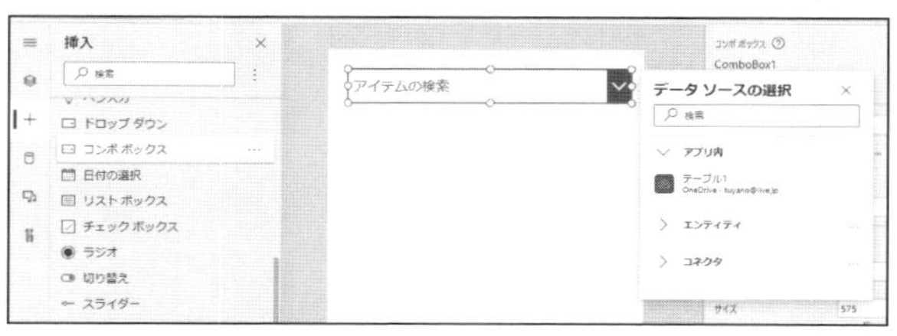

図2-108：ComboBoxは配置するとデータソースを選択するパネルが現れる。

ただし、データソースを選択しただけではComboBoxは使えるようになりません。データソースのどの項目を使うかを指定する必要があるのです。

属性タブから「フィールド」の横にある「編集」をクリックすると、属性タブの横にパネルが現れます。ここで「レイアウト」という項目から、データのレイアウトを選択します。このレイアウトには「シングル」「二重線」「人」という項目が用意されており、これらによって表示される内容が変化します。

レイアウトを選ぶと、その下に表示される項目を指定するプルダウンメニューが現れます。ここで選んだ項目がComboBoxに表示されるようになります。「二重線」や「人」を選ぶと、メインの項目の他に副次的な項目も表示できるようになります。

図2-109：フィールドでレイアウトと使用する項目を選ぶ。

実際に使ってみると、Dropdownとは明らかに動作が違うことがよくわかるでしょう。クリックすると項目がプルダウンして現れる点は同じですが、ここから項目をクリックしても、プルダウンして現れるリストは消えません。そのまま項目を次々とクリックし、いくつでも選択することができるのです。同時に複数を選択できるプルダウンメニュー。それがComboBoxだ、といっていいでしょう。

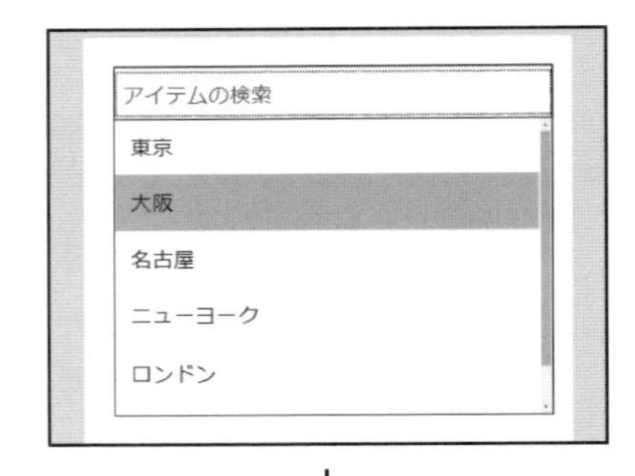

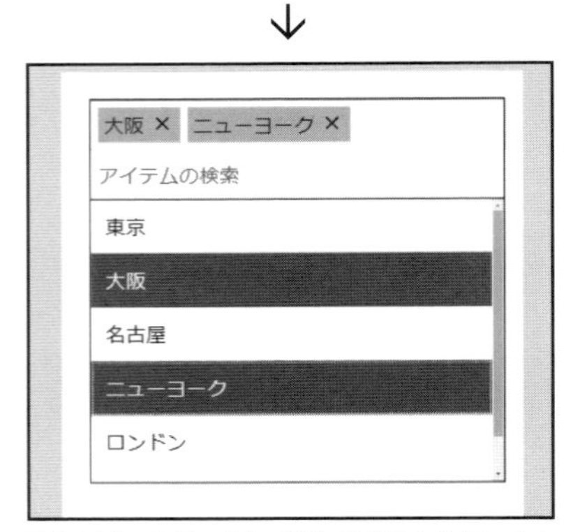

図2-110：クリックして現れるリストからいくつでも選択できる。

ラジオ（Radio）について

複数の項目から１つを選ぶインターフェイスといえば、一番馴染み深いのは「ラジオボタン」でしょう。挿入ペインの「入力」内に「ラジオ（Radio）」として用意されています。

このコントロールを配置すると、「1」「2」と表示されたラジオボタンが表示されます。このRadioは１つ１つのラジオボタンを作成するものではありません。用意されたデータを元に、必要となるラジオボタン複数個をまとめて作成し表示するものなのです。

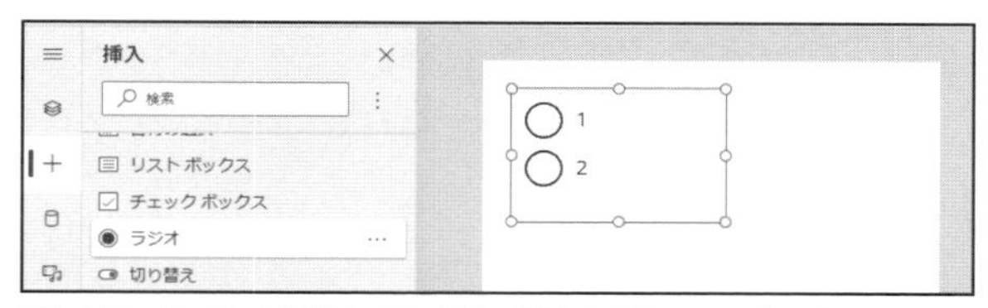

図2-111：Radioを配置すると「1」「2」と2項目のラジオボタンが表示される。

では、このRadioでは、どうやってラジオボタンを表示するのでしょう？　属性タブを見ても、それらしい項目（データソースなど）が見当たりません。なぜか理由はわかりませんがRadioでは、属性タブの「プロパティ」には表示項目に使うデータの設定を行うための項目が用意されていないのです。

では、どうやって設定するのか。それは属性タブの「詳細設定」で行います。これに表示を切り替えたら「Items」という項目を探してください（デフォルトでは「RadioSample」と設定されています）。ここに使用するデータソース名を入力します。例えば「テーブル１」と入力すれば、テーブル１のデータを元にラジオボタンを表示するようになります。

Items設定後、その下にある「Value」からラジオボタンの表示に使う列を選択します。これでラジオボタンに指定の列に用意されている値が表示されるようになります。

また、その上にある「Default」というところで、デフォルトで選択する項目を指定できます。例えば "東京" というように、表示されるボタン名の前後にダブルクォート記号を付けて記述してください。指定の項目が選択された状態になります。

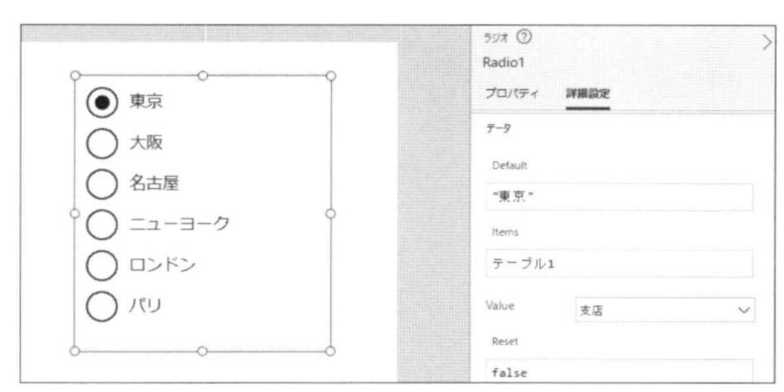

図2-112：「Items」と「Values」でデータソースと使用する値を設定する。

スクリーンはコントロール次第！

これでコントロール類の大半の使い方がわかりました。これらが自由に使えるようになると、スクリーンもずいぶんと使いやすくできます。

ただし、コントロールの使い方はわかっても、それで何でもできるようになるわけではありません。スクリーンの移動のように「アクション」メニューから選べる機能は簡単に実装できます。が、例えば編集フォームでデータを保存させるには、関数で処理を記述する必要がありました。

関数については後ほど改めて説明をしますが、Power Appsは「ノーコード」ではなく「ローコード」である、という点を忘れないようにしましょう。すべてがコーディングなしで使えるわけではありません。ときには自分で処理を書いて実装しなければならないこともあるのです。

C O L U M N

Power Apps と Excel の意外な関係

Power Apps を始めてみようと思う人のかなりの割合が、おそらく「Excel」をすでに利用していることでしょう。Power Apps は Excel のスプレッドシートをデータソースとして利用します。Excel でデータ管理を行っている人が「このデータをアプリで活かしたい」と考えて Power Apps を検討する、というのはごく自然な流れでしょう。
実をいえば Power Apps と Excel の親和性は、これだけではないのです。Power Apps では複雑な計算などを行う際、「Power Fx」と呼ばれるものを使って処理を記述することができます（Power Fx については Chapter 4～5で説明します）。
この Power Fx は、実は「Excel のセルで使っている数式」とほぼ同じ仕組みになっています。基本的な式の書き方も同じですし、Power Apps 特有のものではない、一般的な値を扱う関数（数値やテキスト、日時の関数など）も Excel の関数と共通しています。Excel で数式を書いた経験があれば、こうした知識をそのまま活かすことができるのです。
Power Apps を本格的に学ぶなら、Excel の数式や関数についても合わせて学んでみるといいですよ！

Chapter 3

テーブルをマスターする

データの管理を行うために用意されているPower Appsの機能が「テーブル」です。
テーブルを使ったアプリ開発の基本について説明しましょう。
テーブル利用で可能になるテンプレートやグラフの使い方についても、
併せて説明をしていきます。

Chapter 3

3.1. テーブルを作成する

テーブルとは?

OneDriveに接続し、Excelファイルをアプリ内から利用してデータを扱えるようにする。これがPower Appsのもっとも基本的なデータの扱い方です。でも、常にExcelファイルを用意しなければいけない点に煩わしさを感じた人もいるでしょう。誤ってExcelファイルを開いて書き換えてしまったらアプリが動作しなくなってしまいます。またExcelでは、リレーショナルデータベースのようなテーブルの連携なども標準ではサポートされていません。本格的にデータを処理したいなら、もう少ししっかりとしたデータベース機能がほしいと思う人も多いはずですね。

このような場合、Power Appsでは「テーブル」と呼ばれるものを作成し、データを処理することができます。テーブルはOneDriveではなく、Power Appsの環境内に用意されます。

「環境」というのは、Power Appsが属するPower Platformのさまざまなプログラムやデータ、設定情報などをまとめて保管し管理するものです。

Power Platformではアカウントごとに環境が用意されています。Power Appsのホーム画面で、上部に見えるバーの右側に「環境○○」という表示が見えるでしょう。これをクリックすると画面に右側からパネルが現れ、利用可能な環境がリスト表示されます。複数の環境があるような場合は、ここで切り替えることができます。

図3-1：環境は複数のものを切り替えて使える。

「環境」に注意!

注意してほしいのは、「環境はアカウントのプランごとに内容が異なる」という点です。プランによっては環境に実装されている機能が違います。その端的な例はデータベースです。プランによって、環境にデータベースが利用可能なものと利用できないものがあります。データベースが利用できない場合、テーブルは利用することができません。

Power Appsの試用版を使っている場合はデータベース不可であるため、新たな環境を用意する必要があります。コミュニティプランの場合は、データベースは利用可能です。コミュニティプランは無料で登録できますから、こちらに切り替えるとよいでしょう。

もちろん、通常の有料プランの場合もデータベースは問題なく利用できます。

環境の作成

標準で設定されている環境が試用版で作成されていたなどしてデータベースが使えない場合、新たに環境を作成して利用する必要があります。これはPower Platform管理センターで行えます。以下のアドレスにアクセスしてください。

https://admin.powerplatform.microsoft.com/environments/

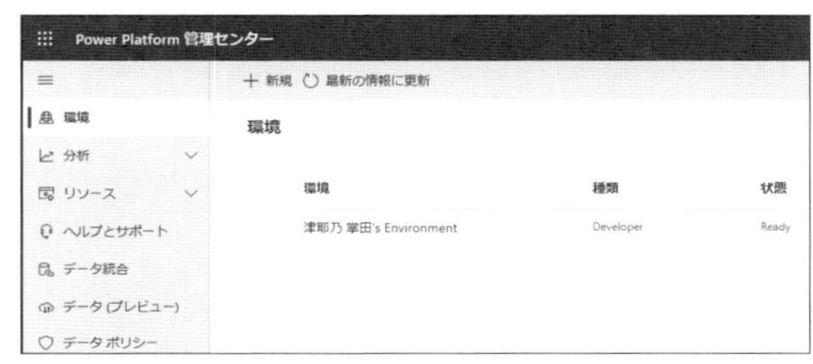

図3-2：Power Platform環境センター。利用可能な環境がリスト表示される。

アクセスすると、現在利用可能な環境がリスト表示されます。ここから新しい環境を作成することができます。

上部に見える「新規」をクリックしてください。画面右側に環境作成のためのパネルが現れます。ここで「名前」「種類」「地域」を選択します。種類は、正式稼働前であれば「試用版」を選んでおくといいでしょう。これで30日間、無料で利用できます。下のほうに見える「この環境のデータベースを作成しますか？」は「はい」にしておきましょう。

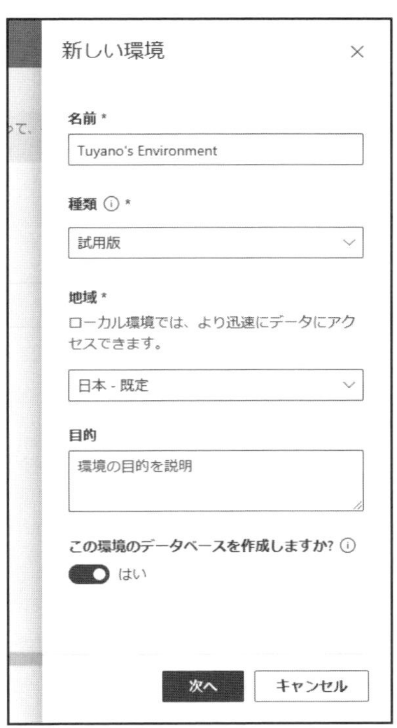

図3-3：新規環境の作成パネル。

次に進むと使用言語やURL、通貨などの設定を行います。URLはユニーク（同じ値は不可）である必要があります。使われていない名前を考えて入力してください。言語と通貨は日本の設定（「Japanese」と「JPY(￥)」）でいいでしょう。下にある「サンプルアプリおよびデータの展開」はOFFのままでかまいません。

図3-4：言語、URL、通貨を設定する。

設定を行い保存すると、環境のリストに新たに作成した項目が追加されます。環境の作成にはしばらく時間がかかるので、少し待ちましょう。リストの「状態」の値が「Ready」になれば利用可能です。

図3-5：作成した環境が追加される。

環境を変更する

環境が用意できたら、使用する環境を変更しましょう。Power Appsのホーム画面に戻り、右上に見える環境名の表示部分をクリックしてください。右側から環境を選択するパネルが現れるので、そこから作成した環境を選択します。これで環境が切り替わります。

図3-6：作成した環境に切り替える。

テーブルを用意する

では、データベースとして利用できる「テーブル」の作成を行いましょう。ホーム画面の左側にあるリストから、「データ」項目内にある「テーブル」を選択して行います。これで、用意されているテーブルの一覧リストが表示された画面が現れます。

新たに環境を作ったばかりなのに、すでに多数のテーブルが作成されているのに驚いたかもしれません。これらはPower Platformのシステムで使われているテーブルやサンプルとして用意されているテーブルです。そのままアプリから利用することもできますし、自分で新たにテーブルを作成して使うこともできます。

図3-7：テーブルの一覧。デフォルトで多数のものが作成されている。

新規テーブルの作成

新たにテーブルを作成してみましょう。左側のリストで「テーブル」が選択されていると、上部に「新しいテーブル」というリンクが表示されます。これをクリックしてください。右側からテーブル作成のためのパネルが現れます。ここで以下の項目を入力します。

表示名	テーブルの名前です。ここでは「people」としておきます。
表示名の複数形	これは自動で入力されるでしょう。「people」となっているのでそのままにしておきます。
名前	英数字の記号のあとに値を入力します。これも「people」とします。

●プライマリキーの列

プライマリキー（データの識別用に個々にユニークな値を割り当てられる特別な項目）のための設定です。以下の入力を行います。

表示名	表示用の値です。ここでは「id」としておきます。
名前	実際に使われる値です。英数字の記号のあとに「id」と指定します。

これらを一通り入力してから「作成」ボタンをクリックすれば、「people」テーブルが作成されます。テーブルは、作成した直後は「id」と「people」という項目しか表示されませんが、サーバー側で処理を実行しており、しばらく経過すると他に多数の項目が追加されます。それまで少し待ちましょう。

図3-8：テーブル作成のための内容を入力する。

プライマリキーについて

Power Appsのテーブルの場合、プライマリキーには通し番号のようなものではなく、もっとわかりやすいユニークな値の項目(名前とかアカウント名のようなもの)を指定するのが一般的です。

これはのちほど行いますが、他のテーブルと関連付けて使うような場合に、番号などよりもレコードの内容がよくわかるような項目をプライマリキーにしたほうが便利だからです。プライマリキーは、そのレコードの内容がどういうものか直感的にわかるような項目(なおかつ、値が重複しないもの)を選ぶのが基本、と考えてください。

今回はアプリのサンプルですから、通し番号をプライマリキーにしたほうがデータの整理がしやすいので、あえて番号にしておきました。皆さんが実際にアプリ開発をされるときは、もっとわかりやすいユニークな項目をプライマリキーに設定するとよいでしょう。

テキストとオートナンバー

プライマリキーには2つのデータ型(値の種類)があります。「テキスト」と「オートナンバー」です。これらは次のような違いがあります。

テキスト	普通にテキストを値に入力するものです。プライマリキーの値を自分で入力するような場合はこちらを使います。
オートナンバー	自動的に番号を割り振るものです。これを指定すると、自動的に値が設定されるようになります。

テーブルの内容を表示する画面でプライマリキーの項目をクリックすると、右側に内容を表示したパネルが現れます。ここから「データ型」という項目をクリックすると、プライマリキーのデータ型を変更することができます。

今回はテーブルの内容がわかるように、テキストのままにしておくことにします。テキストはレコードを作成するときなどでも自分で値を入力することになります。

もし「毎回、値を入力しないといけないのは面倒くさい」と思ったなら、データ型を「オートナンバー」に変更すれば自動的に値が設定できるようになります。

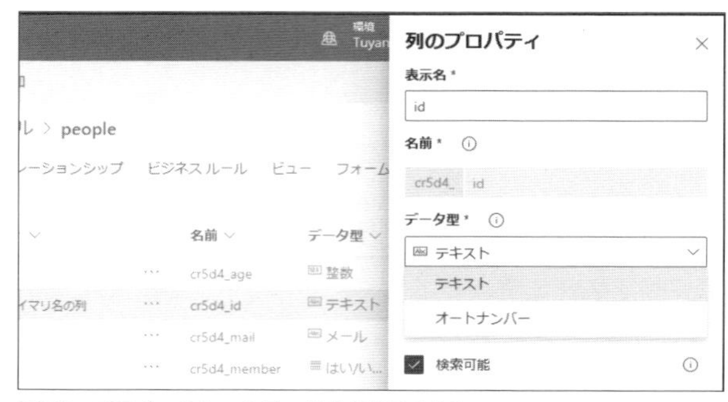

図3-9:プライマリキーのデータ型を変更できる。

C O L U M N

「表示名」と「名前」

テーブルの作成では、「表示名」と「名前」というものが用意されていました。どちらも名前のことですが、これはいったい、何が違うのでしょう？

テーブル名は、それぞれの環境ごとに割り当てられる記号のあとに名前を付けた形になっています。例えば、「cr1234_mytable」といった具合ですね。このcr1234_という部分は環境ごとに固有の値が割り振られており、作成したテーブルにはすべてこの記号を付けた名前が割り振られるのですね。

ただ、すべてのテーブル名の冒頭に意味不明な記号が付けられると、利用する側にはわかりにくくなります。そこで、記号の部分を取り除きシンプルにした名前を別途用意し、Power Appsでの表示などはそのわかりやすくした名前で行うようにしているのです。

この表示名はテーブルに限らず、テーブルに組み込まれる列などでも用いられています。Power Appsのテーブルでは「表示されている名前と、実際にテーブルに記録されている名前は違う」ということを頭に入れておきましょう。

作成されたテーブル

作成してしばらく経過すると、多数の項目（「列」と呼ばれます）が自動的に追加されます。作成したテーブル固有のものは「id」と「people」だけで、それ以外はシステムによって追加されるものなのです。これらは例えば作成者・更新者、作成日時・更新日時、所有者・所有チームというように、ほとんどが自動的に値を設定するもので、私たちがこれらの値の入力などを特に意識する必要はありません。

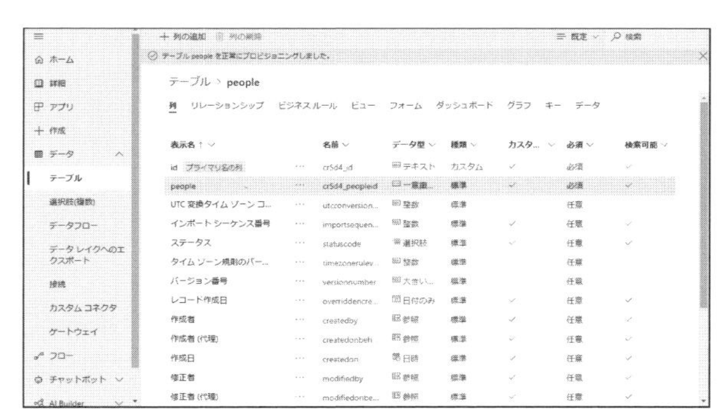

図3-10：作成されたテーブルには多数の列が用意されている。

テーブルの構造について

ここで、テーブルがどのような構造になっているのかを簡単に説明しておきましょう。その構造はスプレッドシートのシートと同じと考えていいでしょう。テーブルには「列」と呼ばれるものが用意されます。これは、値を保管する項目です。

そして実際のデータは、「行」という形で追加されていきます。スプレッドシートの行と列の関係を想像すればイメージしやすいでしょう。テーブルは、まず必要な値を保管する「列」を用意し、それから「行」としてデータを追加していくのです。この「列」と「行」の構造をよく頭に入れておいてください。

列を作成する

テーブルの作成時は、プライマリキーの「id」列の設定をしただけで作成されてしまいました。「あれ？　実際に保管しておきたい項目はどうやって作るんだ？」と思ったかもしれません。

Power Appsのテーブルは、まずプライマリキーだけのテーブルを作成し、それから必要に応じて列を追加して作ります。peopleテーブルが作成されると、peopleテーブルが選択された状態（peopleに用意されている列がリスト表示されている状態）になっています。ここに、必要に応じて新たに列を追加していくのです。

列の作成は、上部にある「列の追加」を使って行います。では、いくつか列を作成しましょう。

図3-11：新しい列は「列の追加」をクリックして作成する。

name列

nameは名前を入力する列です。「列の追加」をクリックすると、画面右側にパネルが現れます。ここで列の設定を入力します。次のように設定してください。なお、その他の項目はデフォルトのままにしておけばOKです。

表示名	「name」と入力します。
名前	英数字の記号のあとに「name」と指定します。
データ型	「テキスト」を選択します。
必須	「必須」を選択します。

図3-12：name列を作成する。

mail列

mailはメールアドレスを記述するための項目です。これもnameと同様に設定をしていきます。なお「必須」項目は「任意」にして、入力しなくともいいようにしてあります。

表示名	「mail」と入力します。
名前	英数字の記号のあとに「mail」と指定します。
データ型	「メール」を選択します。
必須	「任意」を選択します。

図3-13：mail列を作成する。

age列

年齢を入力するためのものです。データ型を「整数」にしておいてください。これで数値で値を入力できるようになります。

表示名	「age」と入力します。
名前	英数字の記号のあとに「age」と指定します。
データ型	「整数」を選択します。
必須	「任意」を選択します。

図3-14：age列を作成する。

member列

memberはメンバーかどうかを選択する項目です。データ型を「はい/いいえ」型にして作成をします。「はい/いいえ」型というのは、プログラミングなどでよく利用される「真偽値」のことです。これは「真か、偽か」といった二者択一の値を扱うのに用いられています。

表示名	「member」と入力します。
名前	英数字の記号のあとに「member」と指定します。
データ型	「はい/いいえ」を選択します。
既定値	デフォルトの値です。「いいえ」にしておきます。
必須	「任意」を選択します。

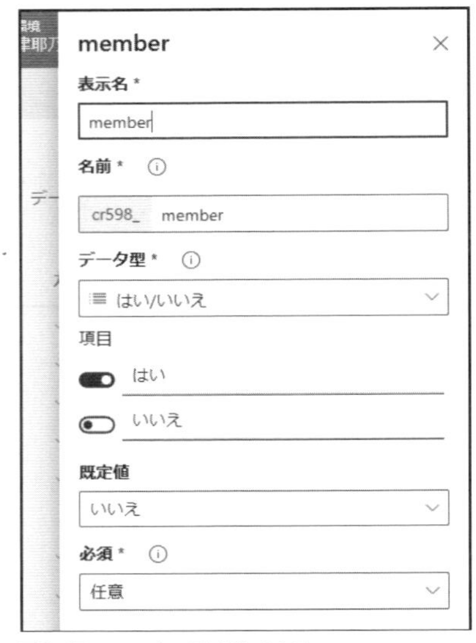

図3-15：member列を作成する。

テーブルの保存

一通り列を作成したら、テーブルを保存しておきましょう。画面右下に「テーブルの保存」というボタンが表示されているので、これをクリックしてください。テーブルが更新され、追加した列が保存されます。

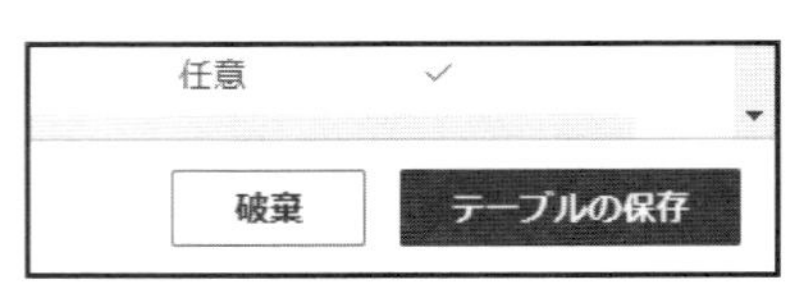

図3-16：「テーブルの保存」ボタンをクリックすると修正が反映される。

追加した列が表示されない？

これで列が用意できました。あとはデータを追加していくだけです。データの追加は、上部に横一列に表示されているリンクから「データ」をクリックして行います。これはテーブルに保存されているデータを管理するためのものです。ここで保存されているデータが一覧表示されます（もちろん、今はまだ何も表示されません）。

この「データ」が選択された状態で上部にある「レコードの追加」をクリックすると、データを作成するタブが開かれます。「レコード」というのは、テーブルに保存されるデータのことです。「新しいpeople」と表示された画面で、データをフォームに入力してレコードとして保存をします。

ところが新たに開かれたタブを見ると、予想外の状態になっているでしょう。データを記述するための項目が「id」と「所有者」しかないのです。これはいったい、どういうことでしょう？　先ほど作成した列はどうなったのでしょうか。

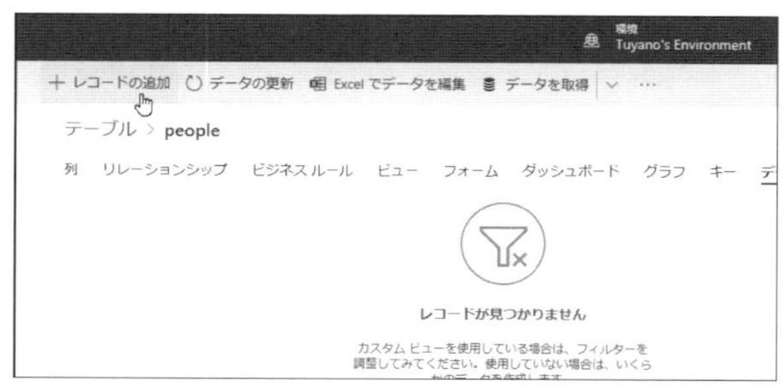

図3-17：「データ」を選択し、「レコードの追加」でデータを作成する。

作成した「列」は、もちろんちゃんと保存されています。それなのになぜ表示されないのか。それは、タブに表示されているフォームが更新されていないからです。

テーブルには、レコードを扱う際に用いられる「フォーム」の情報も記録できます。このフォームを更新し、レコードの作成などに使われるフォームの表示に列を追加することで、新たに用意した列の値をレコードとして記録できるようになります。

図3-18：レコード作成用のフォームでは、idと所有者しか表示されない。

用意されているフォームについて

上部に横一列に表示されているリンクの中から「フォーム」を選んでクリックしましょう。用意されているフォームの一覧リストが現れます。デフォルトでは3つのフォームが用意されています。いずれも名前が「情報」になっていて区別しにくいですが、「フォームの種類」のところを見ると、次のような種類のものが用意されていることがわかります。

QuickVewForm	クイックビューフォームと呼ばれる、簡易フォームとして使われるものです。
Main	メインで利用されるフォームになります。
Card	画面右側に表示されるパネルなどで使われます。

これらの中にある「Main」フォームが、「レコードの追加」で使われるフォームになります。これを編集すればいいのです。この名前の部分(「情報」と表示されたところ)をクリックすると、フォームの編集画面が開かれます。

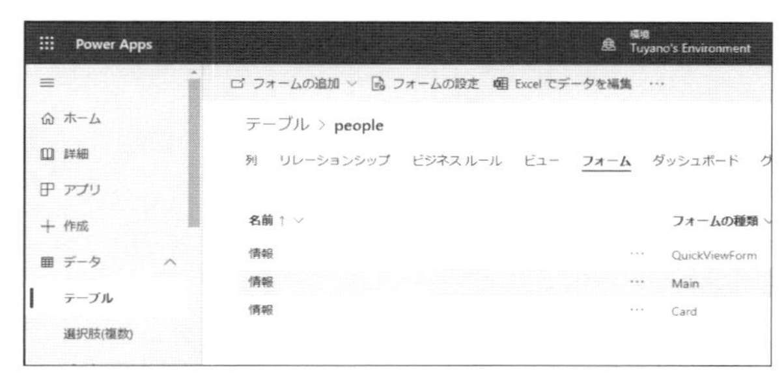

図3-19：フォームの一覧リスト。ここから「Main」のフォームをクリックして開く。

フォームを編集する

フォームを開くと、フォームの専用編集ツールが開かれます。ここでフォームの編集を行います。

このツールは、アプリを編集するPower Apps Studioと似た形をしています。左端には表示モードを切り替えるアイコンが縦に並び、その隣に選択したモードで編集する情報を表示するリストが用意されます。デフォルトでは「ツリービュー」が表示され、フォームに用意されている部品類が階層的に並んでいるでしょう。

画面中央には、フォームの表示をビジュアルに編集するデザイナーが配置されています。下部には拡大縮小のためのスライダーがあり、これで表示を拡大するなどして確認しながら編集していくことができます。右端には、選択した部品の属性を編集する属性タブが用意されています。

すでにPower Apps Studioでアプリの編集を経験していますから、それと同じ感覚で使えるフォームの編集ツールは、少し触ればすぐに使い方が飲み込めるでしょう。

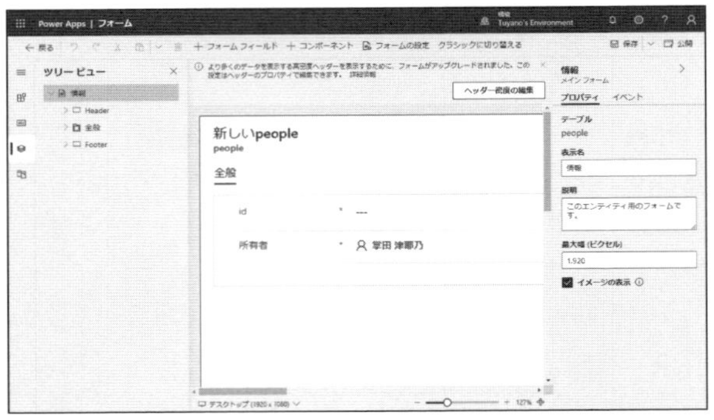

図3-20：フォームの編集ツール画面。Power Apps Studioとほぼ同じような画面構成だ。

テーブル列を追加する

左端にあるモード切り替えのアイコンから「テーブル列」をクリックしてください。右側に、テーブルに用意されている列の一覧リストが表示されます。ここから使用する列をフォームに追加していけばいいのです。

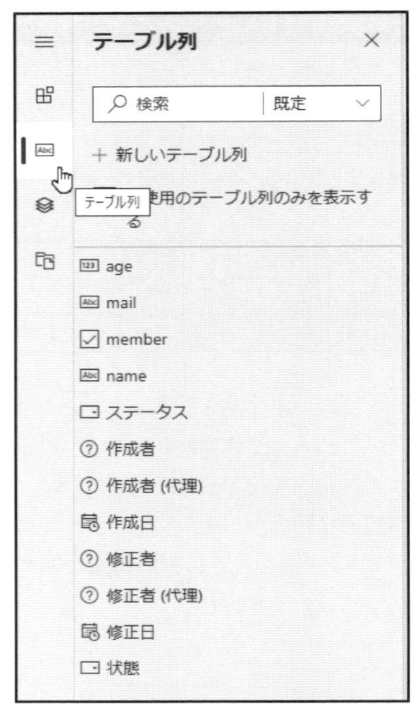

図3-21：「テーブル列」アイコンを選択する。

表示されたリストの中から「name」を探してクリックしてください。するとデザイナーのフォームに「name」の項目が追加されます。こんな具合に、リストをただクリックするだけで列の項目を追加できるのです。

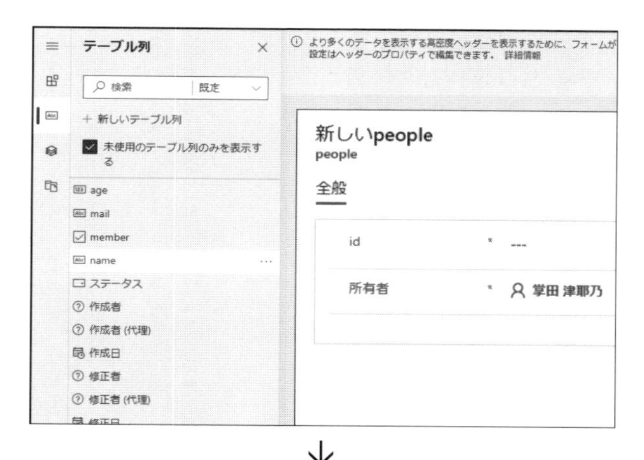

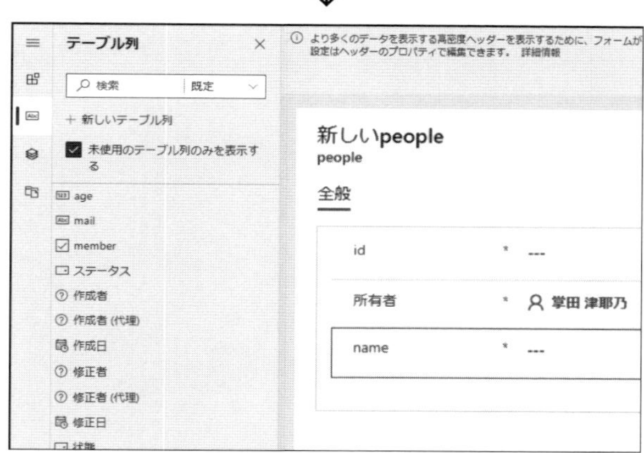

図3-22：nameをクリックすると、フォームにnameが追加される。

同様にして、mail, age, memberといった項目を順に追加していきましょう。これで作成した列がフォームに一通り用意できました。

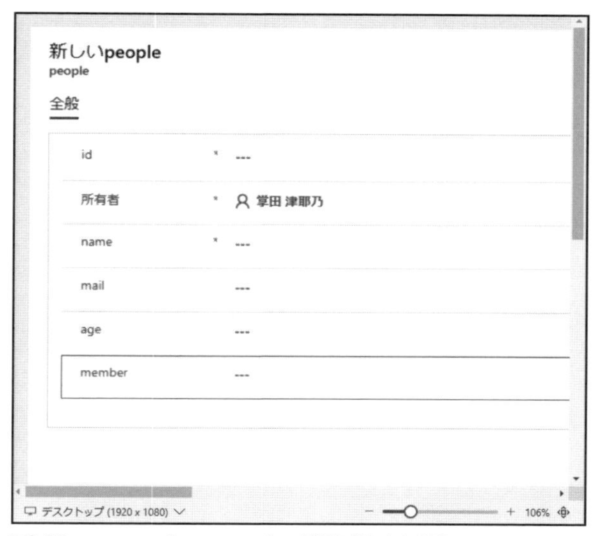

図3-23：name, mail, age, memberが追加されたところ。

必要な項目は用意できましたが、よく見てみると「所有者」の項目が途中にあるのはちょっと入力の邪魔な気がします。デザイナーで「所有者」を選択し、一番下までドラッグして移動しましょう。

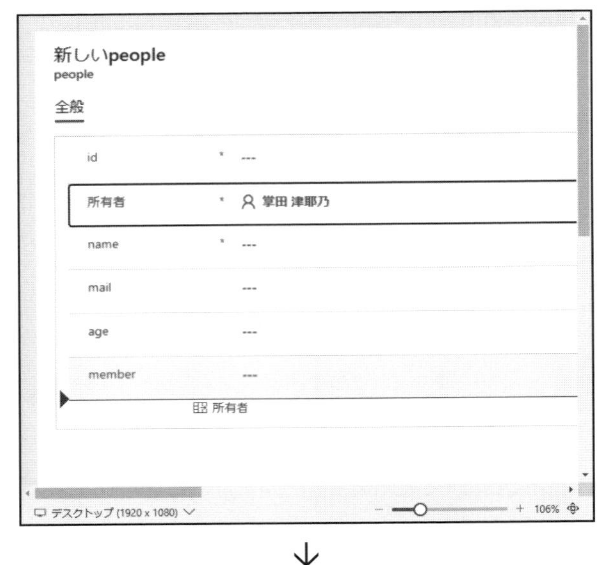

↓

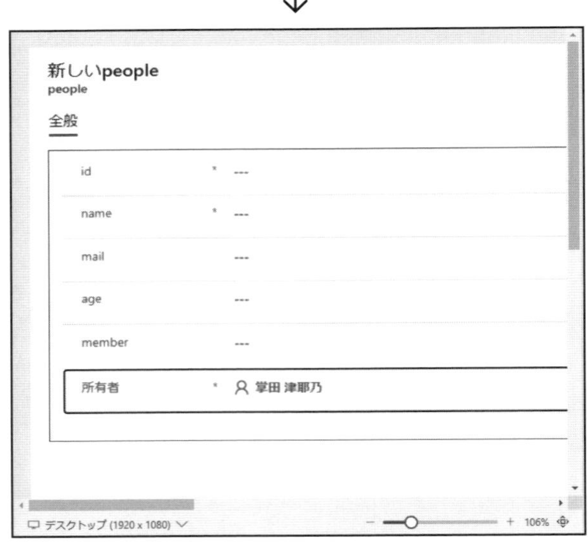

図3-24：所有者を一番下にドラッグして移動する。

これでフォームが完成しました。画面右上にある「保存」ボタンをクリックして保存してください。保存ができたら「公開」ボタンをクリックし、保存したフォームを公開しましょう。

作業が終了したら、画面左上にある「← 戻る」をクリックすれば、テーブルの管理画面に戻ります。

図3-25：「保存」ボタンでフォームを保存・公開する。

再び、レコードを作成しよう！

さあ、これでフォームが修正できました。では改めてテーブルにレコードを作成しましょう。リンクから「データ」をクリックし、さらに上部の「レコードの追加」をクリックしてレコードを作成するタブを開いてください。今度はフォームに「id」「name」「mail」「age」「member」「所有者」といった項目が表示され、修正したフォームが使われているのが確認できます。これらに値を記入していけばいいのですね。

そのまま値を入力し、上部の「上書き保存」をクリックして保存しましょう。続けて「新規」をクリックするとフォームがクリアされるので、また次のレコードを入力し、保存をします。こうしていくつかのレコードを作成していきましょう。注意してほしいのはidの値です。同じ値のレコードが複数あってはいけません。必ず、すべてが異なる値になるように番号を1ずつ増やしながら入力していくといいでしょう。

図3-26：フォームの項目を入力して「上書き保存」をクリックし、新しいレコードを保存する。

データの表示ビューについて

これで複数のレコードが作成できました。peopleテーブルの「データ」を見ると、作成した数だけレコードが表示されるのがわかります。ただし、この表示ではid番号と作成日しか表示されません。これでは、どういうレコードが作成されているのかわかりませんね。そこで、この「データ」の表示を修正することにしましょう。

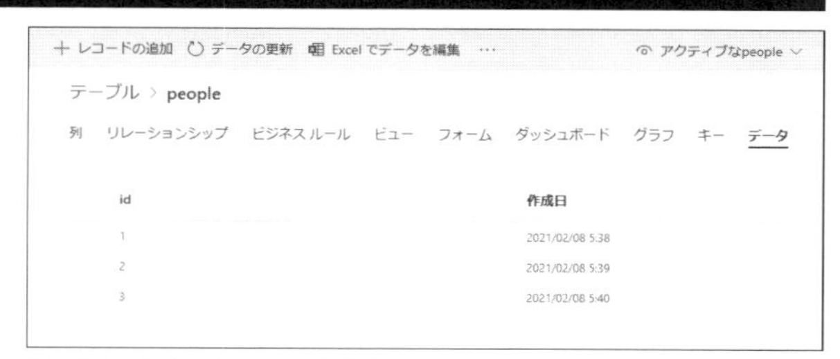

図3-27：「データ」ではidと作成日しか表示されない。

レコードの一覧表示は「ビュー」と呼ばれるものを使って行われます。画面に表示されている「ビュー」という項目をクリックしてみましょう。すると、デフォルトでいくつものビューが用意されているのがわかるでしょう。これらのビューがレコードの一覧表示などを行う際に用いられているのです。もちろん、「データ」をクリックしたときの表示にもこのビューが使われています。

ではビューを編集して、「データ」でレコードの内容が表示されるようにしましょう。「ビュー」に表示されるリストの中から、「アクティブなpeople」という項目を開いてください（ビューの名前部分のリンクをクリックすると開けます）。

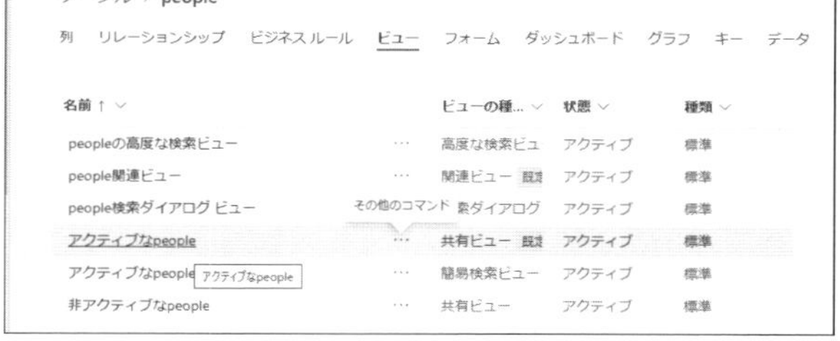

図3-28：ビューの一覧から「アクティブなpeople」の項目をクリックして開く。

ビューを編集する

ビューを開くと新しいタブが開かれ、そこにビューの編集ツールが表示されます。先ほどのフォームの編集ツールとそっくりなデザインになっています。左端にモード切り替えのアイコンが並び、これらのアイコンをクリックすると、その隣に必要な情報を一覧表示するリストが現れます。

ビューの編集は中央のデザイナーで行います。ここに必要な項目を組み込んで表示を整えていきます。右側にはデザイナーに配置した部品の属性を表示する属性タブがあり、ここで表示に関する細かな調整を行います。

図3-29：ビューの編集ツール。基本的な使い方はフォーム編集ツールと同じだ。

name列を表示に追加する

表示を編集しましょう。デフォルトでは左側のリストに「テーブル列」というものがあり、テーブルに作成されている列のリストが表示されています。

ここにある「name」を表示に追加してみましょう。リストにある「name」の項目をドラッグし、デザイナーの「id」と「作成日」の間にドロップしてください。これでnameがこの間に追加されます。

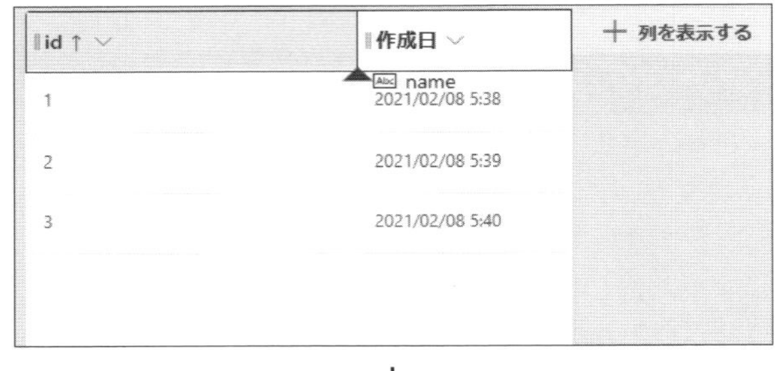

↓

id ↑	name	作成日
1	taro	2021/02/08 5:38
2	hanako	2021/02/08 5:39
3	sachiko	2021/02/08 5:40

図3-30：nameをデザイナーのidと作成日の間にドロップすると、この間にnameが組み込まれる。

やり方がわかったら、その他の項目も追加していきましょう。id, name, mail, age, member, 作成日という順に項目が並ぶように調整してください。

id ↑	name	mail	age	member	作成日
1	taro	taro@yamada.kun	39	はい	2021/02/08
2	hanako	hanako@flower.s...	28	はい	2021/02/08
3	sachiko	sachiko@happy....	17	いいえ	2021/02/08

図3-31：作成した列をすべて並べたところ。

これで修正はできました。右上にある「上書き保存」ボタンをクリックして保存をしてください。その後、隣りにある「公開」ボタンをクリックして保存したデータを公開し、使われるようにしておきましょう。

図3-32：保存してから公開すると、修正ビューが使われるようになる。

「データ」の表示を確認

保存したらpeopleテーブルの管理画面に戻り、「データ」をクリックしてください。今度は、ちゃんとテーブルの内容が表示されるようになりました。これで内容がよくわかりますね。

テーブル利用の準備が整えば、あとはアプリを作成してテーブルを利用するだけです！

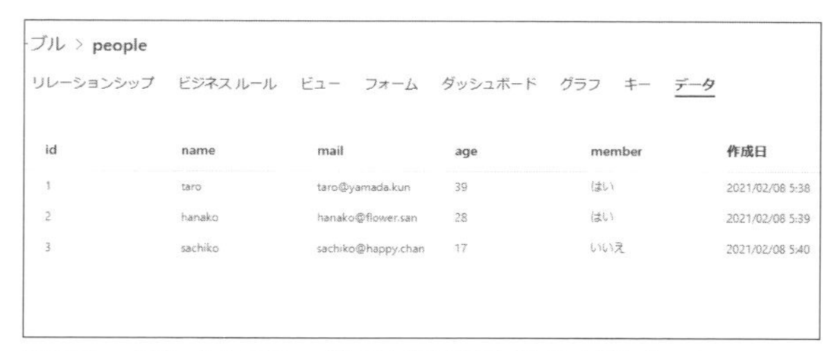

図3-33：「データ」でテーブルの内容が表示されるようになった。

Chapter 3

3.2. テーブルを利用する

テーブル利用でアプリを作る

作成したテーブルを利用するアプリを作りながら、テーブルの扱いを学んでいくことにしましょう。ホーム画面の左側のリストから「作成」をクリックしてください。そして画面から「キャンバスアプリを一から作成」をクリックし、アプリの作成を行います。

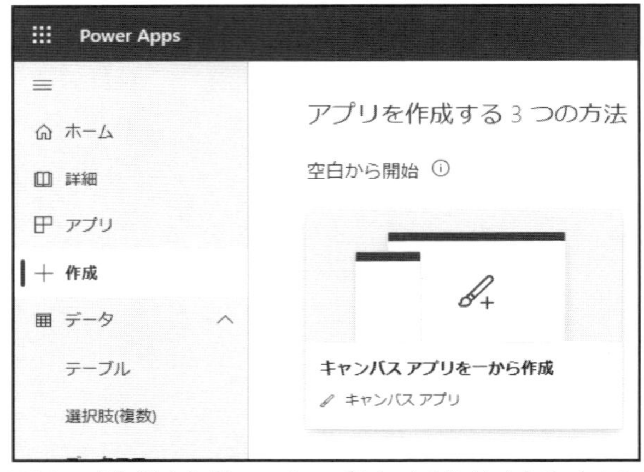

図3-34：「作成」から「キャンバスアプリを一から作成」をクリックする。

画面の右側からアプリ作成のためのパネルが現れます。ここで順に入力をしていきます。まずはアプリの名前の入力ですね。ここでは「エンティティアプリ」としておきました。形式は「電話」にしておきます。そして「作成」ボタンをクリックしてアプリを作成してください。

図3-35：「エンティティアプリ」を作成する。

peopleエンティティを追加する

Power Apps Studioが開かれたら、先ほどのpeopleを追加しましょう。左端のアイコンから「データ」を選択し、現れた「データ」のリストから「データの追加」をクリックします。パネルが下に現れるので、「エンティティ」というところから「people」を選択してください。

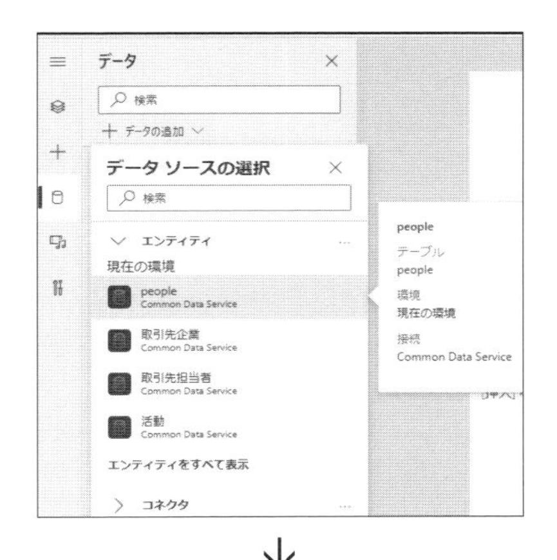

図3-36：「データの追加」をクリックしたら、「people」を選ぶ。

データのリストに「people」項目が追加され、作成したpeopleテーブルが用意されました。これを利用する表示を作成していきます。

なお、修正に入る前にアプリを保存しておきましょう。「ファイル」メニューをクリックし、左側のリストから「名前を付けて保存」を選びます。現れた表示で「エンティティアプリ」と名前を設定して保存をしておきましょう。

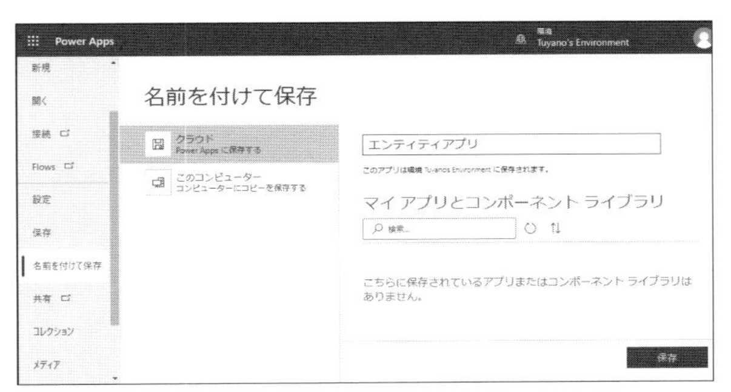

図3-37：「エンティティアプリ」で保存をしておく。

C O L U M N

エンティティとテーブルは同じもの？

Studio の「データの追加」では、people は「エンティティ」というところに表示されました。このエンティティというのは何なのでしょう？　テーブルとは違うものなのでしょうか。
これは、実は「同じもの」です。もともと Power Apps では Common Data Service というサービスにデータが保存されており、これが「エンティティ」と呼ばれていたのです。この Common Data Service が Microsoft Dataverse と名称変更され、この際にエンティティという呼び名もテーブルに変更されました。このため、現在は Power Apps でも「テーブル」と呼ぶようになっています。
しかし「データの追加」など一部の機能でまだ名称の変更がされておらず、エンティティのままになっているところがあるのですね。単に名称変更の問題であり、実質的にエンティティもテーブルも同じものです。

垂直ギャラリーで表示する

デフォルトで用意されているスクリーン（Screen1）にpeopleの一覧を表示させましょう。左側のアイコンから「挿入」アイコンを選び、「垂直ギャラリー」コントロールをスクリーン上に配置してください。名前は「Gallery1」となっています。

図3-38：垂直ギャラリーを追加する。

追加後、属性タブから「データソース」をクリックし、「people」を選びます。これでpeopleのレコードが垂直ギャラリーに一覧表示されるようになります。

図3-39：データソースをpeopleに変更する。

詳細スクリーンを作る

新しいスクリーンを用意します。「挿入」メニューの下のツールバーから「新しい画面」をクリックし、「空」を選んで空のスクリーンを作成してください。新しいスクリーンは「Screen2」という名前になります。

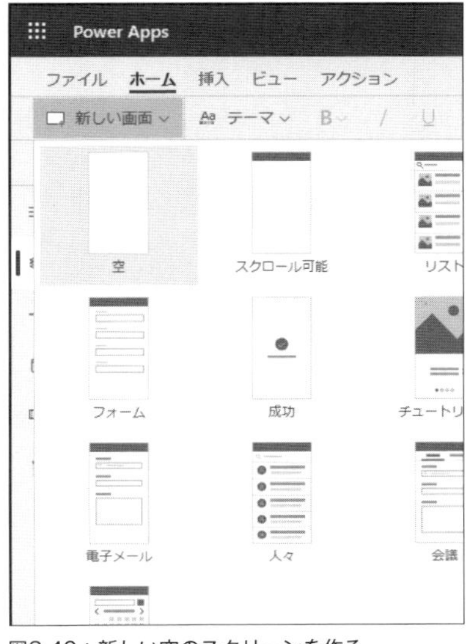

図3-40：新しい空のスクリーンを作る。

ここにpeopleの詳細表示を用意しましょう。「挿入」アイコンを選び、リストから「表示フォーム」をスクリーンに追加します。

図3-41：表示フォームを新しいスクリーンに追加する。

属性タブから、データソースを「people」に設定します。これでpeopleの項目が表示されるようになります。

図3-42：表示フォームのデータソースを「people」に変更する。

属性タブから「詳細設定」をクリックして表示を切り替え、「Item」という項目に以下を記述します。

```
Gallery1.Selected
```

これで、Screen1の垂直ギャラリーで選択したレコードが表示フォームに表示されるようになります。

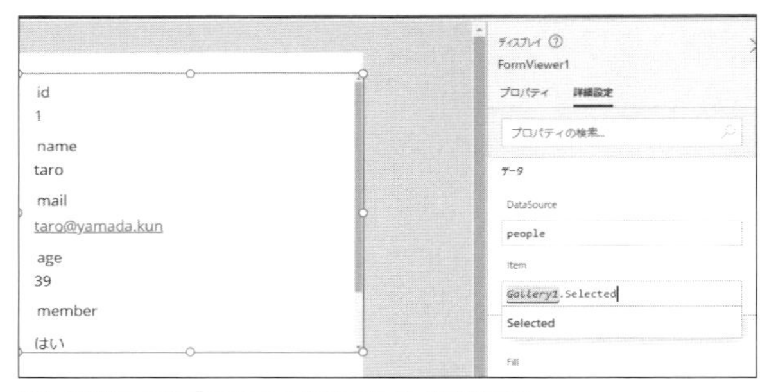

図3-43：Itemに「Gallery1.Selected」と記入する。

再び最初のスクリーン（Screen1）に戻り、配置した垂直ギャラリーを選択して、「アクション」メニューの「移動」で「Screen2」を選択します。これで、リストをクリックしたらScreen2に移動するようになりました。

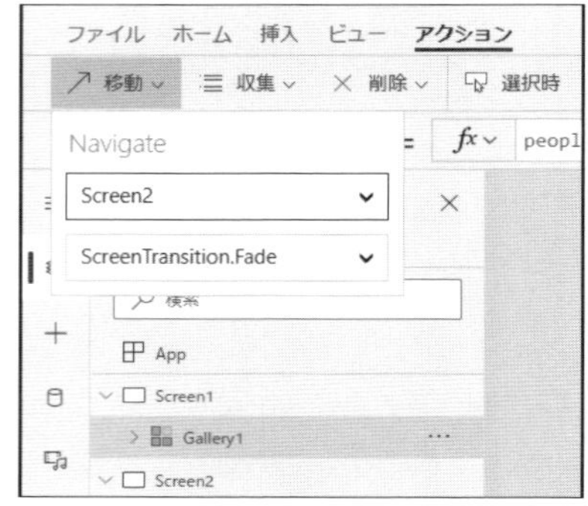

図3-44：Gallery1を選択し、「アクション」の「移動」で「Screen2」を選ぶ。

プレビューで確認する

設定できたら、Screen1を選択した状態で表示を確認しましょう。現れたリストから項目をクリックすると、その項目の詳細表示が現れるようになります。

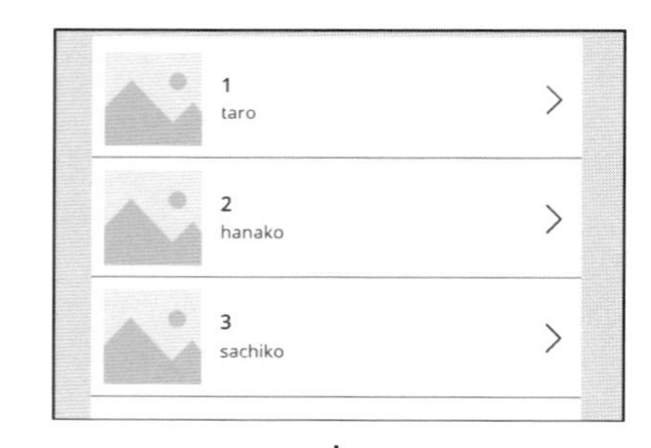

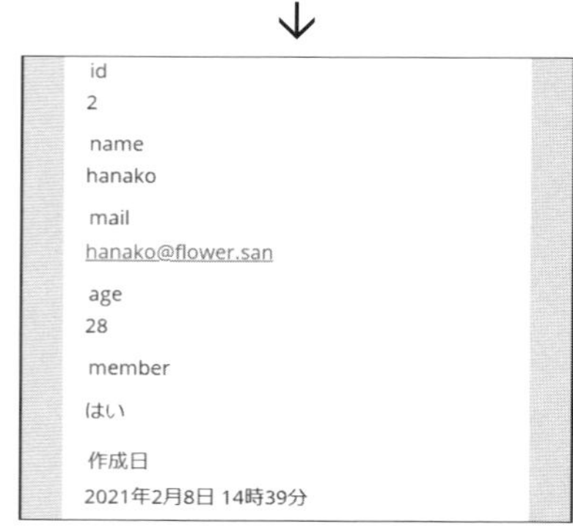

図3-45：リストから項目をクリックすると、その詳細情報が表示される。

戻るボタンの用意

最後に、詳細表示画面からリストに戻るボタンを作成しましょう。Screen2を表示した状態で「ボタン」を追加します。ボタンを選択したまま、「アクション」メニューの「移動」から「Screen1」を選びます。これで移動が用意できました。

これもプレビューで動作を確認しておきましょう。

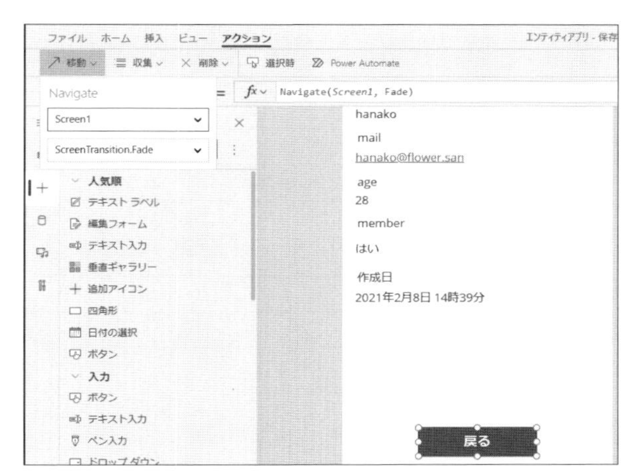

図3-46：ボタンを配置し、「アクション」の「移動」から「Screen1」を選ぶ。

リレーションシップについて

ここまでのテーブルの利用は、Excelのスプレッドシートからデータを利用したときと変わりありません。テーブルらしさは、1つテーブルを置いただけではあまり感じられないでしょう。どちらも、ただデータを決まった形式で整理するだけのものに見えますから。

しかし、テーブルはスプレッドシートとはまったく違う面を持っています。それは、「テーブル間の関係を値として持てる」という点です。これは「リレーションシップ」と呼ばれます。

リレーションシップは、あるテーブルのレコードに別のテーブルのレコードを関連付けるための仕組みです。例えば、メッセージのテーブルがあったとしましょう。このメッセージを投稿した人の情報をpeopleテーブルと関連付けることで、投稿者の情報をpeopleから取り出せるようになります。あるテーブルと関連する他のテーブルのレコードを結びつけ、1つのレコードのように取り出したりできるようになるのです。

このリレーションシップにより、多数の関連するテーブルをうまく結びつけて処理できるようになります。例えば商品の管理などは製品のメーカー、商品データ、在庫データ、発注データといったものが複雑に絡み合っていますが、そうしたものもすべてつなぎ合わせて処理できるようになるのです。

messageテーブルを作る

簡単なテーブルを用意して、リレーションシップを使ってみましょう。ここでは「message」というメッセージ管理のテーブルを作ってみます。

ホーム画面に戻り、左側のリストから「データ」内の「テーブル」を選んで「新しいテーブル」をクリックしましょう。

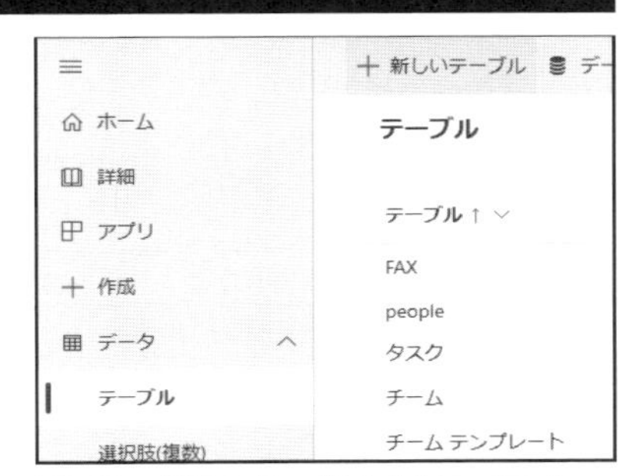

図3-47：「新しいテーブル」をクリックする。

新しいテーブルの作成パネルが現れます。次のように項目を入力していきましょう。

表示名	message
表示名の複数形	messages
名前	記号 _ message

プライマリ名の列

表示名	id
名前	記号 _ id

図3-48：「message」テーブルを作成する。

messageテーブルが作成されたら、「列の追加」をクリックして必要な列を追加していきます。

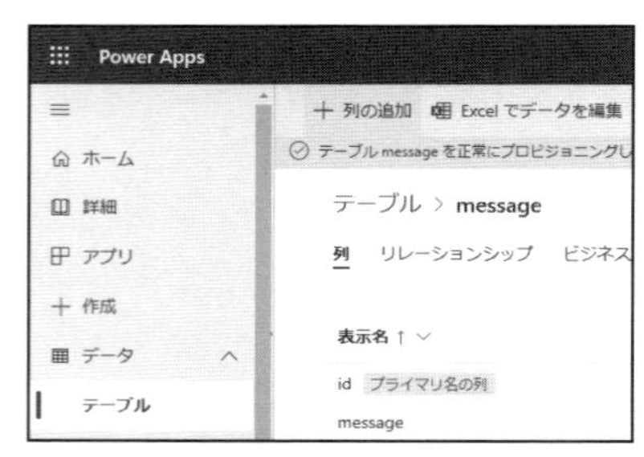

図3-49：「列の追加」をクリックする。

まず、メッセージのコンテンツを保管する列を追加しましょう。次のように列の設定を行ってください。作成したら、右下の「テーブルの保存」ボタンでテーブルを保存しておきます。

表示名	content
名前	記号 _ content
データ型	テキスト領域
必須	必須

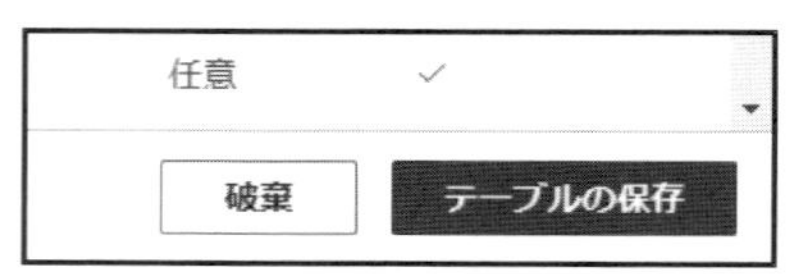

図3-50：content列を作成し、テーブルを保存しておく。

リレーションシップの作成

テーブルができたら、テーブルにリレーションシップを作成します。messageテーブルを開いた状態で「リレーションシップ」と表示された項目をクリックしてください。messageに用意されているリレーションシップがリスト表示されます。

実は、リレーションシップはデフォルトでいろいろなものが設定されているのです。作成者や修正者、チームに関する情報などはそれぞれのテーブルと関連付けることで入力されるようになっていたのですね。

ここに、独自のリレーションシップを追加します。

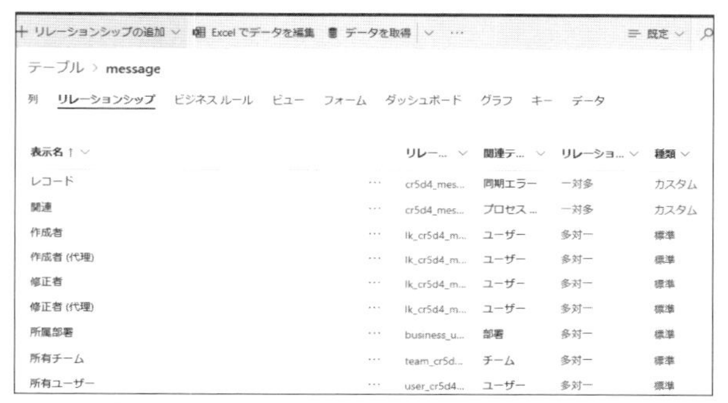

図3-51：「リレーションシップ」に表示を切り替える。

上部に見える「リレーションシップの追加」をクリックしてください。以下の３つの項目がプルダウンして現れます。

多対一	このテーブルの多数のレコードに別テーブルの１つのレコードが関連付けられる。
一対多	このテーブルの１つのレコードに別テーブルの多数のレコードが関連付けられる。
多対多	このテーブルの多数のレコードと別テーブルの多数のレコードが相互に関連付けられる。

今回は、messageテーブルの多数のレコードに対してpeopleテーブルの１つのレコードが関連付けられるようにします。一人のメンバーが多数のメッセージを投稿することはありますから（逆に、１つのメッセージを多数のメンバーが投稿することはありません）。したがって、今回は「多対一」リレーションシップを作成すればいいことになります。これを選びましょう。

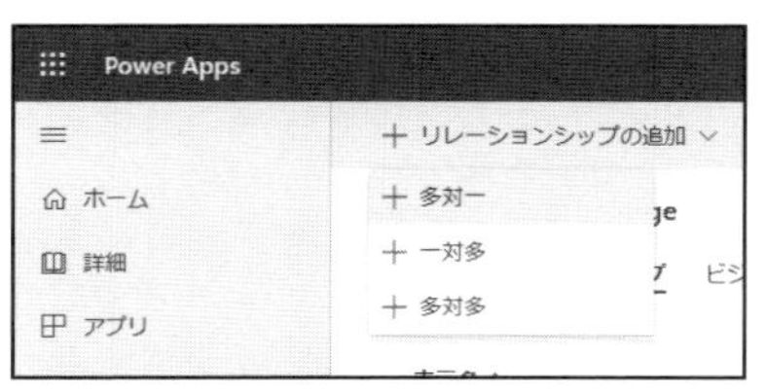

図3-52：「リレーションシップの追加」から「多対一」を選ぶ。

リレーションシップの設定パネルが現れます。ここで多対一リレーションシップの設定を行います。これらを設定して「完了」ボタンをクリックすれば、リレーションシップが作成されます。

関連テーブル	people
ルックアップ列の表示名	people
検索列の表示名	記号 _ people

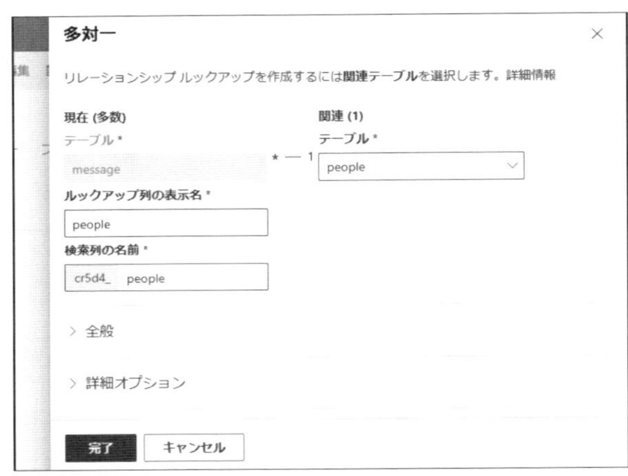

図3-53：リレーションシップの設定を行う。

messageテーブルの中に「people」列が追加されます。これが関連するpeopleの情報を保管する列になります。このpeopleをクリックして編集画面を呼び出し、「必須」項目を「必須」に変更して保存しましょう。これで、関連するpeopleが必ず設定されるようになります。

作成後、「テーブルの保存」で保存するのを忘れないでください。

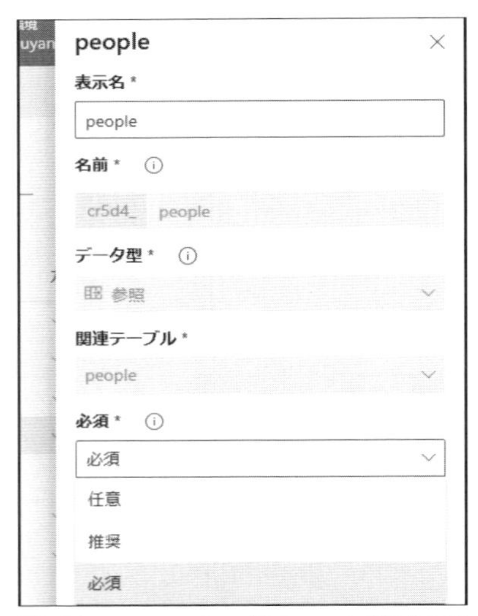

図3-54：messageテーブルのpeople列の編集画面から「必須」項目を「必須」に変更する。

messageフォームの修正

これでテーブルの用意はできました。あとはフォームとビューの修正を行えば、messageが使えるようになります。

では、フォームから修正していきましょう。messageテーブルを開いた状態で「フォーム」リンクをクリックし、フォームのリストを表示します。そしてフォームの種類が「Main」のフォームの「…」部分をクリックし、「編集フォーム」内の「新しいタブでフォームを編集」メニューを選びます。

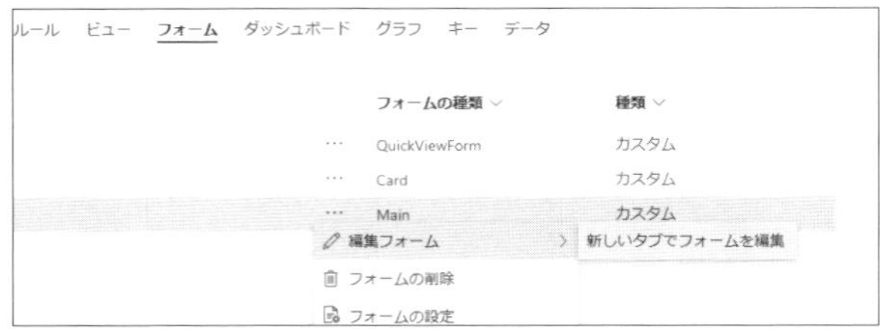

図3-55：messageテーブルの「Main」フォームを編集する。

画面にフォームの編集ツールが開かれます。デフォルトではidと所有者の項目だけが用意されています。これにコンテンツとpeopleの項目を追加します。

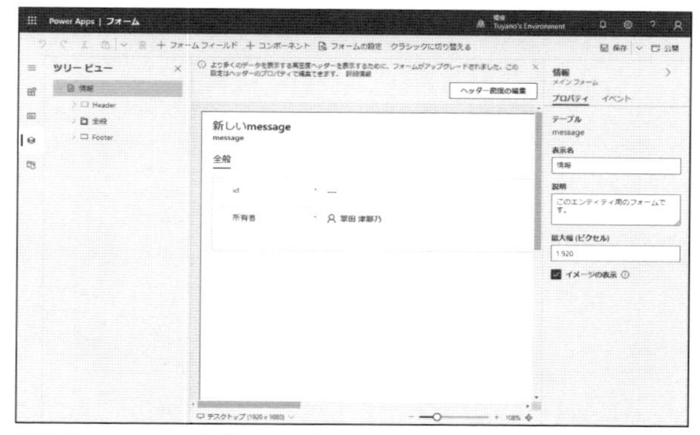

図3-56：フォームの編集ツールが開かれた。

左側のアイコンから「テーブル列」を選択し、リストから「content」と「people」をフォームに追加しましょう。そして右上の「保存」ボタンで保存し、「公開」で保存したものを公開します。

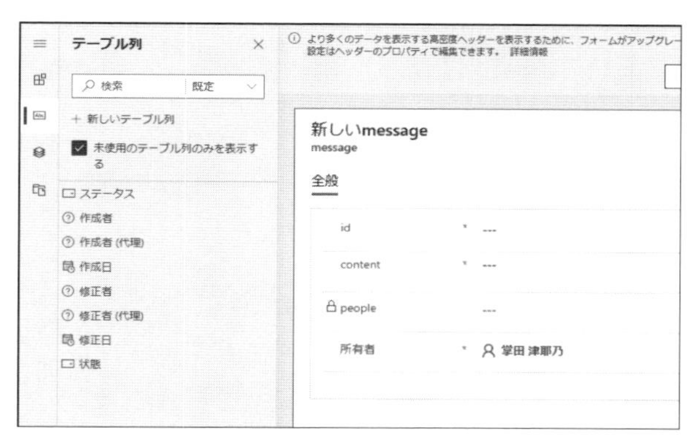

図3-57：contentとpeopleの項目をフォームに追加する。

ビューを編集する

続いてビューの修正です。messageテーブルを開いた状態で「ビュー」リンクをクリックし、ビューの一覧リストを表示します。その中から「アクティブなmessage」というビューの名前をクリックして開きます。

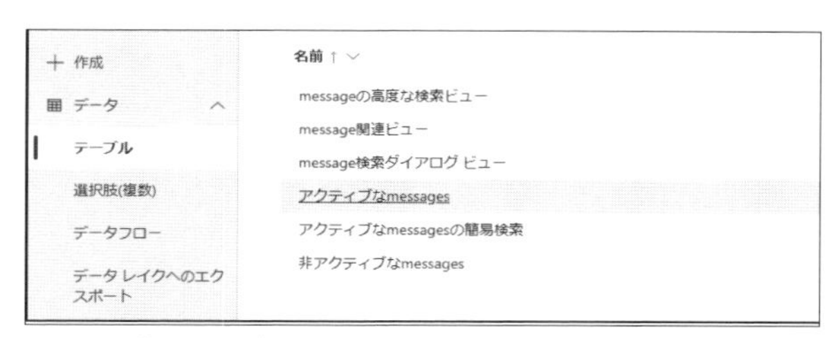

図3-58：「アクティブなmessage」ビューを開く。

ビューの編集ツールが開かれます。ここで表示する列の項目をデザイナーに追加し、表示を整えます。

図3-59：ビューの編集ツールが開かれた。

contentとpeopleを追加します。これで追加した列が表示されるようになりました。

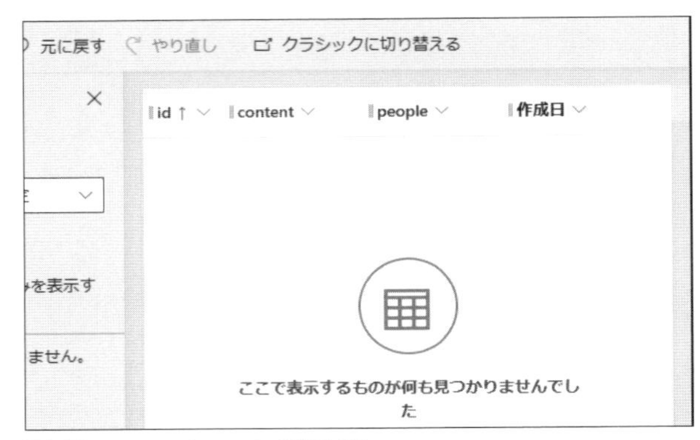

図3-60：contentとpeopleを追加する。

peopleは番号だけが表示されますから、このままでは関連するpeopleがわかりにくいでしょう。そこで、関連するpeopleのnameも表示させることにしましょう。

テーブル列のリストから「関連」という項目をクリックしてください。これで関連付けがされているmessage以外のテーブルが表示されます。ここから「people」の中にある「name」を探しましょう。そしてこれをデザイナーにドラッグ＆ドロップして組み込んでください。

これでだいぶ見やすくなりました。修正を保存し、公開してテーブルの編集画面に戻りましょう。

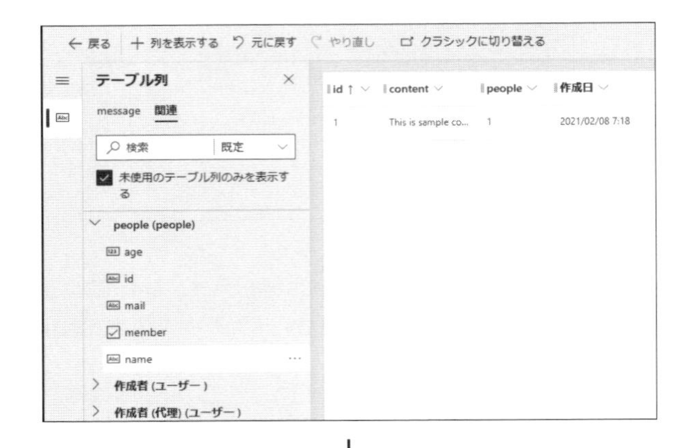

図3-61：peopleのnameを追加する。

サンプルレコードを保存してみよう

ダミーでいくつかのレコードを作成しておきましょう。peopleテーブルが開かれて「データ」の表示がされた状態で、上部に見える「レコードの追加」をクリックしてレコードの作成を行うフォーム画面を呼び出してください。フォームを修正したので、追加したcontentとpeopleも入力できるようになっています。idに番号を指定してcontentに適当なメッセージを記入し、peopleのポップアップリストから項目を選んで保存しましょう。

図3-62：「レコードの追加」をクリックしてレコードを入力し、保存する。

いくつかのサンプルレコードを作成したのが右図です。people列にはpeopleのID番号しか表示されませんが、「name(people)」という項目には名前が表示されています。リレーションシップにより、peopleに設定したidのpeopleレコードの内容も表示できることがわかるでしょう。

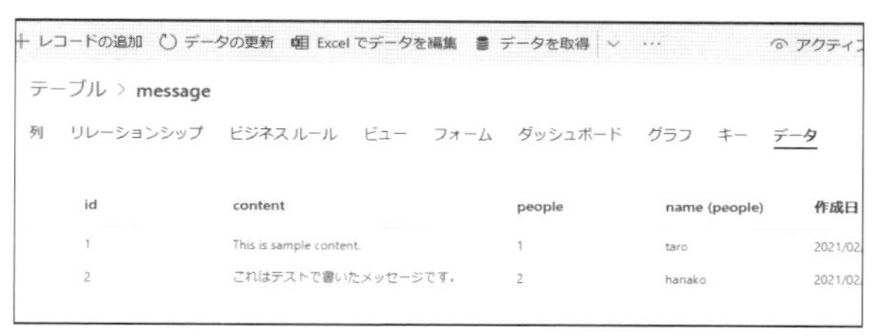

図3-63：サンプルレコードを追加したところ。

messageテーブルの追加

アプリからmessageを利用してみましょう。先ほどpeopleテーブルを利用したアプリ（「エンティティアプリ」）をそのまま使います。

最初にmessageテーブルをアプリに追加します。Power Apps Studioの画面に戻り、「データ」アイコンをクリックしてデータのリストを表示してください。そして「データの追加」から「エンティティ」内にある「message」を選択します。これでmessageテーブルがアプリに追加されます。

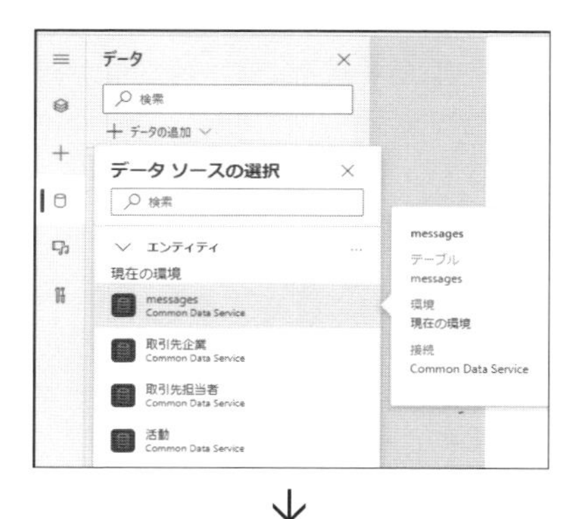

図3-64：「データの追加」から「message」を選んでアプリに追加する。

スクリーンの追加

messageを表示するスクリーンを作成します。Power Apps Studioで「挿入」メニューを選び、「新しい画面」から「空」を選択します。これで「Screen3」という名前のスクリーンが作成されます。

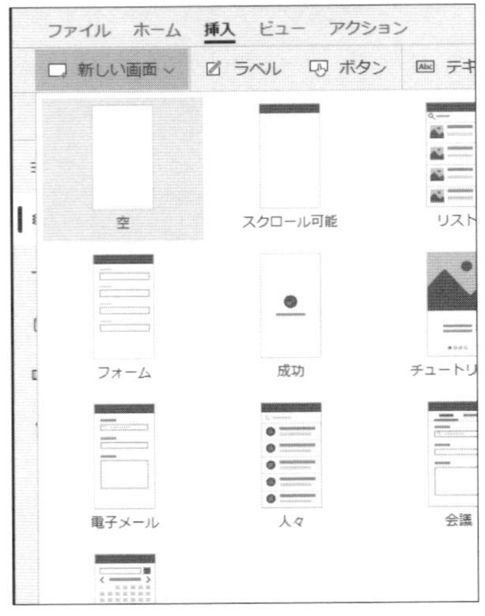

図3-65：「新しい画面」から「空」を選ぶ。

コントロールを配置しましょう。作成したスクリーン（Screen3）が開かれた状態で「挿入」アイコンに切り替え、リストから「垂直ギャラリー」をクリックしてスクリーンに配置してください。

この垂直ギャラリーにmessageテーブルの内容を表示させることにしましょう。

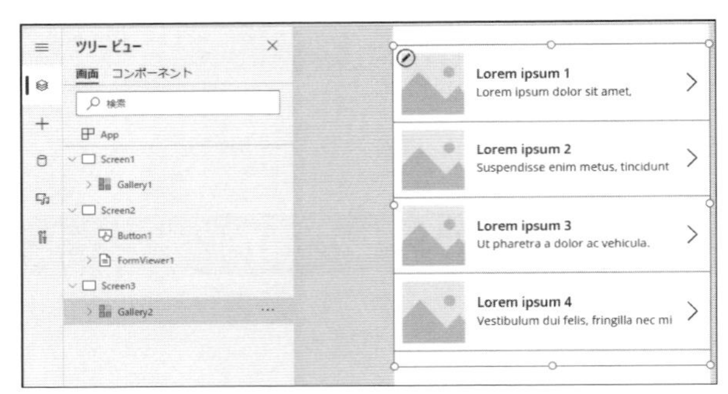

図3-66：Screen3に垂直ギャラリーを配置したところ。

配置した垂直ギャラリーを選択し、属性タブからデータソースの設定を行います。「message」を選んでください。これでmessageが垂直ギャラリーに表示されるようになります。

図3-67データソースをmessageに設定する。

タイトルにpeople.nameを表示する

これでmessageの内容がギャラリーに表示されるようになりましたが、よく見るとリストの項目にはpeopleのidとcontentが表示されています。これでは誰がメッセージを投稿したのかわかりません。そこで、peopleのidの代わりにnameが表示されるようにしましょう。

垂直ギャラリーを選択し、属性タブの「フィールド」右側にある「編集」リンクをクリックしてフィールドの設定パネルを呼び出します。その中にある「Title整数」という名前のもの(通常は「Title2」)を選択しましょう。そして、上の数式バー(「fx」と表示された入力フィールド)から以下を直接記述します。

▼リスト3-1

```
ThisItem.people.name
```

これで、タイトルのフィールドに関連するpeopleレコードのnameが表示されるようになります。

ここでは、選択されている項目を表すThisItemというものの中のpeople.nameを設定して表示を行っています。これまでも直接式や関数を記入することはやりましたね。メニューなどの選択項目にはないものを表示させるのに、直接式を入力して必要な値を取り出しています。

> この式は「Power Fx」というものです。これについては改めて説明します。

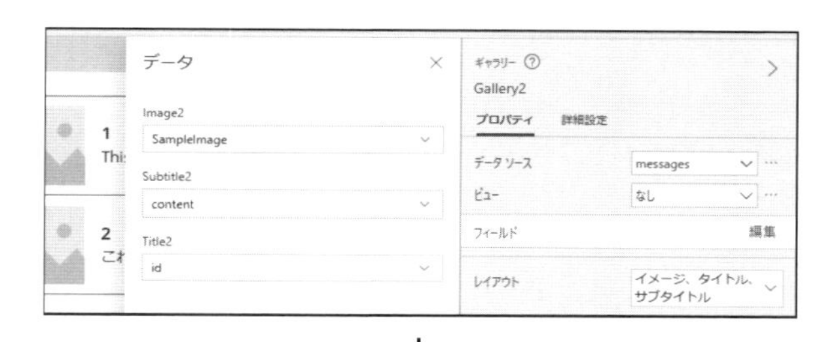

↓

図3-68:ThisItem.people.nameを数式バーに入力し、名前を表示する。

データテーブルの利用

垂直ギャラリーの他にも、テーブルのデータ表示を簡単に行えるコントロールがあります。それは「データテーブル」です。本書執筆時点ではまだプレビュー(正式リリース前)の状態ですが、ほぼ問題なく使えますので利用してみましょう。

「挿入」メニューを選び、「新しい画面」から「空」を選びます。これで新しいスクリーン(Screen4)が作成されました。ここにデータテーブルを追加しましょう。

「挿入」アイコンをクリックして表示を切り替え、コントロールのリストから「レイアウト」内にある「データテーブル」を選びます(正式リリース前では「データテーブル(プレビュー)」となっています)。これでデータテーブルが追加されます。

追加すると、「データソースの選択」という吹き出しのようなものが自動的に表示されるので、ここから「message」を選んでください。これだけでもうmessageのレコードがデータテーブルに一覧表示されます。

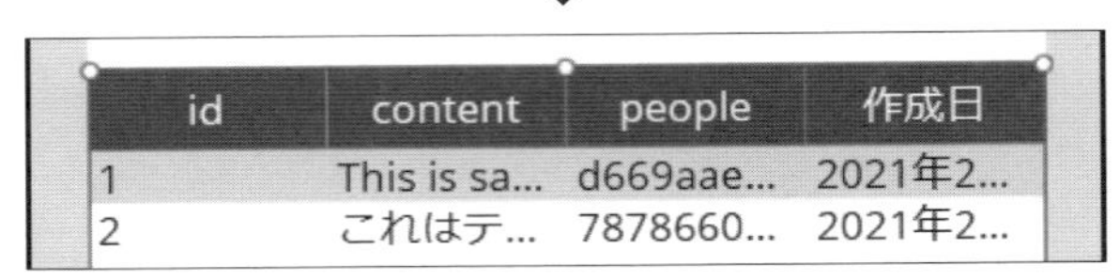

図3-69：「データテーブル」を新しいスクリーンに追加する。

このデータテーブルは、データソースに指定したテーブルの内容をそのままテーブルの形で表示するコントロールです。データソースを選ぶと、テーブルのレコードがスプレッドシートのように一覧表示されるのがわかるでしょう。これがデータテーブルです。

データテーブルの内部は、各列ごとに列の内容を表示するコントロールが並ぶ形になっています。この列のコントロールを選択し設定することで、列の表示を調整できます。

図3-70：データテーブルの中には、列のコントロールが並んでいる。

peopleのnameを表示する

「people」の列には何だかよくわからない英数字が表示されていますね。これは、messageのレコードに関連付けられているpeopleレコードを表す値です。これ自体は記号のようなものですから、表示しても意味がありません。そこで、peopleのnameを表示するように修正しましょう。

データテーブルの「people」の列を選択し、属性タブから「詳細設定」をクリックして表示を切り替えてください。そして、「Text」という属性の値を以下に書き換えます。

▼リスト3-2

```
ThisItem.people.name
```

先に垂直ギャラリーでnameを表示したときと同じものですね。これでpeople列にnameの値が表示されるようになります。

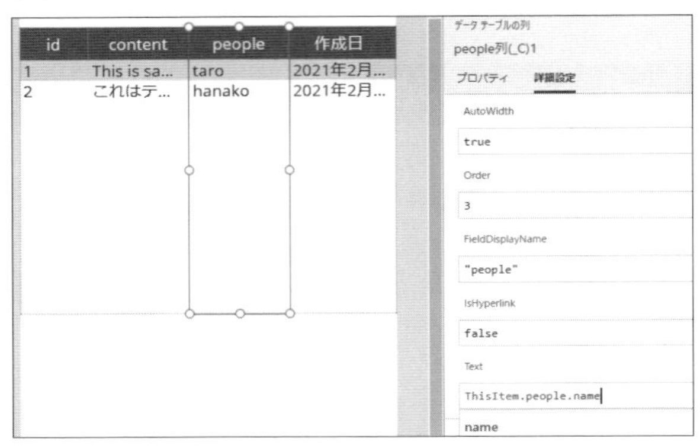

図3-71：people列のTextにpeopleのnameが表示されるようにする。

列は追加できない?

これで列の表示をカスタマイズすることができるようになりました。このまま列をいろいろ操作していけば、自由にテーブルの内容を表示できるようになります。

ただ、現時点では列の編集は完全ではありません。列は削除することはできても、新たに追加することができないのです。あとから必要な列を付け加えたりすることができないのですね。こうした制約があるため、まだ自由にテーブルを扱えるとまではいきません。

データテーブルに用意される列はプライマリキーと作成日、そしてあとから手作業で追加した列です。これらについては自動的に列として用意されます。それ以外の項目は用意されないので、現時点ではデフォルトで用意されている列を他の表示に転用するなどして利用するしかないでしょう。

messageレコードの作成

messageの表示は行えるようになったので、今度はmessageレコードを作成する処理を作りましょう。

「挿入」メニューの「新しい画面」で「空」を選び、新しいスクリーンを追加してください(Screen5)。「挿入」アイコンに切り替え、コントロールのリストから「編集フォーム」をスクリーンに追加しましょう。属性タブで「既定モード」を「新規」に変更しておくのを忘れないでください。

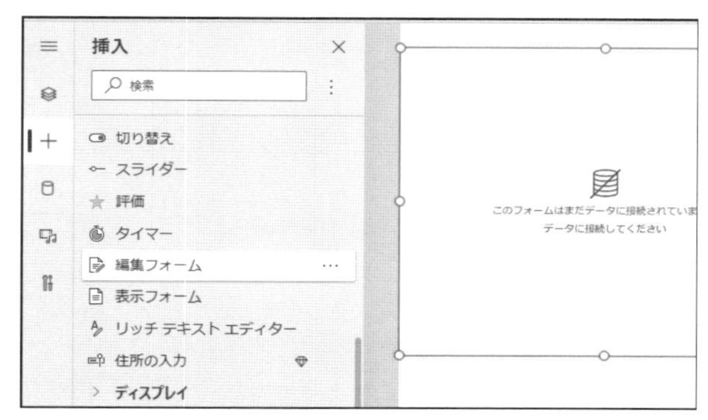

図3-72：新しいスクリーンに編集フォームを追加する。

配置した編集フォームを選択し、属性タブから「データソース」を「message」に設定します。これで、id, content, 作成日といった項目が編集フォームに表示されます。

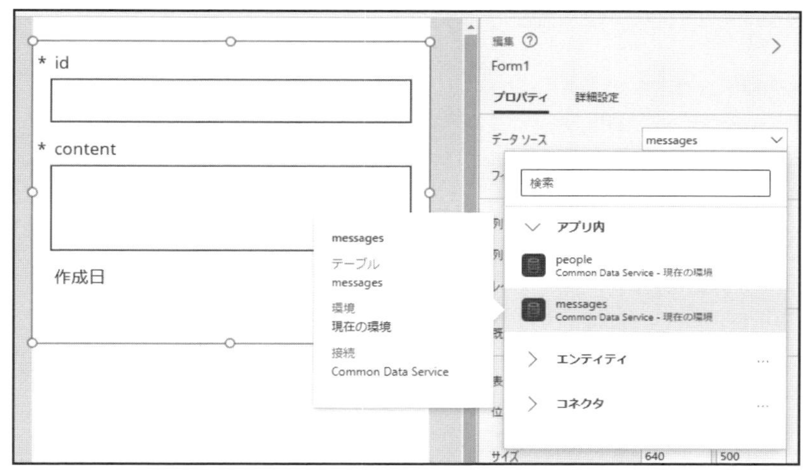

図3-73：編集フォームをmessageにする。

作成日は自動的に設定されるのでフォームには不要です。逆に、peopleの設定は必要になります。属性タブから「フィールド」の右側にある「フィールドの編集」をクリックして編集フォームのフィールド設定のパネルを呼び出しましょう。そして「作成日」の項目を削除（「…」部分をクリックして「削除」メニューを選ぶと削除されます）し、「フィールドの追加」で新たに「people」フィールド追加してください。

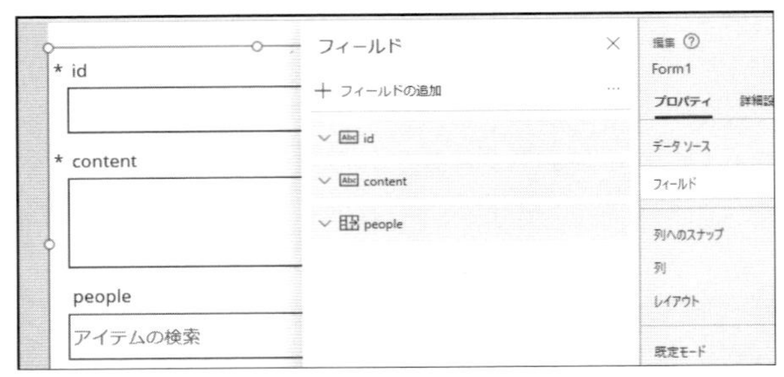

図3-74：作成日フィールドを削除し、peopleフィールドを追加する。

送信ボタンの追加

あとはフォームを送信してmessageテーブルに保存をするボタンを作成するだけです。「挿入」アイコンをクリックし、コントロールのリストからボタンを1つ追加しましょう。表示テキストは「追加」としておきます。

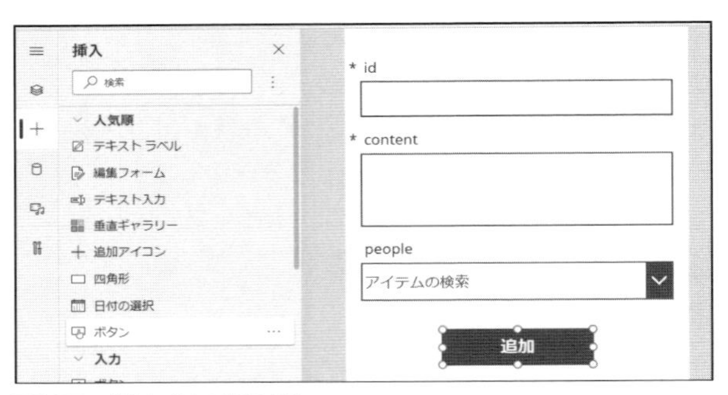

図3-75：ボタンを1つ追加する。

配置したボタンを選択し、属性タブの「詳細設定」に表示を切り替えて「OnSelect」という項目を探します。そして、以下の文を記述します。

▼リスト3-3

```
SubmitForm(Form1);
Navigate(Screen4);
```

ここで書いた関数の働きなどはのちほど改めて説明をしますので、今は深く考えないでください。「こう書けば動く」ということだけわかればOKです。

図3-76：ボタンのOnSelectに式を入力する。

フォームからデータを追加する

実際にフォームからデータを入力してみましょう。編集フォームのあるスクリーン（Screen5）を表示した状態で、画面右上の「プレビュー」アイコンをクリックして実行してください。そしてid, content, peopleといったものを入力してボタンをクリックします。これでデータテーブルのスクリーン（Screen4）に移動し、フォームに入力したデータが新しいレコードとして追加されているのが確認できます。

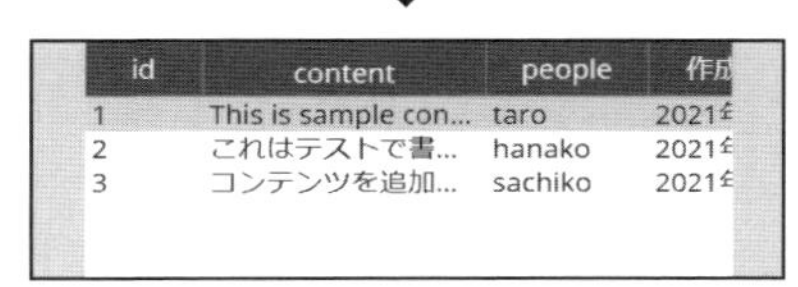

図3-77：フォームから送信するとデータテーブルにレコードが追加される。

peopleからmessageを取り出す

今度はpeopleからそのメンバーが投稿したメッセージを取り出して表示する、ということを行ってみましょう。これも関数を利用します。

「挿入」メニューの「新しい画面」から「空」を選び、新しいスクリーンを作成してください（Screen6）。そこにドロップダウンとデータテーブルを配置します。これらはそれぞれ次のようにデータソースを設定しておきます。

ドロップダウン（Dropdown1）	データソースを「people」に設定します。また、「Value」の値を「name」に変更しておきましょう。
データテーブル（Datatable2）	データソースを「message」に設定します。

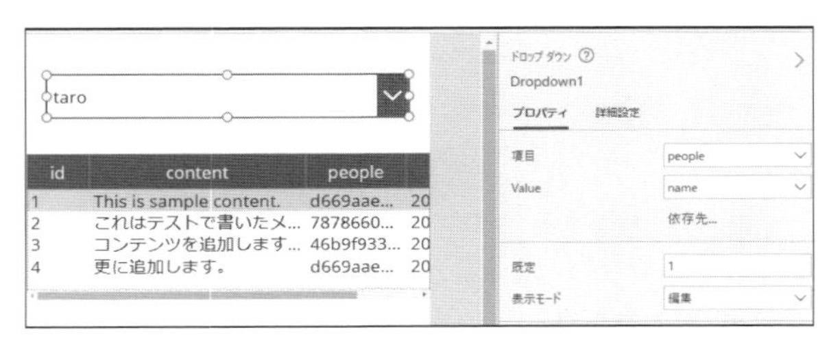

図3-78：ドロップダウンとデータテーブルを1つずつ配置し、データソースを設定する。

続いて配置したデータテーブル（Datatable2）を選択し、属性タブから「詳細設定」に表示を切り替えて「Items」という項目を探します。そして、次のように入力をします。

▼リスト3-4

```
Filter(messages,people.id=Dropdown1.Selected.id)
```

このFilterという関数ものちほど改めて説明をします。「これでドロップダウンで選んだメッセージが取り出せる」ということだけわかればいいでしょう。

図3-79：Itemsに関数を入力する。

プレビューで表示を確認

修正できたら、作成したスクリーン（Screen6）を選択したままプレビューを実行しましょう。現れた画面で、ドロップダウンから名前を選んでください。その名前のpeopleが投稿したmessageだけがデータテーブルに表示されるようになります。ドロップダウンから名前を選ぶと、それに応じてデータテーブルの表示レコードも変わるのがわかるでしょう。

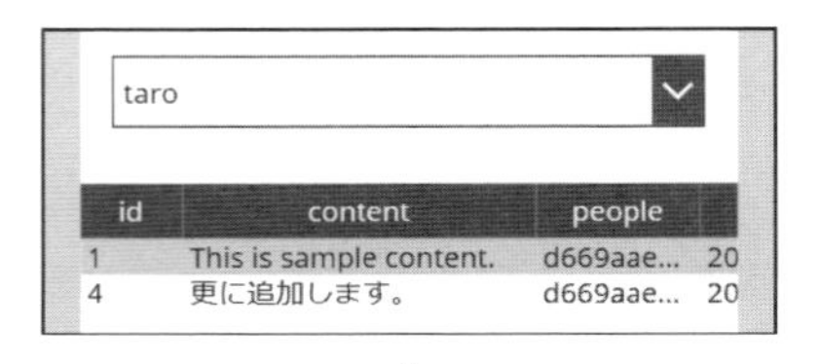

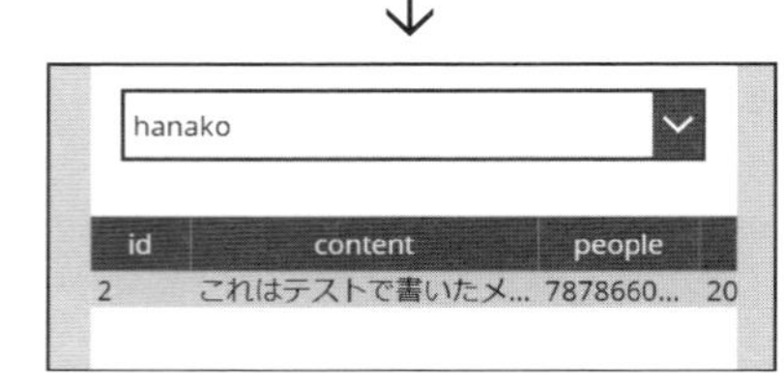

図3-80：ドロップダウンでIDを変更すると、表示されるmessageも変わる。

複雑な処理は関数次第

複数のテーブルにリレーションシップを設定することで、片方のテーブルから関連する他方のテーブルのレコードを自由に取り出して利用できることがわかったでしょう。

同時に、「ただコントロールを設定するだけではできることに限界がある」ということにも気づいたのではないでしょうか。

リレーションシップを使うことで構造化されたデータを扱えるようになります。しかし、それを必要に応じて的確に取り出し処理するためには属性に関数を使った処理を用意しなければならないこともありました。

Power Appsは「ローコード」の開発環境です。完全にコードを書かずに済むわけではなく、場合によっては必要最小限のコードを書くこともあります。これは「Power Fx」と呼ばれるものを使います。

Power Fxについては改めて詳しく説明をしますが、このようにPower Appsは「コントロールを設定していくだけではできないこともある」という点を理解してください。用意されている設定だけでだいたいのことは行えますが、あくまで「だいたいは」です。「すべて」ではありません。これは忘れないでおきましょう。

Chapter 3

3.3. 自動生成されるスクリーンの活用

「新しい画面」のテンプレートについて

ここまでいくつものスクリーンを作成してきましたが、それらはすべて「新しい画面」にある「空」を使ってきました。一からスクリーンを作成していったほうが、より正しくコントロール類の使い方が身につくと考えたからです。

しかし、「新しい画面」にはその他にもさまざまな項目が用意されていました。これらはいったい、何なのでしょうか?

これらはスクリーンのテンプレートなのです。これらのテンプレートを使うことで、完成されたスクリーンが簡単に作成できるようになるのです。ただし、このテンプレートによるスクリーンを使いこなすためには、作成されるスクリーンに用意されているコントロール類の働きをよく理解できなければいけません。

そこで、ここまでコントロールを使って手作業でスクリーンを作成してきたのですね。だいぶコントロールの使い方もわかってきましたから、そろそろテンプレートのスクリーンを使いこなせるようになったことでしょう。

図3-81:「新しい画面」にはさまざまなテンプレートが用意されている。

「リスト」テンプレートを使う

では、実際にテンプレートからスクリーンを作成してみましょう。まずは「リスト」からです。「新しい画面」から「リスト」を選んでスクリーンを作成してください。これで新しいスクリーン(Screen7)が作成されます。

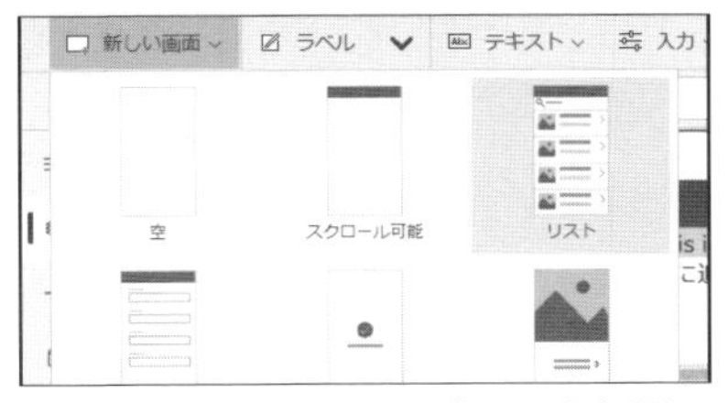

図3-82:「新しい画面」から「リスト」を選ぶ。

スクリーンにはBrowserGalleryというコントロールが配置されていますが、これは垂直ギャラリー等と同じコントロールです。ですから使い方も同じです。このリスト表示のギャラリーの他、上部にはバーが用意されています(「アクションバー」と呼ばれるものです)。ここにもいくつかのボタンなどが用意されています。

初期状態でさまざまな要素が用意されており、非常に便利そうに見えますね。けれど、用意されているのは「表示だけ」です。リストをクリックしても、アクションバーのボタンをクリックしても、何も動きません。現時点では、これらは「実際にどう動くか」の設定はされていないのですね。

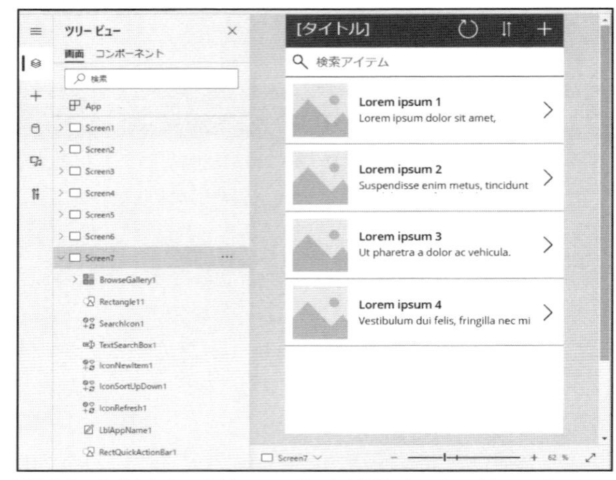

図3-83:作成されたスクリーン。リスト以外にもいろいろとコントロールが用意されている。

C O L U M N

テンプレートは「データから開始」用?

この「リスト」で作られたスクリーン、どこかで見たことあるな、と思った人もいることでしょう。それもそのはず、Chapter 2でExcelファイルのデータからアプリを作成したときに自動生成されたスクリーンでこの「リスト」が使われていたのです。

すでにあるデータを元にアプリを作成する際、データを扱う基本的なスクリーン(データの一覧表示、詳細表示、編集や新規作成フォーム)の生成に、この「リスト」などのテンプレートが使われています。リスト以外のテンプレートも、こうした「データから開始」でアプリを作成する際に利用されているのですね。

データから開始する場合、すでに使うデータが用意されていますから、それを元にテンプレートの設定が自動的に行われています。しかし、自分でテンプレートからスクリーンを作成する場合は、こうした設定は自分で行わなければいけません。この点が違います。

データソースを設定する

では、作成されたスクリーンを使えるようにしていきましょう。まず最初にやるべきことは、ギャラリーのデータソース設定です。配置されたBrowserGallery1を選択すると、吹き出しのようにデータソースを選択する表示が現れます。ここでpeopleを選択してください。これでギャラリーにpeopleのレコード情報が表示されるようになります。

図3-84：BrowserGallery1を選択するとデータソースを選ぶ吹き出しが現れるので「people」を選んでおく。

「フォーム」テンプレートで詳細表示を作る

ギャラリーのリストにはIDと名前しか表示されません。通常はこのリストをクリックすると、その項目の詳細情報が表示される画面に移動します。この詳細情報の表示スクリーンを作成しましょう。

詳細情報は「フォーム」テンプレートを使って作成します。フォームというと値の入力や編集などに使うものと思うかもしれませんが、レコードの内容を表示するのにも使われるのです。

では、やってみましょう。「挿入」メニューの「新しい画面」から「フォーム」を選んで新たにスクリーンを作成してください(Screen8)。

図3-85：「フォーム」テンプレートでスクリーンを作成する。

作成されたスクリーンには、先ほどの「リスト」テンプレートと同様にアクションバーが用意されています。そしてその下には編集フォームが用意されています。

この編集フォームを選択し、属性タブから「既定モード」の値を「ビュー」に変更してください。この編集フォームは情報を表示するためのものに変わり、値の入力や編集などはできなくなります。

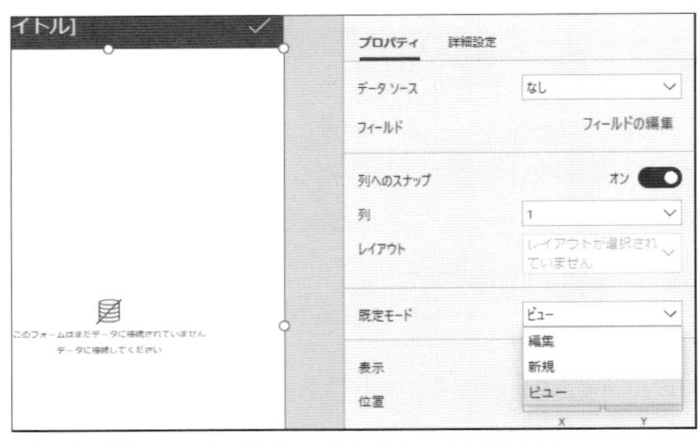

図3-86：編集フォームの既定モードを「ビュー」に変更する。

続いて、編集フォームのデータソースを設定します。属性タブから「データソース」の値を「people」に設定しましょう。peopleに用意された列がフォームの項目として自動的に用意されます。

これで、「フォーム」テンプレートによるスクリーンを詳細表示用に使うためのUIが用意できました。

図3-87：データソースから「people」を選ぶ。

フォームに選択されたpeopleを表示させる

ただし、この状態ではまだフォームには何も表示されません。「リスト」テンプレートのスクリーン（Screen7）でリストから項目を選んだら、このスクリーン（Screen8）に移動し、選択したレコードの情報を表示させる、という動きにしたいですね。

スクリーンの移動はアクションで設定できますが、「リストでクリックした項目を編集フォームに表示させる」というのは？　これは式や関数の力を借りるしかありません。では、作成してみましょう。

まず編集フォームを選択し、属性タブから「詳細設定」に表示を切り替えます。その中から「Items」という項目を探してください。そして次のように式を記述しましょう。

▼リスト3-5

```
BrowseGallery1.Selected
```

図3-88：編集フォームの「Items」に式を記入する。

続いて、リストに移動のアクションを設定します。Screen7のBrowserGallery1を選択し、「アクション」メニューの「移動」から「Screen8」を選んでください。リストをクリックすると、Screen8に移動するようになります。

図3-89：BrowserGallery1にScreen8への移動アクションを設定する。

戻る移動のボタンも用意しておきましょう。Screen8のスクリーン左上に「×」が表示されたボタンがあります。これを選択し、「アクション」メニューの「移動」から「Screen7」を選びます。

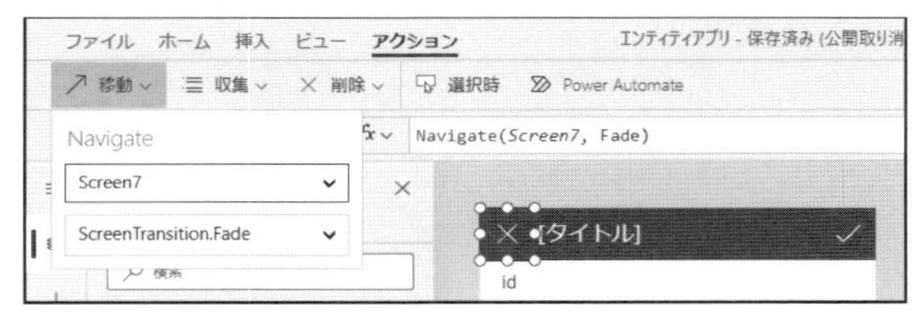

図3-90：Screen8の「×」ボタンにScreen7への移動アクションを設定する。

これで詳細表示ができました。リスト表示のスクリーン（Screen7）を開いた状態でプレビューを実行してみましょう。表示されるリストから項目をクリックすると、その詳細情報が表示されます。左上の「×」をクリックすると、またリストに戻ります。

なお、詳細情報を表示するScreen8の右上にある「×」ボタンはここでは使わないので、削除しておくとよいでしょう。

図3-91：ギャラリーのリストから項目をクリックすると、その詳細表示に移動する。

レコードの作成フォームを作る

次は新しいレコードの作成です。これも「フォーム」テンプレートを使って行えます。というよりフォームといえば、通常はこちらの使い方のほうが思い浮かぶでしょう。

「挿入」メニューの「新しい画面」から「フォーム」を選択し、新しいスクリーン(Screen9)を作成してください。

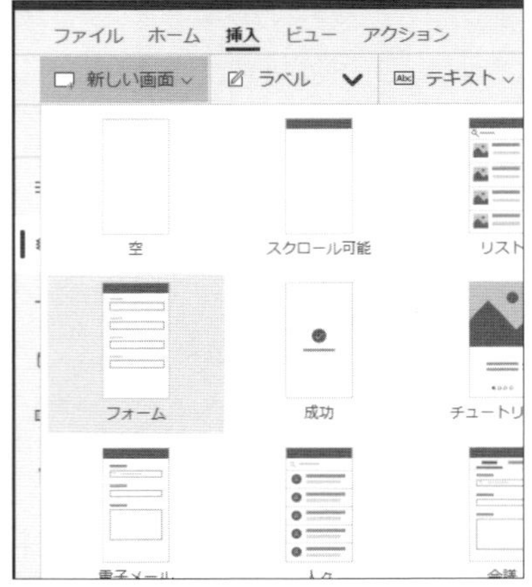

図3-92：「新しい画面」から「フォーム」を選んでスクリーンを作成する。

作成されたスクリーンには、アクションバーの下に編集フォーム(EditForm2)が用意されています。これを選択し、属性タブから「既定モード」の値を「新規」に変更してください。これで新たに値を入力し、送信できるようになります。

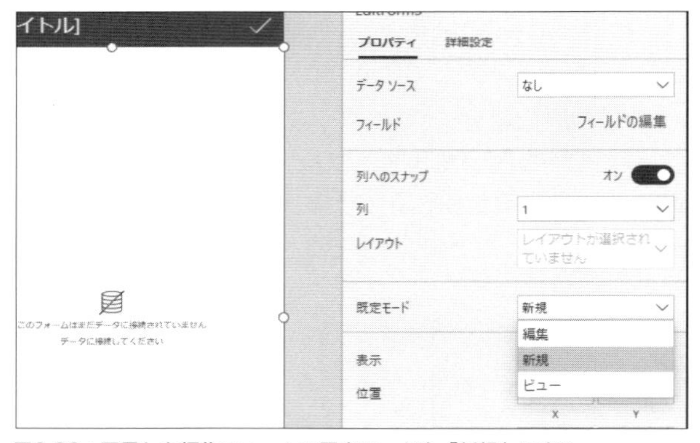

図3-93：配置した編集フォームの既定モードを「新規」にする。

続いて、編集タブの「データソース」から「people」を選択します。これでpeopleのレコードを作成するフォームになります。フォームに表示される項目も自動的に更新されます。

図3-94：編集フォームのデータソースをpeopleにする。

フォームに必要な項目は用意されましたが、よく見ると不要なものもありますね。「作成日」は自動的に記録されるので、フォームには必要ありません。

編集フォームの属性タブから「フィールド」右側にある「フィールドの編集」をクリックし、フォームのフィールド一覧を表示しましょう。そして「作成日」の「…」をクリックし、「削除」を選んでください。作成日が削除されます。

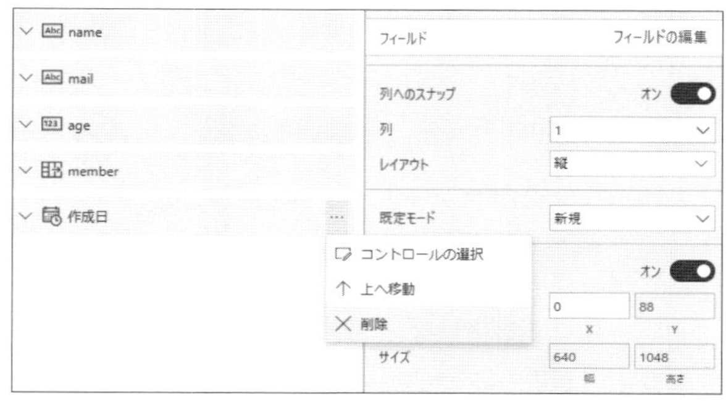

図3-95：フィールドの編集で、作成日を削除する。

関数の設定

これでスクリーンのUIは完成です。あとはレコードの作成処理を用意するだけですね。これは関数を使います。2ヶ所に関数を用意する必要があります。

まずは「リスト」スクリーン（Screen7）にある「＋」ボタンをクリックすると新規フォームのスクリーン（Screen9）に移動する、という処理を作りましょう。「＋」ボタンを選択して編集タブの「詳細設定」に切り替えます。そして「OnSelect」という項目に以下のリストを記述してください。

▼リスト3-6

```
NewForm(EditForm2);
Navigate(Screen9);
```

これはEditForm2の編集フォームを新規の状態にしてScreen9に移動する、という処理です。フォームのスクリーンに移動したとき前に入力した値が残っているのはイマイチなので、クリアしてから表示するようにしています。単なるスクリーン移動なら「アクション」の「移動」で行えますが、それ以外の処理も同時に行いたい場合はこのように関数を使って処理を用意する必要があります。

図3-96：Screen7の「＋」ボタンに関数を設定する。

続いてレコードの保存処理です。新規作成のスクリーン（Screen9）の右上にあるチェックマークのボタンを選択してください。属性タブの「詳細設定」から「OnSelect」という項目を探し、値を次のように記述します。

▼リスト3-7

```
SubmitForm(EditForm2);
Navigate(Screen7);
```

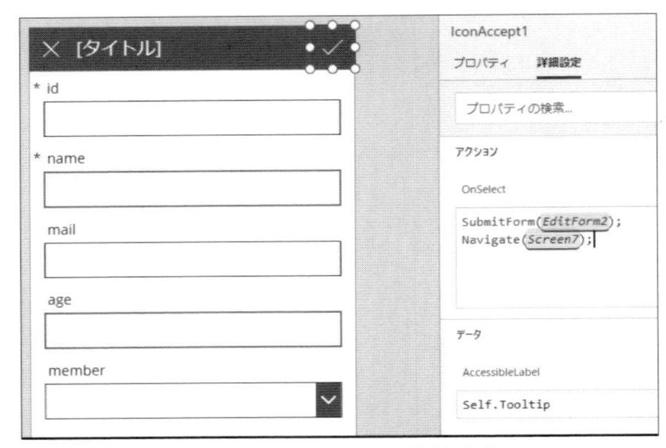

図3-97：チェックマークボタンを選択し、関数を設定する。

新規レコードのフォーム（EditForm2）に入力した値をテーブルに保存し、Screen7に戻る処理ができました。

最後に、新規レコードのフォームをキャンセルする場合の移動も用意しておきましょう。このスクリーン（Screen9）の左上にある「×」ボタンを選択し、「アクション」メニューの「移動」から「Screen7」を選んでください。リスト表示のスクリーン（Screen7）に戻るようになります。

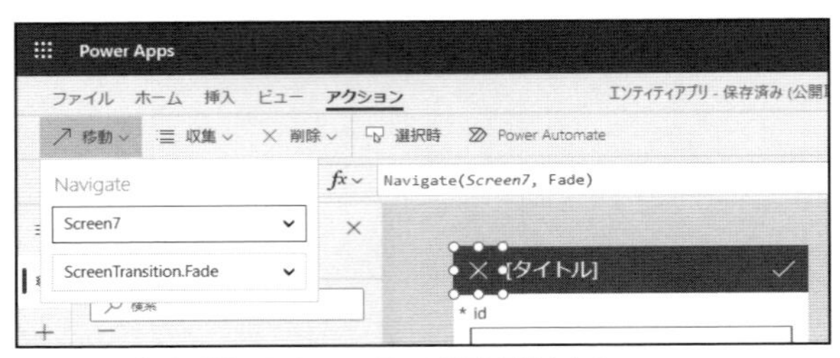

図3-98：「×」ボタンにScreen7への移動を設定する。

これで基本的な処理は用意できました。リスト表示のスクリーン（Screen7）を開いてプレビューを実行しましょう。右上の「＋」ボタンをクリックすると新規レコードの入力フォーム画面に変わります。ここでフォームに入力をして右上のチェックマークのボタンをクリックすれば、フォームの内容がpeopleテーブルに追加されます。

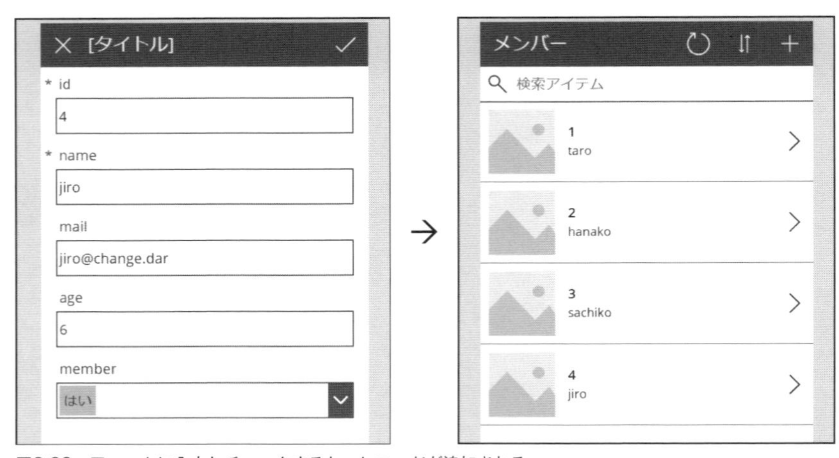

図3-99：フォームに入力しチェックすると、レコードが追加される。

テンプレートの使いこなし

以上、「リスト」と「フォーム」のテンプレートでスクリーンを作成し、基本的な設定を行ってこれらのスクリーンを使えるようにするまでを説明しました。

テンプレートは整った表示のスクリーンをワンクリックで作成でき非常に便利ですが、生成されたスクリーンをどう活用するかがわかっていないと役に立ちません。テンプレートの活用のポイントを整理するなら、次のようになるでしょう。

1 データソースの設定。フォームやギャラリーで使用するデータソースを選択する。
2 スクリーンの移動。ギャラリーやアクションバーのアイコンなどをクリックしたときに、どこに移動すればいいかを考える。
3 データソースの操作。データを追加したり更新したりする処理は関数の記述が必要。

3のデータソースの操作については、もう少し関数について学ばなければ設定できないかもしれませんが、1 2についてはすでにやった作業の繰り返しで済みます。まずは、こうした基本的な設定を確実に行えるようになりましょう。

Chapter
3

3.4. グラフの表示

グラフ・コントロールの利用

データを扱うアプリの場合、ただデータがテーブルとして表示されるだけでは今ひとつデータの内容がわかりません。こうしたものでは、なんといっても「グラフ」が重要になります。

Power Appsにはグラフのためのコントロールも用意されています。これを利用することで、さまざまなデータをビジュアルに表現できるようになります。このグラフの使い方について説明をしましょう。

まずはグラフを表示するスクリーンを用意しましょう。ここまで使ってきたアプリ（エンティティアプリ）では、グラフ化するようなデータを特に利用してきませんでした。そこで、Chapter 2で作成した「サンプルアプリ」に再び登場してもらうことにしましょう。サンプルアプリでは、Excelのスプレッドシートファイルに接続してデータを利用していました。このデータを使ってグラフを表示させることにしましょう。

では、Power Appsのホーム画面に戻ってください。そして環境を新しいものに変更している場合は前の環境に戻します。上部のバーに表示されている「環境○○」という部分をクリックすると、右側から環境の設定パネルが現れます。ここから、サンプルアプリを作った環境を選んで戻しておきます。

図3-100：環境のパネルでサンプルアプリを作った環境に戻す。

ホーム画面の左側のリストから「アプリ」を選択し、アプリのリストから「サンプルアプリ」の左端のチェックマークをONにします。そして上部にある「編集」をクリックすると新しいタブが開かれ、Power Apps Studioでサンプルアプリが開かれます。

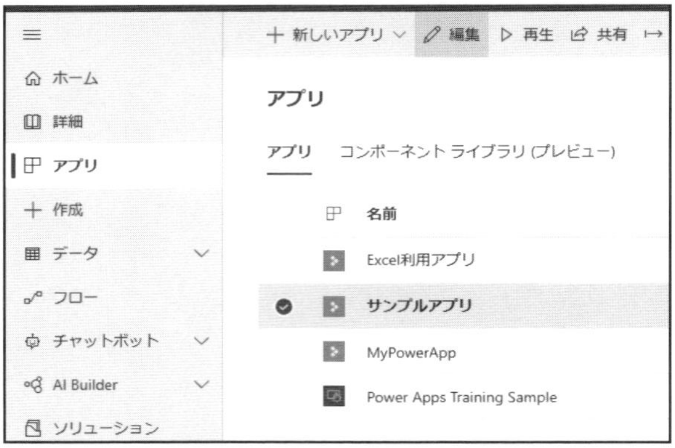

図3-101：サンプルアプリを選択し、「編集」をクリックする。

スクリーンを作成する

「挿入」メニューを選び、「新しい画面」から「空」を選んでください。これで新しいスクリーンが用意されます。ここにグラフを作成していくことにしましょう。

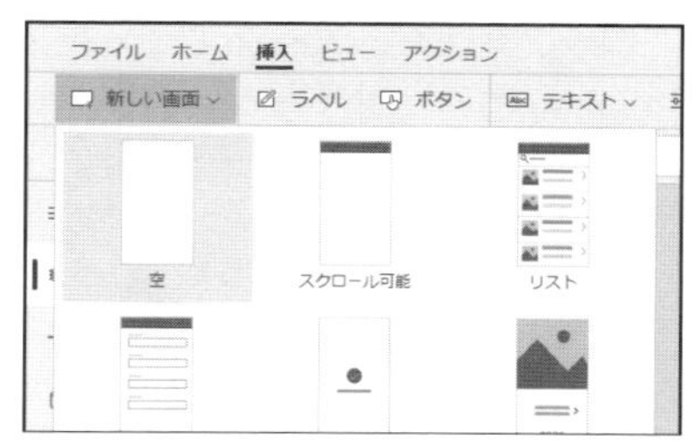

図3-102：「新しい画面」で「空」を選び、スクリーンを作成する。

グラフを追加する

用意したスクリーンにグラフを作成しましょう。画面左端から「挿入」アイコンをクリックして選択し、コントロールの一覧リストの中から「入力」内の「グラフ」内にある「縦棒グラフ」を選択してください。これで棒グラフのコントロールがスクリーンに追加されます。

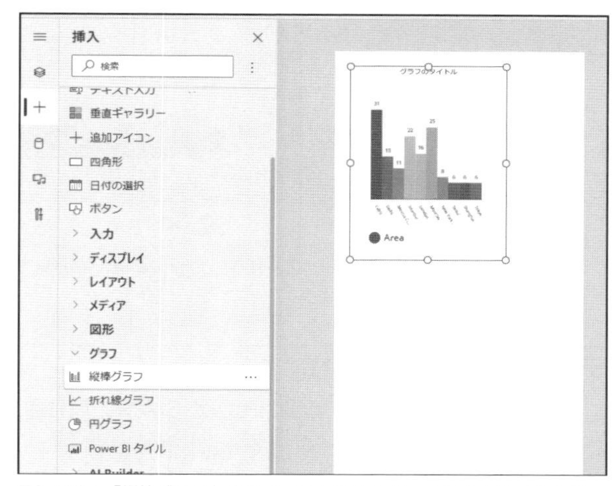

図3-103：「縦棒グラフ」のアイコンをクリックし、棒グラフを追加する。

グラフのデータ設定

グラフは配置しただけで表示されます。Excelファイルを読み込んで使っているわけではありません。これはあくまでサンプルです。必要な設定を行っていくことで、本当に使いたいデータを利用した表示に変わります。

では、データを設定しましょう。スクリーンに配置したグラフのコントロールをよく見てください。「CompositeColumnChart1」という名前のコントロールの内部に、さらに「ColumnChart1」というコントロールが組み込まれていることがわかります。組み込んだコントロールは、グラフ本体、凡例、タイトルといったものをパッケージングしたものなのです。このグラフのコントロールの中に、グラフ本体のコントロールが組み込まれているのですね。この構造をまずは理解してください。

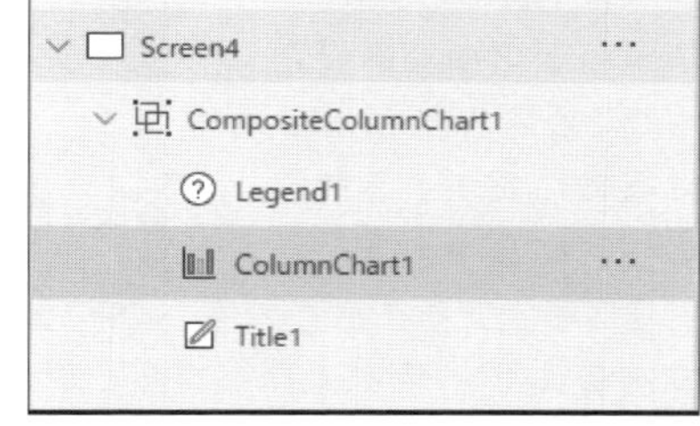

図3-104：グラフのコントロールは、グラフ全体を扱うコントロールの中にグラフ本体のコントロールが組み込まれている。

ColumnChartの項目を設定する

グラフ全体（CompositeColumnChart1）のコントロール内に組み込まれている、グラフ本体（Column Chart1）のコントロールを選択してください。そして属性タブから「項目」という値をクリックし、現れた表示にある「テーブル1」を選びましょう。これでテーブル1のデータがグラフに使われるようになります。

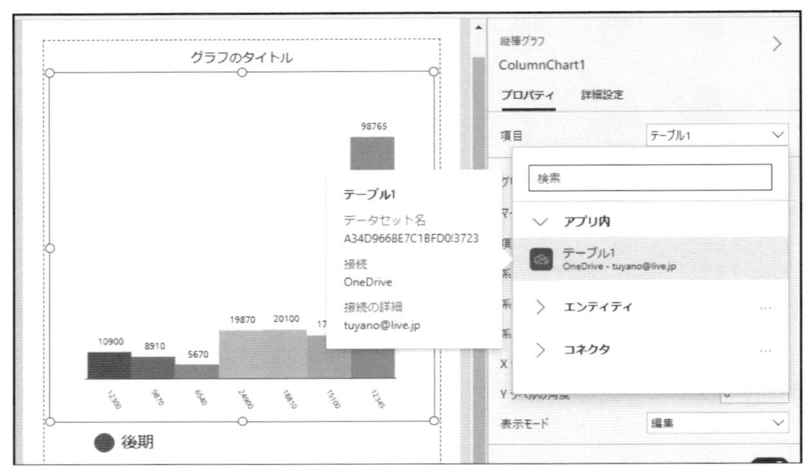

図3-105：ColumnChart1の項目を「テーブル1」に変更する。

データのSeriesを設定する

続いて、グラフに表示する項目を設定します。属性タブの表示を「詳細設定」に切り替えてください。そして「データ」というところを見てみましょう。ここに「Labels」「Series1」「Series2」……とずらっと項目が並んでいますね。これらを次のように変更してみましょう。

Labels	「支店」を選ぶ。
Series1	「前期」を選ぶ。

これで各支店の前期の売上がグラフに表示されます。Labelsは縦棒グラフの横軸に設定される項目で、Series1は縦軸に表示する数値の項目になります。これらを設定することで、支店の売上をグラフに表示できたわけですね。

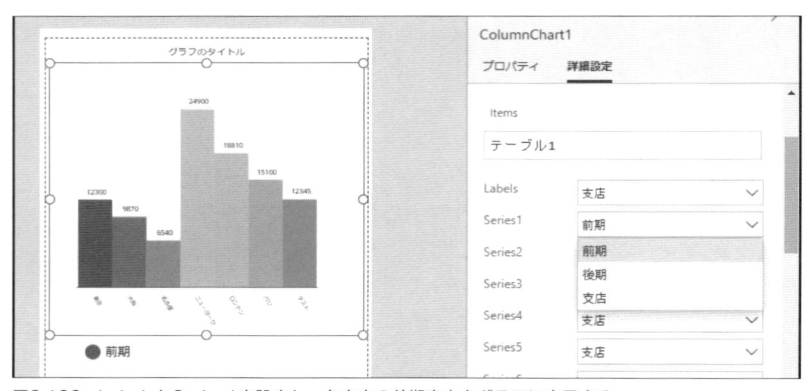

図3-106：LabelsとSeries1を設定し、各支店の前期売上をグラフに表示する。

グラフの属性について

グラフの本体部分のコントロール（ColumnChart1）には、グラフの表示に関する細かな属性がいろいろと用意されています。これらを調整することでグラフの表示を整えることができます。主な属性について順に説明していきましょう。

まずは「グリッドスタイル」です。デフォルトでは「Xのみ」が選択されています。これを「すべて」に変更することで、グラフの縦軸にも数値のラベルを表示できるようになります。このほうが数値がわかりやすくなりますね。

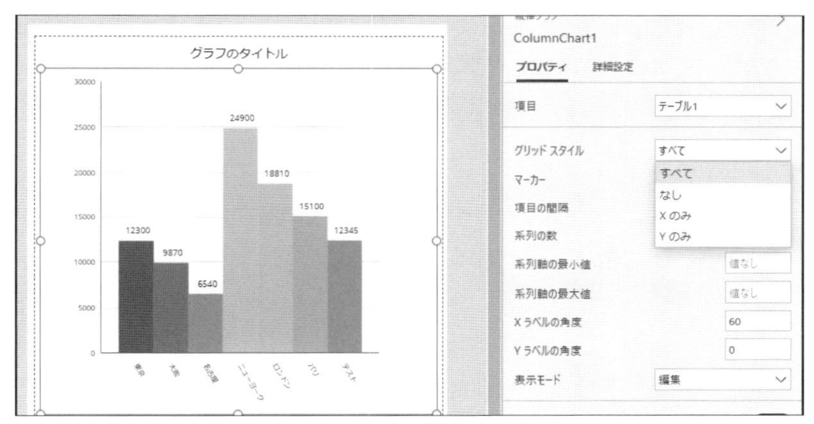

図3-107：グリッドスタイルを「すべて」にすると、縦軸にもラベルが表示される。

マーカーと項目の間隔

グラフの各棒の上には数値が表示されています。これが「マーカー」です。属性のマーカーをOFFにすると、この表示を消すことができます。

また、その下にある「項目の間隔」は各棒の間隔を指定するものです。これを「10」にすると、それぞれの棒の間が少しだけ空いた形になります。

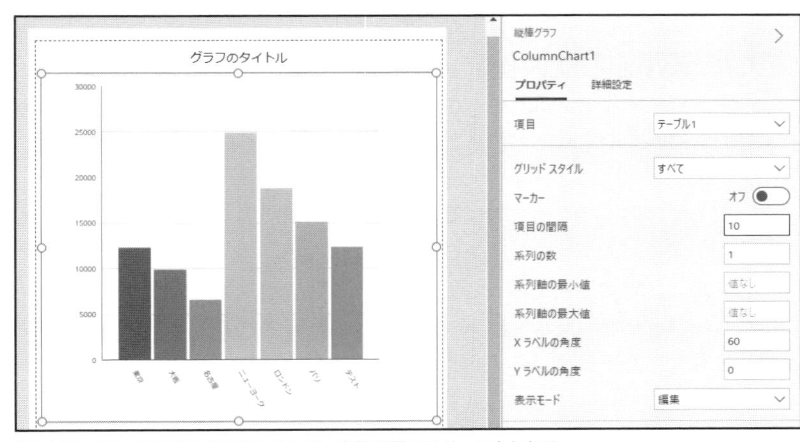

図3-108：項目の間隔を指定することで、各棒の間にスペースをとれる。

系列の数の設定

その下にある「系列の数」は、グラフにいくつの列の値を表示するかを指定するものです。ここでは「1」が指定されていますから、1つの列だけがグラフ化されています。

表示される列は、「詳細設定」の「データ」のところにあった「Series1」「Series2」……という項目で指定します。これにより、最大9列までを1つのグラフに表示させることができるようになります。

では、「Series2」の値を「後期」に設定し、「系列の数」を「2」に変更してみましょう。こうすると、前期と後期の値をグラフに表示できるようになります。

また、グラフの下に表示される凡例も自動的に「前期」「後期」の2つが表示されるように変わっていることに気がつくでしょう。凡例の表示も、ColumnChart1の設定を元に自動的に調整されるのですね。

なお、こうした複数系列をグラフで表示する場合、「スタッキング」といってそれらを1つの棒に積み上げて表示する他グラフもよく利用されますが、残念ながら現時点ではPower Appsにはスタッキングは用意されていません。

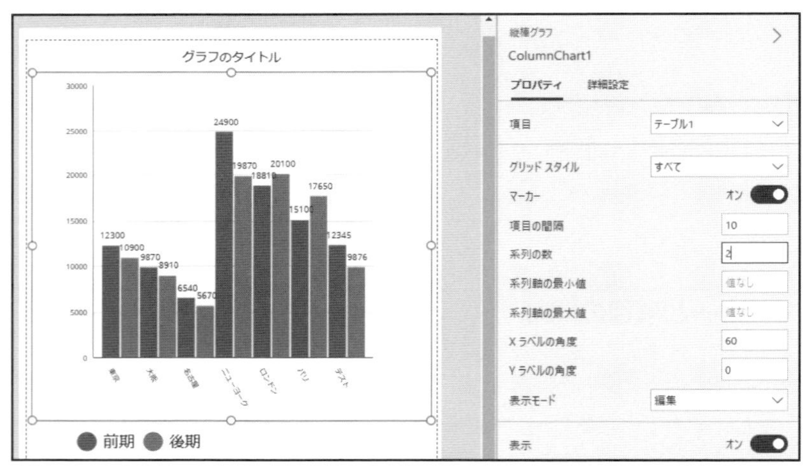

図3-109：系列の数を2にすることで、前期・後期を同時にグラフに表示できる。

グラフの最小値と最大値

グラフは表示する値に応じてゼロから自動的に割り出した最大値の間で表示されるようになっています。データの数値が変更されても、それを元に自動的に最大値が設定されるため、表示しきれなくなることはありません。

が、例えば数値が一定の範囲に集まっているような場合、最小値と最大値を指定することで数値の差がグラフとしてよくわかるようにしたい場合もあります。このようなときに用いられるのが「系列軸の最小値」「系列軸の最大値」の属性です。これらにより縦軸の範囲を設定することができます。

ただしこれらを使った場合、データの数値が変更されてもグラフの表示範囲は自動調整されません。自分で数値を書き換えて調整し直す必要があります。

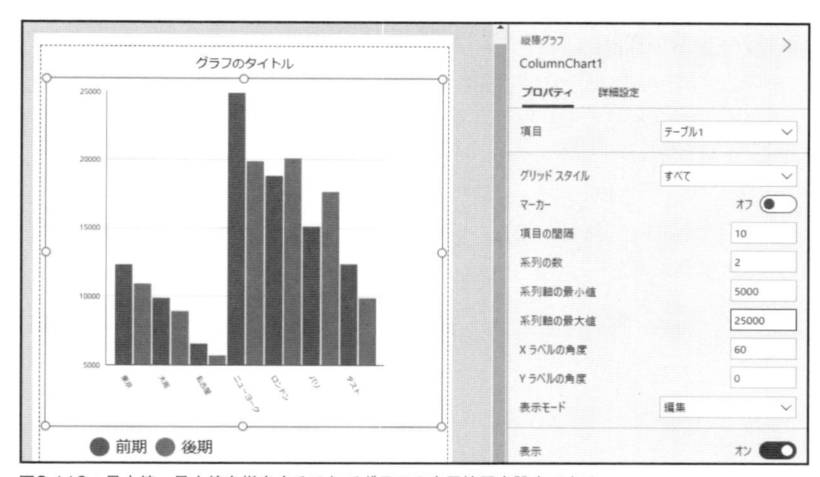

図3-110：最小値・最大値を指定することでグラフの表示範囲を設定できる。

最小値・最大値を戻すには?

この最小値・最大値の属性は扱いがちょっと面倒です。これらに値を設定したあと、「やっぱり自動調整したほうがいい」と値を削除したとしましょう。するとグラフはすべての棒がフルサイズで表示されるようになり、まともに機能しなくなってしまいます。

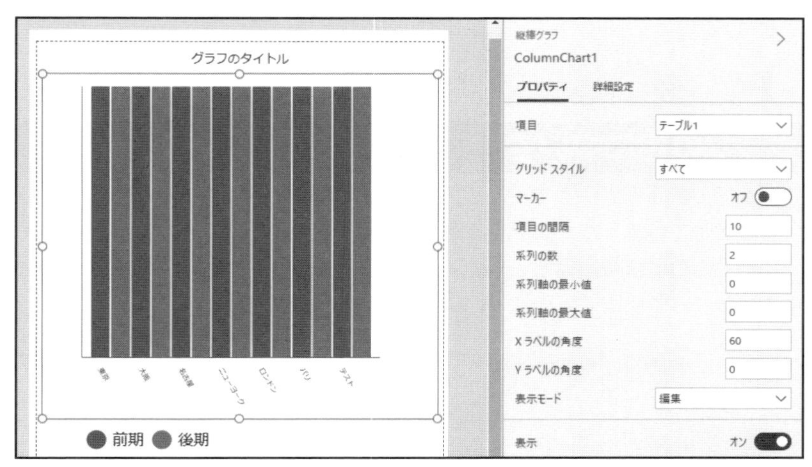

図3-111：最小値・最大値を削除するとどちらもゼロになり、グラフが正常に表示されなくなる。

これは、数値を消すと自動的に値をゼロにしてしまうためです。つまり最小値ゼロ、最大値ゼロでグラフを表示してしまうのです。これらの値を取り消すためには値を「なし」にしないといけません。これは属性タブの「詳細設定」から行えます。ここから「系列軸の最小値」「系列軸の最大値」という項目を探し、これらの値を削除してください。これで元の状態でグラフが表示されるようになります。

色・フォント・罫線

属性の下のほうには「色」「フォント」「フォントサイズ」「罫線」といった項目があります。これらは縦横軸に表示されているラベルとグラフ全体を枠で囲むためのものです。これらにより軸のラベルのフォントやサイズを変更したり、グラフを枠で囲んだりすることができます。

なお、グラフの棒の部分の色は、ここでは設定できません（このあとに説明）。

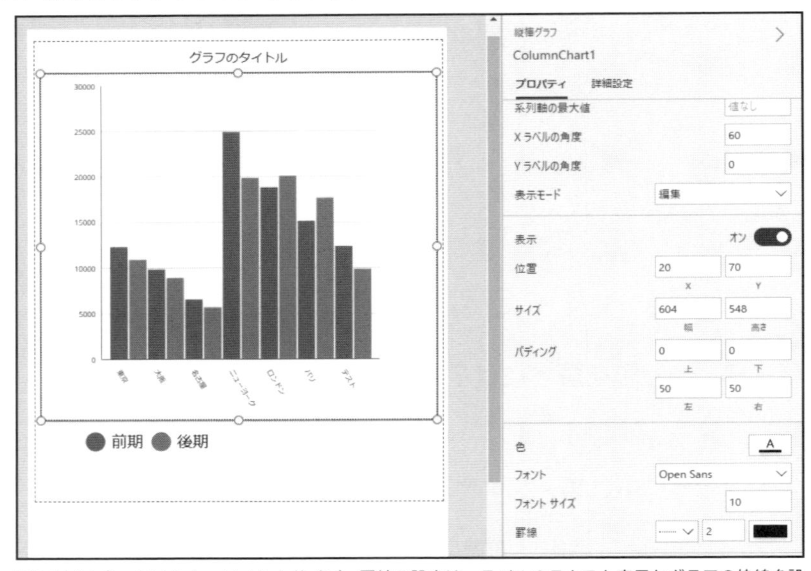

図3-112：色、フォント、フォントサイズ、罫線の設定は、ラベルのテキスト表示とグラフの枠線を設定する。

グラフの色について

グラフの表示を考える場合、重要になるのが「グラフの色」でしょう。デフォルトではそれぞれの棒の色が設定されていました。表示する列を複数にすると、各列ごとに色が設定されました。

これらの色の情報も属性として用意されています。ただし、「プロパティ」にはありません。「詳細設定」の中に用意されています。つまり、関数を使って設定するわけです。

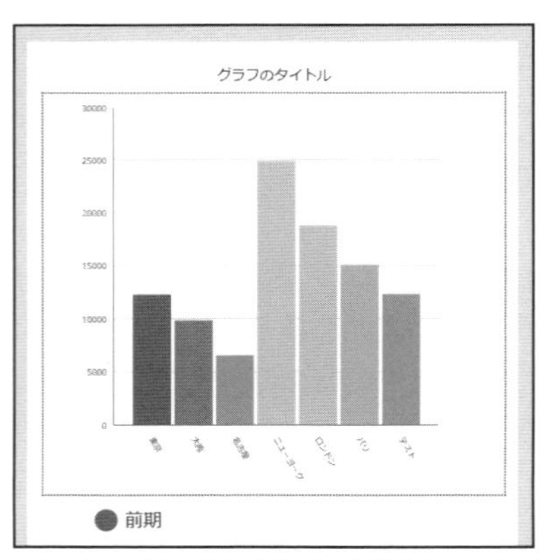

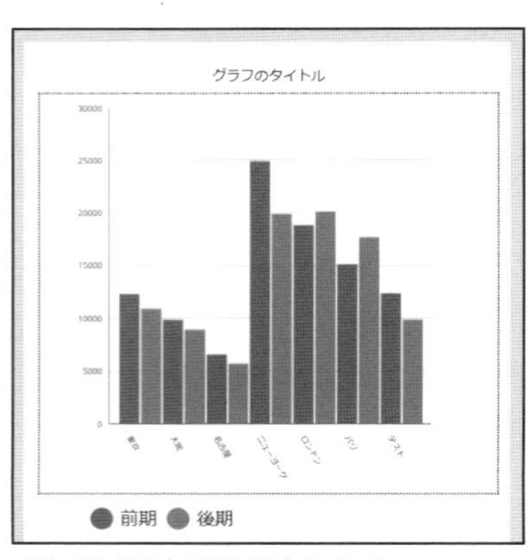

図3-113：1列のみのグラフと2列を表示したグラフ。それぞれ使う色が順に設定さている。

ItemColorSetによる色の設定

詳細設定の「デザイン」のところに「ItemColorSet」という項目があります。複数行に渡る長い式が書かれているのですぐにわかるでしょう。ここには次のような式が書かれています。わかりづらいので、適当に改行をして掲載します。

▼リスト3-8

```
[
  RGBA(49, 130, 93, 1),
  RGBA(48, 166, 103, 1),
  RGBA(94, 193, 108, 1),
  RGBA(246, 199, 144, 1),
  RGBA(247, 199, 114, 1),
  RGBA(247, 180, 91, 1),
  RGBA(246, 143, 100, 1),
  RGBA(212, 96, 104, 1),
  RGBA(148, 110, 176, 1),
  RGBA(118, 154, 204, 1),
  RGBA(96, 197, 234, 1)
]
```

改行して整理すると、どのような内容かわかってきます。RGBA(○○)という関数が、[]という記号の中にカンマで区切っていくつも書かれているのですね。

このRGBAというのは色の値を指定する関数です。RGBとアルファチャンネルの輝度を数値で指定することで色を表します。つまり、こういうことですね。

```
RGBA(赤の輝度, 緑の輝度, 青の輝度, 透過度)
```

最初の3つは0 ~ 255の整数で指定します。最後のものは0 ~ 1の実数で指定します。それぞれの値を指定することで、好みの色を作っていたのですね。

こうして作成した色の値をカンマでいくつもつなげて書いておくことで、グラフではそれらの色を順番に使うようになっていたのです。

すべて同じ色で表示する

この値を書き換えて、グラフの棒の色を変更してみましょう。ItemColorSetの値を次のようにしてみてください。

▼リスト3-9

```
[RGBA(255, 0, 0, 1)]
```

色の値を1つだけ（赤）用意しておきました。こうするとすべて同じ色になるように思うでしょうが、そうはなりません。各棒ごとに自動的に輝度が調整されます。色を1つ用意するだけで、このようにその色の輝度を調整した表示が行えるようになります。

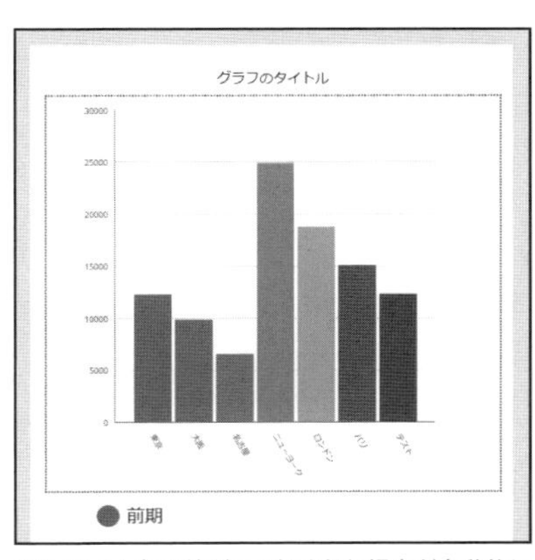

図3-114：色の値が1つだけだと輝度が自動的に調整される。

すべて同じ色で表示する

　すべて同じ色で表示したい場合はどうすればいいのでしょうか？　これは次のように値を変更します。

▼リスト3-10

```
[RGBA(255, 0, 0, 1),RGBA(255, 0, 0, 1)]
```

　こうすると、棒グラフのすべての棒が赤で表示されるようになります。ここでは赤を表すRGBA(255, 0, 0, 1)という関数を2つカンマで区切って並べています。2つあると、2つの値を交互に使って表示するようになるため、この2つの値を同じにすればすべて同じ色で表示できるのです。

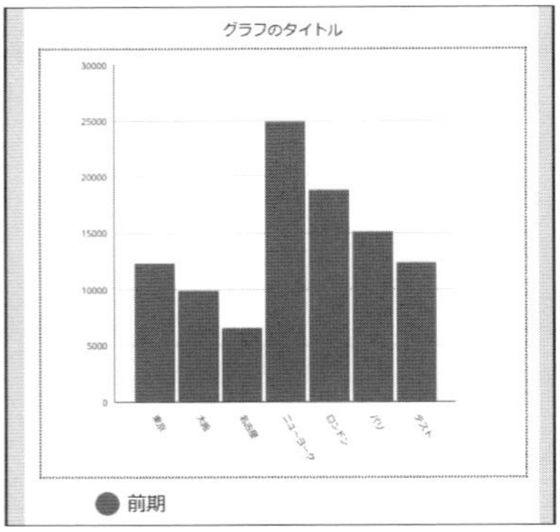

図3-115：すべての棒が赤で表示されるようになった。

値を空にすると？

　では、ItemColorSetの値を空にするとどうなるでしょうか？　黒で表示される？　グラフ自体が表示されない？　実際に試してみるとわかりますが、カラフルな色合いで表示されます。これがデフォルトで用意さているグラフの色なのですね。特に問題がなければ、このまま使ってもいいでしょう。

　RGBAによる色の指定は数値をどのようにするとどんな色になるのか、実際にいろいろと試してみないとわかりません。興味のある人は試行錯誤してみてください。

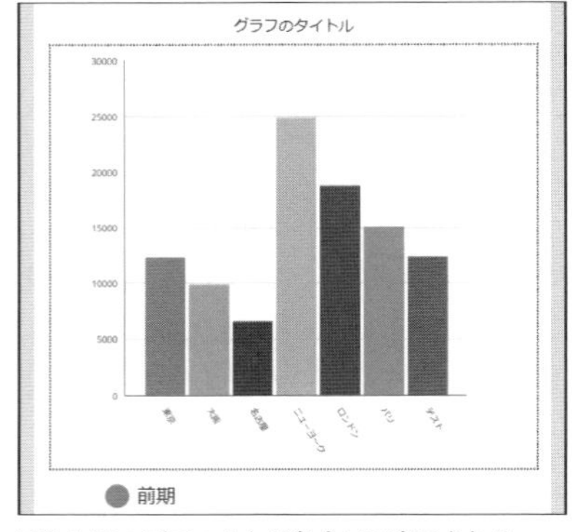

図3-116：デフォルトの色合いで表示される。

折れ線グラフについて

　Power Appsには棒グラフ以外にもさまざまなグラフが用意されています。次は「折れ線グラフ」について説明しましょう。

　画面左端の「挿入」アイコンを選び、コントロールの一覧から「グラフ」のところにある「折れ線グラフ」をクリックすると、折れ線グラフのコントロールが配置されます。基本的な使い方は棒グラフと同じです。配置した段階ではダミーのグラフが表示されています。

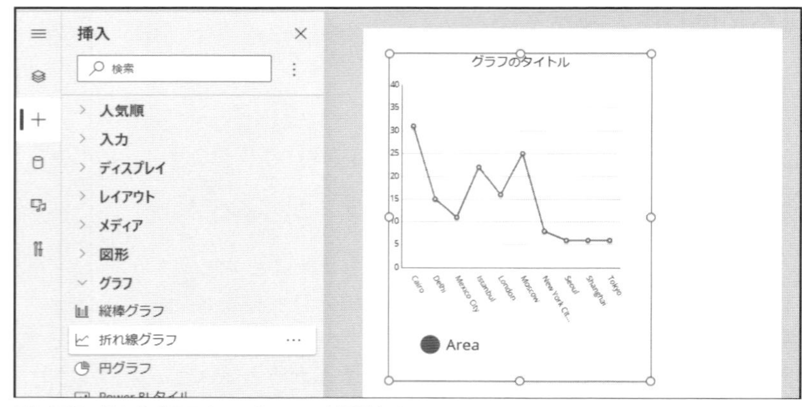

図3-117：折れ線グラフのコントロールを配置する。

折れ線グラフのコントロールも棒グラフと同様に二重構造になっています。コントロール全体は「Composite LineChart1」というコントロールとしてまとめられており、その中に「LineChart1」というコントロールが組み込まれています。これが折れ線グラフを表示している部分です。

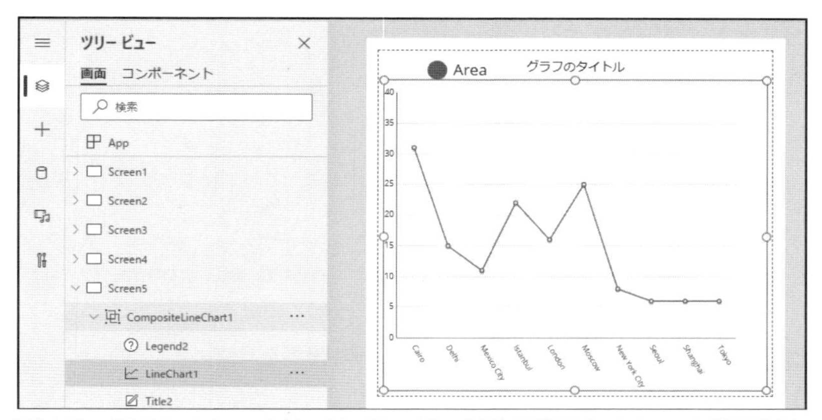

図3-118：グラフのコントロール内に、LineChart1という折れ線グラフのコントロールが組み込まれている。

属性を設定する

この内部にあるLineChart1コントロールを選択し、属性タブから「項目」を設定してください。「テーブル1」を選べば棒グラフと同様に、テーブル1のデータがグラフ化されます。

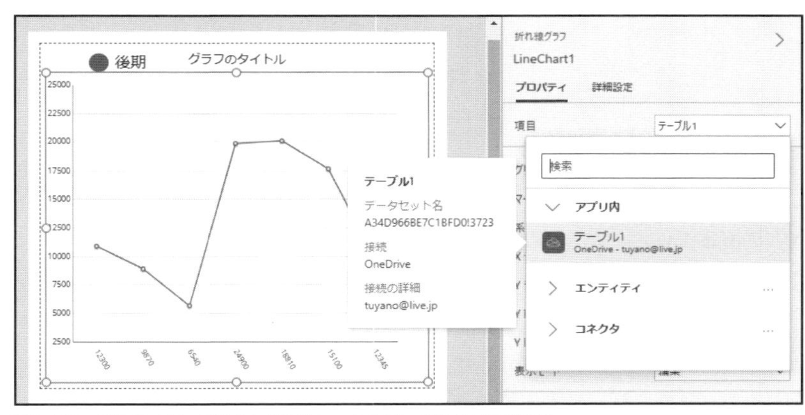

図3-119：項目を「テーブル1」にすると、そのデータをグラフ化する。

続いて、属性タブを「詳細設定」に切り替えます。そして「データ」というところにある項目を次のように変更します。

Labels	「支店」を選ぶ。
Series1	「前期」を選ぶ。
Series2	「後期」を選ぶ。

これで横軸が支店名に、縦軸が前期の売上に変わります。まだ後期は表示されませんが、とりあえずグラフ化されました。

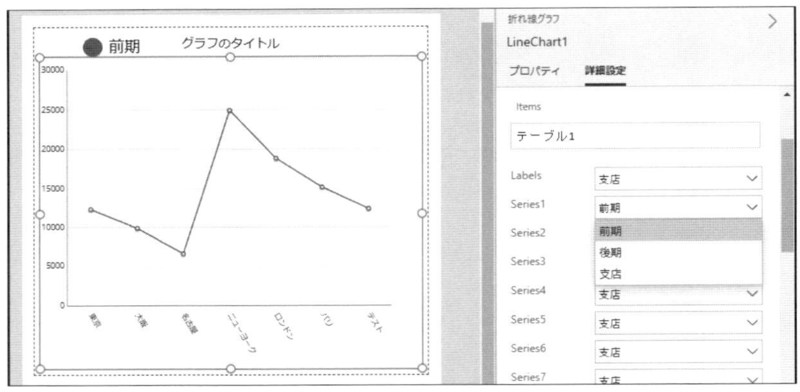

図3-120：LabelsとSeries1を設定し、前期のデータを支店ごとにグラフ化する。

再び属性タブを「プロパティ」に戻し、「系列の数」を2に変更します。これで前期と後期がそれぞれ折れ線グラフで表示されるようになりました。

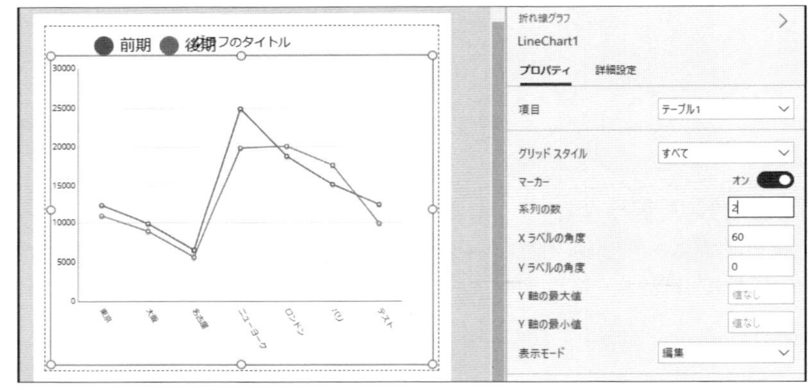

図3-121：系列の数を2にし、前期と後期が表示されるようになった。

グラフの色を変更する

再度、属性タブを「詳細設定」に切り替え、「ItemColorSet」の値を次のように書き換えてみましょう。

▼リスト3-11

```
[RGBA(255, 0, 0, 1),RGBA(0, 0, 255, 1),RGBA(0, 255, 0, 1),]
```

これで前期と後期のグラフが赤と青で表示されるようになります。折れ線グラフは線の色で見やすさが変わります。ここでは赤・青・緑の3色を用意してあります。

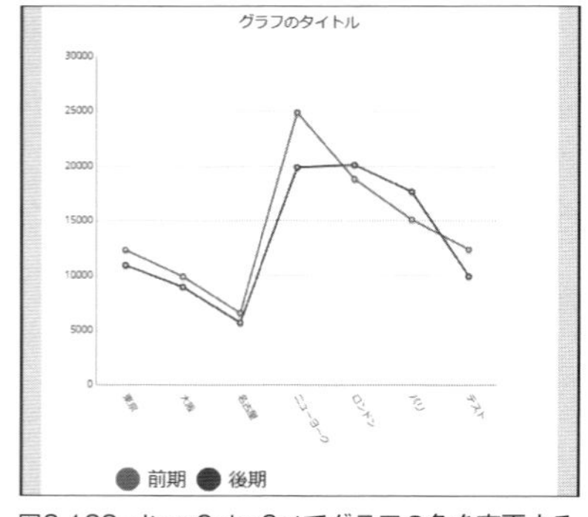

図3-122：ItemColorSetでグラフの色を変更する。

属性は棒グラフと同じ

ここまでの設定でわかるように、折れ線グラフも基本的な属性の設定は棒グラフとまったく同じです。折れ線グラフ独自の属性などはなく、属性タブに表示されるのは棒グラフで使ったものばかりです。棒グラフで基本をしっかり頭に入れてあれば、折れ線グラフもまったく同じ感覚で使えることがわかります。

円グラフについて

もう1つ、「円グラフ」についても説明しておきましょう。これもコントロールの一覧の「グラフ」に用意されています。ここにある「円グラフ」をクリックすれば、ダミーデータを表示する円グラフのコントロールが追加されます。

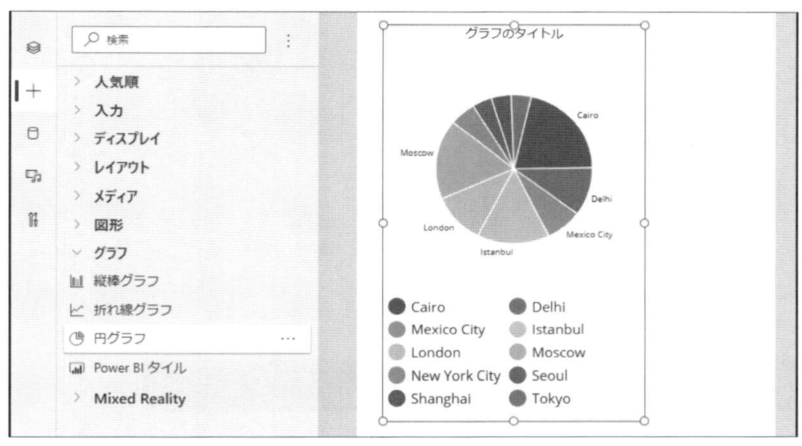

図3-123：円グラフのコントロール。ダミーデータが表示されている。

使い方はこれまでのグラフと同じです。円グラフもグラフ全体を扱うコントロールの中に「PieChart1」というグラフ表示用のコントロールが組み込まれています。これを選択し、必要な属性を設定していきます。

まず最初に「項目」を設定しましょう。項目はグラフに表示するデータソースを指定するものでしたね。ここから「テーブル1」を選択します。

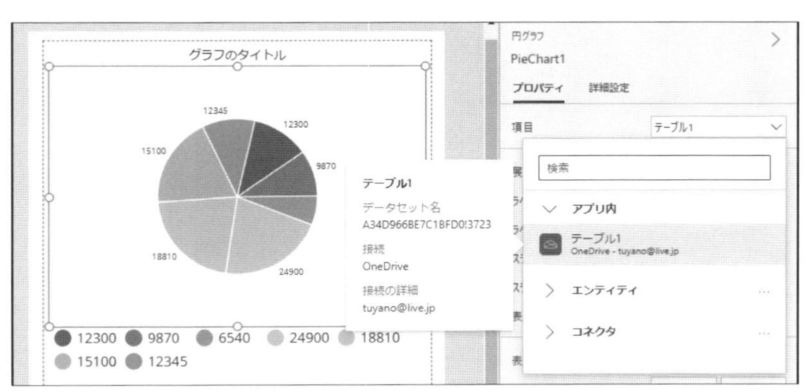

図3-124：「項目」でデータソースを選択する。

続いて、表示する列を選択します。属性タブを「詳細設定」に切り替え、そこにある以下の項目の値を変更してください。

Labels	「支店」を選ぶ。
Series	「前期」を選ぶ。

棒グラフや折れ線グラフと異なるのは、「表示する列を示す項目が1つしかない」という点です。円グラフは一度に1つの列しか表示できません。

したがって、前期と後期を表示させたい場合は、2つの円グラフを並べる必要があるでしょう。

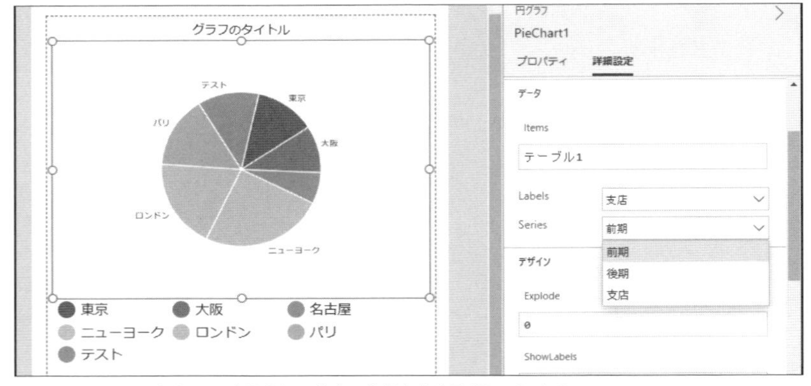

図3-125：LabelsとSeriesを設定し、支店の前期売上を円グラフにする。

円グラフの属性

円グラフはこれまでの棒グラフや折れ線グラフとはグラフの内容がかなり違うため、用意されている属性も違いがあります。

まず「ラベル」について、円グラフにはラベルのON/OFFの他に「ラベルの位置」という項目が用意されています。これは円グラフの各項目のラベルをグラフの外側に表示するか、グラフ内に表示するかを指定するものです。

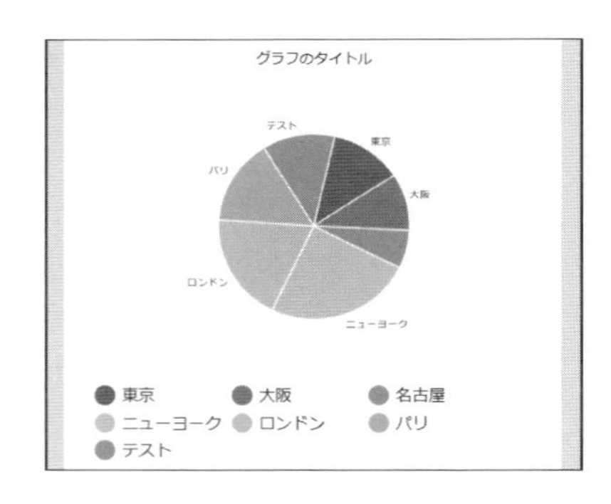

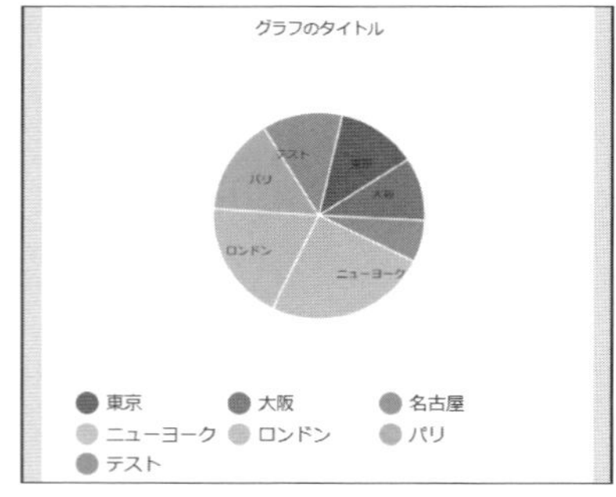

図3-126：ラベルの位置をグラフ外（上）とグラフ内（下）にした違い。

展開とスライスの設定

デフォルトでは、円グラフの各扇形はすべてきれいにつながって表示されていますが、それぞれの扇形がよくわかるように切り離して表示させることもできます。それを行うのが「展開」です。

展開に数値を指定すると、それだけ1つ1つの扇形が円の中心から離れて表示されます。つまり、各扇形の間に空間が開くようになるのです。

さらに各扇形を目立たせるのに、「スライス」というものも用意されています。これは扇形の輪郭線を表示するためのもので、線の太さと色が設定できます。これらを指定することで、1つ1つの扇形がはっきりとわかるようになります。

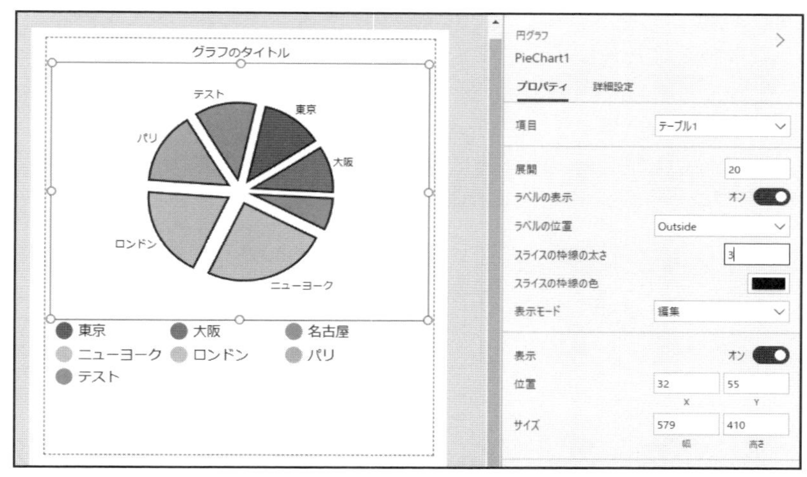

図3-127：展開とスライスを設定し、1つ1つの扇形がくっきりとわかるようにした例。

ItemColorSetによるグラフの色設定

グラフに使われる色は「詳細設定」に用意されている「ItemColorSet」で設定できます。他の棒グラフなどと同じ値がデフォルトで設定されています。これを変更することでグラフの色を変えられます。

▼リスト3-12

```
[RGBA(255, 0, 0, 1)]
```

例えばこのようにすると、各扇形がそれぞれ異なる赤の輝度で表示されるようになります。グラフ全体を統一感ある色合いにしたいなら、こんな具合に調整すればいいでしょう。

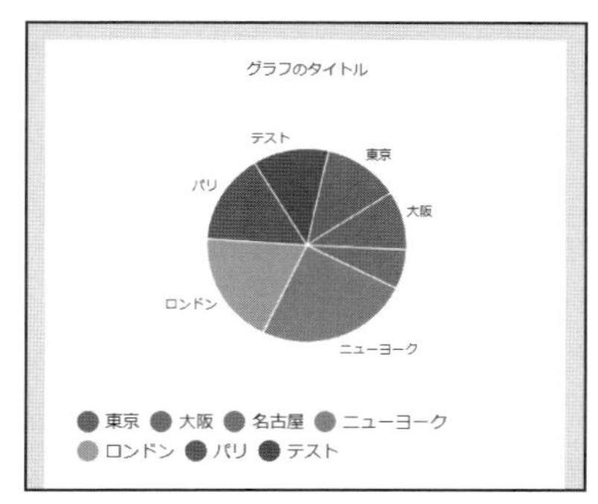

図3-128：ItemColorSetを赤に設定したところ。

グラフのカラーを統一する

複数のグラフを利用するようになると、グラフのカラーを統一して表示することを考えるようになります。それぞれのグラフのItemColorSetに同じ値を設定すればいいのですが面倒ですし、あとで変更したいときにまたすべてのグラフの属性を書き換えなければなりません。

このような場合は統一の色を設定するグラフを決めておいて、そのItemColorSetの値を他のグラフでも参照するようにすればいいのです。

実際にやってみましょう。例として折れ線グラフのコントロール（LineChart1）でItemColorSetを設定し、他のグラフはその設定をそのまま利用するようにしてみましょう。

LineChart1のItemColorSetに色の値を設定したら、その他のグラフのItemColorSetを次のように変更します。

▼リスト3-13

```
LineChart1.ItemColorSet
```

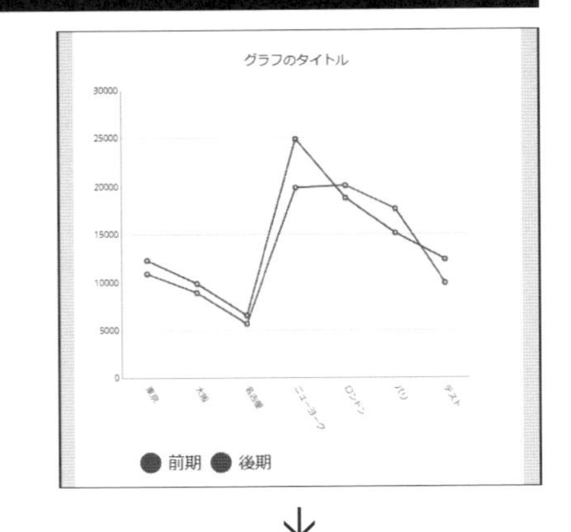

↓

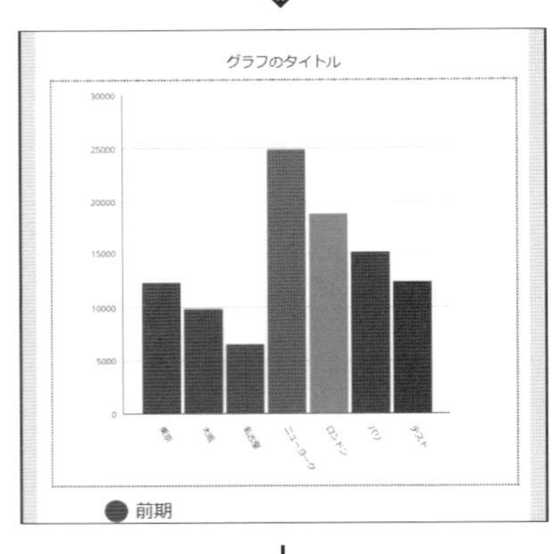

↓

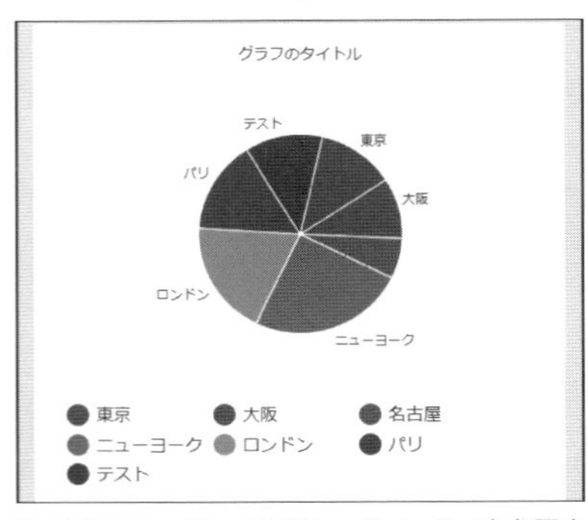

3-129：LineChart1のItemColorSetを参照することで、すべてのグラフの色を統一する。

これで、設定したすべてのグラフで同じ色が使われるようになります。色を変更したいときはLineChart1のItemColorSetを変更すれば、全グラフが同じように変わります。多数のグラフを統一感あるデザインで表示したいときに役立つテクニックですね！

Power Appsのグラフはまだそれほど本格的なものではなく、種類も機能もまだまだ足りないでしょう。ただ「データを視覚化する」という場合にすぐ役立つ貴重なコントロールであるのは確かです。基本的な使い方ぐらいはここでマスターしておきましょう。

Chapter 4

Power Fxをマスターする(1)

Power Appsでは属性に「Power Fx」と呼ばれる式を記入して処理を設定します。
この式では関数や変数などを利用して複雑な処理が作れます。
Power Fxの基本的な使い方について、
2つのChapterに渡って説明していきましょう。

4.1. Power Fxの基本

関数と数式について

Chapter 3で、コントロールからテーブルを利用するスクリーンをいろいろと作成をしました。その中で「関数」を使うことも増えてきました。関数を使うことで、属性の項目では設定できないテーブルの情報を表示させたりできましたね。

この関数は「Power Fx」と呼ばれるもので使われます。Power Fxというのは「さまざまな処理を記述する簡易言語」です。このPoewr FXに用意された関数が使われていたのですね。

Power Fxでは関数以外のものも使います。例えば100とか"ok"といった「値」も使いますし、10 + 20のような計算の式も使います。こうしたさまざまな要素を使って処理を組み立てたものがPower Fxに記述されるのです。

Power Fxはさまざまなところで使われます。Chapter 3では属性タブの「詳細設定」で表示される項目の値に記述をしていましたが、それ以外のところで式を書くこともあります。

もっとも一般的な式の記述場所は「数式バー」でしょう。数式バーはツールバーの下に表示されているバーです。これは大きく3つの部分からなります。

左側のコンボボックス	クリックするとリストが表示されます。選択したコントロールの属性などの項目がここに用意されます。
「fx」ボタン	クリックすると関数に関する説明文などがポップアップ表示されます。
右側の細長いバー	左側のコンボボックスで選んだ項目に設定される式を記述します。

この数式バーはコントロールが選択されると、それに応じて自動的に表示が更新されます。コンボボックスから項目（属性など）を選び、右側のバーから式を入力して設定する、という形で作業します。

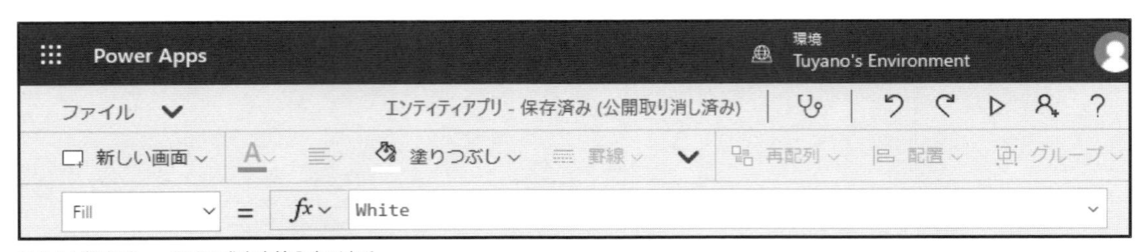

図4-1：数式バー。ここで式を直接入力できる。

ラベルでPower Fxを使う

Power Fxの式をいろいろと実行するために、簡単なサンプルを作ることにしましょう。ここでは「エンティティアプリ」を使います。このアプリをPower Apps Studioで開き、「挿入」メニューから「新しい画面」内の「空」を選んで新しいスクリーン(Screen10)を作成しましょう。

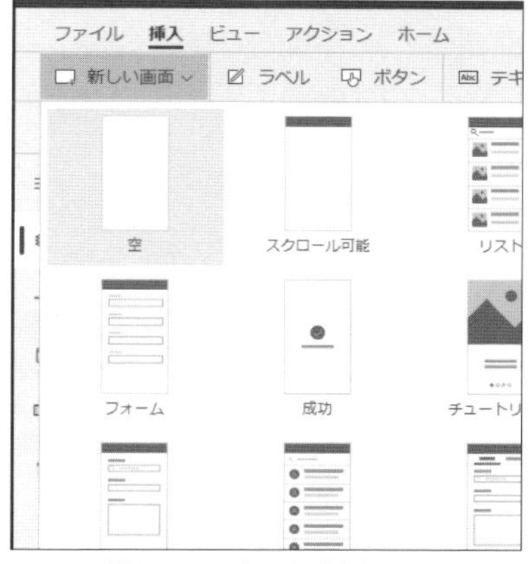

図4-2：「新しい画面」から「空」を選んでスクリーンを作成する。

続いて画面左端の「挿入」アイコンを選び、コントロールの一覧から「テキストラベル」をクリックしてスクリーンに追加します。テキストの表示フォントサイズやスタイルなどは適当に調整しておきましょう。

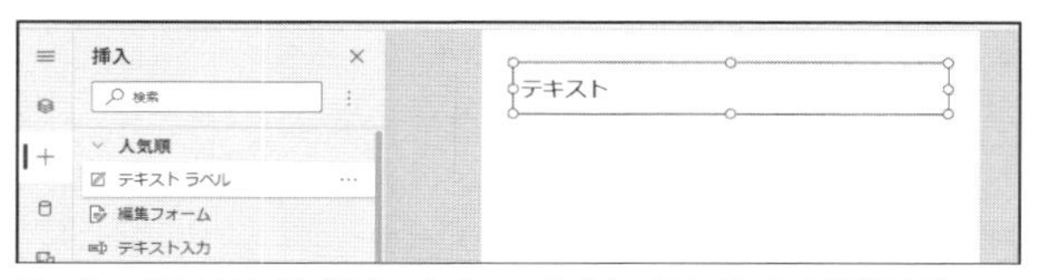

図4-3：「テキストラベル」コントロールを1つスクリーンに配置する。

数式バーでTextを設定する

作成されたラベルが選択された状態では、ラベルの「Text」属性が数式バーに表示されています。左側のコンボボックスでは「Text」が選択され、右側のバーには「"テキスト"」と表示されているでしょう。これはText属性に "テキスト" という値が設定されていることを示します。

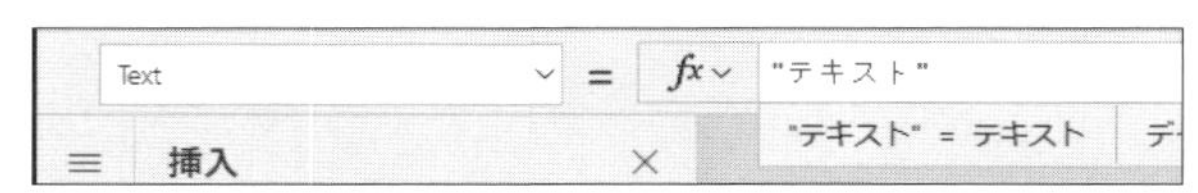

図4-4：数式バーには「Text」「"テキスト"」と表示される。

値を設定する

ここでは"テキスト"とバーに書かれていました。これはテキストを表す際の基本となる書き方です。値としてPower Fxの式でテキストを使うときは、このようにテキストの前後にダブルクォート記号を付けて記述をします。

実際に、数式バーからTextの値をいろいろと変更してみましょう。入力し[Enter]/[return]キーを押すと、ラベルの表示テキストが更新されるのがわかります。

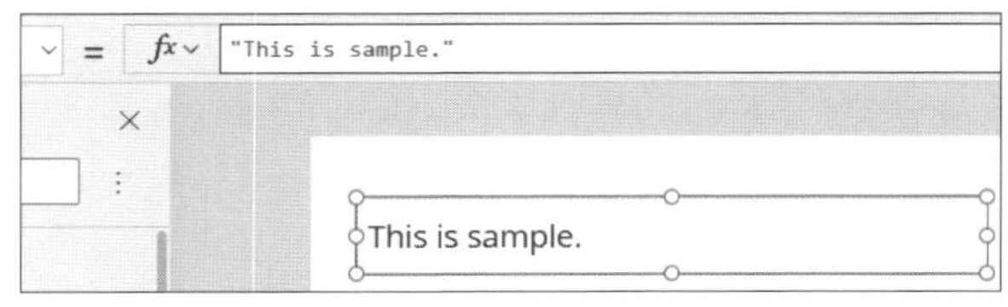

図4-5：テキストは前後にダブルクォート記号を付けて書く。

数値の入力

数値の入力も行えます。テキストのようにダブルクォート記号は使いません。直接、数値を記入するだけです。実数は小数点を付けるとそのように認識されます。

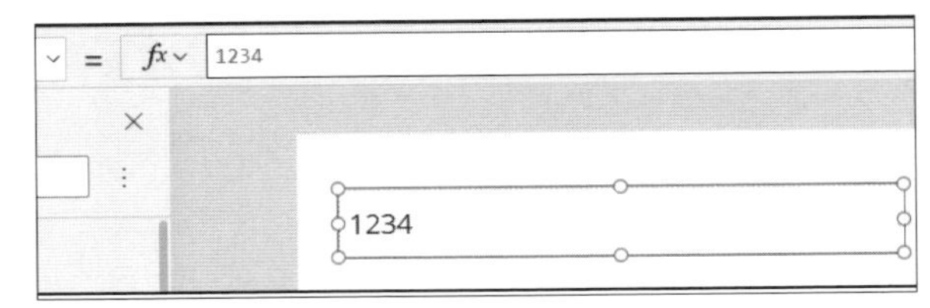

図4-6：数値はそのまま値を記述するだけでいい。

計算を行おう

値は、ただ1つの値を表示する場合にしか使わないわけではありません。複数の値を使って計算を行い、その結果を表示させることもできます。例えば、ラベルのTextに以下の式を記入してみましょう。

```
2500*1.1
```

これでラベルには「2750」と表示されます。記入した式の計算結果が表示されることがわかります。四則演算は、＋－*／といった記号が使えます。注意したいのは割り算で、／では小数点以下まで値が計算されます。

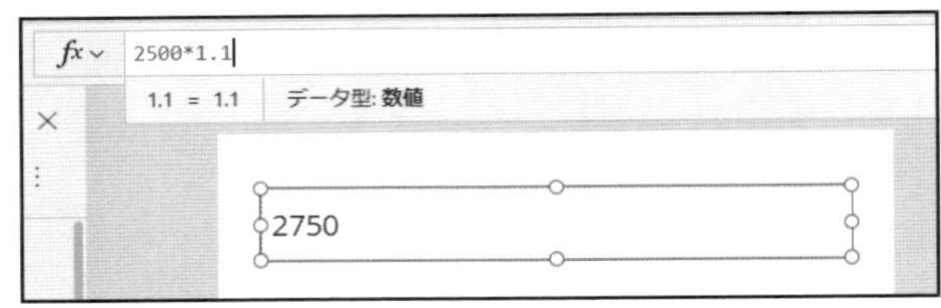

図4-7：計算の式を記入すると、その結果が表示される。

テキストの計算

この他、テキストの演算記号というのも用意されています。「演算」というと「テキストをどう計算するんだ？」と思うでしょうが、複数のテキストを1つにつなげるためのもので、「&」記号を使います。

ラベルのTextの式を次のように修正してみましょう。

```
"Good"&"Bye"
```

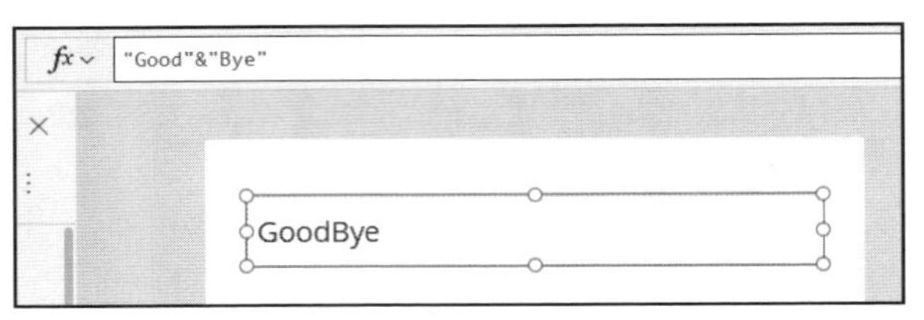

図4-8：ラベルには「GoodBye」と表示される。

これで「GoodBye」と表示されます。2つのテキストを＆でつなげているのがわかるでしょう。この＆はテキストの値だけしか使えないわけではありません。どんな値でも、それを「テキストとしてつなげる」のです。例えば、先ほどの値を次のように書き換えてみましょう。

```
123&456
```

こうすると、ラベルには「123456」と表示されます。123と456という数字をテキストとしてつなげていることがよくわかるでしょう。

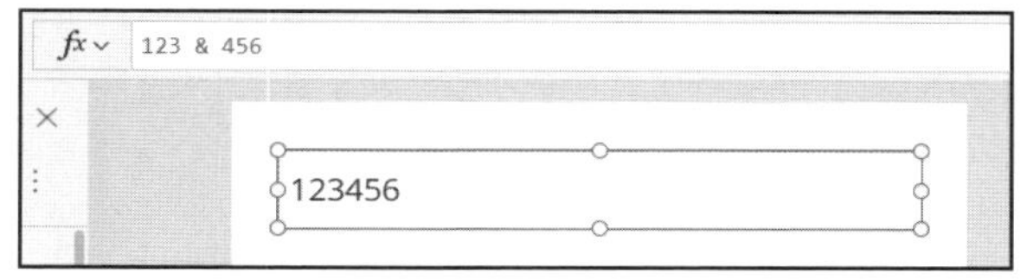

図4-9：ラベルには「123456」と表示される。

C O L U M N

値の間はスペースを入れない？

サンプルで掲載した式では、「2500*1.1」とか「123&456」というように、すべてスペースを付けずに書いていました。これは、「2500 * 1.1」「123 & 456」というようにスペースを入れて書いてはいけないんでしょうか？
答えは「問題ない」です。1+1 でも 1 + 1 でも、Power Apps はちゃんと認識してくれます。ですから、どちらの書き方をしてもかまいません。ここまでの例では数式バーに書くことを考え、あまり長くならないようにスペースを入れずに書いています。

入力と表示

ラベルのテキストのように「設定するとその値で表示される」というのは、比較的単純なものです。式で使われているのは値と演算記号だけです。しかし、Power Fxの式が威力を発揮するのは「コントロールの値」を式の中で利用できるところにあります。これをやってみましょう。

まず、コントロールを追加しましょう。左端の「挿入」アイコンを選び、コントロールの一覧から「テキスト入力」を1つ追加してください。2つのコントロールの名前はそれぞれ次のようになります。

ラベル	Label1
テキスト入力	TextInput1

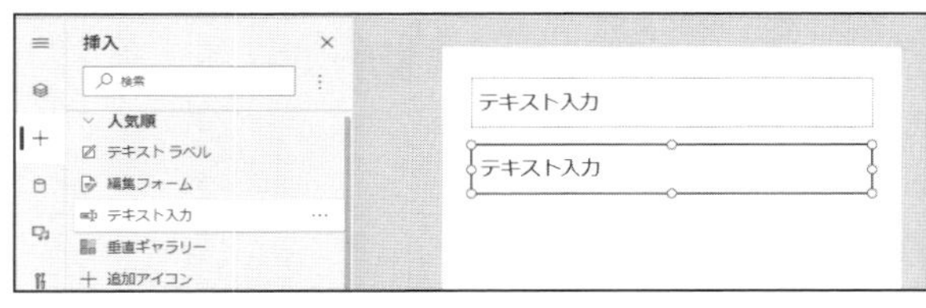

図4-10：テキスト入力を追加する。

テキスト入力の値をラベルに表示

テキスト入力に記入した値をラベルに表示させてみましょう。ラベルを選択し、数式バーからTextの値を次のように書き換えます。

```
TextInput1.Text
```

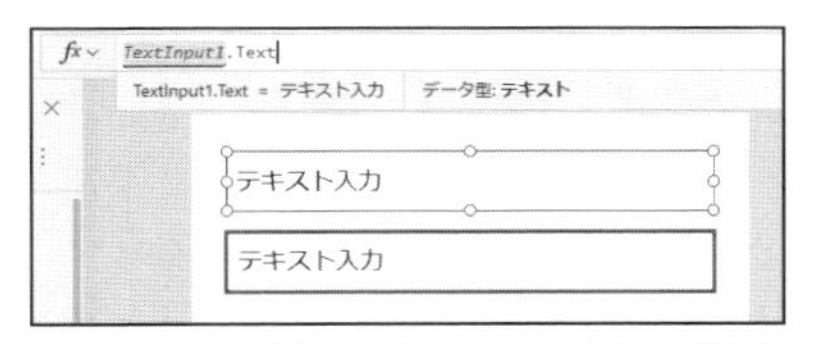

図4-11：ラベルにTextIput1のテキストを設定する。

これでテキスト入力のテキストがラベルのテキストに設定されました。プレビューを実行してテキスト入力にテキストを書いてみましょう。すると、書いたテキストがリアルタイムにその上のラベルに表示されます。

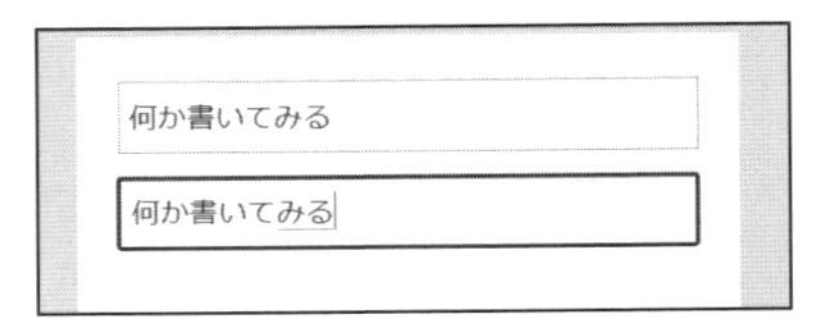

図4-12：テキストを書くと、リアルタイムにラベルに表示される。

コントロールの属性について

ここではラベルのTextにTextInput1.Textと記入しました。これが、コントロールの属性を指定する際の基本的な書き方です。

```
コントロール名 . 属性名
```

このように利用するコントロール名のあとにドットを付け、取り出す属性の名前を記述します。これで指定したコントロールの属性の値が取り出されます。

ラベルに表示されるテキストも、テキスト入力に記入されるテキストも、どちらも「Text」という属性として用意されています。「○○.Text」と指定することで、これらのテキストを取り出すことができるのです。

数式バーの入力支援機能

数式バーでTextInput1.Textと入力をしていくと、その下にテキストが表示されるのに気がついたことでしょう。これは数式バーに内蔵されている、入力を支援する機能です。記入されたテキストをリアルタイムに評価し、その簡単な説明を下に表示するのです。この説明により指定した値がどういうものか、そもそもどういう値が用意されているのかがわかります。

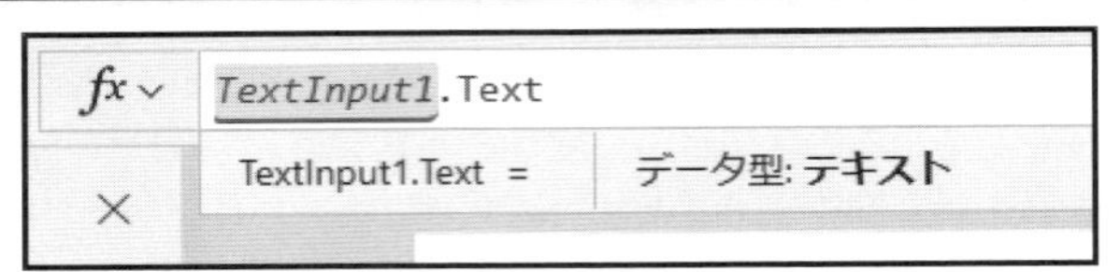

図4-13：数式バーに入力すると、リアルタイムに説明文が表示される。

候補の表示

数式バーにコントロールの名前を記述しドットを打つと、その下に「利用可能な属性名」がリスト表示されます。タイプしていくとリアルタイムに候補が変化していきます。例えば「.t」と打つと、tで始まる候補が表示されるようになります。この候補のリストから使いたいものをクリックすれば、その値が自動的に入力されます。

このように数式バーでは入力を支援し、書き間違い（スペルミス）を防ぐための仕掛けがいろいろと用意されているのです。

図4-14：ドットをタイプすると、それ以降で使える候補がリスト表示される。

fxボタンについて

数式バーの横にある「fx」ボタンも、入力を支援する強力な機能を持っています。クリックすると、関数のリファレンスがポップアップして現れるのです。

このポップアップパネルには上部にプルダウンメニューがあり、調べたいジャンルを選ぶと、そのジャンルの関数が下にリスト表示されます。ここから項目を選択すると、その下に小さな文字で簡単な説明が表示されます。そのままダブルクリックすると、その関数が数式バーに書き出されます。

図4-15：「fx」ボタンをクリックすると、関数のミニリファレンスが現れる。

関数を利用する

Power Fxの式で使われるのは、値、コントロール、そして「関数」です。すでにいくつかの関数を利用しましたね。Power Fxには相当な数の関数が用意されており、これらをいかに使いこなすかがPower Fxを利用するための最大のポイントといえるでしょう。

関数の中にはシンプルなものから非常に複雑のものまであります。まずは比較的簡単で、なおかつ多用される「数学の関数」から使ってみましょう。テキスト入力のTextに以下の式を記入してください。

▼リスト4-1

```
Sqrt(TextInput1.Text)&"  "&Power(TextInput1.Text,2)
```

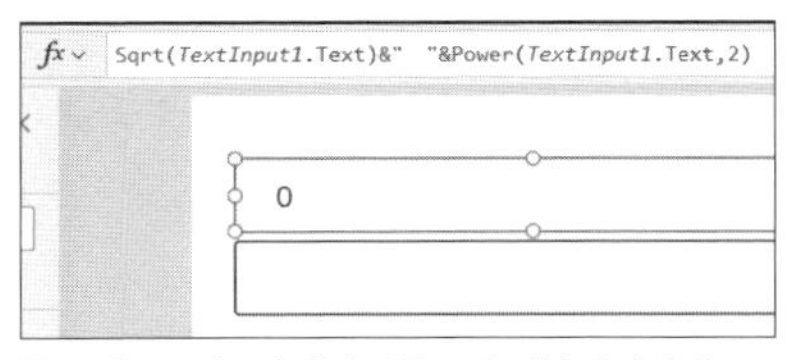

図4-16：テキスト入力のTextに式を入力する。

ごく簡単な数学の関数です。記入したらプレビューで実行して数字を入力してみましょう。するとラベルに、入力した値の平方根と自乗が表示されます。ここではSqrtとPowerという関数を使って平方根と自乗の計算をしていたのです。

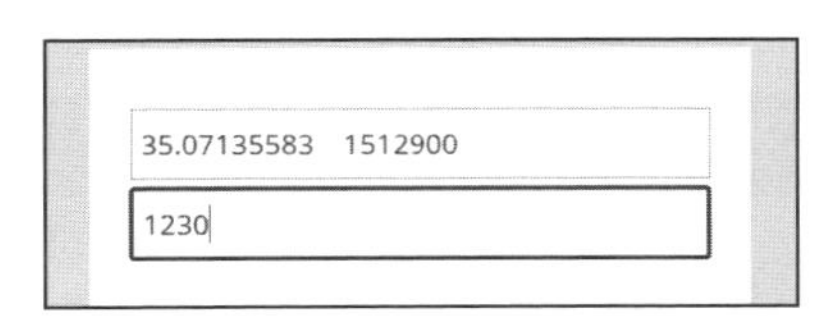

図4-17：テキスト入力に値を記入すると、平方根と自乗が表示される。

関数の書き方

関数は、「名前（関数名）」と「引数」という２つの部分で構成されています。これらは次のように記述をします。

```
関数名 ( 引数 )
```

関数名は文字通り「名前」ですね。では「引数」とは？　これは、関数を呼び出す際に渡される値のことです。

関数によっては、実行する際に値を必要とする場合があります。例えば平方根を計算する関数では、計算する数字を関数に渡してあげなければいけません。こうした必要な値を渡すのに使うのが引数です。

引数は、関数名の後の()の中に記述します。複数の値を渡す場合は、それぞれの間をカンマで区切って記述します。

コントロールと値を式にする

数式バーでは、値、コントロール、関数といったものを組み合わせて式を作ります。この「組み合わせる」ということをうまくできるようにならないと、思うように式を作れません。

先ほどのサンプルではSqrtとPowerという２つの関数、そしてそれらの引数にはテキスト入力のテキストを指定していました。関数の引数に値を指定し、その関数をまた１つの式で組み合わせていたのです。さまざまな値をいかに組み合わせるかが式を組み立てていく上で重要になります。

例えば、テキスト入力に書かれたテキストを使って簡単なメッセージをラベルに表示することを考えてみましょう。ラベルを選択し、Textに数式バーから以下の式を入力します。

▼リスト4-2

```
" こんにちは、"&TextInput1.Text&" さん！ "
```

図4-18：ラベルのTextに式を設定する。

ここでは、テキスト値とTextInput1コントロールの属性を＆でつなぎ合わせてメッセージを作成しています。こんな具合に、値とコントロールの属性を１つの式の値として組み合わせたりすることもできます。

記入したらプレビューを実行してテキストを入力し、動作を確かめてみましょう。

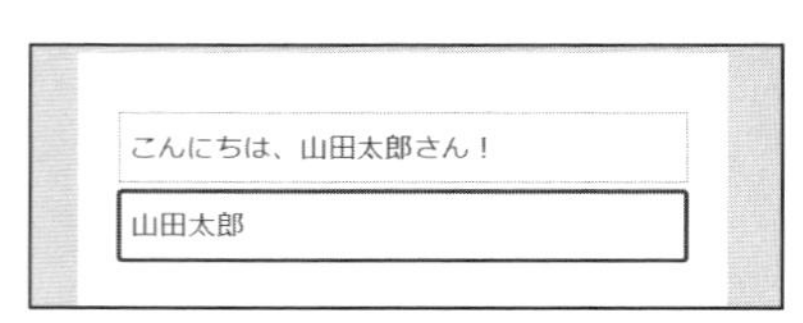

図4-19：名前を書くとメッセージが表示される。

長い式を入力するには？

式の入力にもだいぶ慣れてきたと思いますが、これからいろいろな関数を使うようになってくると、１行だけしか書けない数式バーの入力がつらくなってくるかもしれません。そこで、「長い式を編集しやすくする方法」についても触れておきましょう。

数式バーは1行だけしか表示されないため、「式は1行しか書けない」と思っている人もいることでしょう。が、これは違います。数式バーは複数行に渡る長い式も書くことができるのです。数式バーの式を入力する欄の右端に「v」マークが表示されています。これをクリックすると欄が下に伸びて、複数行が編集できるようになります（なお、図の式はもう少しあとで作成する「メッセージを表示する式」です。長い式の例と考えてください。内容は後述します）。

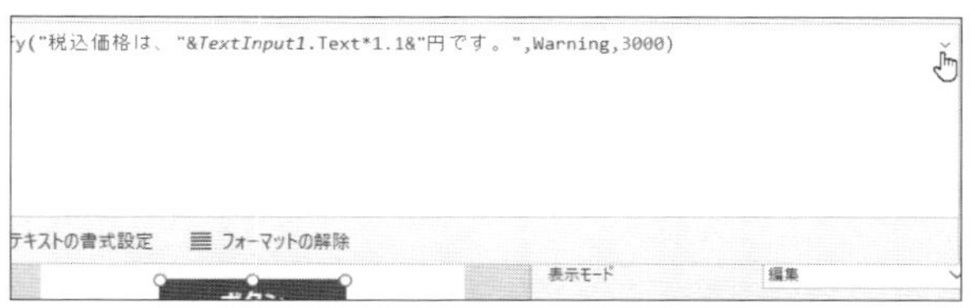

図4-20：入力欄の右端にある「v」をクリックすると複数行が入力できるようになる。

そのまま、入力エリアの下部に見える「テキストの書式設定」という表示をクリックしてください。関数の引数がそれぞれ改行された形にフォーマットされます。

このように、長く書いた式は「テキストの書式設定」をクリックすることで必要に応じて改行され、見やすい状態で表示されるようになります。長い式を書いていく場合はこれを使って必要に応じて式をフォーマットし表示すれば、全体の構造もよくわかるようになります。

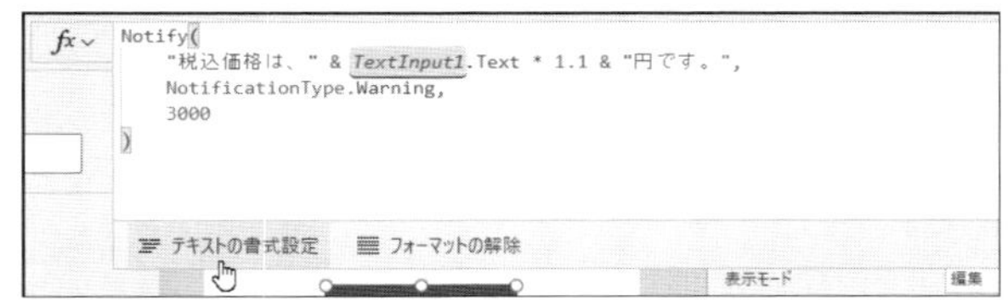

図4-21：「テキストの書式設定」でフォーマットすると見やすく改行される。

「詳細設定」で式を編集する

もう1つの方法は数式バーを使わず、属性タブから式を入力する方法です。これはすでに何度か使いましたね。

式を編集したいコントロールを選択した状態で数式タブから「詳細設定」をクリックし、表示を切り替えます。そして式を入力しようと思う属性を探し、値部分をクリックして編集できる状態にしましょう。選択すると同時に表示が拡大し、複数行のテキストが編集可能になります。

こちらは自由に改行して編集できるので、「1行に続けて書くのはつらい」という人は属性タブから式を入力したほうが書きやすいでしょう。このように属性の式は「数式バー」と「属性タブ」のどちらでも編集できます。これは覚えておきましょう。

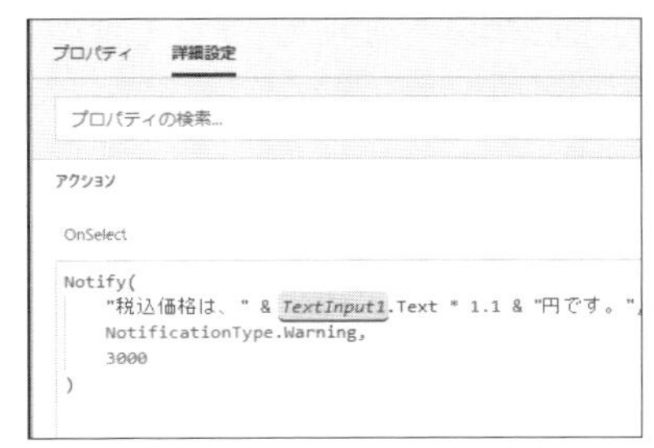

図4-22：「詳細設定」の欄を使うと複数行で式を書ける。

Chapter 4

4.2. よく使われる関数

基本的な数学関数について

Power Fxを使いこなすには、用意されている関数を覚えて使えるようにならなければいけません。どのような関数が用意されているのか、主なものをピックアップして整理していきましょう。

まずは数学関数（数値を使う関数）についてです。数学関数は非常に幅広く用意されていますが、例えば三角関数や対数関数のように、普通はあまり利用しないものも多いでしょう。そこで、「もっともよく使われそうな関数」に絞って紹介しておきます。

絶対値	Abs(値)	絶対値を得るためのものです。例えばAbs(-1)とすれば、「1」が得られます。
割り算の余り	Mod(値 , 除数)	割り算の余りを計算します。引数には元の数値と割り算する数値を指定します。例えば「10÷3」の余りは、Mod(10, 3)と計算します。
平方根	Sqrt(値)	数値の平方根を計算します。引数は平方根を計算する数値です。例えばSqrt(2)ならば、2の平方根（1.41421356）が得られます。
累乗	Power (値 , 指数)	累乗の計算を行います。引数には元になる数値と、指数部分の値をそれぞれ指定します。例えば「10の3乗」ならば、Power(10, 3)と計算します。
値の丸め	Round(値 , 桁数) RoundDown(値 , 桁数) RoundUp(値 , 桁数)	小数点以下の端数を丸めるためのものです。3種類が用意されています。Roundは四捨五入（に近いもの）、RoundDownは切り捨て、RoundUpは切り上げで端数を切り捨てます。引数は1つ目にチェックする数値を指定し、2つ目には小数点以下何桁目で丸めるかを指定します。ゼロなら、小数点以下の桁数がゼロ（つまり整数のみ）に切り捨てます。例えばRoundDown(3.14, 0)とすれば、3が得られます。

小数点以下を切り捨てて表示

簡単な利用例を挙げておきましょう。これらの中で、おそらくもっとも使われるのは「値の丸め」関連のものでしょう。例として税込価格を入力すると本体価格を計算して表示する、ということをやってみましょう。ラベルを選択し、Textに以下の式を記入してください。

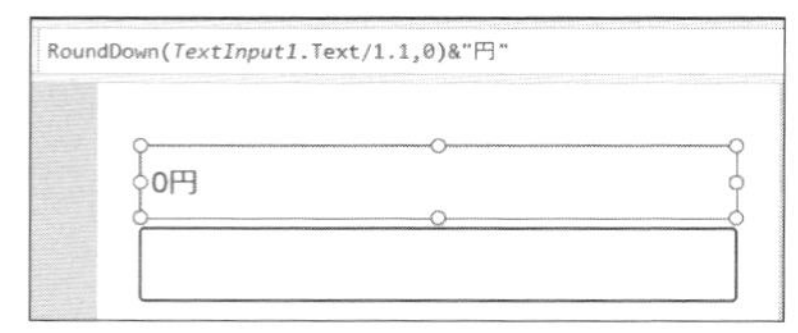

図4-23：ラベルのTextに式を設定する。

▼リスト4-3

```
RoundDown(TextInput1.Text/1.1,0)&"円"
```

ここではRoundDownの引数にTextInput1.Text/1.1という値を設定しています。これでTextInput1に記入した値を1.1で割った値が得られます。これを引数にしてRoundDownで小数点以下を切り捨てることで本体価格が得られます。

この例を見てもわかるように、関数の引数には値だけでなくコントロールの属性なども設定することができます。

入力したらプレビューを実行して金額を入力し、動作を確認しましょう。

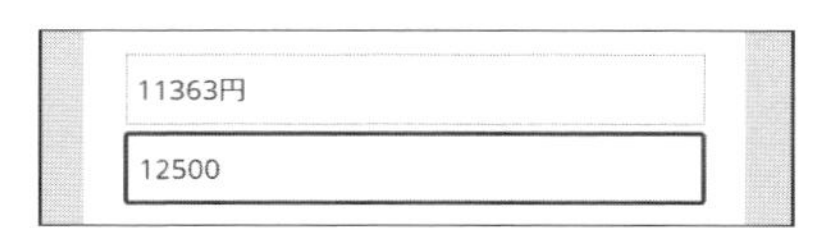

図4-24：プレビューで金額を入力すると、その税抜価格（本体価格）が表示される。

カラーの値について

Power Fxの式で使える値は数値やテキスト等だけではありません。それ以外の特殊な値もいろいろと用意されているのです。中でも、コントロールの表示で多用されるのは「カラー」でしょう。

先にグラフを使ったとき、グラフの色を設定するのにRGBAという関数を使いましたね。あれはカラーの値を作成する関数だったのです。Power Appsにはカラー値を作成する次のような関数が用意されています。

●RGBA(赤 , 緑 , 青 , アルファ)

赤緑青の各色の輝度と、透過度を示すアルファチャンネルと呼ばれる値で色を設定します。最初の3つの値(RGB)は0 ～ 255の範囲の整数、4つ目のアルファチャンネル値は0 ～ 1の間の実数で指定します。

●ColorValue(テキスト)

色をテキストで作成するためのものです。Webで使われているCSSの色の値を引数に指定します。例えば"#FF0000"のように、RGBの値をそれぞれ2桁の16進数で表したものなどが使われます。

●Color.色名

よく使われる色はColorというオブジェクトに用意されており、色名を指定するだけで設定できます。例えばColor.Redとすれば、赤の値が得られます。用意されている色名は非常にたくさんあります。以下にまとめておきましょう。

AliceBlue AntiqueWhite Aqua Aquamarine Azure Beige Bisque Black BlanchedAlmond Blue BlueViolet Brown Burlywood CadetBlue Chartreuse Chocolate Coral CornflowerBlue Cornsilk Crimson Cyan DarkBlue DarkCyan DarkGoldenRod DarkGray DarkGreen DarkGrey DarkKhaki DarkMagenta DarkOliveGreen DarkOrange DarkOrchid DarkRed DarkSalmon DarkSeaGreen DarkSlateBlue DarkSlateGray DarkSlateGrey DarkTurquoise DarkViolet DeepPink DeepSkyBlue DimGray DimGrey DodgerBlue FireBrick FloralWhite ForestGreen Fuchsia Gainsboro GhostWhite Gold GoldenRod Gray Green GreenYellow Grey Honeydew HotPink IndianRed Indigo Ivory Khaki Lavender LavenderBlush LawnGreen LemonChiffon LightBlue LightCoral LightCyan LightGoldenRodYellow LightGray LightGreen LightGrey LightPink LightSalmon LightSeaGreen LightSkyBlue LightSlateGray LightSlateGrey LightSteelBlue LightYellow Lime LimeGreen Linen Magenta Maroon MediumAquamarine MediumBlue MediumOrchid MediumPurple MediumSeaGreen MediumSlateBlue MediumSpringGreen MediumTurquoise MediumVioletRed MidnightBlue MintCream MistyRose Moccasin NavajoWhite Navy OldLace Olive OliveDrab Orange OrangeRed Orchid PaleGoldenRod PaleGreen PaleTurquoise PaleVioletRed PapayaWhip PeachPuff Peru Pink Plum PowderBlue Purple Red RosyBrown RoyalBlue SaddleBrown Salmon SandyBrown SeaGreen SeaShell Sienna Silver SkyBlue SlateBlue SlateGray SlateGrey Snow SpringGreen SteelBlue Tan Teal Thistle Tomato Transparent Turquoise Violet Wheat White WhiteSmoke Yellow YellowGreen

C O L U M N

Color は「列挙体」

Color には多数のカラー値が用意されており、例えば Color.Red というようにしてカラーを指定できます。この Color は「列挙体」と呼ばれる値です。列挙体というのは「たくさんの選択肢をひとまとめにしたもの」です。いくつかある値をひとまとめにして管理するようなときに用いられる値なのです。
この列挙体は列挙体名のあとにドットを付けて、そこに用意されている値を指定します。Color.Red というのは、つまり「Color 列挙体の中にある Red という選択肢」を示していたのですね。

テキストカラーを変更する

カラー値の利用例として、テキスト入力で色の値を記入するとラベルのテキストカラーが変更される、というサンプルを考えてみましょう。

まず、テキスト入力に記入したテキストをラベルに表示するようにしておきます。ラベルを選択し、Textの値を次のように入力します。

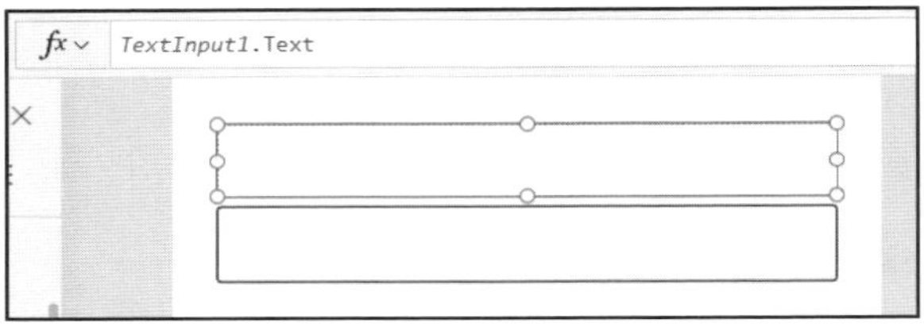

▼リスト4-4

```
TextInput1.Text
```

図4-25：ラベルのTextに式を記入する。

続いて、ラベルのテキストカラーを示す「Color」という属性にカラーを設定する式を入力します。ラベルを選択した状態で、数式バーの左側にあるコンボボックス（「Text」と表示されているもの）をクリックしてください。値が設定可能な属性類のリストがプルダウンして現れます。

ここから「Color」を選びましょう。これがテキストカラーを示す属性です。そして数式バーに以下を入力します。

▼リスト4-5

```
ColorValue(Self.Text)
```

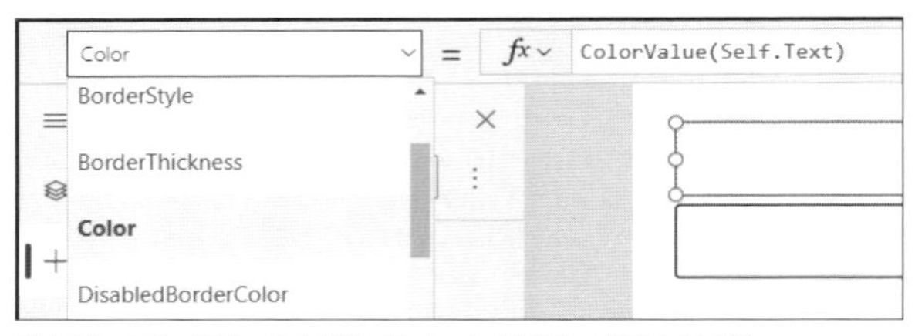

図4-26：コンボボックスから「Color」を選び、式を入力する。

記述できたらプレビューで動作を確認しましょう。テキスト入力に「#ff00ff」と入力すると、ラベルに表示されたテキストが赤く変わります。入力した色の値でテキストが表示されるのがよくわかるでしょう。

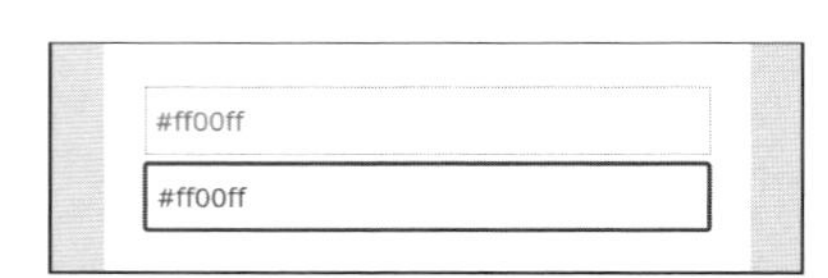

図4-27：テキスト入力に色の値を記入すると、ラベルのテキストがその色で表示される。

ここではColorValue関数を使って色を設定しています。これで作成した色の値がColor属性に設定され、テキストの色が変更されたのですね。

ちょっと注目してほしいのは、引数の部分です。「Self.Text」と設定されていますね。この「Self」というのは、このコントロール自身を示す識別子です。ここではラベルのTextを使って色を設定しているのでSelf.Textとしていたのですね。

これは、もちろんTextInput1.Textとしても問題なく動きます。ただSelfを使えば、コントロールの名前を変更したりしても式を書き換えずに済みます。

式は「属性」に設定される

Textの他に、Colorという属性も式を指定しました。Power Fxの式はコントロールのさまざまな属性に設定することができます。Textに設定すればその式の結果が表示されますし、Colorに設定すれば式の結果として得られるカラー値でカラー設定されるのです。

「Power Fxの式はコントロールの属性に設定される」ということをよく理解しておきましょう。

メッセージを表示する

数学関数をいくつか使い、関数を利用した計算の仕方がだいぶわかってきました。ここで「結果の表示」について少し考えてみましょう。

ここまで、計算結果はラベルに表示してきました。これはこれで便利な方法ですが、「常にスクリーン上に表示用のラベルを用意する必要がある」という問題があります。一時的な結果表示のために、画面に普段は使わないラベルを配置しておかないといけないというのは、表示内容によってはけっこう邪魔な場合もあるでしょう。

このようなときは、メッセージを画面に表示する関数を利用するやり方があります。これは「Notify」というもので、次のように利用します。

```
Notify(テキスト)
```

実行すると、引数に設定したテキストがメッセージとして画面の上部に表示されます。メッセージの右側にはクローズボックス(「×」ボタン)があり、これをクリックすれば消えます。

このNotify関数は「実行したときにメッセージを表示する」というものですから、Textなどで使うわけにはいきません。ボタンなどでユーザーがクリックしたら表示する、というようなときに利用します。

ボタンクリックでメッセージ表示

実際に使ってみましょう。まず、スクリーンにボタンを1つ配置してください。左端にある「挿入」アイコンをクリックして表示を切り替え、コントロールの一覧からボタンをクリックして画面に配置しましょう。

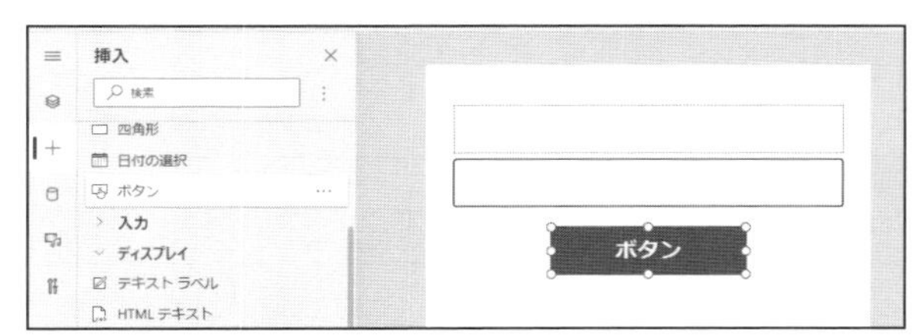

図4-28:スクリーンにボタンを1つ配置する。

配置したボタンを選択してください。数式バーの左側のコンボボックスには「OnSelect」という項目が表示された状態になります。そのまま数式バーに以下の式を記入します。

▼リスト4-6

```
Notify("税込価格は、"&TextInput1.Text*1.1&"円です。")
```

図4-29：ボタンのOnSelectに式を入力する。

OnSelectというのは、そのコントロールが選択されたときに実行される処理を指定する属性です。つまり、Textのように常時なにかの表示を行うために用意されているのではなく、ユーザーが操作したときの処理を設定するためのものなのです。

プレビューを実行して動作を確認しましょう。テキスト入力に金額となる数値を記入してください。ボタンをクリックすると、「税込価格は、○○円です。」とメッセージが表示されます。右端のクローズボックスをクリックすればメッセージは消えます。

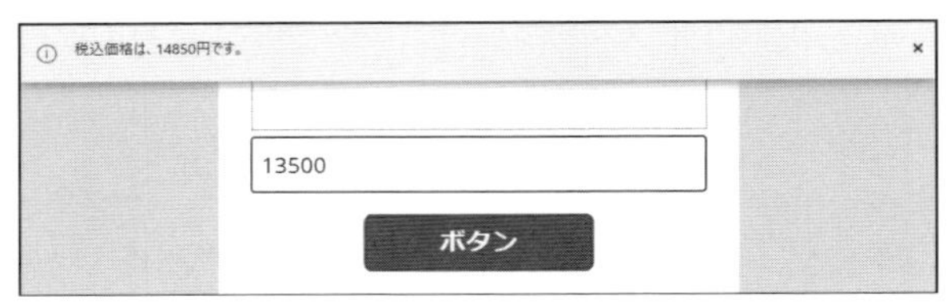

図4-30：ボタンをクリックすると、メッセージが表示される。

メッセージの種類と表示時間

Notifyの使い方自体は非常に簡単ですが、表示したものは自分で×をクリックして閉じなければいけません。まぁ、しばらくそのままにしておけば自然に消えるのですが、もう少し短い時間で消えてほしい、という場合もあるでしょう。

Notifyではオプションの引数が用意されており、次のように呼び出せるようになっています。

```
Notify(テキスト, [NotificationType], ミリ秒)
```

第2引数にある[NotificationType]という値は、メッセージの種類を指定するためのものです。これはNotificationTypeという列挙体を使って指定します。列挙体というのはColorのところで登場しましたね。いくつかある選択肢を扱うためのものでした。NotificationTypeには、次のような選択肢が用意されています。

Error	エラーメッセージとして表示します。
Information	情報提供のメッセージを表示します。これがデフォルトです。
Success	何らかの操作に成功したことを伝えるのに使います。
Warning	警告を表示するためのものです。

これらはメッセージの表示の仕方(背景色が変わる)を指定するもので、働きそのものはすべて同じです。NotificationTypeにErrorを指定したからといって、エラーに対応する処理を行ってくれたりするわけではありません。単に「エラー表示用のスタイルでメッセージを表示する」というだけです。

第3引数はメッセージを表示する時間を指定するものです。ミリ秒(1000分の1秒)に換算した値で指定します。例えば5秒間メッセージを表示したければ、5000を指定します。

メッセージを修正する

これらの引数を使うように、サンプルを修正してみましょう。ボタンをクリックし、先ほど書いた式を次のように修正します。

▼リスト4-7

```
Notify("税込価格は、"&TextInput1.Text*1.1&"円です。",NotificationType.Warning,3000)
```

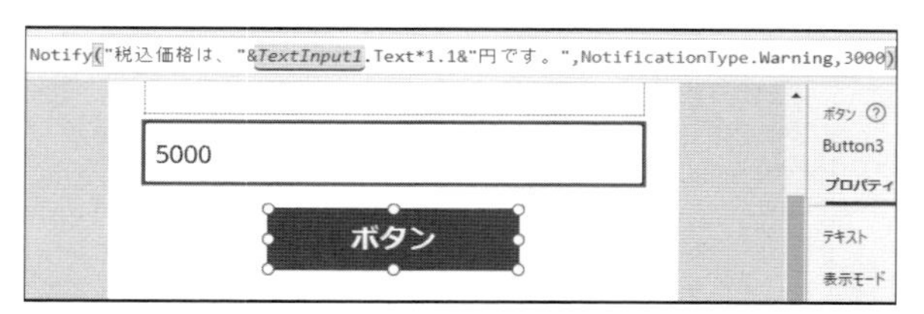

図4-31:ボタンのOnSelectの式を修正する。

これで、警告メッセージとしてメッセージを表示するようになります。プレビューで試してみると先ほどと違い、やや淡めのオレンジのような背景で表示されるのがわかるでしょう。

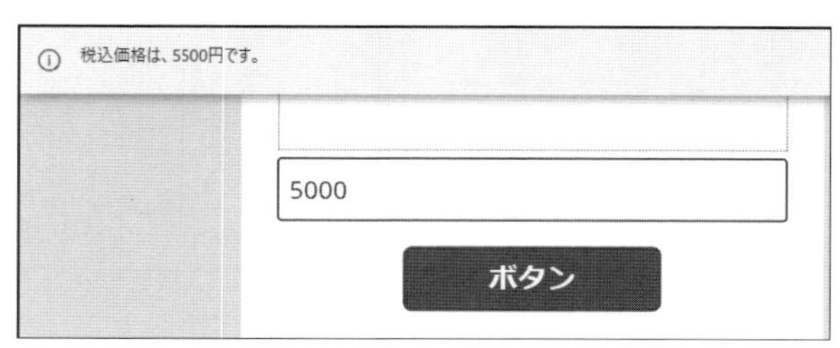

図4-32:警告メッセージとして表示する。背景色が少し変わる。

テキストの関数

続いて、テキスト関係の関数についてです。テキスト関係もさまざまな関数が用意されています。まずは「テキストを操作するためのもの」について基本的なものをまとめておきましょう。

Blank()	空白のテキストを返します。「なにもないテキスト」を設定するようなときに使います。
Len(テキスト)	テキストの長さ（文字数）を調べます。引数にテキストを指定すると、その文字数を整数値で返します。
Trim(テキスト) TrimEnds(テキスト)	テキストから余計なスペースなどを取り除くものです。引数には、チェックする対象となるテキストを指定します。Trimはテキストの前後にあるスペースなどを取り除き、単語間のスペースも1文字だけにします。TrimEndsはテキストの前後のスペースを取り除くだけ（単語間のスペースはそのまま）です。いずれも処理したテキストが返されます。
Lower(テキスト) Upper(テキスト) Proper(テキスト)	テキストの大文字小文字を操作するものです。いずれも元になるテキストを引数に指定します。Lowerはすべてを小文字にし、Upperはすべて大文字にします。Properは単語の1文字目を大文字に、それ以降を小文字にしたものを返します。それぞれ次のように利用します。 Lower("POWER apps!") ←"power apps!"が得られる Upper("POWER apps!") ←"POWER APPS!"が得られる Proper("POWER apps!") ←"Power Apps!"が得られる
Left(テキスト , 文字数) Right(テキスト , 文字数)	テキストの最初と最後の部分を取り出すものです。いずれも第1引数には元になるテキストを、第2引数には取り出す文字数をそれぞれ指定します。Leftは最初から指定の文字数を、Rightは最後から指定の文字数をそれぞれ取り出して返します。次のように使います。 Left("Welcome to Power Apps world!",7) ←"Welcome"が得られる Right("Welcome to Power Apps world!",6) ←"world!"が得られる
Mid(テキスト , 開始位置 , 文字数)	テキストの指定の部分だけを取り出すためのものです。第1引数には元になるテキストを指定します。第2引数は最初から何文字目かを整数値で指定し、第3引数は取り出す文字数を同じく整数値で指定します。例えば、次のように使います。 Mid("Welcome to Power Apps world!",12,10) ←"Power Apps"が得られる

テキストの最初だけ表示

利用例を挙げておきましょう。ここではLeft関数を使って、入力したテキストの最初の部分だけをラベルに表示させてみます。ラベルのTextに次のように式を設定してください。

▼リスト4-8

```
Left(TextInput1.Text,10)&"..."
```

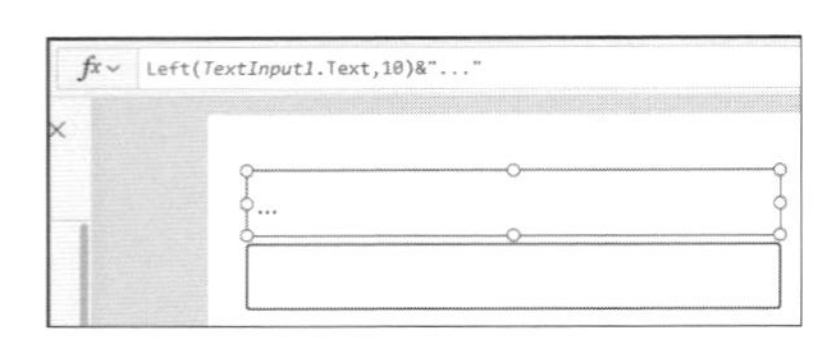

図4-33：ラベルのTextに式を入力する。

Left関数の第1引数にTextInput1.Textを指定し、そこから10文字を取り出して表示しています。そのあとに&で"..."を付けておきました。実際にプレビューでテキストを入力してみましょう。どのように表示されるか確かめてみてください。

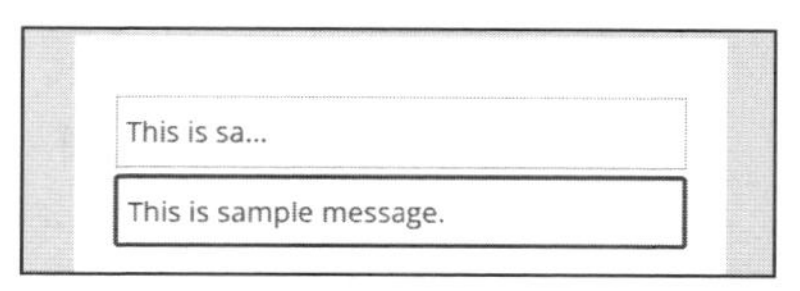

図4-34：テキストを入力すると、最初の10文字だけが表示される。

現在の日時を扱う

数字やテキストはすでに値として馴染みがありますから、関数も「引数にテキストや数字を指定する」というだけのシンプルなものばかりでした。

しかしPower Appsで使うのは、こうした単純な値ばかりではありません。もう少し複雑でありながら、しかもかなり多用する値があります。それが「日時」の値です。業務系のアプリでは、日時を扱うことは非常に多いでしょう。基本的な操作の仕方ぐらいはわかっていないと困りますね。

Now関数

日時の値というのは具体的にどういうもので、どんな具合に表示されるのか、確かめてみましょう。ラベルを選択し、Textに以下を記述してみてください。

▼リスト4-9

```
Now()
```

「Now」というのは「今の日時」を返す関数です。これを指定するだけで現在の日時が表示されます。引数もなく、ただ呼び出すだけ。実に簡単ですね！

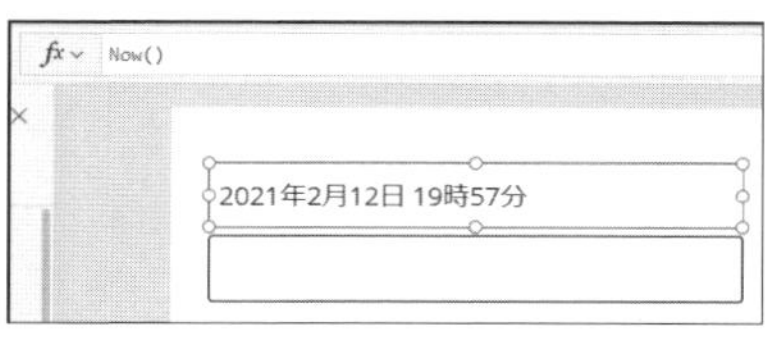

図4-35：ラベルのTextにNow()と指定すると、現在の日時が表示される。

Today関数

Nowと似たようなものに、「Today」という関数もあります。こちらは今日の日付を返す関数です。先ほどの式を次のように書き換えてみてください。

▼リスト4-10

```
Today()
```

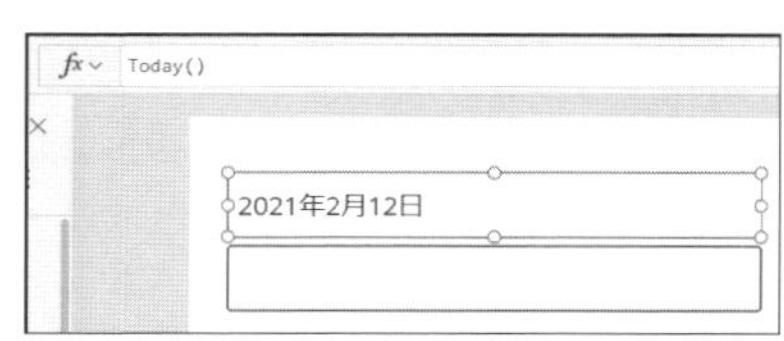

図4-36：Today()を指定すると、今日の日付が表示される。

これで今日の日付が表示されます。こちらも引数はなし。ただ呼び出すだけで日付を表示できます。

C O L U M N

揮発性関数って？

このNowとTodayは「揮発性関数（Volatile Function）」と呼ばれています。呼び出し時の値はそのときだけのものであり、次に呼び出したときはまた新しい値が返されるためです。「呼び出して得た値は、その瞬間に消えてしまう」のですね。
普通の関数は、呼び出せば必ず同じ結果が得られます。呼び出すたびに異なる結果が得られる関数というのは、このNowとTodayぐらいでしょう。

日時をフォーマットして表示

NowやTodayは、そのままテキスト入力のTextに指定すれば日時の値が表示されます。しかし、この表示の形式は言語ごとに固定されており、決まった形になってしまいます。例えばNowでも秒は表示されないなど、「もう少し表示を変えたい」と思う点はいろいろあるでしょう。

このような場合は、日時の値を決まった形にフォーマットしてTextに設定すればいいのです。これは次のように行います。

```
Text(日時, フォーマット)
```

Textという関数は、その名の通り「テキストとしての値」を作成するものです。引数に用意した値を元にテキストの値を作って返します。

日時の値を元にテキストの値を作成する場合は、第1引数に日時の値を指定し、第2引数に日時をフォーマットするための記述を用意します。これは、Power Appsに用意されている特別な記号を使って作成したテキストを使います。利用可能な記号には次のようなものがあります。

y	年を示す。y, yyは2桁、yyy, yyyyは4桁で表示。
m	月を示す。
d	日を示す。
h	時の値を示す。
m	分の値を示す。
s	秒の値を示す。

これらの記号は1つだけの場合と2つ続けて書く場合があります。1桁の場合は十の位をゼロで埋めるかどうかの指定です。例えばmとすると、現在の時間が1分の場合は「1」になりますが、mmだと「01」になります。

実際に使ってみましょう。ラベルのTextに設定してある式を次のように書き換えてみてください。

▼リスト4-11

```
Text(Now(),"[$-ja]yyyy-m-d hh:mm:ss")
```

これで、例えば「2021-2-15 10:49:16」といった形式で日時が表示されるようになります。第2引数にフォーマットを示すテキストが用意されていますね。これを元に、Now関数で得られた日時をフォーマットして表示していたのです。

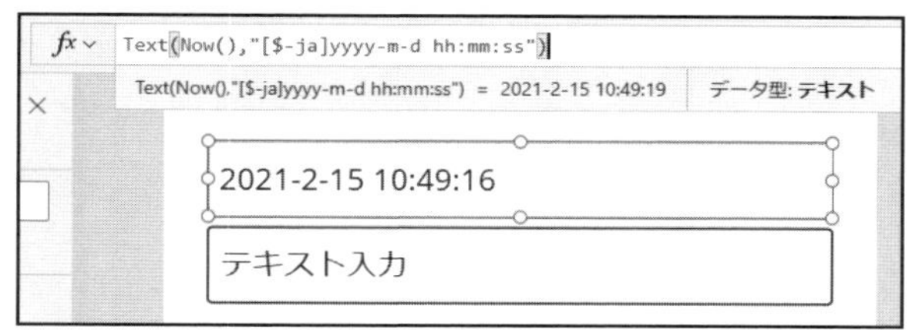

図4-37：指定したフォーマットで日時を表示する。

フォーマットの最初にある[$-ja]というのは、言語が日本語であることを示す記号です。これはフォーマットの冒頭に書いておくのが基本と考えておきましょう。

そのあとにあるyyyy-m-d hh:mm:ssというのが、日時のフォーマットとなるテキストです。「-」や「:」のように、フォーマット用の記号以外の文字を含めることもできます。

C O L U M N

Todayの時分秒は？

フォーマットの記号には年月日から時分秒まで一通り揃っています。ここで、「日付を示すTodayで、時分秒の値を表示させたらどうなるんだろう」と思った人はいませんか？
実際にやってみるとわかりますが、これらの値はすべてゼロになります。つまりTodayというのは、「今日の午前0時ちょうど」を示すものだったのですね。

日時の値を作成する

日時は現在の日付や時刻を表示するだけのものではありません。さまざまな日時を値として用意し、それらを使って日時の計算なども行えるようになっています。

日時の値を扱うためには「日時の値をどうやって作るか」を知る必要があります。NowとTodayも日時の値を作成しますが、「決まった日付や時刻の値」を作るためには「Date」と「Time」という関数を知っておく必要があります。

DateとTime関数

DateとTimeは指定の日時を作成するためのものです。Dateは日付を、Timeは時刻を指定して値を作成します。これらの使い方をまとめておきましょう。

```
Date(年, 月, 日)
Time(時, 分, 秒)
```

それぞれ引数は3つずつあり、年月日と時分秒を整数で指定します。「では、指定した日付の指定の時刻を作りたいときは？」と思ったかもしれませんね。その場合はDateとTimeを足し算すればいいんですよ。後述しますが、日時の値は計算できます。Dateの値にTimeの値を足せば、指定した日の指定の時刻が得られます。

例えば、ラベルのTextを次のように書き換えてみましょう。

▼リスト4-12

```
Date(2001,12,24) + Time(12,34,56)
```

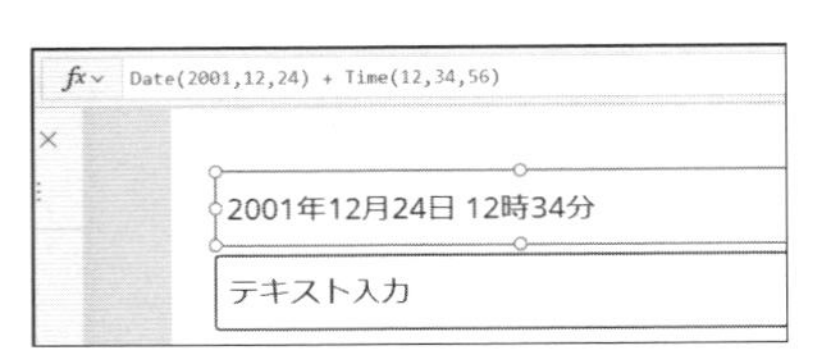

図4-38：2001年クリスマスイブの日時が表示される。

これを指定すると、2001年12月24日12時34分の日時が表示されます（デフォルトの表記なので秒は表示されません）。こんな具合にして細かく指定した日時の値を作成できます。

DateValue/TimeValue/DateTimeValue関数

この他、日時の値を作成するものとしては「日時のテキストから値を作成する」関数が用意されています。次のようなものです。

日付の値を作成する	DateValue(テキスト)
時刻の値を作成する	TimeValue(テキスト)
日時の値を作成する	DateTimeValue(テキスト)

これらのテキストはどんな形でもいいわけではありません。これらの関数で対応しているフォーマットに従った形で用意される必要があります。対応するフォーマットは次のようになります。

mm/dd/yyyy または mm-dd-yyyy
dd/mm/yyyy または dd-mm-yyyy
yyyy/mm/dd または yyyy-mm-dd
mm/dd/yy または mm-dd-yy
dd/mm/yy または dd-mm-yy
dd mon yyyy
month dd, yyyy

フォーマット用の記号で表してあります。「mon」「month」というのは月の名前での指定（Januaryなど英語の月名）です。これも試してみましょう。ラベルのTextを以下に書き換えてみます。

▼リスト4-13

```
Text(DateValue("15-3-2020"))
```

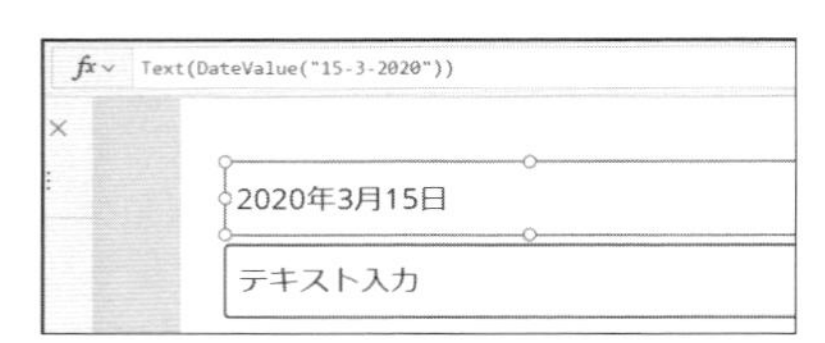

図4-39：DateValueで指定した値をラベルに表示する。

ここではDateValue("15-3-2020")として作成した日付の値をそのままラベルに表示させています。ラベルの表示は「2020年3月15日」となっているでしょう。テキストとは異なるフォーマットで表示されますが、これはDateValueで日時の値が作成され、それがまたテキストとして表示されているためです。

C O L U M N

Time の日付は?

Date や DateValue は指定した日付の午前 0 時の値を作成します。では、Time や TimeValue の年月日の値はどうなっているのでしょう? 西暦ゼロ年? いいえ、そうではありません。
Time/TimeValue では、年月日の値は「ない」ものとして PC のタイマーの開始時点の日時の値が作成されます。PC の場合、内臓のタイマー機能は 1970 年 1 月 1 日午前 0 時ちょうどをゼロ値としてスタートしており、Time/TimeValue で得られる値は、テキストで表示させると「1970 年 1 月 1 日の時刻」となります。

日時の計算

日時の値は計算に利用することもできます。先ほどちらっとだけ触れましたが、日時の値は足し算引き算に対応しています。これにより、日時の計算が行えるようになっているのです。

簡単な計算をしてみましょう。日時計算でもっとも簡単なのは「日付の計算」です。まず、2つの日付の間隔(日数)を計算してみましょう。ラベルのTextに以下の式を入力してください。

▼リスト4-14

```
TextInput1.Text&" 日後は、"&(Today() + TextInput1.Text)&" です。"
```

入力したらプレビューを実行し、テキスト入力に日数となる整数値を入力すると、今日からその日数が経過した日付を計算して表示します。ここでは「Today() + TextInput1.Text」というようにして日付の計算をしています。

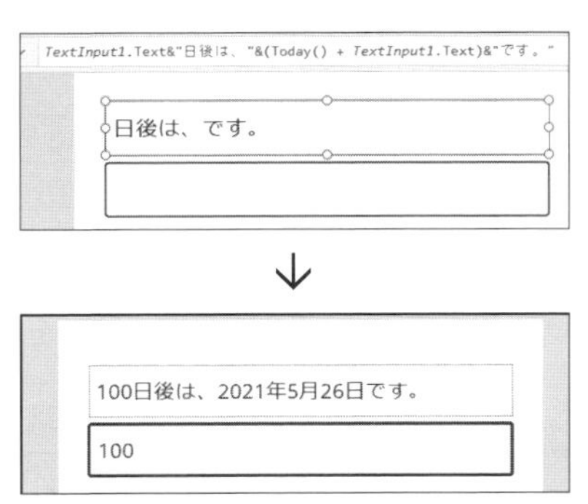

図4-40:ラベルのTextに式を入力し、プレビューで実行する。テキスト入力に日数を書くと、今日からその日数が経過した日付を表示する。

日時の値は「日付 + 日数」というようにすることで、指定の日付から決まった日数の経過後の日付を計算することができます。「日付 - 日数」と引き算すれば、指定の日付より前の日付を計算することもできます。

ここではTodayの日付に日数を示す整数を足し算することで、今日から指定の日数経過後の日付を計算していたわけです。

2つの日付の差を得る

引き算を使って2つの日付の間の日数を計算せることもできます。これもサンプルを動かしてみましょう。ラベルのTextの式を以下に書き換えてください。

▼リスト4-15

```
"今日まで、"&(Today() - DateValue(TextInput1.Text))&"日間です。"
```

記入したらプレビューで実行してみましょう。テキスト入力に、「2001-12-24」というように年月日の値をテキストで記入すると、その日から今日までの日数を計算して表示します。

ここではToday() - DateValue(TextInput1.Text)というようにして、Todayからテキスト入力に記述した日付（DateValue(TextInput1.Text)の値）までの日数を計算しています。

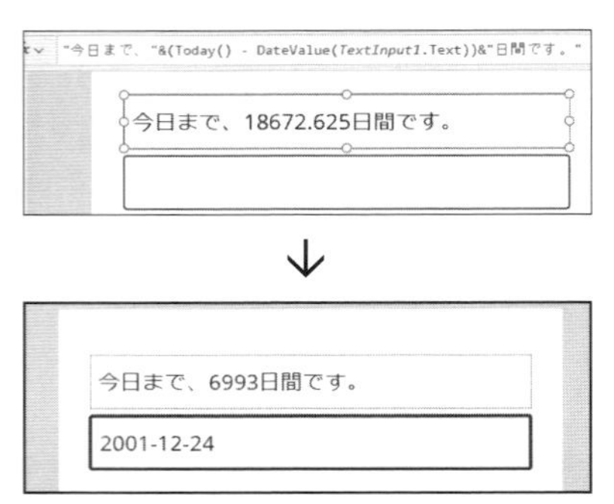

図4-41：ラベルのTextに式を入力しプレビューで実行する。テキスト入力に「2001-12-24」というように年月日を記入すると、その日から今日までの日数を計算する。

DateAddとDateDiff

足し算と引き算による計算は非常に簡単に日付の計算を行えるのですが、「日数」以外の日時の単位が使えないという欠点があります。例えば2つの日時の差を時間や分で換算したいと思ったら、かなり面倒な計算をしないといけないでしょう。

こうしたときのために、Power Appsには日時の加算減算を行う関数が用意されています。

日時の足し算	DateAdd(日時, 整数, 単位)
日時の引き算	DateDiff(日時1, 日時2, 単位)

DateAddは日時に加算減算して新しい日時を得るためのものです。DateDiffは2つの日時の差を得るためのものです。いずれも計算の単位を指定することができます。この単位は次のような値が用意されています。

Years	年単位
Months	月単位
Days	日単位
Hours	時単位
Minutes	分単位
Seconds	秒単位
Milliseconds	ミリ秒単位

例えばDateAdd(Today(), 100, Days)とすれば、今日から100日後の日付が計算できます。通常の足し算引き算と違い、日数だけでなく何ヶ月か？　何時間か？　といった計算も簡単に行えます。

DateAdd/DateDiffの利用

では、利用例を見てみましょう。まずはDateAddの計算です。ラベルのTextを以下の式に修正してください。

▼リスト4-16

```
TextInput1.Text&"ヶ月後は、"&DateAdd(Today(),TextInput1.Text*1,Months)&"です。"
```

プレビューで実行し、動作を確かめましょう。今日から指定の月数だけ経過した日付を計算するものです。「10」と入力すれば、今日から10ヶ月後の計算を行えます。ここではDateAddの引数に以下を指定しています。

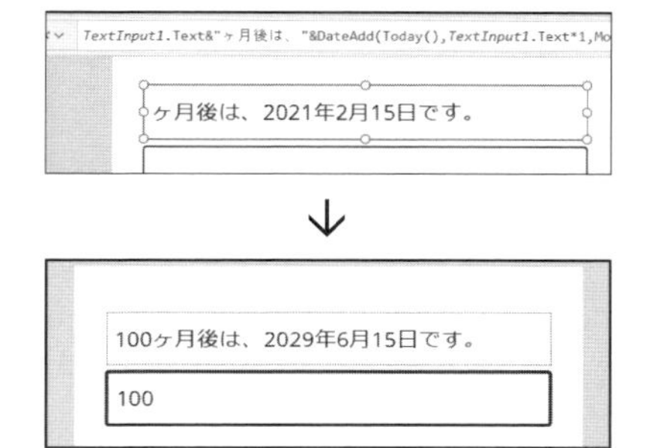

図4-42：ラベルのTextに式を入力しプレビューで実行する。整数を入力すると、指定の月が経過した日付を計算する。

Today()	今日の日付です。
TextInput1.Text*1	入力した月数です。
Months	月数を示す単位です。

これで、テキスト入力で入力した値だけ月が経過した日付が計算できます。注意したいのは、第2引数は数値の必要があるという点です。TextInput1.Textはテキストの値なので、数値にするため1をかけておきました。

続いてDateDiffです。これもラベルのTextを書き換えて使いましょう。

▼リスト4-17

```
"今日まで、"&DateDiff(DateValue(TextInput1.Text),Today(),Hours)&"時間です。"
```

プレビューで実行し、テキスト入力に今日より前の日付を入力してください。すると、その日付から今日までの経過時間数を計算して表示します。ここではDateDiffの引数にDateValue(TextInput1.Text)とToday()を指定しています。注意したいのは、「古いほうの日時が第1引数、新しいほうの日時が第2引数」という点です。これで、第3引数にHoursを指定すれば時間換算で差が得られます。

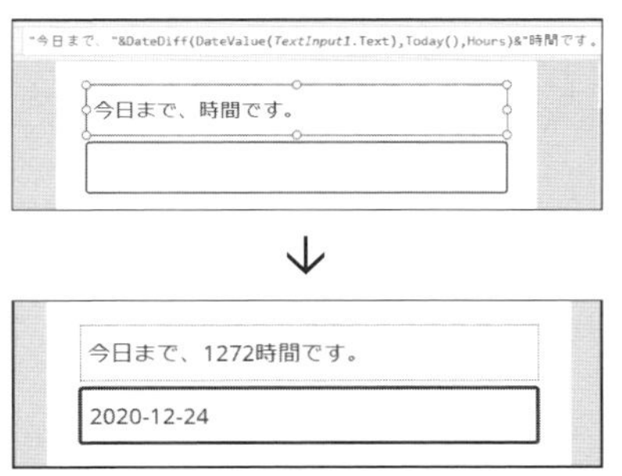

図4-43：ラベルのTextに式を入力しプレビューで実行する。今日以前の日付を入力すると、今日までの時間数を計算し表示する。

Chapter
4

4.3.

制御とテーブルのための関数

変数を利用する

数値、テキスト、日時といった基本的な値を扱う関数が使えるようになったところで、かなり込み入った計算処理なども行えるようになってきました。しかし「式で計算した結果を指定のプロパティに設定する」という単純な使い方しかできないのでは、高度な処理は難しいでしょう。

そこで、ここでは「より高度な処理を作成するための技術」を学んでいくことにしましょう。最初に覚えるのは「変数」の使い方です。

プログラミングの経験がある人なら、変数というものがどういうものか説明は不要でしょう。変数とは値を一時的に保管しておくためのものです。これまでは、計算した結果はダイレクトにTextなどの属性に表示させていました。式と表示は直接結びついていたので、「式の結果を別のところで利用する」といったことはできませんでした。したがって、ある式の結果を2ヶ所で使いたければ、それぞれに同じ式を書くしかありませんでした。

しかし変数が使えるようになれば、もっと効率的に式の結果を利用できるようになります。式の結果は変数に収めておき、属性などでその変数を表示するようにすれば、何ヶ所でも同時に値を利用できるようになります。

2つの変数

Power Appsで使える変数は大きく2つの種類に分かれています。「グローバル変数」と「コンテキスト変数」です。

グローバル変数	アプリ全体で使われる変数です。
コンテキスト変数	使用するスクリーン内でのみ使われる変数です。

グローバル変数はアプリ全体で使われるものですから、どのスクリーン内からでもアクセスすることができます。反面、どこからでも使えるため、他のスクリーンで利用していることを忘れて別のスクリーンで値を書き換えてしまい問題を起こす、などといったトラブルを引き起こしがちです。

コンテキスト変数はスクリーン内でのみ使われるため、他のスクリーンからアクセスされたりすることがありません。逆にいえば、「この変数をこっちのスクリーンでも使いたい」という場合は、値を渡す工夫を考えなければいけないでしょう。

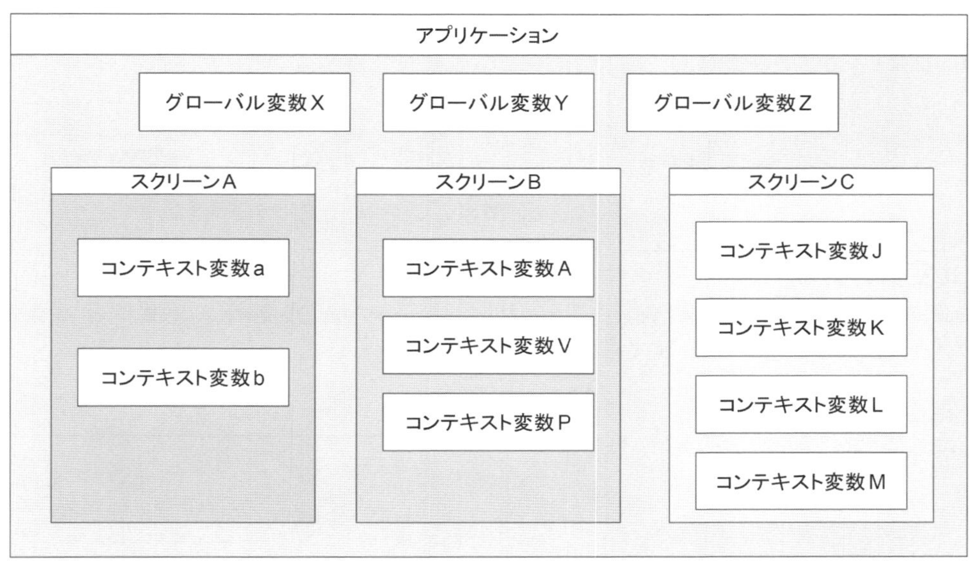

図4-44：グローバル変数はアプリ全体で使えるため、すべてのスクリーンからアクセスできる。コンテキスト変数は作成したスクリーン内だけで使える。

グローバル変数を利用する

まずは、扱いが簡単なグローバル変数から使ってみましょう。グローバル変数は「Set」という関数で定義をします。

```
Set( 変数名, 値 )
```

非常に簡単ですね。Set関数を使えば、第1引数に指定した名前のグローバル変数に第2引数の値を設定します。たったこれだけでグローバル変数が作成できます。

では、グローバル変数を利用するには？　これは、式の中で変数名をそのまま使えばいいのです。Setで作成された変数は、アプリ内のどこに書いた式でも使えるようになります。

ボタンクリックで実行する

実際にグローバル変数を利用してみましょう。変数を利用するということは、「変数に値を設定する」「変数を利用する」という2箇所の処理が必要になるということです。今までのように「属性に設定したら自動的にそれが表示される」という使い方とは違ってきます。この点をまず理解しておく必要があります。

今までのようにラベルのTextにSet関数を書いても、実質的になんの役にも立ちません。Text属性は値を表示するものです。したがって、「すでにある変数を使って表示を組み立てる」という使い方をすべきです。それ以前に、どこかで変数が用意されていなければいけません。

今回はボタンを利用することにしましょう。ボタンをクリックしたら変数を設定し、ラベルではその変数を元に結果を表示させるのです。画面左端のアイコンから「挿入」を選び、現れたコントロールの一覧から「ボタン」をクリックしてスクリーンに配置しましょう。

位置や大きさ、表示テキストなどはそれぞれ自由に調整してかまいません。

図4-45：スクリーンにボタンを1つ配置する。

input変数の作成

式を設定していきましょう。まずはテキスト入力です。テキスト入力を選択し、数式バーの左側のコンボボックスから「OnChange」を選択して右側のバーに以下を記入します。

▼リスト4-18

```
Set(input,Self.Text*1)
```

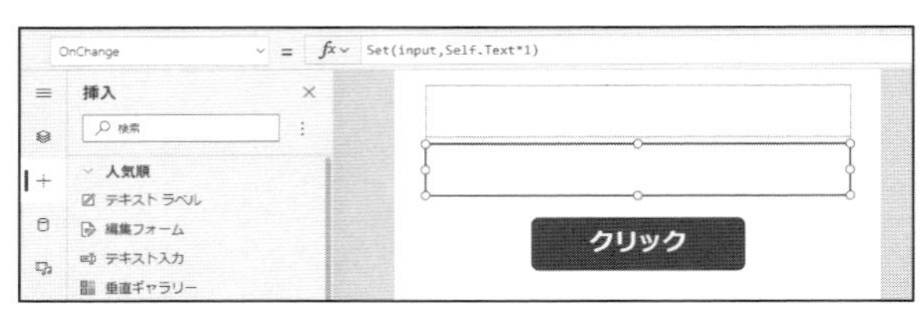

図4-46：テキスト入力のOnChangeに式を設定する。

Set関数を使って、「input」というグローバル変数に入力したテキストを設定しています。*1で1倍して値を数値として変数に設定しておきます。ここでは「Self.Text」と値を指定していますが、Selfはこの式を書いているコントロール自身を示す値でしたね。

これでテキストが入力されると、その値がinput変数に設定されるようになりました。

result変数の作成

続いてボタンです。配置したボタンを選択し、数式バーのコンボボックスから「OnSelect」を選びます。そして右側のバーに以下の式を入力しましょう。

▼リスト4-19

```
Set(result,DateAdd(Today(),input,Days))
```

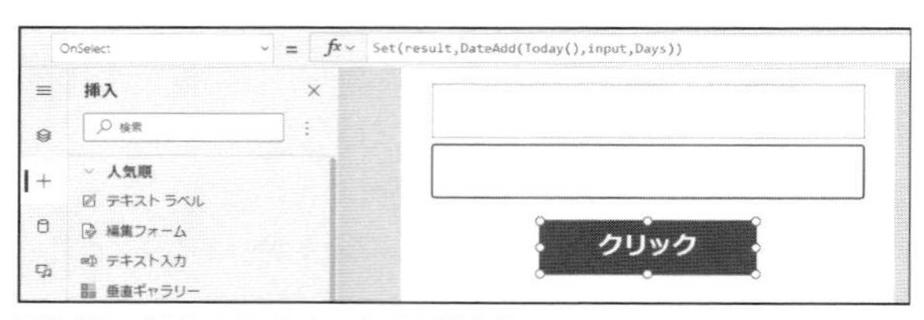

図4-47：ボタンのOnSelectに式を設定する。

Set関数で「result」という変数に値を設定しています。DateAddを使い、Todayからinput変数だけ経過した日にちを作成して変数に設定しています。ここで、すでにinput変数が使われていますね。Setで作成された変数は、こんな具合に式の中で普通の値と同じ感覚で使うことができます。

変数を使って結果を表示

最後にラベルのTextを設定しましょう。数式バーを使い、次のようにTextに式を入力してください。

▼リスト4-20

```
"今日から"&input&"日後は、"&result&"です。"
```

図4-48：ラベルのTextに式を設定する。

input変数とresult変数を使って処理の結果を表示しています。変数を使って入力された値や計算の結果などを別の場所で用意したため、Textの式はずいぶんとあっさりしたものになりました。変数の利用はこのように「結果の出力にすべての処理が集中するのを防ぎ、処理を切り分けて分散できる」という効果もあります。

プレビューで実行する

これでPower Fx関係はすべてできました。プレビューでスクリーンを実行してみましょう。テキスト入力に日数の値を記入してボタンをクリックすると、今日から入力した日数を経過した日付がラベルに表示されます。問題なく動作することを確認しましょう。

実際に動作をいろいろと試してみると、少しだけ奇妙な働きをすることに気がつくかもしれません。テキスト入力に数字を記入し、(ボタン以外の)スクリーンの他のところをクリックすると、ラベルに表示されている「今日から〇〇日後は、……」というメッセージの、「〇〇日後」のところだけが更新されるのです(結果の日付は更新されない)。そしてボタンをクリックすると、計算結果が更新されます。

これは、「〇〇日後」の部分にinput変数を使っているからです。input変数はテキスト入力に値を入力すると更新されます。一方、計算結果はボタンをクリックするまでは更新されません。inputとresult、2つの変数の更新されるタイミングの違いにより、こういう奇妙な動作となっているのですね。

このあたりの動作は、もう少し式を使いこなせるようになれば自然と解決法もわかってきます。今はとりあえず「変数を使って表示を操作する」ということに集中しましょう。

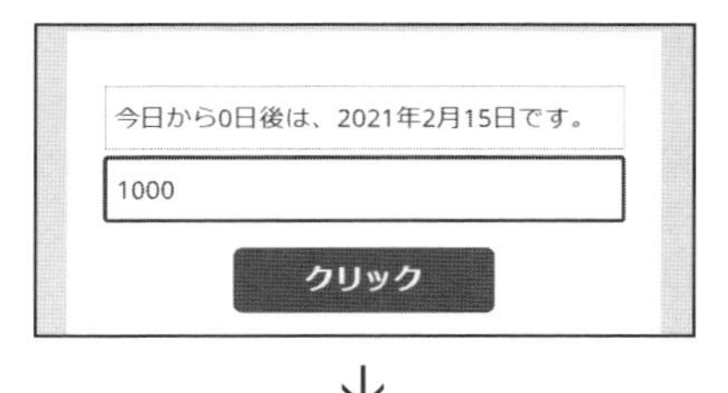

↓

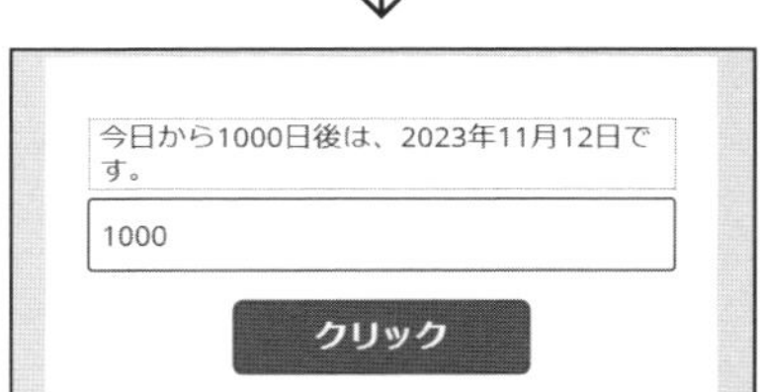

図4-49：プレビューを実行し、テキスト入力に整数を記入してボタンをクリックすると、今日からその日数だけ経過した日付を表示する。

動作の数式について

今回は、テキスト入力とボタンクリックの処理に「OnChange」「OnSelect」といった属性を使いました。これらは属性とはいえ、Textなどとはだいぶ働きが違います。

コントロールに用意されている「On……」という名前の属性は、コントロールの「動作」を指定するためのものです。

コントロールには、さまざまなユーザーの操作に応じて何らかの処理を実行するための仕組みが用意されています。それが「On……」という属性です。

Onで始まる属性は、Textのようにコントロールの表示に関する設定を行うものではありません。「動作」を設定するためのものです。式を記述することで、操作に応じた処理を実行できるようになります。

ここでは以下の属性を利用しました。

OnChange	ユーザーが直接値を入力できるコントロールに用意されています。値が変更されたときの動作を示す属性です。
OnSelect	ユーザーが操作するコントロール全般に用意されています。ユーザーによってコントロールが選択された際の動作を示す属性です。

両者は似ていますが、違います。OnChangeは、あくまで「値の入力」に関するものです。入力された値が変更されたときに式が実行されます。OnSelectは、ユーザーが選択すると実行されます。こちらはコントロールに入力される値などがなくとも、ただクリックして選択できるものならばすべて使えます。ボタンだけでなくテキスト入力もラベルにもOnSelectは用意されています。

変数の確認

変数を利用するようになると、「どこでどういう変数を用意し使っているか、今、どんな値が入っているか」といったことを把握する必要が生じます。これは「ビュー」メニューを選ぶとツールバーに現れる「変数」を使って確認できます。

図4-50：「ビュー」メニューの「変数」をクリックすると、変数の管理ページに移動できる。

「変数」ではアプリに用意されているグローバル変数と、各スクリーンのコンテキスト変数がまとめて表示されます。画面左側にグローバル変数とスクリーンのリストが表示され、そこから項目を選ぶと、変数の一覧が右側に表示されます。「グローバル変数」のところには、先ほど使ったresultとinput変数が表示されているでしょう。

ここでは、変数を削除したりはできません。変数の削除は、変数を設定している関数（グローバル変数ならばSet関数）を削除すると自動的に消えます。ここはあくまで変数の確認を行う場で、編集を行うところではない、と理解してください。

図4-51：変数の表示。先ほど使ったresultとinputが表示される。

コンテキスト変数を利用する

続いて、もう1つの変数である「コンテキスト変数」について説明しましょう。コンテキスト変数はスクリーンの中だけで使われる変数です。変数の性質もグローバル変数と少し違っていますが、使い方もだいぶ違います。

コンテキスト変数の作成は、「UpdateContext」という関数を使って行います。これは次のように利用します。

```
UpdateContext（変数定義）
```

UpdateContextはグローバル変数のSetのように、「この変数にこの値を設定」といったわかりやすい使い方にはなっていません。

引数には、コンテキスト変数として設定する変数の内容を定義したものを用意する必要があります。次のような形で記述します。

```
{ 変数A : 値A, 変数B : 値B, ……}
```

{}記号の中に、作成する変数名と設定する値をコロン（:）でつなげて記述します。変数が複数ある場合は1つ1つをカンマ（,）で区切って記述します。これにより、用意した変数がまとめてコンテキスト変数として設定されます。作成したコンテキスト変数の値を更新する際も、UpdateContextを使って変数に値を設定します。

作成されたコンテキスト変数は、そのスクリーン内で常に保持されます。利用はグローバル変数と同じで、変数名をそのまま式の中に書くだけです。

コンテキスト変数で処理をする

コンテキスト変数を利用した処理を作成してみましょう。先ほどグローバル変数を使って作成した処理をコンテキスト変数に置き換えてみます。ただし、まったく同じものでは面白くないので、少しアレンジをしてみます。

まず、テキスト入力のOnChangeから修正をしましょう。次のように内容を書き換えてください。

▼リスト4-21

```
UpdateContext({input:DateValue(Self.Text)})
```

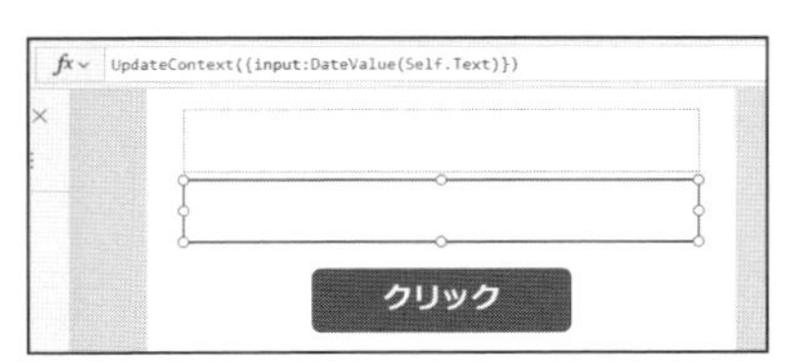
UpdateContext({input:DateValue(Self.Text)})
クリック

図4-52：テキスト入力のOnChangeに式を設定する。

テキスト入力に記入したテキストを元に日付の値を作成し、input変数に保管をします。

続いてボタンです。OnSelectに以下の式を記入しましょう。

▼リスト4-22

```
UpdateContext({result:DateDiff(input,Today(),Days)})
```

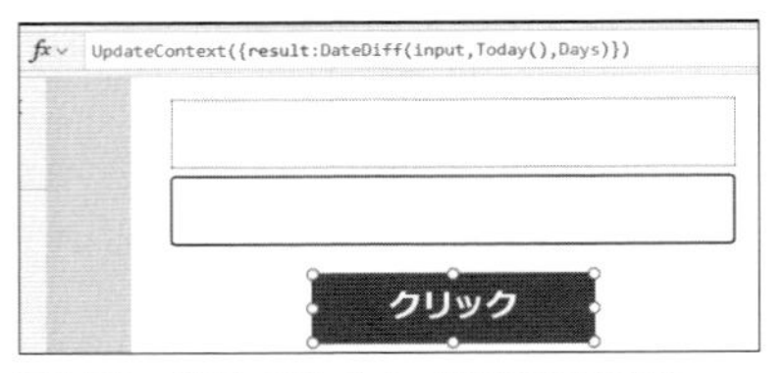

図4-53：ボタンのOnSelectに式を設定する。

ここではresultという変数を用意しています。値にはDateDiffでinput変数とTodayを渡し、単位にDaysを指定しています。これで、inputから今日まで何日経過したかが得られますね。

あとは結果をラベルに表示するだけです。ラベルのTextに以下の式を入力してください。

▼リスト4-23

```
"生まれてから、"&result&"日が経過しました。"
```

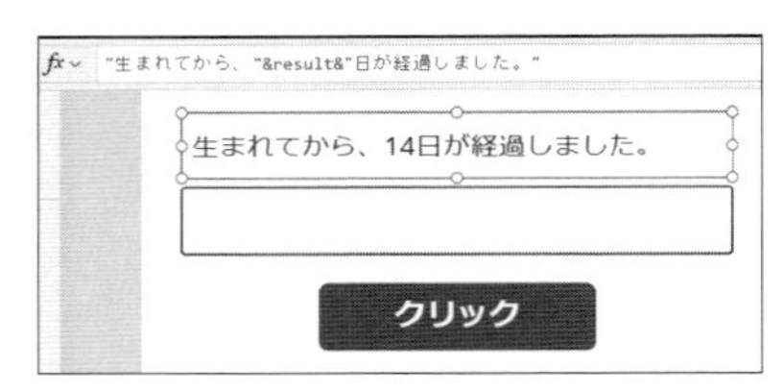

図4-54：ラベルのTextに式を設定する。

簡単ですね。計算結果が入っているresult変数を使ってメッセージを表示しているだけです。これで完成しました。

プレビューでスクリーンを実行し、動作を確認しましょう。テキスト入力に自分の生年月日を入力してボタンをクリックすると、生まれてから今日まで何日経過したかが表示されます。

UpdateContextは書き方がちょっとわかりにくいですが、慣れてしまえば一度に複数の変数をまとめて設定できるので、場合によってはSetよりも便利かもしれません。

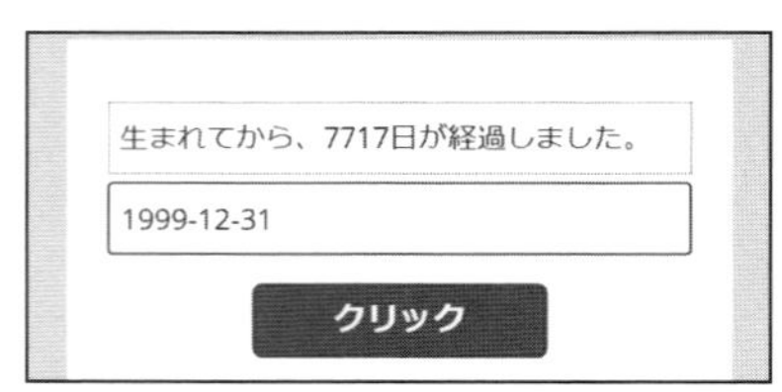

図4-55：入力した日付から今日まで何日経過したかが表示される。

ボタンクリックで表示を更新する

グローバル変数を使ったサンプルでは、ちょっと動作がおかしい部分がありましたね。テキスト入力にテキストを書いてどこか他の場所をクリックすると、ラベルの一部分だけが更新されていました。変数を使った表示が常に変数の最新の状態を反映するように働いているためです。このためOnChangeで変数の値が更新されたりすると、その変数を表示している部分だけが更新されていたのですね。

こうした「表示の一部だけが勝手に更新される」ということを防ぐにはどうすればいいでしょうか？　これはラベルなどの表示全体を1つの変数にまとめるようにすれば問題ありません。こうすればボタンなどで明示的にその変数の値を変更しない限り、勝手に値の一部が変わってしまったりすることはないでしょう。

そのためには、ボタンクリック時に「結果を変数に設定」「変数を元にメッセージを変数に設定」といった2つの作業を行わないといけません。これは、実は簡単に行えます。実行する関数をセミコロン(;)記号でつなげれば、同時に複数の関数を実行することができるのです。

メッセージをまとめて表示

では、実際にやってみましょう。先ほどの、ボタンのOnSelectに設定した式から修正をします。次のように入力をしましょう。

▼リスト4-24

```
UpdateContext(
    {
        result: DateDiff(
            input,
            Today(),
            Days
        )
    }
);
UpdateContext(
    {
        msg: input&"から、" & result & "日が経過しました。"
    }
);
```

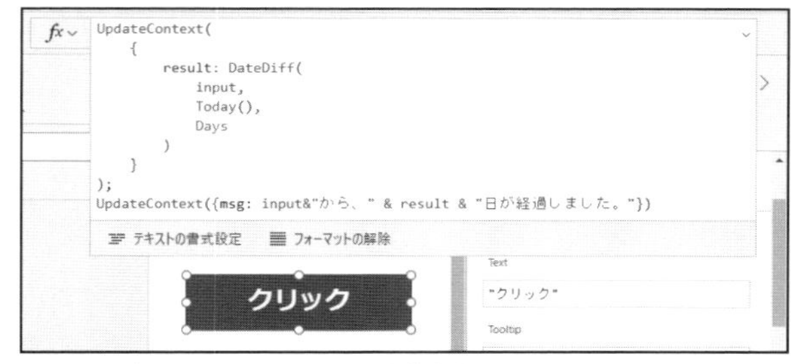

図4-56：ボタンのOnSelectに処理を作成する。

適時改行してますが、入力するときは改行せずに書いてください。その上で数式バーの右端の「v」をクリックして複数行を表示できるようにし、「テキストの書式設定」をクリックすればフォーマットしてくれます。

ただし数式バーでは改行ができないため、長くなるとわかりにくいかもしれません。属性タブの「詳細設定」からOnSelectを探して編集をしたほうが書きやすいでしょう。

ここでは2つのUpdateContextを実行しています。まずresult変数の値を更新し、それからmsgの値を更新していますね。2つに分けた理由は、msgに値を設定するときは、すでにresultの値が更新されていなければいけないからです。

各UpdateContext文の最後にはセミコロン(;)が付けられていますね。こうすることでいくつもの式を続けて書き、順に実行させることができます。

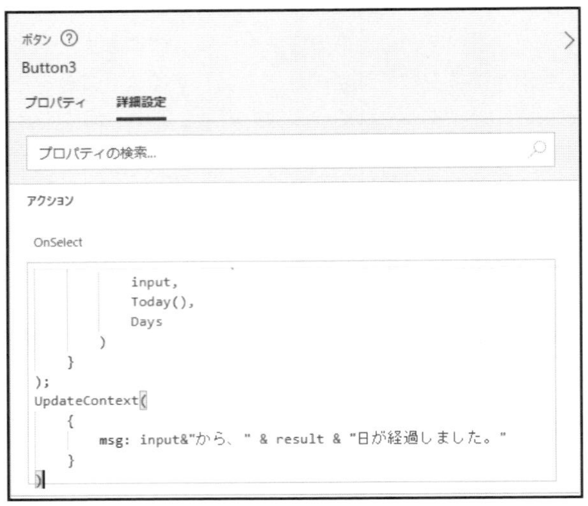

図4-57：式が長い場合は「詳細設定」から入力したほうが書きやすい。

修正できたらラベルの表示を変更します。ラベルのTextの値を次のように書き換えてください。msg変数をそのまま表示するようになります。

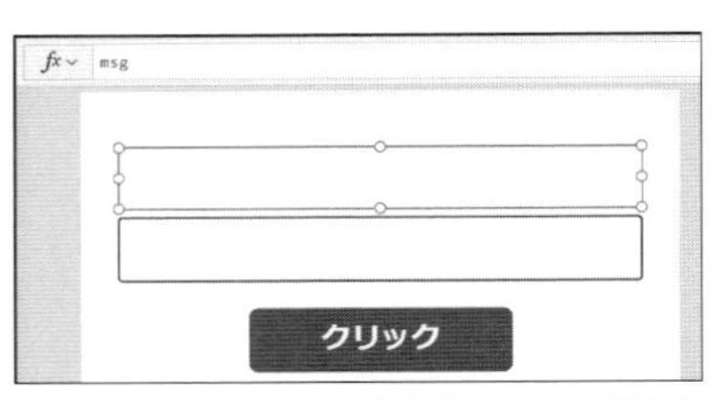

図4-58：ラベルのTextの式を「msg」に変更する。

▼リスト4-25

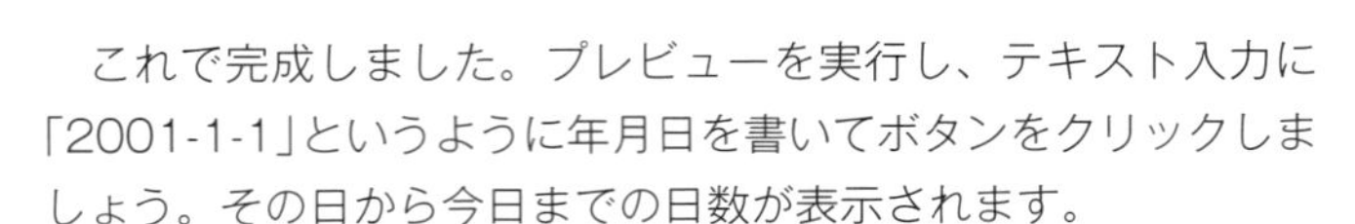

```
msg
```

これで完成しました。プレビューを実行し、テキスト入力に「2001-1-1」というように年月日を書いてボタンをクリックしましょう。その日から今日までの日数が表示されます。

動作を確認したらテキスト入力の値を書き換え、他のところをクリックして確定させてみてください。ラベルに表示されるメッセージはボタンをクリックするまで変わりません。勝手に表示の一部が更新されたりすることはもうなくなりました。

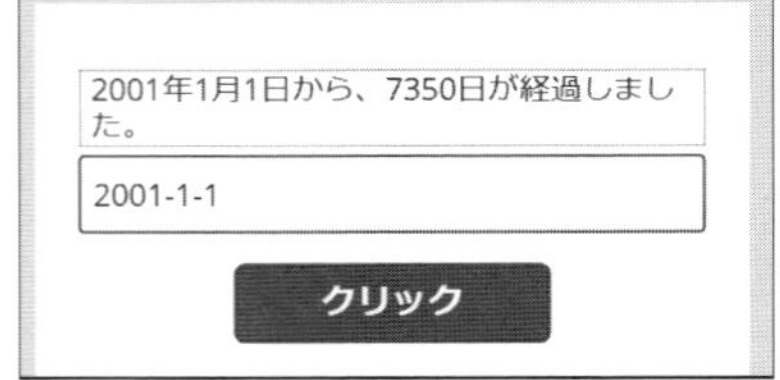

図4-59：テキスト入力に日付を書いてボタンをクリックすると経過日数が表示される。

OnVisibleで初期化する

これでメッセージの表示はできるようになりましたが、この状態だと他のスクリーンに移動してまた戻ったときも、先に表示したメッセージがそのままになっています。できればスクリーンを開いたときに初期状態に戻っていてほしいものですね。

スクリーンを開いたときの処理は、スクリーンの「OnVisible」という属性を使って行うことができます。ここに必要な処理を記述しておけばいいのです。次のように記述をしてください。

▼リスト4-26

```
Reset(TextInput1);
UpdateContext({msg:""});
```

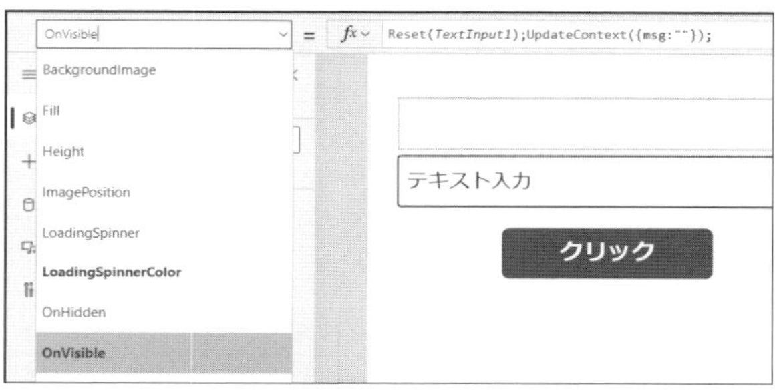

図4-60：OnVisibleに初期化処理を用意する。

Reset関数について

ここではテキスト入力の表示とmsg変数を初期化しています。msgは、初期化することでラベルの表示を初期状態に戻すためです。

もう1つの「Reset」は、コントロールを初期状態に戻すための関数です。引数にコントロールを指定することで、そのコントロールをユーザーによって操作されていない初期状態に戻します。

このResetは「ユーザーによって操作されるコントロール」に対して初期化を行います。ですから、例えばラベルのようにユーザーが操作しないものはResetすることができません。こうしたものは属性に設定されている変数を初期化して初期状態に戻します。

定期的に更新する

変数で表示を設定できるようになると、変数の操作で表示をいろいろと変更できるようになります。例えば、定期的に表示を更新させるような処理も行えるようになります。

これには「タイマー」というコントロールを使います。「挿入」アイコンで表示されるコントロールの一覧で、「入力」という項目の中に用意されています。タイマーをクリックして配置すると、ボタンのようなコントロールがスクリーンに作成されます。

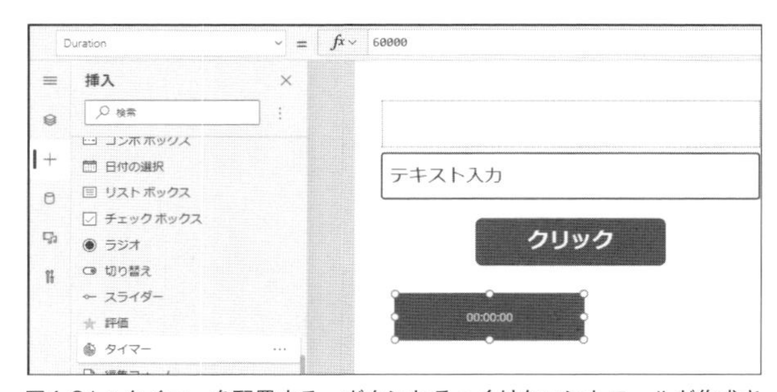

図4-61：タイマーを配置する。ボタンとそっくりなコントロールが作成される。

タイマーにはさまざまな属性が用意されています。タイマーの利用に関するものを以下にまとめておきましょう。まずは動作の属性からです。

OnTimerStart	タイマーをスタートしたときの処理。
OnTimerEnd	タイマーが終了したときの処理。
OnSelect	タイマーをクリックしたときの処理。

タイマーはボタンの形をしていますから、通常のボタンと同じくOnSelectでクリック時の処理を用意できます。また、タイマーのスタート時と終了時の処理を行うための属性も用意されています。これらを使うことでタイマー実行時の処理を作成できます。

実行するタイマー機能については、各種の属性でその性質を設定します。次のようなものが用意されています。

期間(Duration)	タイマーが実行されるまでの間隔(ミリ秒単位)。
繰り返し(Repeat)	繰り返し実行するか否か(真偽値)。
自動開始(AutoStart)	自動的に開始するか否か(真偽値)。
自動一時停止(AutoPause)	他のスクリーンに移動したとき自動的に一時停止するか否か(真偽値)。
Start	タイマーの実行・停止。

最後のStartがちょっとわかりにくいですが、これは呼び出すとタイマーがスタート(または停止)するという属性です。属性ですが一種の実行命令のような働きをします。ちなみに、このStartは属性タブには表示されません(式や関数の中でのみ使います)。

時刻をリアルタイムに表示する

では、実際にタイマーを利用してみましょう。まず、配置したタイマーの属性を設定しておきましょう。タイマーを選択し、属性タブから以下の属性を設定してください。その他のものはデフォルトのままでOKです。

期間	1000
繰り返し	ON
自動開始	ON

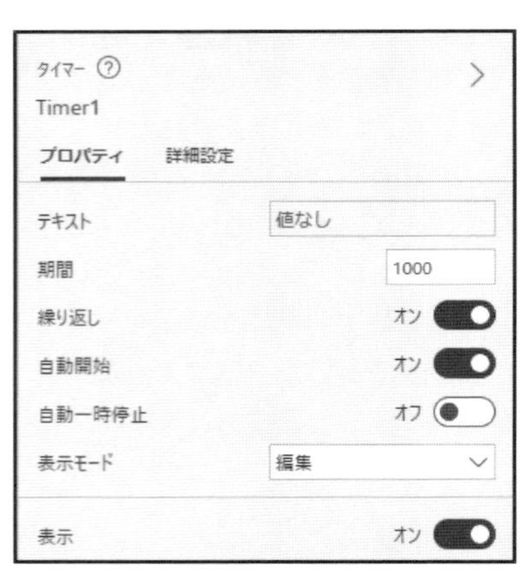

図4-62：属性タブから属性を設定しておく。

OnTimerEndに処理を設定

続いてタイマーに式を設定します。タイマーを選択し、数式バーのコンボボックスから「OnTimerEnd」を選んで以下の式をバーに記入します。

▼リスト4-27

```
UpdateContext({time_data:Now()})
```

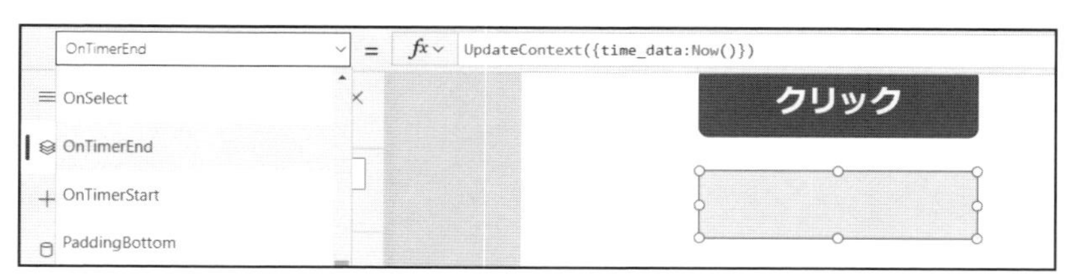

図4-63：OnTimerEndに式を設定する。

ここでは「time_data」というコンテキスト変数を用意し、これにNow関数の値（現在の日時）を保管しています。

このOnTimerEndはタイマーが終了するときに実行する処理を設定するものです。タイマーの属性には期間に「1000」が指定されています。つまり、1000ミリ秒（1秒）経過するとこのOnTimerEndの処理が実行され、現在の時刻がtime_data変数に設定されるわけですね。

ここでは「繰り返し」の属性がONになっています。ということは、このOnTimerEndの処理が完了すると自動的にまたタイマーがスタートし、1秒経過するとまたOnTimerEndが実行されるわけです。そして処理が終わるとまたタイマーが実行され、1秒経過するとOnTimerEndが……という具合に、1秒ごとにOnTimerEndの処理が実行されることになります。

Textに時刻を表示

これで現在の時刻をtime_data変数に保管する処理はできました。あとはこの変数を使って現在の時刻をタイマーに表示するだけです。タイマーのTextに以下の式を記入しましょう。

▼リスト4-28

```
Text(time_data,"[$-ja]hh:mm:ss")
```

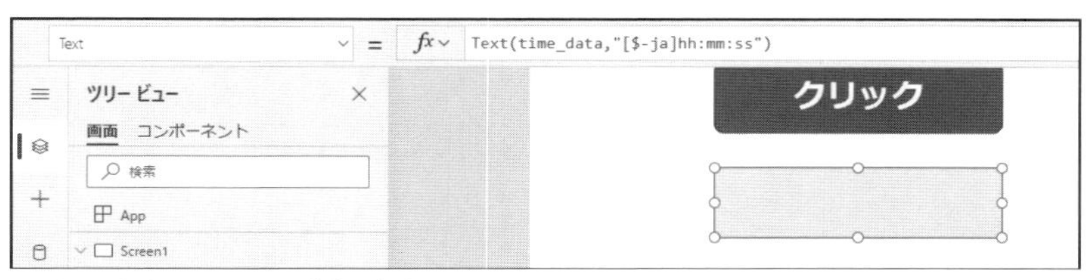

図4-64：タイマーのTextに式を入力する。

これで完成です。ここではText関数を使って、time_dataの日時の値をhh:mm:ssという形式にフォーマットしたテキストを設定しています。

プレビューでスクリーンを実行してみましょう。タイマーに現在の時刻がリアルタイムに表示されるのが確認できます。

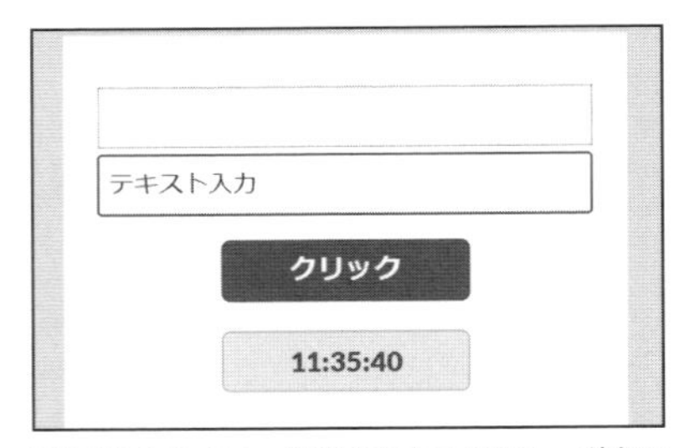

図4-65：タイマーに時刻が表示される。ボタンと区別するため、表示フォントとカラーを変更してある。

タイマーをON/OFFするには？

ここではタイマーの自動開始を使って自動的にタイマーが働くようにしていました。では、ユーザーがクリックするなどしてタイマーをスタートしたり停止したりするにはどうすればいいのでしょうか？

そのためには「Start」という属性を使います。これはタイマーの開始を設定するものです。Startを呼び出すと、それに応じてタイマーが操作されます。Startを呼び出すごとに、タイマーは実行と停止を繰り返します。

クリックでON/OFFする

では、タイマーをクリックしてON/OFFできるようにしましょう。タイマーを選択し、数式バーのコンボボックスから「OnSelect」を選択して以下の式を記入しましょう。

▼リスト4-29

```
Self.Start
```

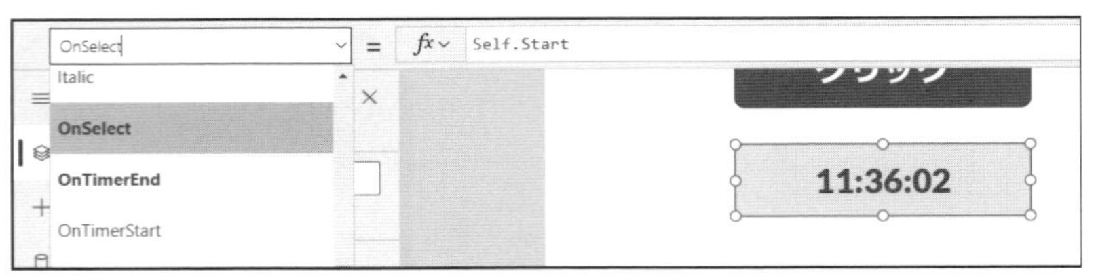

図4-66：タイマーのOnSelectに処理を記入する。

ここではSelf.Startを呼び出しています。Startは何も操作していません。ただ式の中に書いて呼び出すだけで動作します。

これで、クリックするごとにタイマーが動いたり停止したりを繰り返します。プレビューで実行してタイマーをクリックし、動作を確かめてみましょう。

経過秒数を表示する

もう少し実用的な利用例として、クリックすると経過秒数を表示するサンプルを作ってみましょう。ストップウォッチというと少し大げさですが、スタートしてからの経過秒数を0.1秒単位で表示するタイマーを作ってみます。

式を作成する前に、タイマーの属性タブから「期間」の値を「100」に変更しておいてください。これで0.1秒間隔でタイマーが実行されるようになります。

では、式を作成していきましょう。まずはタイマーのOnSelectからです。クリックしてスタートしたときの処理ですね。次のように記述をしましょう。フォーマットした形式で掲載しておきます。

▼リスト4-30

```
UpdateContext(
    {
        start_time: Now(),
        time_data: 0
    }
);
Self.Start;
```

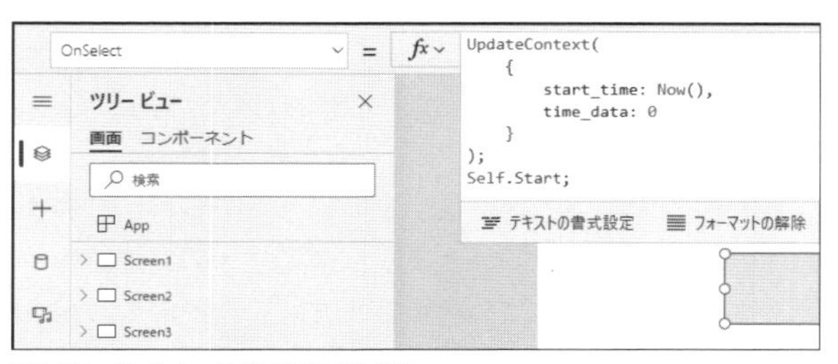

図4-67：OnSelectに処理を記述する。

ここではUpdateContextとSelf.Startを実行しています。UpdateContextではstart_timeという変数に現在の日時を代入し、time_dataという変数にはゼロを代入しています。start_timeはスタート時の時刻を保管しておくもので、time_dataは経過秒数を保管しておくものです。

続いて、タイマーのOnTimerEndの設定です。これでタイマーによる経過時間の更新処理を行います。次のように記述をしてください。

▼リスト4-31

```
UpdateContext(
    {
        time_data: DateDiff(
            start_time,
            Now(),
            Milliseconds
        )
    }
)
```

図4-68：OnTimerEndに式を入力する。

ここで行っているのが経過時間を調べる作業です。time_dataという変数に、start_timeの時刻から現在の時刻までの差をミリ秒単位に換算した値を設定しています。

あとは経過ミリ秒の値を「0.1」というように、0.1秒単位でタイマーに表示するだけです。タイマーのTextに以下の式を記入してください。

▼リスト4-32

```
Text(RoundDown(time_data / 1000, 1),"[$-ja]0.0")
```

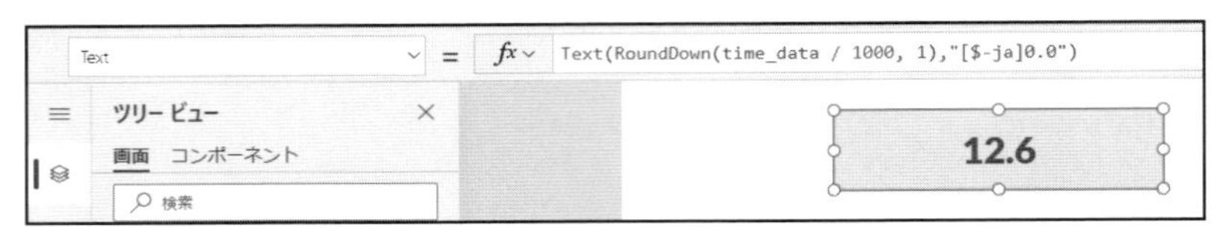

図4-69：Textに経過秒数を表示する。

ここではRoundDown関数を使い、timer_data / 1000の値を小数点1桁までの値として表示しています。time_dataの値はミリ秒ですから、1000で割ると秒数が得られます。それを0.1秒単位に丸めているのですね。

Textでは第2引数にフォーマットの形式を指定できました。先に日時の値をフォーマットするのに使いましたが、数値の場合もフォーマットの記号が使えます。ここでは"[$-ja]#0.0"と指定をしていますね。0は必ず表示する桁を示します。つまり0.0とすることで、1の位と小数点1桁目を必ず表示するようにフォーマットされるわけです。

式がすべて記述できたら、プレビューで実行してみましょう。タイマーをクリックすると、0.1秒単位で数字がカウントされていきます。タイマーの間隔自体が0.1秒単位なので決して正確なわけではありませんが、タイマーの基本的な利用の仕方はこれでよくわかったのではないでしょうか。

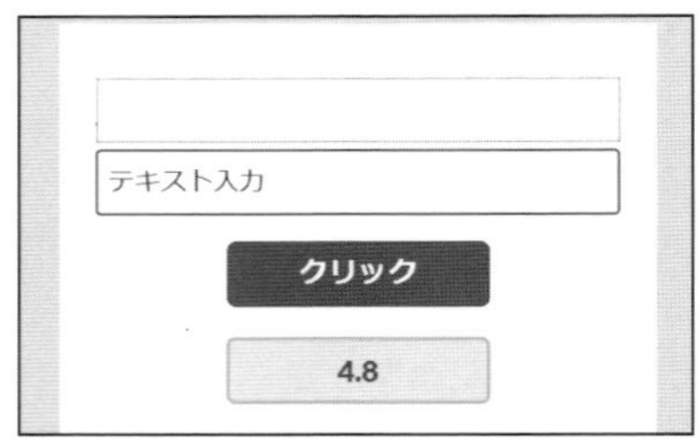

図4-70：タイマーをクリックすると、0.1秒単位で経過時間が表示される。

Chapter 5

Power Fxをマスターする(2)

Power Fxは単純な演算以外にもさまざまな処理が行えます。
分岐処理やテーブルの操作、レコードの処理など。
こうしたPower Fxの高度な機能について学んでいきましょう。

Chapter
5

5.1.
分岐処理

If関数について

Chapter 4でPower Fxの基本的な使い方は一通り説明しました。ここではより高度な、あるいは複雑な機能について説明し、Power Fxで本格的なプログラミングに近い処理を実現できるようにしていきます。

まず最初に説明したいのは「分岐」についてです。プログラミング言語では処理を制御するための「制御構文」と呼ばれる仕組みが用意されています。Power Fxの式にもそれに似た働きをさせるための関数が用意されているのです。

処理の制御の基本ともいえるのが「分岐」です。Power Appsには必要に応じて異なる処理を実行するための「If」という関数が用意されています。次のように利用します。

```
If( 条件 , 成立時の処理 , 通常の処理 )
```

Ifには3つの引数があります。1つ目はIfで実行する処理を決めるための「条件」となるものです。真偽値の変数や関数などを使います。

この条件の値が成立する（true）の場合、第2引数に用意されている処理を実行します。条件が成立しない場合（false）は第3引数に用意されている処理を実行します。第3引数は省略することもできます。その場合、条件が成立しないと何もしません。

このように、条件によって実行される処理が変わるのです。

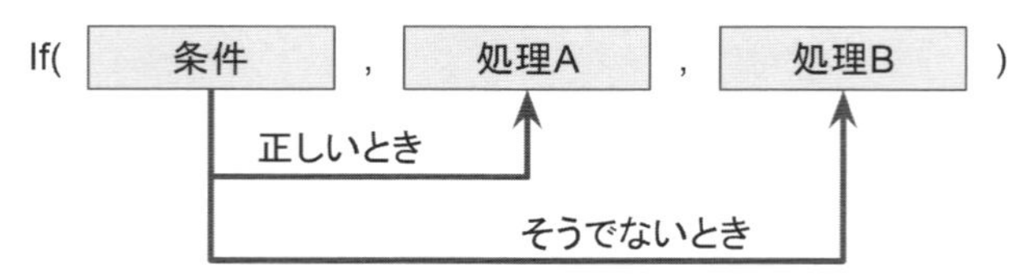

図5-1：Ifは条件が正しいときとそうでないときで実行する処理を変える。

偶数か奇数か調べる

簡単なサンプルを作ってみましょう。Chapter 4で使ったスクリーン（ラベルとテキスト入力、ボタン、タイマーといったものが配置されているもの）をこのChapterでも引き続き使うことにします。

では、テキスト入力に記入した数値が偶数か奇数かを調べてラベルに表示する、という処理を作ってみます。

まずはテキスト入力の処理です。OnChangeに以下の式を入力しましょう。

▼リスト5-1

```
UpdateContext({input:Self.Text*1})
```

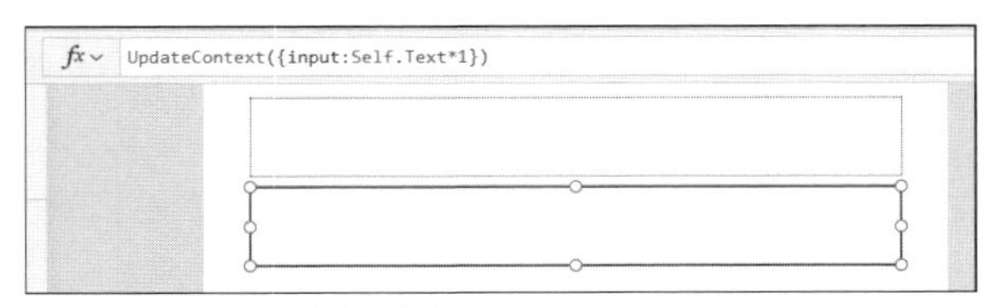

図5-2：OnChangeに式を入力する。

ここではUpdateContextを使い、input変数に入力された値を設定しています。ただし、値をそのまま設定するのではなく、Self.Text*1というように1をかけて数値として保管されるようにしてあります。

続いてラベルの表示です。ここで入力した値に基づいて偶数か奇数かを判断し、メッセージを表示します。ラベルのTextに以下の式を入力しましょう。

▼リスト5-2

```
input & "は、" & If(
    Mod(
        input,
        2
    ) = 0,
    "偶数です。",
    "奇数です。"
)
```

図5-3：Text属性に式を入力する。複数行が見えるようにバーの「v」をクリックして拡大しておくと便利。

ここでは「テキストの書式設定」を利用して、見やすいようにフォーマットしてあります。数式バーの右端にある「v」をクリックして複数行を表示させると内容がよくわかるでしょう。

フォーマットすると全体の構造はわかりやすくなりますが、「どこからどこまでがどの引数だ？」ということが逆に見えにくくなりがちですね。ここでは次のような形でIf関数を作成しています。

```
If(Mod(input,2) = 0, "偶数です。", "奇数です。")
```

Mod(input,2) = 0というのが条件となる式です。Modは割り算の余りを計算するものでした。これでinputを2で割った余りを計算し、それがゼロかどうかを確認しています。ゼロだった場合は2つ目の引数の"偶数です。"を、ゼロでなかった場合は3つ目の引数の"奇数です。"をそれぞれ返します。これで偶数か奇数かによってTextの表示を変更できるようになりました。

実際にプレビューで実行し、さまざまな値を入力して表示を確かめてみましょう。数値に応じて偶数か奇数か正しく判断し表示されますよ。

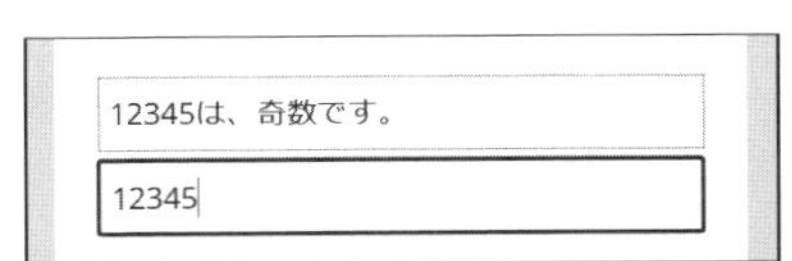

図5-4：数値を入力し、テキスト入力以外のところをクリックするとラベルに結果が表示される。

複数の条件を指定する

Ifの基本はこのように非常に単純なものです。が、このIf関数のパワフルなところは「条件をいくつでも設定できる」という点にあります。

```
If ( 条件１, 条件１の処理 , 条件２, 条件２の処理 ,…… , デフォルト処理 )
```

引数は「条件」と、その条件が成立した時の「処理」の２つがセットになっています。最初の条件が成立すると、その処理を実行して関数は終わりです。もし成立しない場合は2番目の条件をチェックし、成立したらその後の処理を実行します。さらにそれも成立しない場合は３番目の条件を、それもダメなら４番目を……という具合に、「条件が成立しなければ次の条件へ進む」を繰り返していくのです。

一番最後には通常のIfと同様に「デフォルトの処理」が用意できます。これは、すべての条件が成立しないときに実行されます。

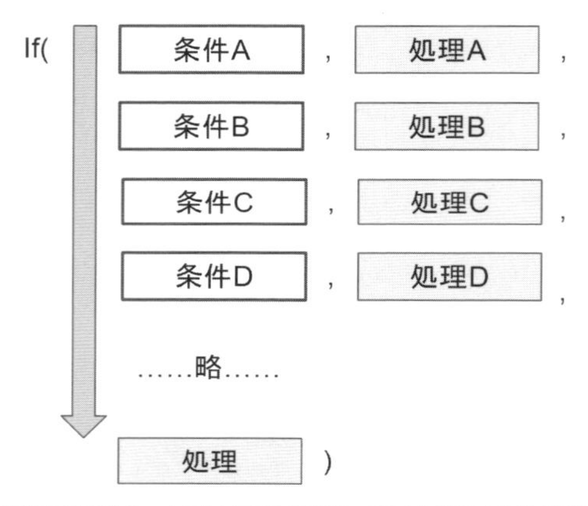

図5-5：Ifは、条件と処理をセットでいくつも書ける。書いた条件は上から順にチェックしていく。

年齢からメッセージを表示

簡単な利用例を挙げておきましょう。先ほどのサンプルでラベルのTextに設定した処理を、次のように書き換えてみてください。

▼リスト5-3

```
input & "歳は、" & If(
    input < 1, "赤ん坊",
    input < 7, "幼児",
    input < 13, "児童",
    input < 19, "生徒",
    input < 23, "学生",
    "大人"
) & "です。"
```

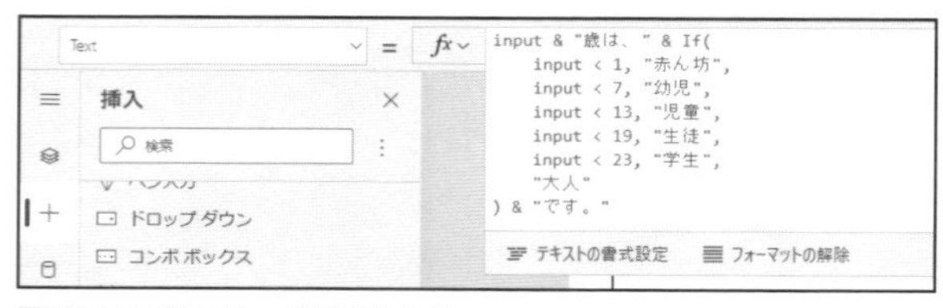

図5-6：ラベルのTextを書き換える。

ここではわかりやすいように、条件と処理を１つずつ改行して書いておきました。テキスト入力の値が保管されているinput変数を使い、年令に応じた呼び名を返すようにしています。「input < 年齢」という条件を次々とチェックしていき、inputの値が式と合致したところでテキストが返されます。

修正したらプレビューで実行し、テキスト入力に年齢の値（整数）を記入してみましょう。年齢に応じたメッセージが表示されることがわかります。

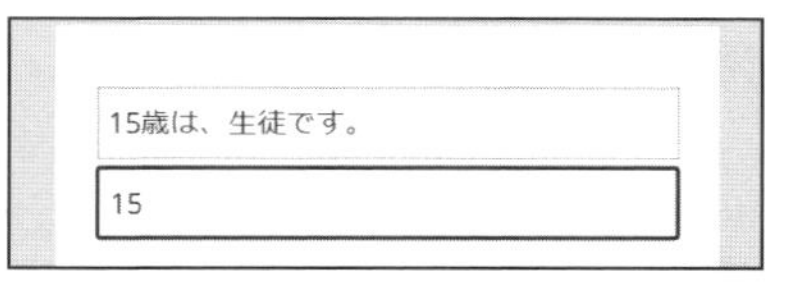

図5-7：年齢の値を入力すると、それに応じたメッセージが表示される。

Switchによる多分岐処理

Ifは基本的に「1つの条件をチェックして処理を行う」というものです。複数の条件を用意することもできますが、それぞれに「この条件が成立すればこれを実行」という処理が用意されており、常に「条件と処理は1対1」の関係にあります。これは、条件が真偽値（trueかfalseか）であるためでしょう。真偽値では二者択一以外の分岐はないのですから。

しかし、場合によっては3つ以上の分岐が必要となるときもあります。例えばじゃんけんの処理を考えた場合、処理は「グー」「チョキ」「パー」の3つに分岐することになるでしょう。

こんなとき、Ifで「相手がグーなら」「相手がチョキなら」……と3つの条件を用意して処理することは可能です。けれど、相手の値を元にグー、チョキ、パーの3つに分岐する処理を作ることができれば、遥かにわかりやすく処理を組み立てられるでしょう。

これを行うのが「Switch」という関数です。Switchはチェックする対象となるもの（値や変数、関数など）を使い、その値がいくつかによって処理を分岐します。

```
Switch( 対象 , 値1, 処理1, 値2, 処理2, …… , デフォルト処理 )
```

第1引数にはチェックする対象となるものを用意します。そのあとに値と処理をセットで記述していきます。Switchでは対象となる値をチェックし、それと等しい値があると、そのあとに用意されている処理を実行します。

もし等しい値がないときは、一番最後にあるデフォルト処理を実行します。これは省略することも可能で、その場合は等しい値がないと何もしません。

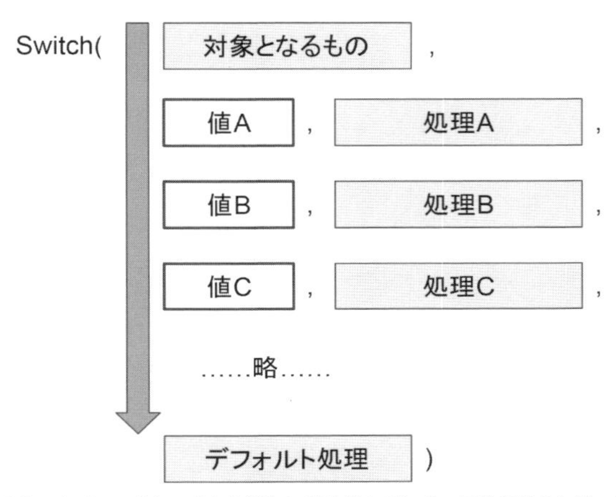

図5-8：Switchは対象となるものをチェックし、それと等しい値を探していく。同じ値があれば、そのあとの処理を実行する。

月から季節を表示する

Switchの簡単な利用例を見てみましょう。先ほどのサンプルをまた修正してみます。ラベルのTextを次のように書き換えてください。これも見やすいように改行して書いてあるので、属性タブの「詳細設定」からTextを探して編集したほうが入力しやすいでしょう。

▼リスト5-4

```
input & "月は、" & Switch(
    RoundDown(input / 3,0),
    0,"冬",
    1,"春",
    2,"夏",
    3,"秋",
    "不明"
) & "です。"
```

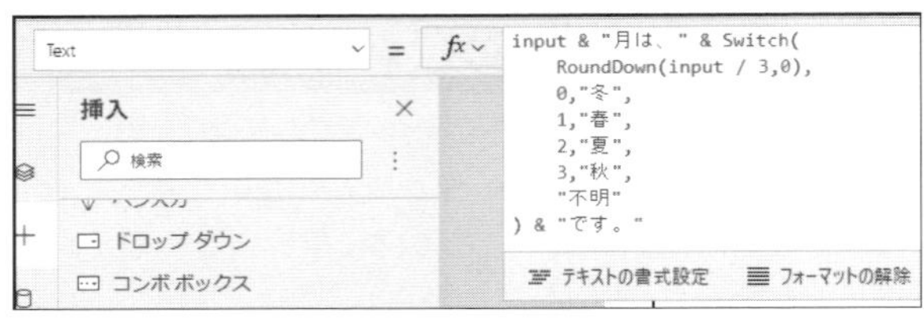

図5-9：ラベルのTextの値を書き換える。

ここではSwitchの第1引数にRoundDown(input / 3,0)と指定をしています。inputはテキスト入力に書かれた値でした。これを3で割った端数を切り捨てたものがSwitchの対象になります。これがいくつかによって得られる季節の名前が変わるようにしていたのですね。

働きがわかったら、プレビューでいろいろな値を入力して動作を確かめましょう。テキスト入力に1 ～ 12の整数を記入し、Enter/returnキーをタイプすると季節が表示されます。

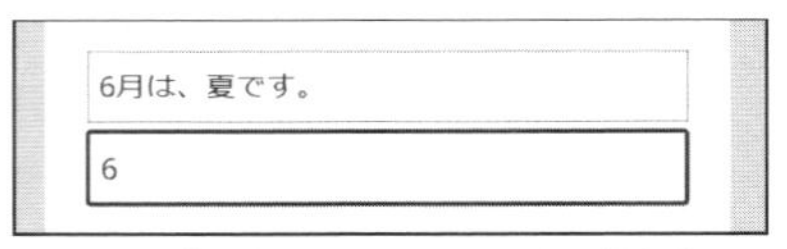

図5-10：プレビューでテキスト入力に整数を記入すると季節が表示される。

分岐関数を組み合わせる

このサンプルを実際に動かしてみると、少し変なところがあるのに気がついたでしょう。「12」と入力すると「不明」になってしまうのです。12月は「冬」と表示されなければいけません。

ここではinputを3で割った余りで季節を設定しています。1月～11月はそれでいいのですが12月は割ると4になり、冬の値(ゼロ)にはなりません。ですから正しい表示にしたければ、12のときだけ例外的に処理する必要があります。

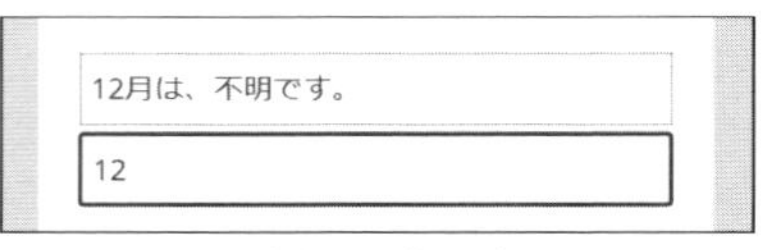

図5-11：12を入力すると「不明」になってしまう。

これはIf関数を使って行えそうですね。では、先ほどTextに書いた処理を修正してみましょう。

▼リスト5-5

```
input & "月は、" & Switch(
    RoundDown(
        If(input=12,0,input) / 3,0
    ),
    0,"冬",
    1,"春",
    2,"夏",
    3,"秋",
    "不明"
) & "です。"
```

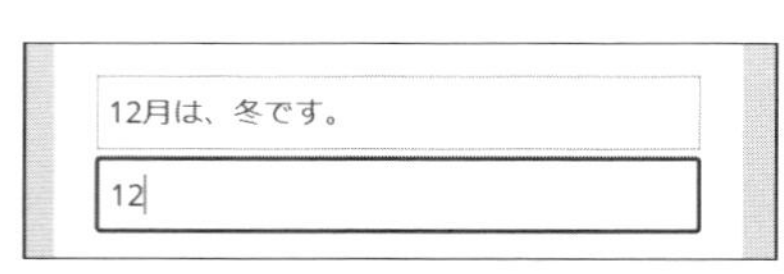

図5-12：12も冬として表示されるようになった。

修正したら、プレビューで動作を確認しましょう。今度は12を入力しても「冬」と表示されるようになりました。もちろん、13以上の値は「不明」になります。

ここではSwitchの対象となるRoundDown関数内の式をIf(input=12,0,input) / 3,0というように指定しています。inputが12のときだけゼロを返すようにしていたのですね。こうすることで12のときも値はゼロになり、「冬」と判断されるようになります。

このようにIfやSwitchといった分岐のための関数は、関数の引数内にさらに関数を記述して利用することができます。こうすることで複数の分岐処理を組み合わせて、より複雑な分岐を行わせることができます。

値のチェック

特に計算などの処理を行わせるようになると感じることですが、入力された値が問題ないかどうかをチェックしたい、ということはよくあります。例えば数字が必要なところにテキストが入力されているとか、必要な値が空のままになっているなど、値のチェックが必要なことは多いでしょう。

If関数が使えるようになったことで、値が正しく入力されているかをチェックして処理することが可能になりました。そのためには、値の状態をチェックする関数の使い方を知っておく必要があります。これには次のようなものが用意されています。

IsBlank(値)	値が空のテキスト（未入力の状態）かどうかをチェックします。空ならばtrueになります。空でなければfalseです。
IsEmpty(値)	テーブルで値がない状態をチェックするものです。
IsNumeric(値)	値が数値として得られるものかどうかをチェックします。数値として扱えるならtrue、そうでなければfalseです。

IsEmptyについてはテーブルの扱いがわかるようになったところで、改めて確認するとよいでしょう。IsBlankはテキスト入力などで未入力の状態をチェックするのに使います。IsNumericは数字を入力してほしいときなどに使います。

税込金額を計算する

簡単な利用例として、テキスト入力に金額を記入してその税込金額を表示する、というサンプルを作ってみます。まず、テキスト入力のOnChangeに設定されている式を少しだけ修正しておきます。

▼リスト5-6

```
UpdateContext({input:Self.Text})
```

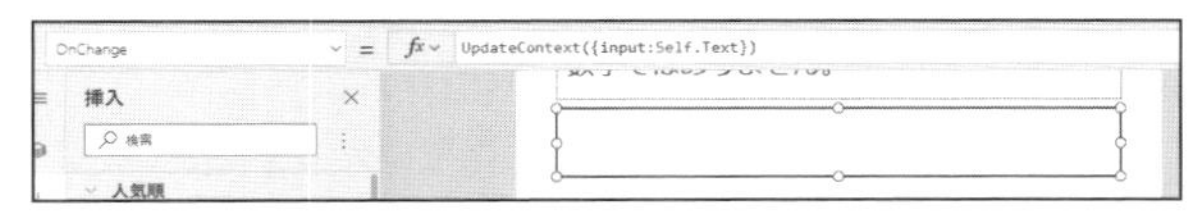

図5-13：テキスト入力のOnChangeに式を入力する。

ここではテキスト入力のテキストをそのままinput変数に代入しています。あとはラベルの表示側でこのinputを元に計算を行えばいいわけです。

では、ラベルのTextに記述されている式を次のように書き換えましょう。

▼リスト5-7

```
If(IsNumeric(input),
     "税込金額は、" & RoundDown(
          input * 1.1,0
     ) & "円です。",
     "数字ではありません。"
)
```

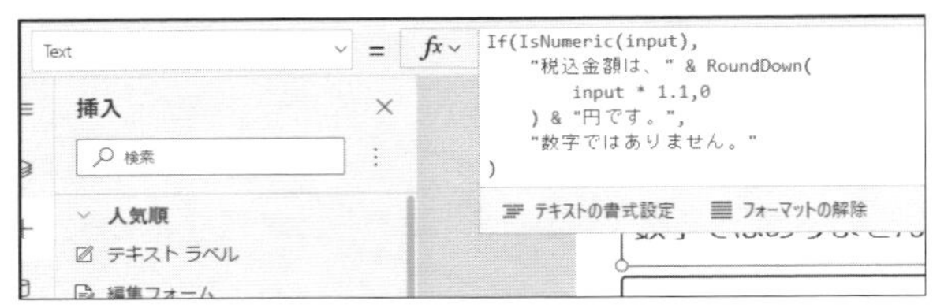

図5-14：ラベルのTextを書き換える。

ここではIf関数を用意し、その条件にIsNumeric(input)と指定をしています。これでinput変数が数値として扱える値を入力しているかチェックしています。例えば「123」といった値ならばtrueになりますが、「abc」のような値だとfalseになります。

数値だった場合は、RoundDown(input * 1.1,0) で1.1倍して端数を切り捨てた値を表示しています。数値でなかった場合は、そのメッセージが表示されます。

プレビューで実行して動作を確かめてみましょう。

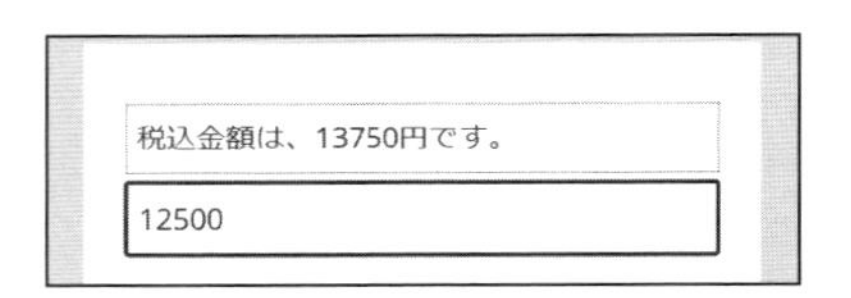

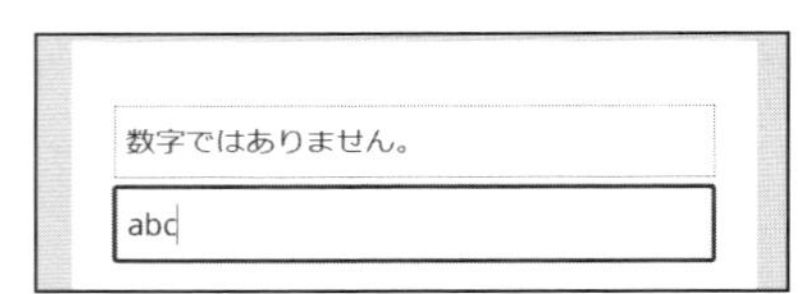

図5-15：数字を書くと税込金額が表示され（上）、数字以外だと注意のメッセージになる（下）。

C O L U M N

実は IsNumeric は不要？

ここでは IsNumeric を使って、入力された値が数値かどうかをチェックしています。が、実をいえばテキスト入力には最初から「数値のみを入力する」機能が用意されています。

属性タブから「書式」という属性を見つけてください。この値を「テキスト」から「数値」に変更すると、数値だけしか入力できないようになります。

図5-16：「書式」を「数値」に変更すると、数値だけしか入力できなくなる。

スクリーンの移動について

条件など処理の制御が行えるようになってくると、さまざまな操作が可能になってきます。その1つとして、「スクリーンの移動」について触れておきましょう。

スクリーンの移動は「アクション」メニューの「移動」から設定することができました。しかしPower Fxの式が自由に書けるようになってくるとただ移動するだけでなく、「こういう条件のときはこのスクリーンに移動する」といった処理が行えるようになります。こうした処理は「アクション」メニューではできません。式を書いて実装するしかないのです。

スクリーンの移動は「Navigate」という関数を使って行えます。次のように呼び出します。

```
Navigate( スクリーン )
```

これだけで指定したスクリーンに表示が切り替わります。移動の際に視覚効果を設定することも可能で、第2引数に指定します。

```
Navigate( スクリーン , 効果 )
```

利用可能な視覚効果はScreenTransitionという列挙体として用意されています。列挙体というのは前にも登場しましたが、いくつかの選択肢から値を選ぶのに使う特殊な値です。このScreenTransitionには次のような値が用意されています。

Cover	新しい画面が右から左へとスライドして現れます。
CoverRight	新しい画面が左から右へとスライドして現れます。
Fade	現在の画面がフェードアウトして新しい画面が現れます。
UnCover	現在の画面が右から左へとスライドして消えます。
UnCoverRight	現在の画面が左から右へとスライドして消えます。

これらの値を「ScreenTransition.○○」という形でNavigateの第2引数に指定すれば、その視覚効果を使ってスクリーンを移動します。

未入力ならトップに戻る

Navigateの利用例を挙げておきましょう。先ほどのサンプルでは、テキスト入力のOnChangeで入力された値をinput変数に代入していました。これを修正し、テキスト入力の値が空(未入力)ならトップのスクリーン(Screen1)に戻るようにしてみます。

▼リスト5-8

```
If(IsBlank(Self.Text),
    Navigate(Screen1),
    UpdateContext({input: Self.Text})
)
```

If関数を使い、IsBlank(Self.Text)で入力された値が空かどうかをチェックしています。空ならNavigate (Screen1)でScreen1に移動し、そうでなければUpdateContextでinput変数を更新しています。

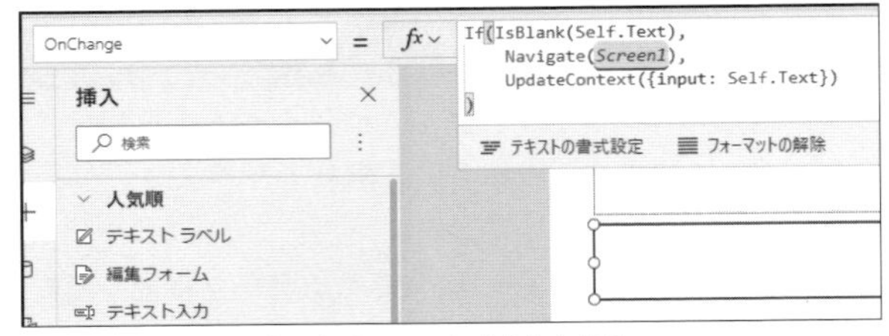

図5-17：テキスト入力のOnChangeに式を入力する。

こんな具合にプログラムの状況をチェックし、必要に応じて指定のスクリーンに移動できるようになります。例えばトラブル発生時の表示スクリーンなどを用意して、状況に応じてそこにジャンプするようなことも可能になるでしょう。

プレビューで値を入力し、動作を確認してみましょう。

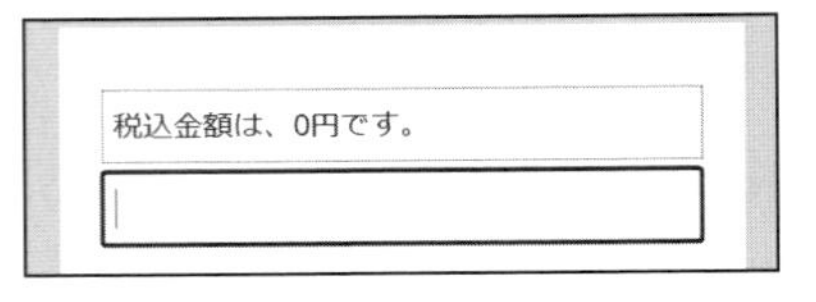

↓

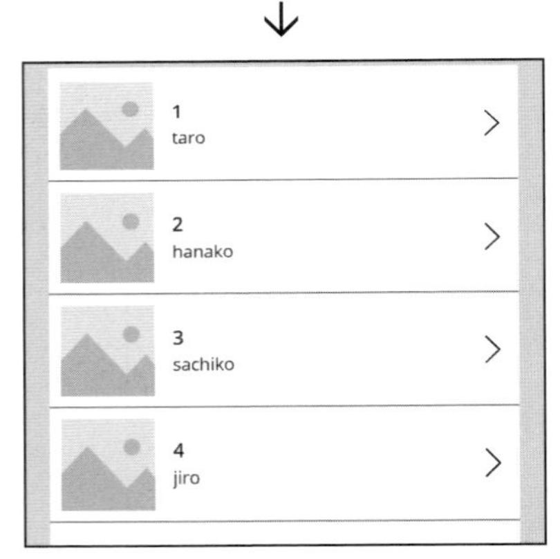

図5-18：テキスト入力の値を空にしてenter/returnすると、Screen1に移動する。

Chapter 5

5.2. テーブルの利用

テーブルは多数の値を管理する

プログラムの中では「多数の値をまとめて扱う」ということがあります。このようなときに用いられるのが「テーブル」です。

すでに皆さんはテーブルを利用しています。Power Appsのホームで「テーブル」という項目が用意されていました。ここでデータベースのようにデータを扱う「people」や「message」といったテーブルを作成しましたね。「テーブルとはあれのことか」と思った人も多いことでしょう。これは間違いではありませんが、正解でもありません。

テーブルは、先に作成したpeopleテーブルなどをPower Fxから利用するものですが、peopleテーブルのように、あらかじめPower Appsで定義してアプリに組み込まないと使えないものではありません。

Power Fxでのテーブルは「多数の値を扱う特別な値」です。peopleテーブルをPower Fxから利用するときも、このテーブルという値として扱われます。

それ以外の「いくつかの値をまとめておく」ときは、すべてテーブルを使います。peopleのように、あらかじめPower Apps側で定義されているかどうかは関係ありません。そういうものもテーブルとして使われますし、そうでないものも(多数の値を扱うならば)テーブルとして使われます。テーブルは、非常に利用範囲の広い概念なのです。

混乱するといけないので、peopleなど定義されたテーブルのことは、これ以後「データテーブル」と表記することにします。

テーブルの値を書く

まずは、「テーブルの値を書いて使う」ことからやっていきましょう。テーブルの値はさまざまな形で使われますが、もっとも単純な値は次のようなものになるでしょう。

```
[ 値1, 値2, 値3, ……]
```

peopleなどのデータテーブルではデータテーブル内に多数のレコードが保管されていますから、このようなシンプルなデータ構造にはなりません(列データだけを取り出したりすると、このようになります)。これは、いくつかの値をまとめて書く際の基本となる書き方と考えてください。

ラジオのdata

テーブルは、いったいどのようなところで利用するのでしょうか？　おそらく、もっとも身近で使われることになるのは「複数項目を扱うコントロール」でしょう。コントロールの中にはいくつかの項目を持ったものがあります。そうしたものでは、テーブルをデータとして利用するようになっているのです。

例として「ラジオ」を利用してみましょう。Power Appsでは複数のラジオボタンをまとめて扱う「ラジオ」というコントロールが用意されていました。ラジオはChapter 2で基本的な使い方について説明をしましたが、表示する項目のデータとなる「Items」という属性にはデータテーブルを、「Value」という属性にはデータテーブル内の列を使っていました。こうしたことから「ラジオはそのためのデータテーブルを用意しないと使えない」と思っていた人も多かったのではないでしょうか。

ラジオのItemsとValueは「項目のデータとして使用するテーブル」と「値として使うもの」を指定するためのものです。データテーブルを使う場合はこれらにデータテーブルと列を指定することで、その列のデータを元にラジオボタンを作成するようになっていたのですね。でもテーブルを式で用意できれば、それを使ってラジオボタンを生成することもできるようになります。実際にやってみましょう。

画面左端にある「挿入」アイコンを選択してコントロールの一覧から「ラジオ」をクリックし、スクリーンに配置しましょう。

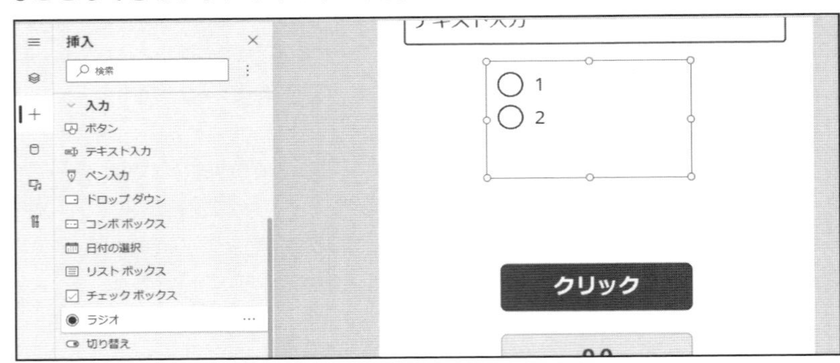

図5-19：スクリーンにラジオを1つ配置する。

ラジオのItemsを設定する

配置したラジオを選択し、属性タブから「詳細設定」をクリックして表示を切り替えてください。そして「Items」という項目を探しましょう。これが、表示するラジオボタンの項目に利用されるデータです。ここに以下を記述してください。

▼リスト5-9

```
["male","female","other"]
```

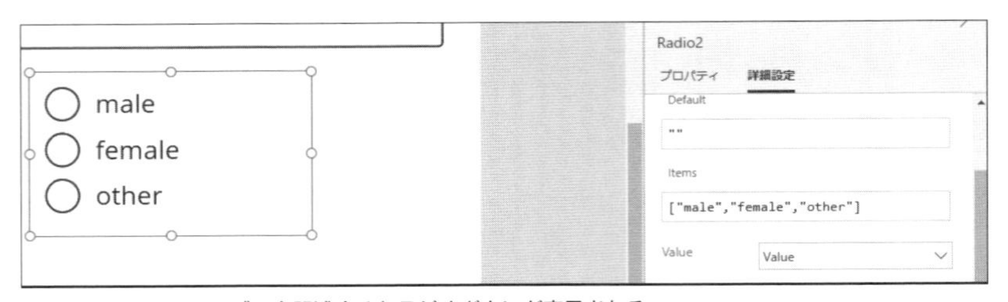

図5-20：Itemsにテーブルを記述するとラジオボタンが表示される。

これでラジオには「male」「female」「other」と3つのラジオボタンが表示されるようになります。Items に用意したテーブルを使い、自動的にラジオボタンが生成されることがわかるでしょう。

選択したボタンの情報

選択したボタンの情報をどのように利用すればいいのかやってみましょう。まず、ラジオのOnSelectに以下の式を入力します。

▼リスト5-10

```
UpdateContext({sel_item: Self.Selected})
```

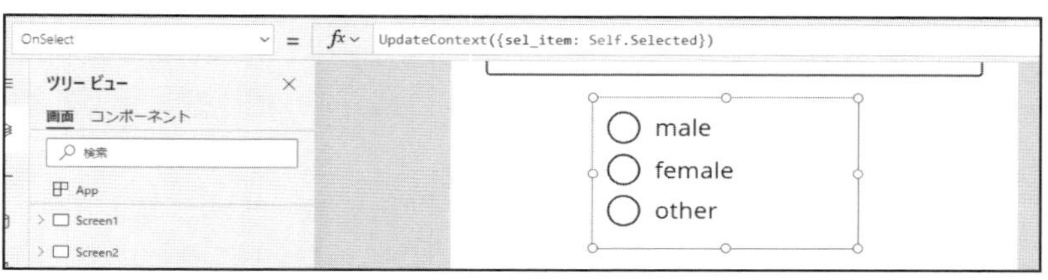

図5-21：OnSelectに式を入力する。

ここではUpdateContextを使い、sel_itemという変数に自身の選択されたラジオボタンを設定しています。「Selected」という属性はラジオで選択されている項目を示すものです。これにより、選択したラジオボタンが変数に取り出されます。あとはこの変数を使って表示などを行えばいいでしょう。

例として、ラベルのTextに表示をしてみましょう。

▼リスト5-11

```
"selected: << "&sel_item.Value&" >>"
```

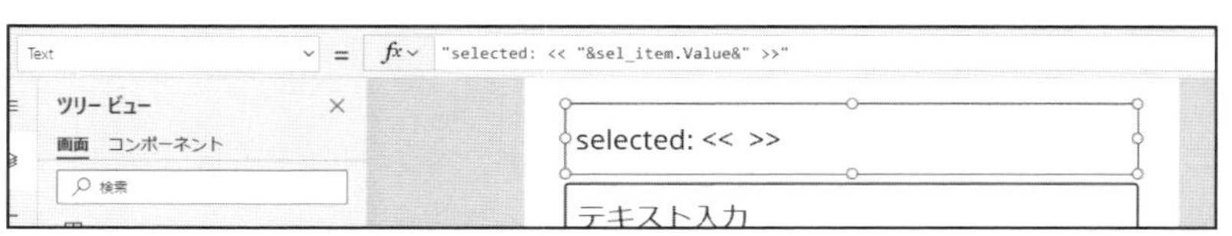

図5-22：ラベルのTextに式を入力する。

修正したらプレビューで実行してみてください。ラジオボタンをクリックして選択すると、選んだラジオボタン名がラベルに表示されるようになります。ボタンを切り替えて表示の変化を確かめましょう。

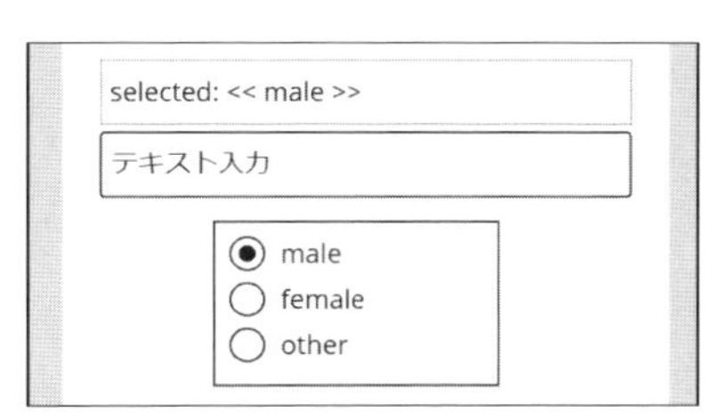

図5-23：ラジオボタンを選択すると、そのボタン名がラベルに表示される。

ここではラジオを使いましたが、ドロップダウンやコンボボックスといったコントロールも基本的には同じです。Itemsにテーブルの値を設定してSelected属性の値をチェックし、OnChangeでそのValueを取り出せば選択された値が得られます。

リストボックスによる複数項目の選択

複数の項目を持つコントロールを利用する場合、1つ注意したいのは「複数の項目を選択できるコントロールもある」という点でしょう。

ラジオボタンやドロップダウンは選んだ1つだけが選択されますが、コンボボックスやリストボックスといったものは複数の項目を選択することができます。

ここでは、まだ使ったことのない「リストボックス」について利用例を見ていきましょう。リストはデフォルトで複数項目の選択が可能になっています。これは、テーブルから複数の項目を取り出して利用するための方法を知っておかないとうまく使えません。

画面左端の「挿入」アイコンを選択し、コントロールの一覧から「リストボックス」をクリックしてスクリーンに追加しましょう。先ほどのラジオはもう削除してかまいません。

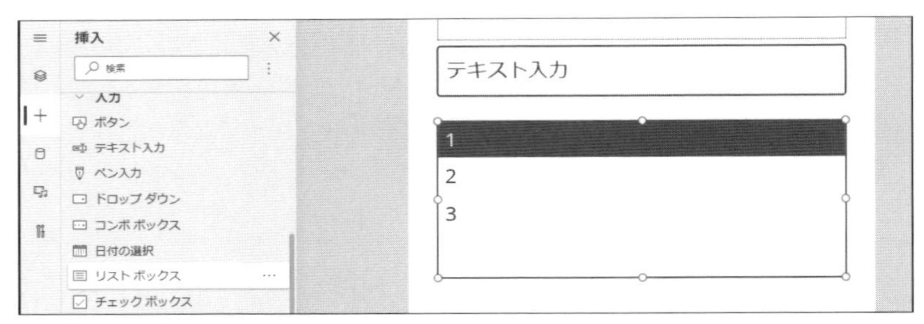

図5-24：リストボックスを1つスクリーンに配置する。

このリストボックスも、基本的な使い方はChapter 2で説明したコンボボックスなどとだいたい同じです。「項目（Items）」に表示する項目のデータを設定し、「Value」で値を指定します。データテーブルを利用するなら項目にデータテーブルを指定し、Valueで列を指定すればいいでしょう。

この他に、リストボックスには「複数選択の許可」という属性が用意されています。これがONになっていると、同時に複数の項目を選ぶことができます。

図5-25：リストボックスの基本的な属性。「複数選択の許可」が用意されている。

リストボックスを利用する

リストボックスを使ってみましょう。まず、項目にテーブルを設定します。属性タブを「詳細設定」に切り替え、Itemsという項目を探して次のように記述をしましょう。

▼リスト5-12

```
["one","two","three","four","five"]
```

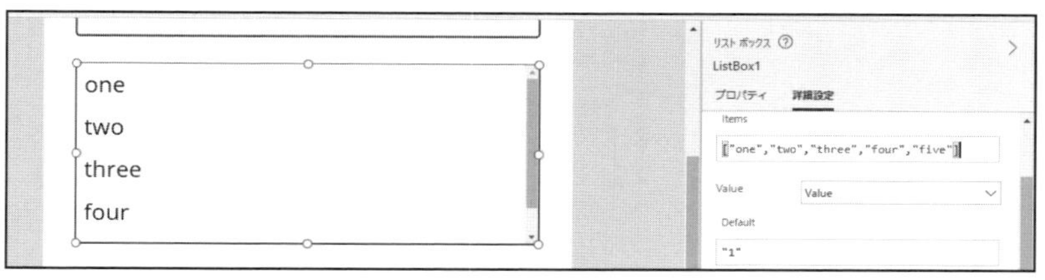

図5-26：Itemsにテーブルを記述する。

これで5つの項目がリストボックスに表示されるようになりました。続いて、選択した項目を変数に保管します。リストボックスのOnChangeに、次のように記述をしてください。

▼リスト5-13

```
UpdateContext({sel_list: Self.SelectedItems})
```

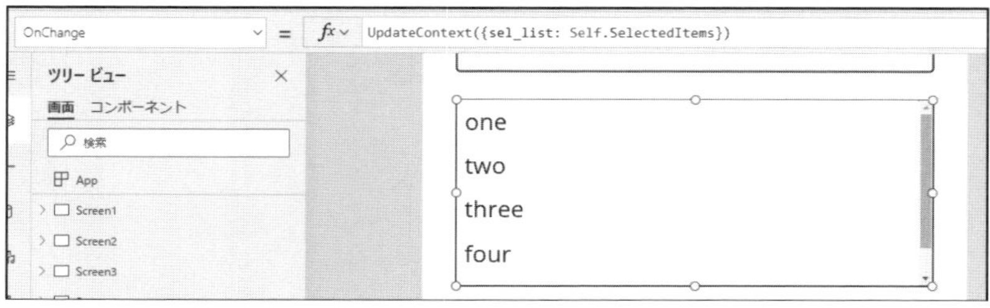

図5-27：OnSelectに式を入力する。

選択した項目がsel_listという変数に収められるようになります。項目はSelectedItemsという値を使っています。これは選択されている項目すべてをテーブルとして取り出すための属性です。つまり、これでsel_listには選択項目のテーブルが保管されたわけですね。

Concatでテーブルをテキスト化する

あとは、このsel_listのテーブルをなんとかして普通のテキスト等と同じように扱えるようにできればいいわけですね。

Power Appsにはテーブルの値を1つのテキストにまとめるための関数が用意されています。「Concat」というもので、次のように利用します。

```
Concat(テーブル, 式)
```

第１引数には値を取り出すテーブルを指定します。第２引数にはテーブルの各値ごとに実行される式を指定します。この式で得られた値が１つにまとめられてテキストが生成されるのです。

では、sel_list変数の値をラベルに表示させてみましょう。ラベルのTextを次のように記述してください。

▼リスト5-14

```
Concat(sel_list,Value&", ")
```

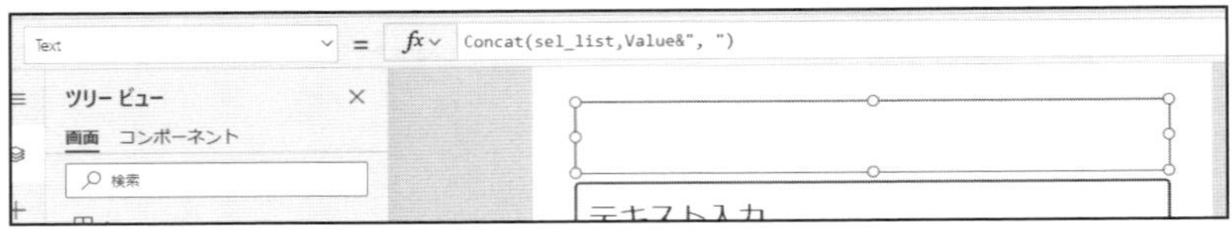

図5-28：ラベルのTextに式を入力する。

ここではConcat関数でsel_listの値をテキストにまとめています。第２引数にはValue&", "と指定をしていますね。Valueは取り出される各項目の値です。sel_listはSelectedItemsで得られたテーブルですが、このテーブルでは、値はValueという名前で保管されています。

ここでは取り出した値のあとにカンマを付けていますね。こうすることで、各項目を１つのテキストにまとめているのです。

プレビューで実行し、リストから項目を選択してみましょう。複数選択すると、それらがすべてラベルに表示されることがわかるでしょう。

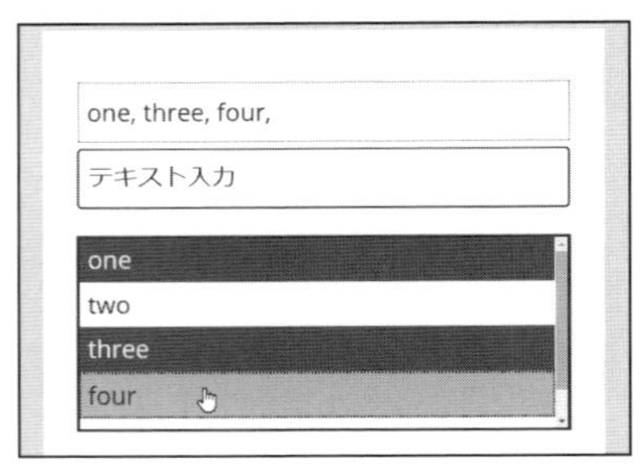

図5-29：リストボックスから項目を選択すると、それらがすべてラベルに表示される。

テキストをテーブルに分割する

テーブルをテキストにする方法がわかったなら、次は「テキストをテーブルにする」という方法も覚えておきましょう。これは「Split」という関数を使います。

```
Split(テキスト , セパレーター)
```

第１引数にはテキストを指定し、第２引数には「セパレーター」と呼ばれるテキストを用意します。これはテキストを分割するのに使う値です。Splitは第１引数からセパレーターを検索し、その部分でテキストを分割していきます。

例えば"a,b,c"というテキストがあり、セパレーターにカンマを指定すると、["a","b","c"]というテーブルが作成されるわけですね。

テキストでリストボックスの項目を設定

　Splitを使ってみましょう。先ほどのリストボックスのサンプルを少し修正して、テキスト入力からリストボックスの項目を設定できるようにしてみます。まず、テキスト入力のOnChangeに以下の式を記入してください。

▼リスト5-15

```
UpdateContext({list_data: Split(Self.Text,",")})
```

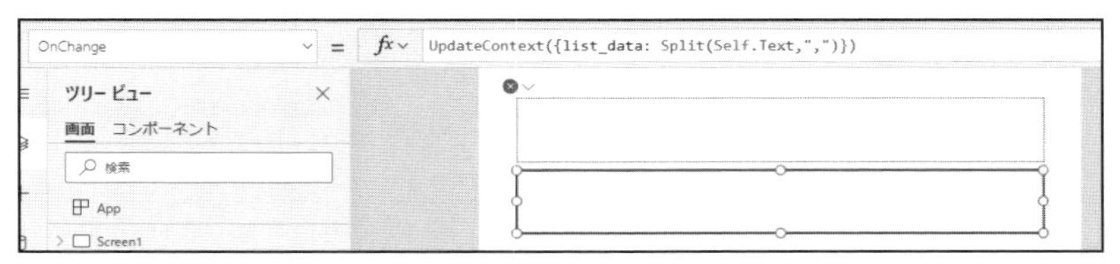

図5-30：テキスト入力のOnChangeに式を入力する。

　ここではlist_dataという変数を作成しています。値にはSplit(Self.Text,",")と指定をしていますね。これにより、自身のTextの値をカンマで区切って作成したテーブルがlist_dataに代入されるようになります。

　あとはリストボックスのItems属性の値を「list_data」と変更するだけです。これでlist_dataのテーブルがリストの項目として使われるようになります。

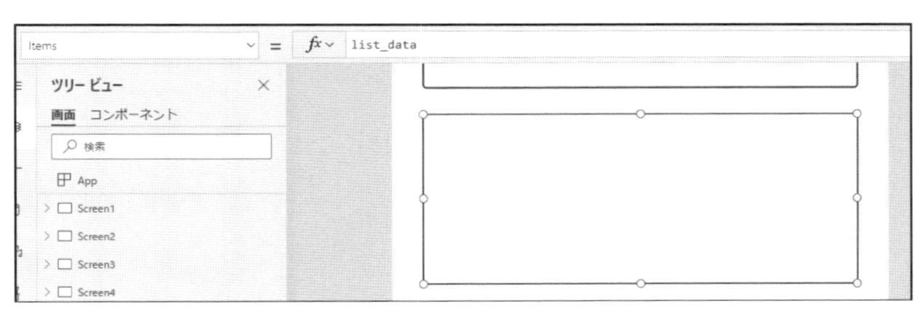

図5-31：Itemsの値をlist_dataに変更する。

　記述できたらプレビューで動作を確認しましょう。テキスト入力にカンマで区切ったテキストを記述してください。そしてEnter/returnキーを押して値を確定すると、入力したテキストからリストボックスの項目が作成されます。

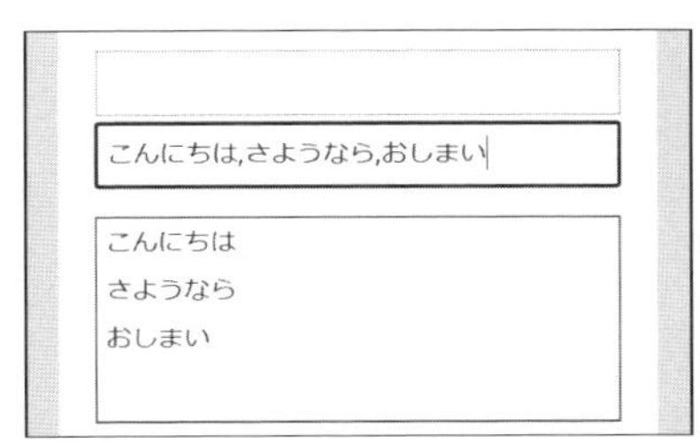

図5-32：カンマでいくつかに区切ったテキストを入力すると、それを元にリストボックスの項目が作成される。

シーケンスについて

テーブルはデータをひとまとめにして利用するような場合以外にも用いられます。それは「数列」としての使われ方です。データを扱うとき、1, 2, 3, ……というように数字が順に並んだテーブルが必要になることはよくあります。レコードにナンバーを割り振るような場合ですね。このようなときに使われるのが「シーケンス」です。シーケンスは一定間隔で複数の数字が並ぶ数列のテーブルです。これは「Sequence」関数で作成します。引数の付け方によっていくつかの使い方が用意されています。

Sequence(個数)	もっとも基本となる使い方で、1から1ずつ増える数列を作成します。引数には数列の値の数を指定します。5とすれば、[1,2,3,4,5]という数列のテーブルが作られます。
Sequence(開始数, 個数)	作成する数列の開始数と個数を指定します。例えば(3,5)とすれば、[3,4,5,6,7]という数列テーブルが作成されます。
Sequence(開始数, 個数, 間隔)	数列の開始位置、値の数、そして各値の間隔を指定します。例えば(3,5,2)とすれば、[3,5,7,9,11]という数列テーブルが作成されます。

数列をリストボックスに表示する

シーケンスで作成したテーブルを使ってみましょう。先ほどのリストボックスの式を修正し、数列をリストに表示させてみます。テキスト入力のOnChangeの式を次のように書き換えてください。

▼リスト5-16

```
UpdateContext({num: Self.Text*1})
```

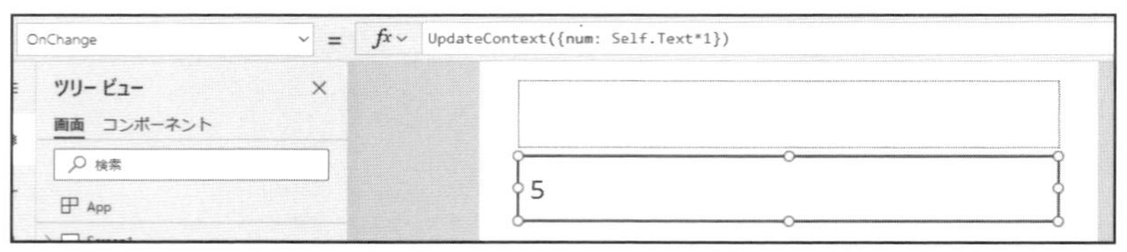

図5-33：テキスト入力のOnChangeを書き換える。

これで入力した数値をnum変数に代入するようになりました。あとはこの値を使ってシーケンスを作成し、リストボックスの項目に設定するだけです。リストボックスのItemsに以下の式を記入してください。

▼リスト5-17

```
Sequence(num)
```

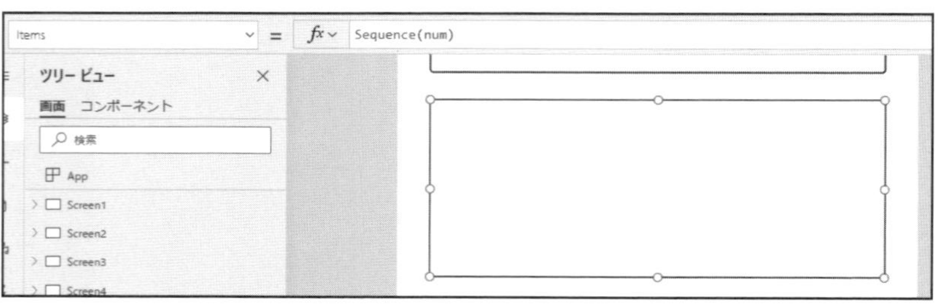

図5-34：リストボックスのItemsに値を入力する。

これで、変数numを使って作成されたシーケンスがItemsに設定されるようになります。

プレビューで実行してみましょう。テキスト入力に整数の値を入力して値を確定すると、それを元にリストボックスに数列が表示されます。

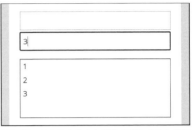

図5-35：テキスト入力に整数を記入すると数列がリストボックスに表示される。

テーブルの統計処理

テーブルにデータの値などをまとめてある場合、そのテーブルの値をまとめて統計処理することができます。用意されている統計関数には以下のものがあります。

合計の計算	Sum(テーブル, 式)
平均の計算	Average(テーブル, 式)
標準偏差	StdevP(テーブル, 式)
最小値	Min(テーブル, 式)
最大値	Max(テーブル, 式)

これらはいずれも同じ引数を指定します。第1引数にはテーブルを指定し、第2引数には各値ごとに実行する式を指定します。「式」というとわかりにくいですが、データテーブルの場合は値を取り出す列を指定するものと考えてください。

入力した値を合計する

テーブルの値を統計関数で処理する例を作成してみましょう。ここではテキスト入力で数値を記入し、それの合計と平均を計算して表示させてみます。

まず、テキスト入力のOnChangeにPower Fxの式を記入します。次のように記述をしてください。フォーマットして掲載してありますが、すべて改行しないで書いても問題ありません。

▼リスト5-18

```
UpdateContext(
    {
        data_item: Split(
            Self.Text,
            ","
        )
    }
)
```

ここではdata_itemという変数を作成しています。値にはSplit関数でTextのテキストをカンマでテーブルにしたものを設定しています。これで入力した値のテーブルがdata_itemに用意されました。

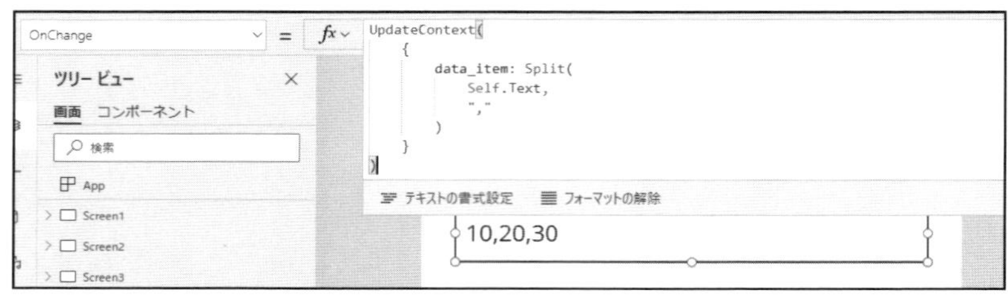

図5-36：テキスト入力のOnChangeに記入をする。

では、ラベルに合計と平均を計算して表示させましょう。ラベルのTextに次のように式を記入してください。

▼リスト5-19

```
"合計：" & Sum(
    data_item,
    Result
) & ", 平均：" & Average(
    data_item,
    Result
)
```

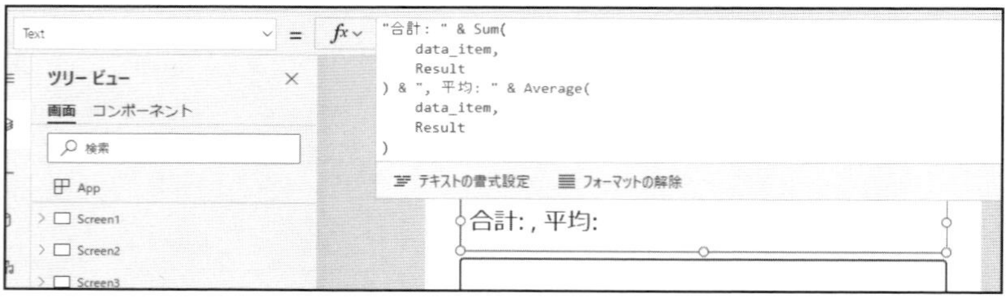

図5-37：ラベルのTextに式を入力する。

ここではSum関数とAverage関数で合計と平均を計算しています。それぞれの第1引数にはdata_itemを指定し、第2引数にはResultという値を指定しています。Splitでテーブルを作成した場合、テーブルの各値は（Valueではなく）Resultという名前で保管されるのです。この値を取り出して計算させます。

プレビューで動作を確かめましょう。テキスト入力に、いくつかの数値をカンマで区切って記入してください。値を確定すると、合計と平均がラベルに表示されます。

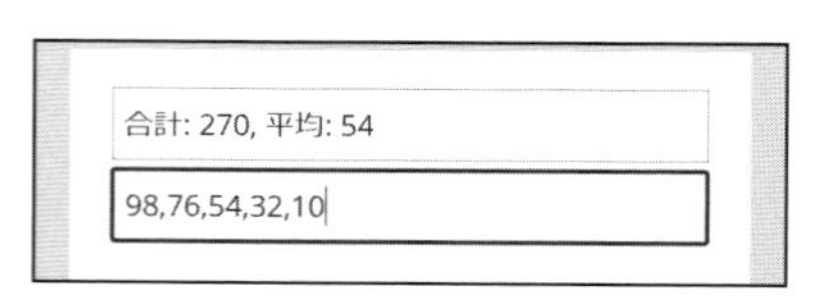

図5-38：数値をカンマで区切って記入し enter / return すると合計と平均が表示される。

Chapter 5 5.3. データテーブルの扱い

データテーブルの表示

テーブルは値として用意し利用することもありますが、それ以上によく利用されるのは「データテーブル」でしょう。ここでは便宜的にpeopleなどあらかじめ定義してあるものをデータテーブルと呼んでいますが、基本的なデータ構造は同じです。

ここまでテーブルは["a","b","c"]といった具合にいくつかの値をひとまとめにしたものとして作成してきました。けれど、データテーブルはこういう構造ではありませんね。

データテーブルには多数のレコードが保管され、それぞれのレコードには各列の値が保管されています。つまり、「いくつかの値をまとめたレコード」が複数個保管されているのがデータテーブルです。「テーブルの値（レコード）が入ったテーブル」になっているわけですね。

このようにデータテーブルは、その中から値を取り出すとレコードの値（テーブル）が得られ、そこからさらに個々の値を取り出す、という二重構造になっています。この点を忘れないでください。

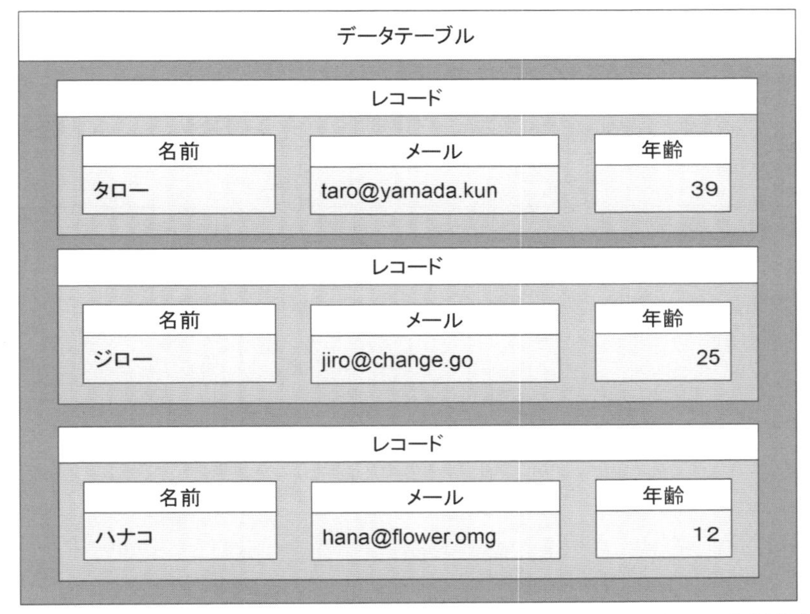

図5-39：データテーブルは中にレコードのデータが保管されており、それぞれのレコード内には各項目の値が保管されている。

データテーブルを表示する

すでにあるデータテーブルの扱いから見ていきましょう。先にリストボックスを1つ作成していましたね。これにデータテーブルの値を表示させましょう（すでに削除した人は、もう一度リストボックスを作成しておいてください）。リストボックスの名前は「ListBox1」としておきます。

リストボックスのように多数の値を扱うコントロールでは、扱うデータを設定するための属性が必ず用意されています。これは2つありましたね。

項目（Items）	ここにコントロールで使うデータテーブルを指定します。属性タグの「項目」では利用可能なデータテーブルがポップアップして現れ、選べるようになっています。
Value	各レコードの中から値として利用する列を指定するものです。項目でデータテーブルを選ぶと、その中にある列が選べるようになります。

項目で「people」を、Valueで「name」を選んでみましょう。すると、peopleテーブルのnameがリストボックスに一覧表示されます。

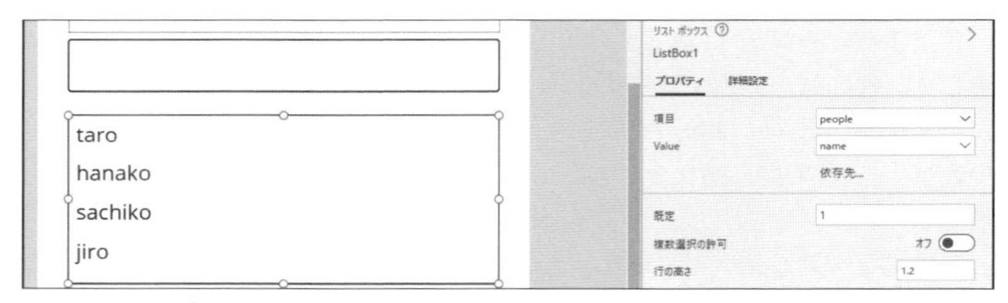

図5-40：リストボックスの項目にpeople、Valueにnameを指定する。

ここで重要なのは、「リストボックスの各項目に割り当てられるのはnameではなく、レコードそのものである」という点です。各項目にはnameが表示されていますが、これはValueでnameを選んだためです。Valueは「どの項目が値として利用されるか」を示すもので、これにより「レコード内のname」の値が表示されるようになったに過ぎません。リストボックスの各項目には、ちゃんと1つ1つのレコードが割り当てられているのです。

選択したレコードを表示する

リストボックスで選択した項目をラベルに表示させてみましょう。リストボックスを選択し、属性タブから「複数選択の許可」をOFFにしておきます。これでクリックした項目だけしか選択されなくなります。

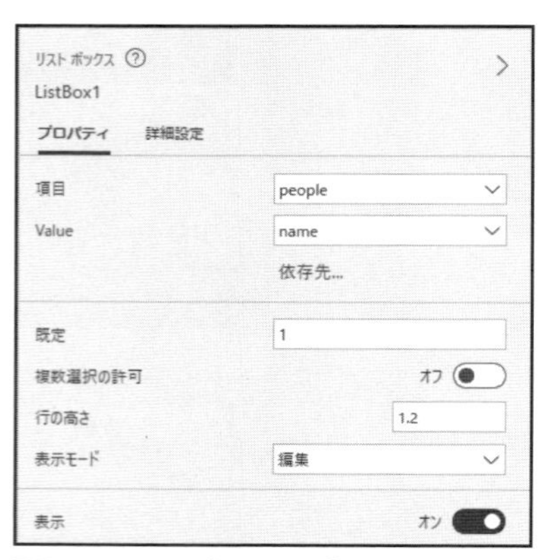

図5-41：リストボックスの「複数選択の許可」をOFFにする。

ラベルのTextを修正し、選択したレコードの情報を表示するようにしましょう。ラベルのTextに以下の式を入力ください。これで、「Taro (39)」というように選択したレコードの名前と年齢が表示されるようになります。

▼リスト5-20

```
ListBox1.Selected.name & " (" & ListBox1.Selected.age & ")."
```

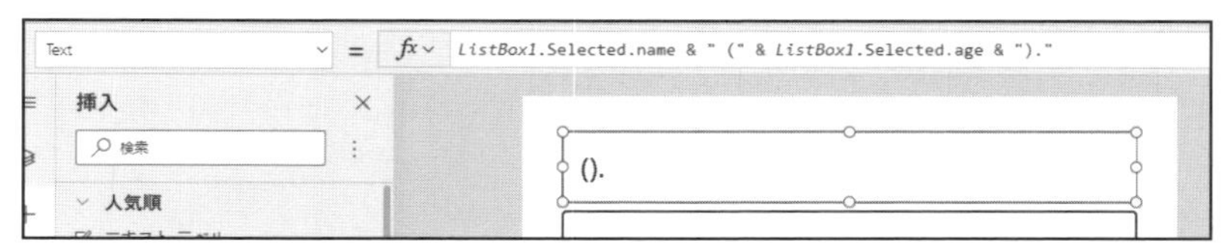

図5-42：ラベルのTextに式を入力する。

ここではリストボックスの「Selected」という属性を使っています。先にSelectedItemsという属性を使いましたが、Selectedは選択した項目１つだけを取り出すのに使います。

Selectedで選択した項目の値が得られますが、これは項目に表示されているnameのテキストではありません。選択された「レコード」が得られています。ですから、その中からさらにnameやageの値を取り出して表示に利用できるのです。

「リストの各項目にはレコードが割り当てられている」ということが実感としてわかりますね。

テーブルの値を作成する

peopleのように、あらかじめ作成されていたデータテーブルをコントロールで使うことはこれでわかりました。では、データテーブルの値を式で作成することはできるのでしょうか？

もちろん可能です。これには「Table」という関数を使います。この関数は次のように記述をします。

```
Table( レコード1, レコード2, ……)
```

()内にレコードのデータを必要なだけ引数として用意していきます。これで指定のテーブルが作成されます。

では、レコードの値というのはどのように記述するのか？　これは次のような形になります。

```
{ 列1: 値1, 列2: 値2, ……}
```

列名と値をコロン(:)でつないだものを必要なだけ記述していきます。注意したいのは、「すべてのレコードに用意する列は同じものにする」という点でしょう。１つ１つのレコードの列がまるで違うのではデータをうまく管理できません。

リストボックスにテーブルを設定する

このリストボックスにテーブルを作成し、表示させてみましょう。リストボックスの「Items」という属性を探して次のように記述をしてください。数式バーからでもいいですし、属性タブの「詳細設定」から入力してもかまいません。

▼リスト5-21

```
Table(
    {
        name: "タロー",
        age: 65
    },
    {
        name: "ハナコ",
        age: 43
    },
    {
        name: "サチコ",
        age: 21
    }
)
```

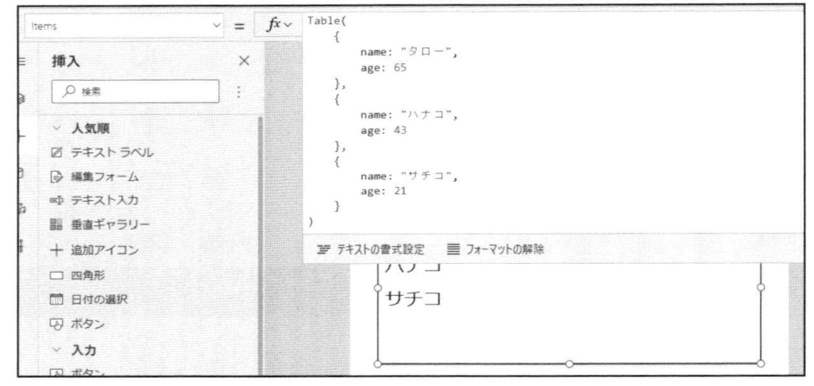

図5-43：Itemsにテーブルを設定する。

「詳細設定」のItemsにこの式を入力すると、その下にある「Value」で「name」と「age」が選べるようになります。設定したテーブルの値が認識されていることがわかるでしょう。ここでnameまたはageを選ぶと、設定したテーブルの値がリストボックスに表示されるようになります。

Excelのテーブルを使う

さらに本格的にテーブルを利用する前に、別のデータテーブルを用意しておきましょう。Chapter 2でExcelのファイルを作成し、これをアプリにインポートして利用しましたね。それをまた利用することにしましょう。

Power Appsのホーム画面に戻り、左側のリストから「データ」項目内にある「接続」を選択してください。そして右側の上部に表示される「新しい接続」をクリックし、OneDriveへの接続を作成しましょう。

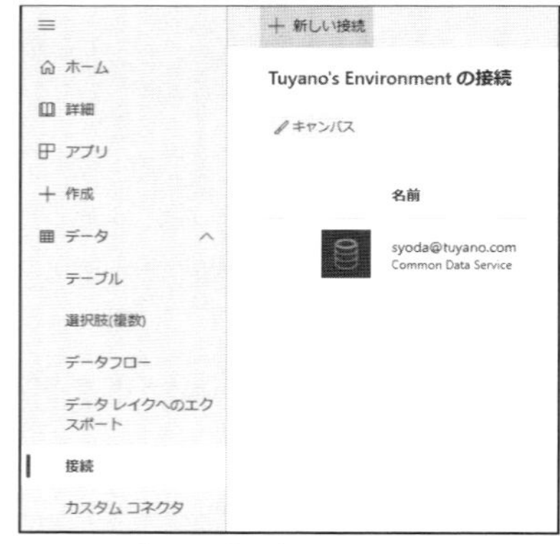

図5-44：「新しい接続」をクリックする。

OneDriveの接続を作成

接続の一覧リストが現れます。この中から「OneDrive」を探してクリックしてください(「OneDrive for Business」というのもありますが、こちらを選ばないように)。

図5-45：リストから「OneDrive」を選択する。

画面にOneDriveに接続を作成するか確認するアラートが表示されますので、「作成」ボタンをクリックしてください。

図5-46：アラートから「作成」ボタンをクリックする。

画面にMicrosoftアカウントでサインインするためのウインドウが現れます。アカウントとパスワードを入力してサインインしてください。

図5-47：アカウントのサインインウインドウが現れるのでサインインする。

接続の画面(図5-44)に戻り、「OneDrive」がリストに追加されます。これでOneDrive内のファイルにアクセスできるようになりました。

図5-48：OneDriveが接続された。

Excelファイルをインポートする

アプリの編集を行うPower Apps Studio画面に戻りましょう。左端にある「接続」アイコンをクリックして選択し、接続の一覧を表示します。そこから「データの追加」をクリックし、現れたパネルの中から「コネクタ」内にある「OneDrive」を選択します。

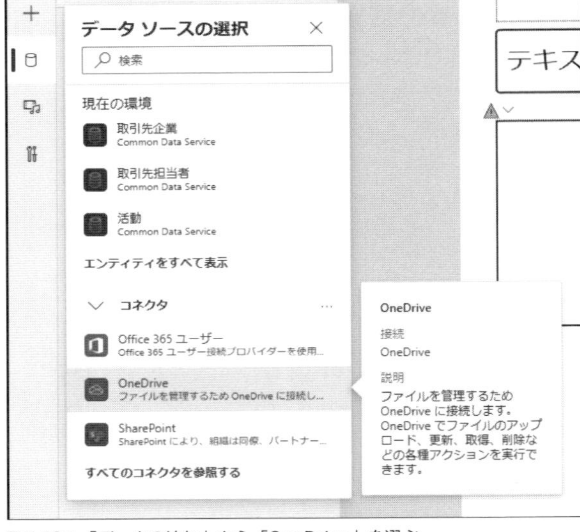

図5-49：「データの追加」から「OneDrive」を選ぶ。

パネルの表示が「OneDrive」に変わります。そこに表示されている「OneDrive」をクリックしてください。

図5-50：OneDriveをクリックして選択する。

画面の右側にサイドバーが現れ、OneDriveにあるフォルダ・ファイルの一覧が現れます。そこからChapter 2で利用したExcelのファイルを選択します。

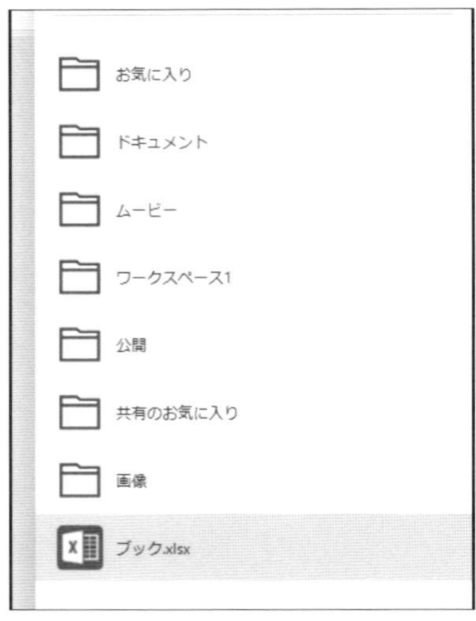

図5-51：ファイル・フォルダの一覧からExcelファイルを選択する。

「テーブルの選択」という表示に変わります。選択したExcelファイル内にあるテーブルの一覧が表示されるので、そこから利用するテーブルを選択し、「接続」ボタンをクリックします。ここでは「テーブル1」という名前のテーブルをインポートしておきます。

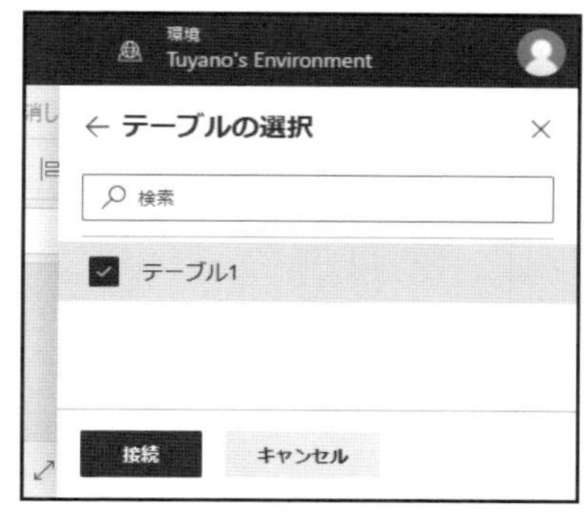

図5-52：使用するテーブルを選択し、接続する。

Excelファイルのテーブルがインポートされました。「データ」アイコンで表示される接続の一覧に、インポートしたテーブルが追加表示されるようになります。

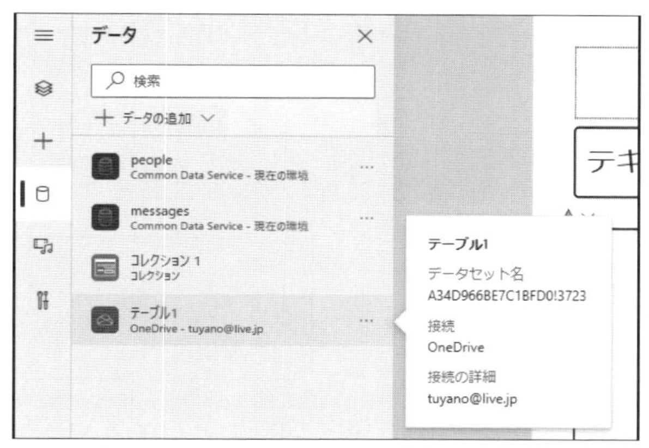

図5-53：「データ」の一覧にインポートしたテーブルが追加される。

これでExcelのテーブルがアプリ内から利用可能になりました。リストボックスの属性タブから「項目」を探し、クリックしてみましょう。先ほどインポートしたExcelファイルのテーブルが選択できるようになります。これを選ぶとテーブルのデータがリストボックスに表示され、Excelファイルのテーブルが利用できることが確認できます。

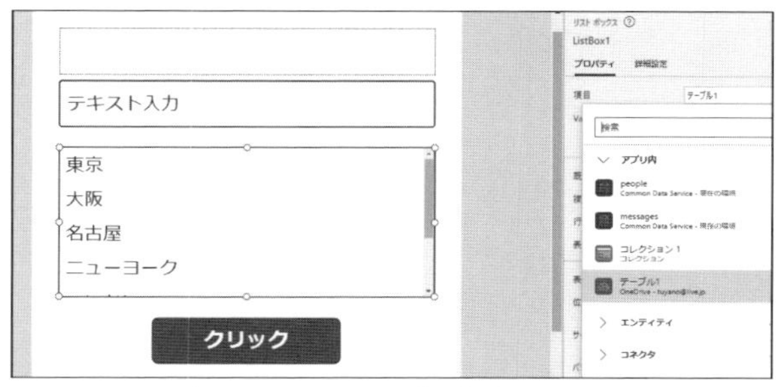

図5-54：リストボックスの項目にテーブルを選択すると、その内容が表示される。

LookUpによるレコード検索

テーブルを利用する関数はいろいろと用意されています。もっとも利用頻度が高いのは、レコードを検索するためのものでしょう。

レコード検索の基本は「LookUp」という関数です。次のように利用します。

```
LookUp(テーブル, 式)
```

第1引数には検索対象となるテーブルを、第2引数には検索条件となる式を指定します。この式は、基本的には「=<>といった比較の記号を使った式」と考えるとよいでしょう。「列 = 値」というように指定することで指定の列の値からレコードを検索することができます。得られる値は式の結果がtrueだったレコードです。複数見つかった場合も最初のレコードだけが取り出されます。

支店名で検索

実際にLookUpでレコードを検索してみましょう。まず、テキスト入力のOnChangeに以下の式を入力します。

▼リスト5-22

```
UpdateContext({input: Self.Text})
```

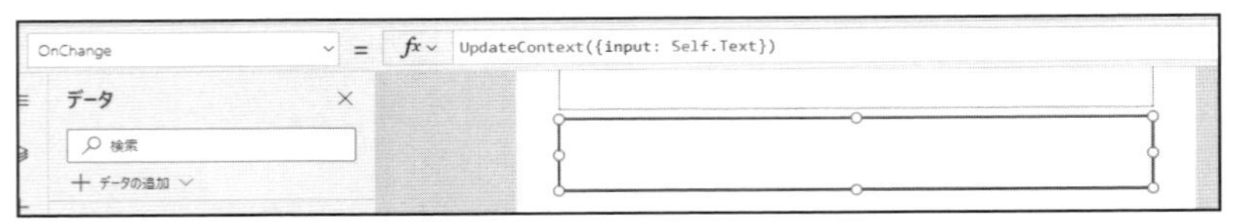

図5-55：テキスト入力のOnChangeに式を入力する。

テキスト入力に記入されたテキストがinput変数に保管されるようになりました。続いてリストボックスの表示設定です。Items属性の値を「result」と変更してください。これでresult変数がリストボックスに表示されるようになります。

ボタンで検索を実行

残るはボタンの処理です。ボタンのOnSelectに以下の式を入力してください。フォーマットしてありますが、改行せずに書いてもOKです。

▼リスト5-23

```
UpdateContext(
    {
        result: LookUp(
            テーブル1,
            支店 = input
        )
    }
)
```

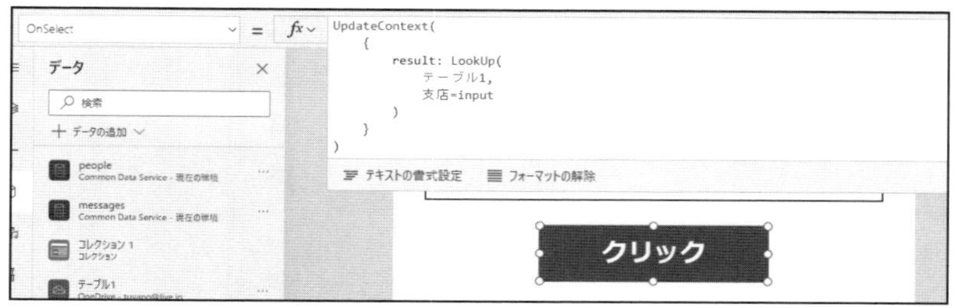

図5-56：ボタンのOnSelectに式を入力する。

UpdateContextでresult変数に値を設定しています。この値にLookUp関数を使っています。ここでは次のように呼び出していますね。

```
LookUp(テーブル1, 支店 = input)
```

「テーブル1」は利用しているテーブル、「支店」は支店のレコードがある列です。これでテーブル1の中から支店の値がinput変数と等しいものが検索されます。検索されたレコードはresult変数に代入され、それがリストボックスに表示されるようになっていた、というわけです。

こんな具合に、LookUpを使えば非常に簡単にレコードを検索できます。プレビューで動作を確認してみましょう。

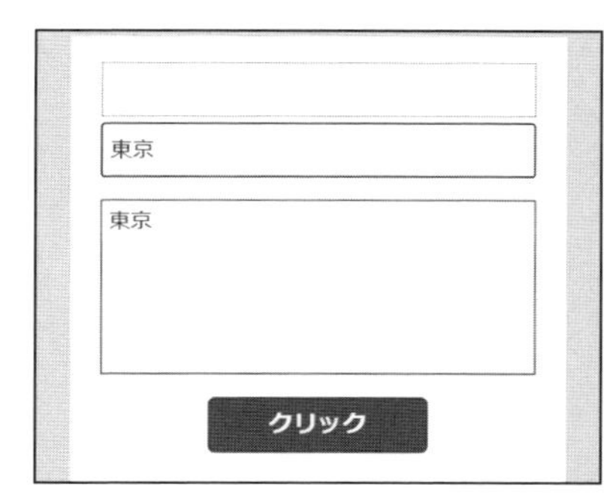

図5-57：支店名を入力しボタンをクリックすると、そのレコードが検索される。

LookUpの検索結果を加工する

ただし、今のサンプルでは支店名でテーブルを検索すると、見つかったレコードの支店名が表示されるだけで、あまり検索の意味がないでしょう。検索されたレコードの内容がわかるように表示できれば、より使えるようになります。

LookUpでは、取得したレコードの情報を加工して取り出すことができます。次のように行います。

```
LookUp(テーブル, 式, 処理)
```

第3引数には得られたレコードのデータを処理し、一般的なテキストや数値の値とするための式が用意されます。これにより、得られたレコードを元にテキストなどを作成して返せるようになります。

検索されたレコードを表示する

これも利用例を挙げておきましょう。先ほどの検索を行ったボタンのOnSelectを次のように書き換えてください。

▼リスト5-24

```
UpdateContext(
    {
        result: LookUp(
            テーブル1,
            支店 = input,
            支店 & " (" & 前期 & ", " & 後期 & ")"
        )
    }
)
```

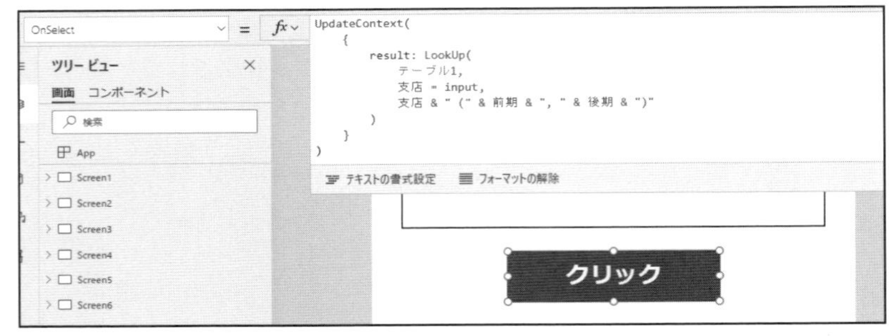

図5-58：ボタンのOnSelectを書き換える。

検索された結果は「支店 & " (" & 前期 & ", " & 後期 & ")"」としています。このようにして、結果をテキストにまとめたものが得られるようにしてあります。

値の表示場所もリストからラベルに変更しましょう。今回、検索結果はレコードではなくテキストとして得られるので、ラベルのほうが適任です。

修正したらプレビューで動作を試してみましょう。支店名を記入して検索すると、検索結果として支店名と前期・後期の値がラベルに表示されます。

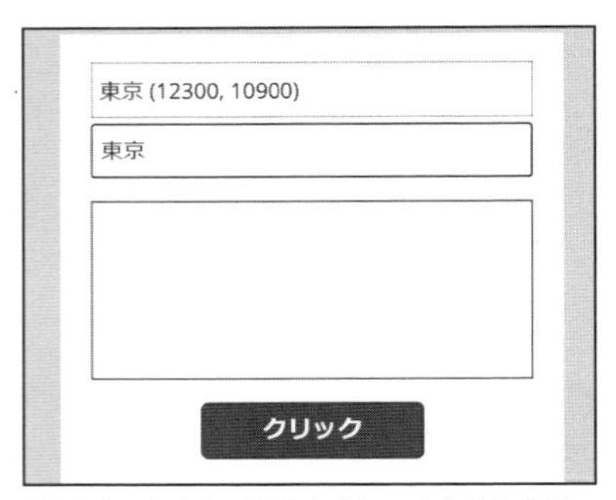

図5-59：支店名で検索すると、支店名と前期・後期の値がラベルに表示される。

Searchによるテキスト検索

検索のための関数は他にもあります。テキスト検索を行うのならば、「Search」という関数が便利でしょう。次のように呼び出します。

```
Search(テーブル, 検索テキスト, 列)
```

第1引数には検索するテーブルを指定します。第2引数には検索するテキストを、第3引数には検索対象となる列名をそれぞれ指定します。これで、指定した列から検索テキストを探してレコードを取り出します。

LookUpとの違いは、まず「検索テキストを含むものを探す」という点があります。検索テキストと完全一致しているものだけでなく、そのテキストを含んでいればすべて探し出すのです。

もう1点は、「すべてのレコードを返す」という点でしょう。LookUpは最初のレコードのみを返しましたが、Searchでは見つかったレコードをすべて返してくれます。

支店名で検索する

これも使ってみましょう。先ほどボタンに設定した検索の式を書き換えることにします。OnSelectを次のように変更してください。

▼リスト5-25

```
UpdateContext(
    {
        result: Search(
            テーブル1,
            input,
            "支店"
        )
    }
)
```

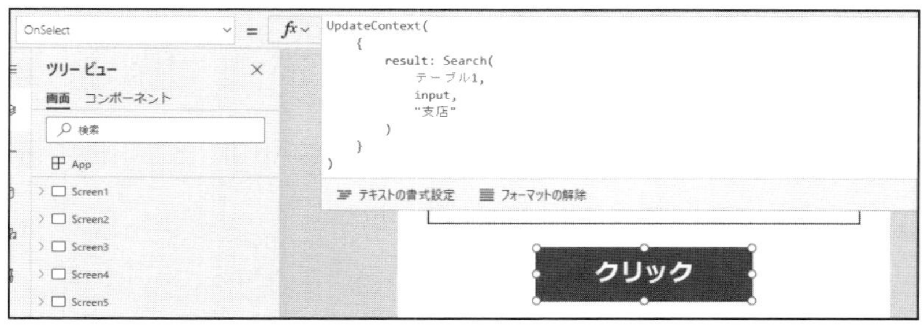

図5-60：ボタンのOnSelectを書き換える。

修正したらプレビューで動作を確認しましょう。検索テキストを入力し検索すると、そのテキストを含むものがすべて表示されます。複数レコードを検索できるので、検索結果はラベルからリストに表示するよう修正しておきましょう。

図5-61：検索すると、テキストを含むレコードをすべて表示する。

複雑な条件を指定できるFilter関数

より複雑な検索を行いたい場合には、「Filter」という関数を使うのがよいでしょう。Filterは柔軟な検索条件を設定できます。次のように利用します。

```
Filter(テーブル, 式)
```

LookUpと同じように検索するテーブルと、検索の条件となる式を設定します。違いは、Filterは検索されたすべてのレコードを返すという点です。

また検索の条件には=<>などの比較による式だけでなく、&&や||といった記号で複数の式をつなげることができます。

式A && 式B	式Aと式Bの両方がtrueのレコードを検索する。
式A || 式B	式Aと式Bのどちらかがtrueであればすべて検索する。

これらを利用することで、より複雑な検索が行えるようになります。もちろんLookUpも利用できますが、LookUpは1つのレコードだけしか得られません。一般的な検索処理としてはFilterを使うことになるでしょう。

売上の最小最大値で検索

Filterを利用した検索を行ってみましょう。ここでは前期と後期の合計を計算し、それが指定の範囲内にあるものを検索させてみます。

まず、テキスト入力のOnChangeを修正しましょう。次のように式を書き換えてください。

▼リスト5-26

```
UpdateContext({input: Split(Self.Text,",")})
```

ここではSplitを使ってカンマでテキストを分割しています。こうすることで、テキスト入力に最小値と最大値を記入できるようにします。

続いてボタンの処理を作成しましょう。OnSelectの式を次のように書き換えてください。

▼リスト5-27

```
UpdateContext(
    {
        result: Filter(
            テーブル1,
            First(input).Result * 1 < (前期 * 1 + 後期 * 1) &&
                (前期 * 1 + 後期 * 1) < Last(input).Result * 1
        )
    }
)
```

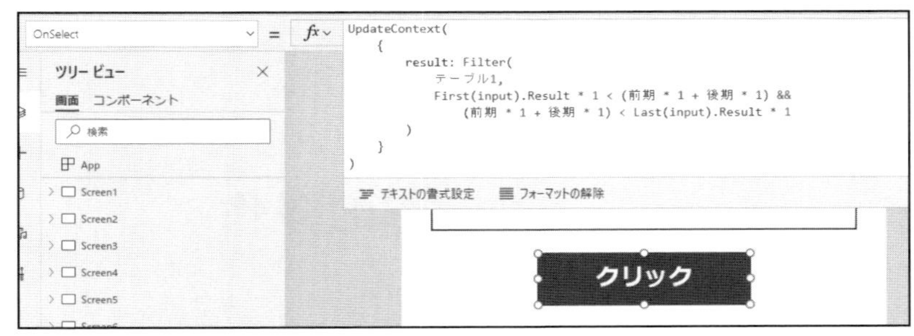

図5-62：ボタンのOnSelectを修正する。

Filterの第2引数にかなり長い式が設置されていますね。これは&&を使って2つの式をつなげています。2つの式はそれぞれ次のようになっています。

```
First(input).Result * 1 < (前期 * 1 + 後期 * 1)
(前期 * 1 + 後期 * 1) < Last(input).Result * 1
```

前期と後期の合計と、inputの最初の項目・最後の項目をそれぞれ比較しています。これにより、合計が「inputの最初の項目より大きく、最後の項目より小さい」というレコードが検索されます。例えば「100,200」と入力すれば、合計が100以上200以下のレコードをすべて検索するわけですね。

こんな具合に、Filterではレコード内の列の値を使って複雑な条件を組み立てて検索させることが可能です。

Chapter 5

5.4. レコードの操作

レコードの新規作成

検索以外に必要となるのはレコードの作成や削除といった作業でしょう。これも順に説明しましょう。まずはレコードの作成からです。

レコードの作成には「Collect」という関数を使います。次のように利用します。

```
Collect(テーブル, レコード)
Collect(テーブル, レコード1, レコード2, ……)
```

第1引数にテーブルを、第2引数には追加するレコードをそれぞれ指定します。複数のレコードをまとめて追加したい場合はそれぞれを引数として用意すれば、いくつでもまとめてテーブルに追加できます。

では、「レコード」はどのように作成すればいいのか？　先にTable関数を使ったときに説明しましたね。次のような形で記述すればいいのです。

```
{列1: 値1, 列2: 値2, ……}
```

こうして作成したレコードを引数に指定すれば、それがテーブルに保管されます。レコードでは、追加するテーブルと列名を揃える必要があります。また、データテーブルではデフォルトで多数の列が作成されていますが、それらすべてを用意する必要はありません。基本的に「必須項目」として設定されている列の値がすべて揃っていればレコードとして追加できます。

テーブルにレコードを追加する

Excelのファイルからインポートしたテーブル(テーブル1)にレコードを追加するサンプルを作ってみましょう。まず、テキスト入力を修正します。OnChangeを次のように書き換えましょう。

▼リスト5-28

```
UpdateContext({input: Self.Text})
```

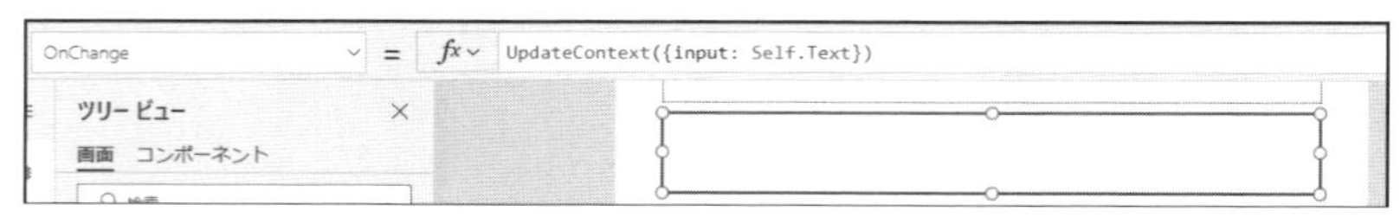

図5-63：テキスト入力のOnChangeを修正する。

これでテキスト入力のテキストがそのままinput変数に保管されるようになりました。これを利用してレコードを作成します。

Excelからインポートしたテーブル1では、支店名と前期・後期が用意されています。支店名を入力し、前期・後期の値はランダムに設定することにしてレコードを作成することにしましょう。

では、ボタンのOnSelectの内容を次のように書き換えてください。フォーマットしてありますが、今回は値がけっこう複雑なので、属性タブの「詳細設定」からOnSelectを選択し、改行しながら書いていったほうがよいでしょう。

▼リスト5-29

```
Collect(
    テーブル1,
    {
        支店 : input,
        前期 : Text(
            RoundDown(
                Rand() * 1000,
                0
            ) * 10
        ),
        後期 : Text(
            RoundDown(
                Rand() * 1000,
                0
            ) * 10
        )
    }
)
```

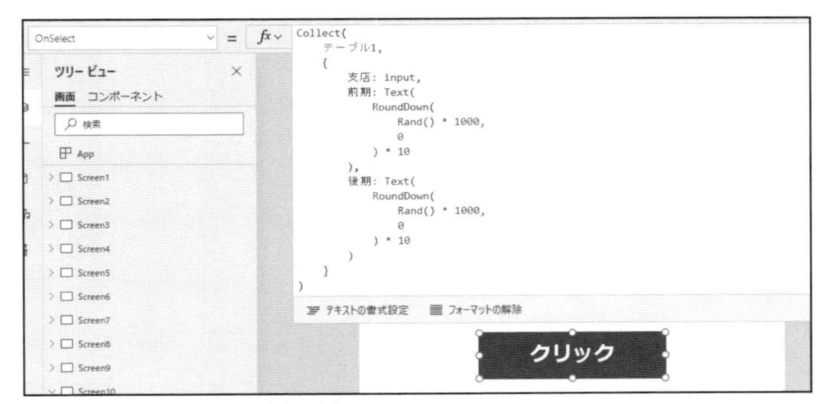

図5-64：ボタンのOnSelectに式を入力する。

なお、サンプルとしてExcelファイルのテーブルを作成したとき、前期と後期は特にフォーマットなどを設定していませんでした。このため、これらの値もテキスト値として扱われます。その関係で、前期と後期の値はText関数でテキストに変換して設定しています。

これらの列を数値としてフォーマット設定してある場合は、数値をそのまま設定できます。式は次のように少しだけシンプルになります。

▼リスト5-30

```
Collect(
    テーブル1,
    {
        支店 : input,
        前期 : RoundDown(
            Rand() * 1000,
            0
        ) * 10,
        後期 : RoundDown(
            Rand() * 1000,
            0
        ) * 10
    }
)
```

ここではテーブル1にレコードを作成しています。レコードの内容は前期と後期の値をランダムに設定している関係で複雑そうに見えますが、整理すると次のようになっています。

```
{支店 : input, 前期 : 乱数 , 後期 : 乱数}
```

乱数の値はRand関数を使って得られます。Randは0～1の間の実数をランダムに返します。ここでは次のように乱数を用意しています。

```
RoundDown(Rand() * 1000, 0) * 10
```

Randの値を1000倍し、DoundDownでは数を切り捨て、さらに10倍しています。これで0～10000の間で一の位がゼロの乱数が作成されます。これを前期と後期の値に使っていたのですね。

処理の内容がわかったら、プレビューで実行してみましょう。テキスト入力に支店名を書いてボタンをクリックすると、テーブルの最後にレコードが追加されます。

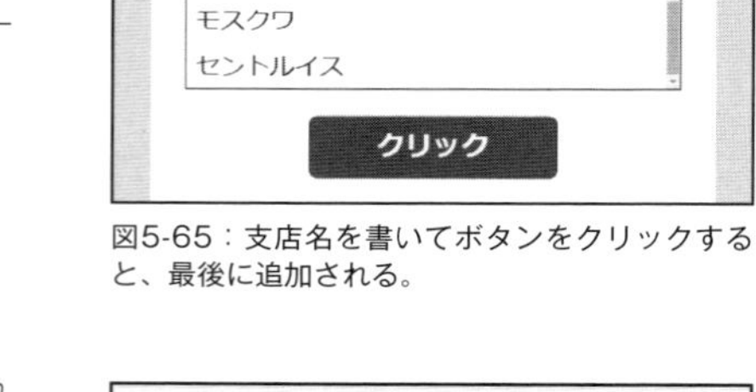

図5-65：支店名を書いてボタンをクリックすると、最後に追加される。

いくつかレコードを追加したら、実際にテーブルが変更されているかどうか、Excelファイルを開いて確かめてみましょう。Power Appsの操作で、外部にあるExcelファイルが更新されていることがわかるでしょう。

	A	B	C	D
1	支店	前期	後期	_PowerApp
2	東京	12300	10900	17x6BHdsDd0
3	大阪	9870	8910	8DOyiPAbol0
4	名古屋	6540	5670	3HSIhvYluUU
5	ニューヨーク	24900	19870	mr7qNYGUQLE
6	ロンドン	18810	20100	FCnkn4jK-wI
7	パリ	15100	17650	69WhiVQmXbM
8	京都	12345	9876	qCMqOIwpnyU
9	ユーカリが丘	7150	8090	aYHt70Li98A
10	モスクワ	6080	420	ybd7qsdftzk
11	セントルイス	8870	370	l4uV3MiyvIM
12				

図5-66：Excelのファイルを開いて、レコードが追加されているのを確認する。

レコードの削除

続いてレコードの削除です。これは「Remove」という関数を使います。この関数は次のような形で利用します。

```
Remove( テーブル , レコード )
Remove( テーブル , レコード1, レコード2, ……)
```

第1引数にはテーブルを指定します。第2引数には削除するレコードを指定します。複数のレコードを削除する場合は、それらを引数として追加していきます。このへんの使い方はCollectと同じですね。

Remove自体はそう難しいものではありません。問題は、「削除するレコードをどうやって用意するか」でしょう。これは、先に説明した検索用の関数が使えます。

特にLookUpは1つのレコードだけしか返さないため、特定のレコードを取り出し削除するのにはとても役立ちます。

支店名でレコードを削除する

利用例を作成しましょう。今回はボタンに用意した処理を書き換えるだけです。ボタンのOnSelectに記述した式を次のように修正してください。

▼リスト5-31

```
Remove(
    テーブル1,
    LookUp(
        テーブル1,
        支店 = input
    )
)
```

削除するレコードを用意するのにLookUpを使っています。検索の条件を「支店 = input」として、入力したテキストの支店を検索して削除しています。

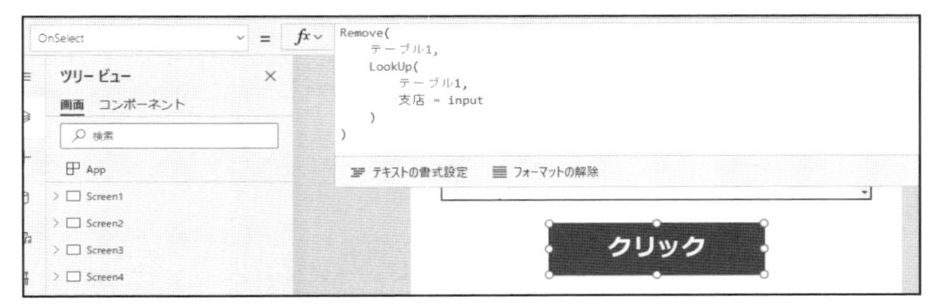

図5-67：ボタンのOnSelectの式を修正する。

処理の流れがわかったら、プレビューで実行してください。テキスト入力に支店名を記入してボタンをクリックすると、その支店のレコードが削除されます。

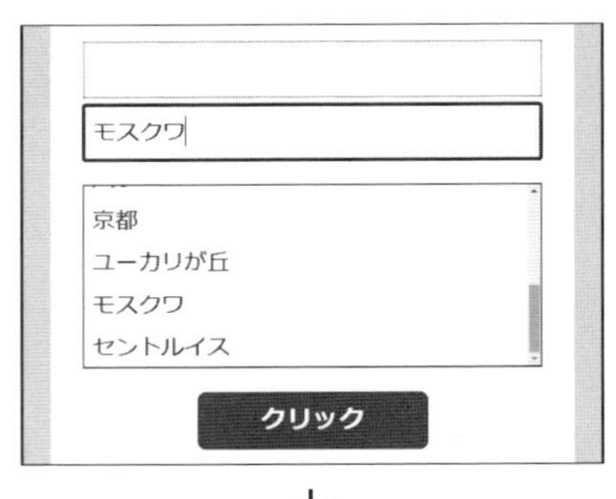

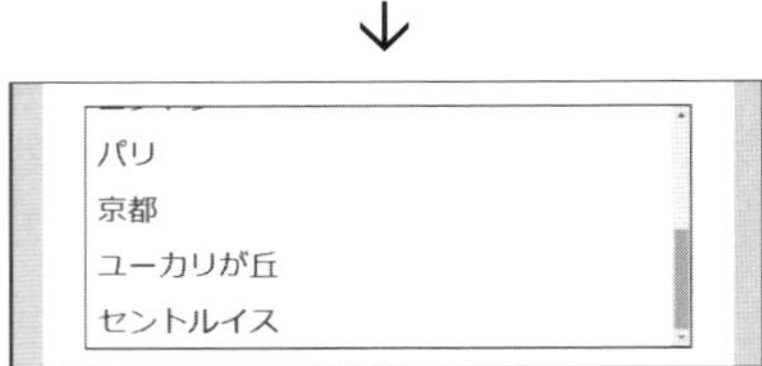

図5-68：支店名を入力しボタンをクリックすると、その支店データが削除される。

レコードの更新

残るはレコードの更新ですね。すでに保存されているレコードの内容を変更するには「Patch」という関数を利用します。次のように使います。

```
Patch( テーブル , 旧レコード , 新レコード )
```

対象となるテーブル、テーブルに保存されているレコード、新しく置き換えるレコードをそれぞれ引数に指定します。これにより、旧レコードの内容が新レコードに置き換えられて保存されます。

旧レコードはテーブル内から検索して利用するのが基本です。削除と同様にLookUp関数で取得すればいいでしょう。また新レコードは、すべての列を用意する必要はありません。値を更新したい項目だけを用意すれば、それだけを更新してくれます。

支店名と値を更新する

では、これもサンプルを作ってみます。更新する支店名と新しい支店名をテキスト入力で記述し、支店名と前期・後期の値を変更してみましょう。

まず、テキスト入力から修正をします。OnChangeの式を次のように修正してください。

▼リスト5-32

```
UpdateContext(
    {
        input: Split(
            Self.Text,
            ","
        )
    }
);
```

ここではUpdateContextで、テキスト入力のテキストをSplitで分割してinput変数に代入します。テキスト入力には検索する支店名と新たに設定する支店名をカンマで区切って入力します。これらを分割して保管しておくわけです。

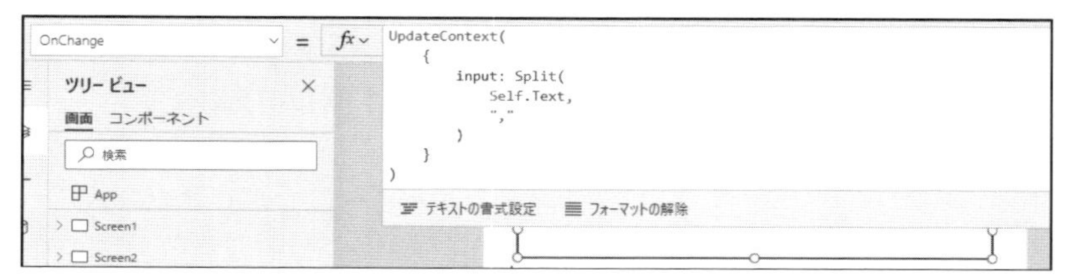

図5-69：テキスト入力のOnChangeを書き換える。

レコードを更新する

残るは実際に更新処理を行う部分ですね。これはボタンのOnSelectに用意します。次のように式を書き換えてください。

▼リスト5-33

```
UpdateContext(
    {
        target: LookUp(
            テーブル1,
            支店 = First(input).Result
        )
    }
);
Patch(
    テーブル1,
    target,
    {支店: Last(input).Result}
);
```

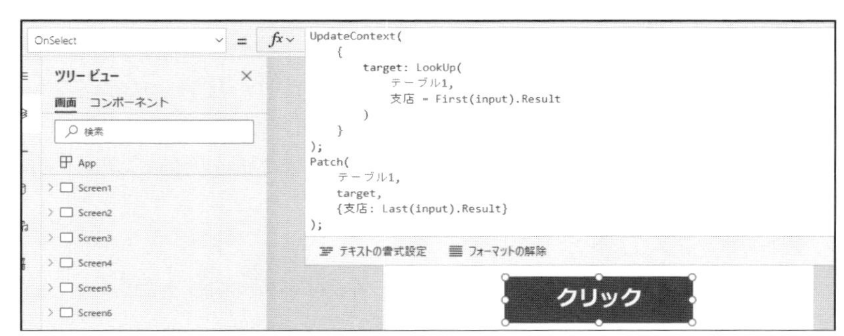

図6-70：ボタンのOnSelectを記述する。

UpdateContextとPatchの2つの関数を実行しています。1つ目のUpdateContextではLookUp関数で「支店 = First(input).Result」のレコードを検索し、targetに代入します。First(input).Resultというのはテキスト入力のOnChangeでinputに代入されたテーブルの最初の項目ですね。これで入力した支店名のレコードがtargetに用意されました。

Patchでtargetのレコードの支店をLast(input).Resultに書き換えています。Last(input).Resultは、入力した2つ目の店名になります。これで、targetの店名が新しいものに更新されました。

流れがわかったら、プレビューで実行しましょう。テキスト入力に、例えば「セントルイス,シカゴ」というように現在の支店名と新たに設定する支店名をカンマで区切って記述し、ボタンをクリックします。すると支店名が更新されます。

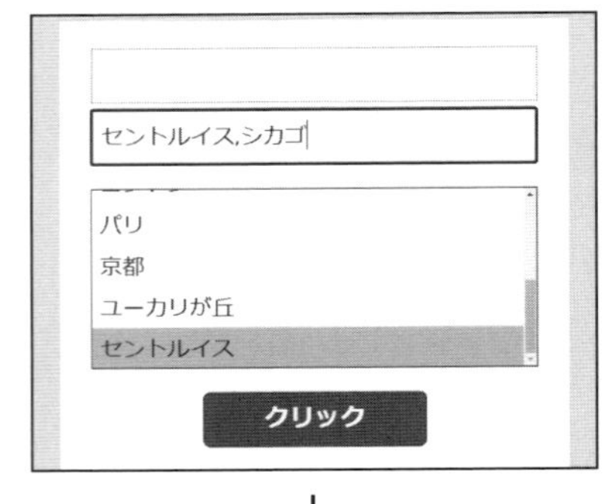

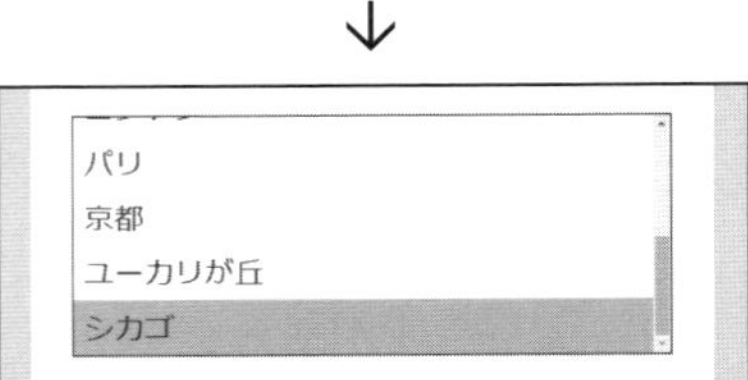

図6-71：変更したい支店名と新しい支店名を記入してボタンをクリックすると更新される。

ForAllによる繰り返し処理

テーブルをコントロールなどで利用する場合、レコードをそのまま使うのではなく、何らかの形で加工して利用したいことがあります。

例えばリストボックスにテーブルを設定する場合、Valueで指定した列の値が表示されます。が、これではレコードの概要がよくわからないでしょう。表示として得られる情報をカスタマイズできれば、もっとわかりやすいリスト表示が行えるはずですね。

このようなときに使えるのが「ForAll」という関数です。次のようにして呼び出します。

```
ForAll( テーブル , 式 )
```

第1引数が操作する対象となるテーブルで、第2引数には実行する式を用意しておきます。

このForAllはテーブル内のすべてのレコードに対して決まった処理を実行し、その結果をテーブルとして返すものです。テーブル内の各レコードごとに第2引数の式を実行し、その結果をテーブルにまとめて返します。テーブルを元に、レコードごとに内容をアレンジした新しいテーブルを作成できるのです。

リストボックスの表示を設定する

簡単な利用例を挙げましょう。リストボックスのItemsに式を用意し、リストボックスの表示をカスタマイズしてみることにします。以下の式を記入してください。

▼リスト5-34

```
ForAll(
    テーブル1,
    支店 & " [" & 前期 & ", " & 後期 & "]"
)
```

式を記述すると、リストボックスに支店名と前期･後期の売上が表示されるようになります。ここではテーブル１について「支店 & " [" & 前期 & ", " & 後期 & "]"」という式の結果を返すようにしています。こうすることで支店・前期・後期の値をまとめたテキストのテーブルが作成され、それがリストボックスのItemsに設定されます。

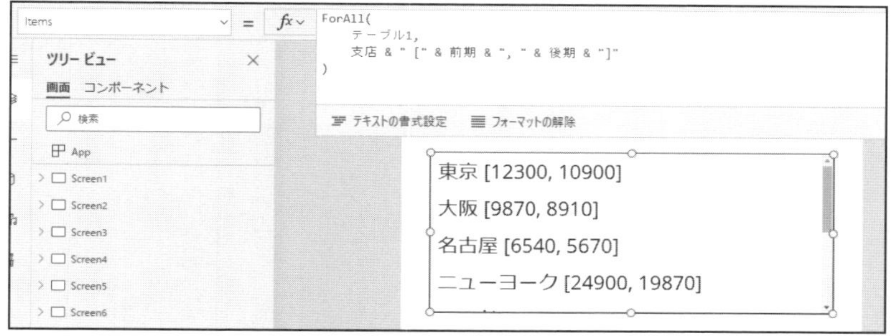

図5-72：リストボックスにレコードの内容が表示されるようにする。

レコードも保持したい！

このやり方はリストボックスの表示を簡単にカスタマイズできます。ただし、リストボックスに設定されるテーブルの内容を変えてしまうので、例えばこのリストボックスをクリックしてレコードを取り出したいと思ってもできません。なぜなら、このリストボックスにはレコードはないのですから。Itemsに設定されているのは、ただの「テキストのテーブル」だけです。

表示をカスタマイズしつつレコードも保持したい、という場合はどうすればいいのでしょうか？　実は簡単です。ForAllで作成する値をテーブルにすればいいのです。そして、表示用のテキストとレコードをそれぞれ保管されるようにすればいいのですね。

ForAllで新たなテーブルを設定する

先ほど設定したリストボックスのItemsの式を修正しましょう。次のように書き換えてください。

▼リスト5-35

```
ForAll(
    テーブル1,
    {
        name: 支店,
        label: 支店 & " [" & 前期 & ", " & 後期 & "]",
        record: ThisRecord
    }
)
```

ここではForAllの第2引数にレコードを用意していますね。nameには表示用に支店名を設定し、labelには先ほどの支店名と前期・後期の売上をテキストにまとめたものを指定します。そしてrecordにはThisRecordという値を指定します。これはForAllで順に処理されていくレコード自身を示す特別な値です。

式を入力して数式バーからItemsの値を表示し、バー右端の「v」をクリックして複数行表示に拡大してみてください。

ForAll関数の部分をクリックして選択すると、式の表示の下にForAllで生成されるテーブルの内容が表示されます。各テーブル1の各レコードごとに、label, name, recordといった項目を持つ新しいレコードが設定されているのがわかるでしょう。

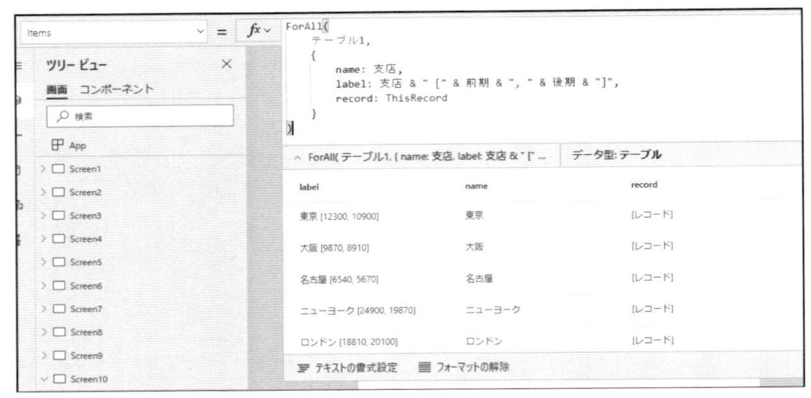

図5-73：リストボックスのItemsを書き換える。

式を記述したら、属性タブから「Value」の値をチェックしてみてください。「label」「name」という項目が選択できるようになっています。ForAllで作成されたレコードの項目が、このようにValueで選べるようになるのです。

図5-74：Valueにnameとlabelが表示される。

選択した項目からレコードを表示する

リストボックスをクリックしたときの処理を用意しましょう。リストボックスのOnSelectに以下の式を記入してください。

▼リスト5-36

```
UpdateContext({sel_item: Self.Selected.record})
```

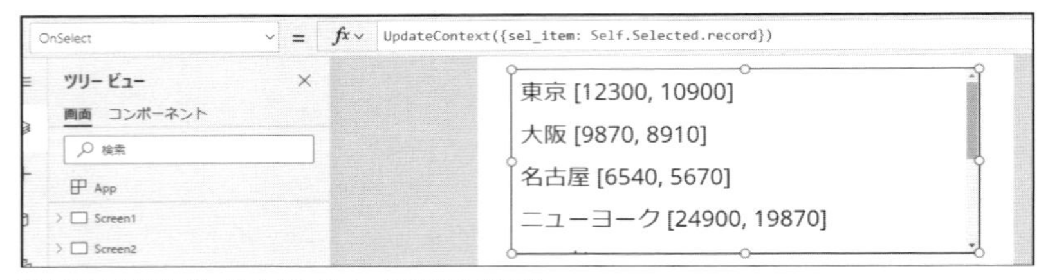

図5-75：リストボックスのOnSelectに式を入力する。

ここではSelf.Selected.recordという値をsel_item変数に設定していますね。Self.Selectedはリストボックスで選択した項目を示す属性です。この属性にはForAllで作成したレコードが設定されています。ですから、その中のrecordを指定することによって、選択された項目のレコードを取り出すことができます。

あとは保存されたsel_item変数を元に、ラベルに選択したレコードの内容を表示するだけです。ラベルのTextを次のように書き換えましょう。

▼リスト5-37

```
sel_item.支店 & " (前期:" & sel_item.前期 & ", 後期:" & sel_item.後期 & ")"
```

図5-76：ラベルのTextに式を入力する。

すべて完成したら、プレビューで動作を確認しましょう。リストボックスから項目を選択すると、そのレコードの内容がラベルに表示されるようになります。テーブルとレコードをだいぶ自由に表示できるようになりましたね！

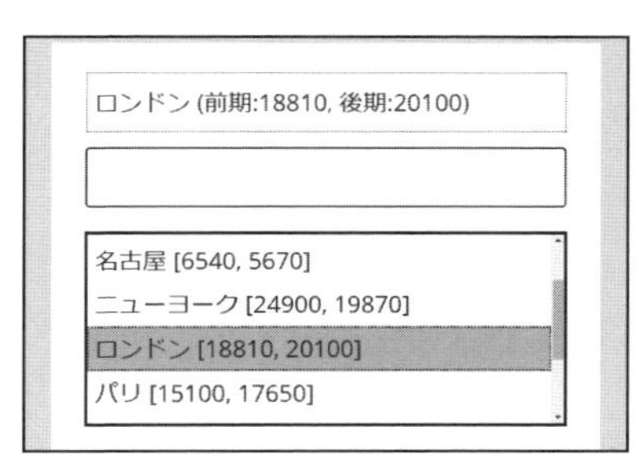

図5-77：リストボックスの項目をクリックすると、そのレコードの内容がラベルに表示される。

レコード内の項目を処理する「With」

ForAllはテーブル内にある全レコードに一定の処理を行うものでしたが、レコード内の値を使って処理を行わせるのに用いられるのが「With」という関数です。次のように記述をします。

```
With(レコード, 式)
```

第1引数にレコードを指定し、第2引数には実行する式を指定します。渡されたレコードのデータを元に式を実行し、その結果を返します。

例えばForAllの内部で各レコードごとにこのWithを実行するようにすれば、レコードごとにさらに複雑な処理が行えるようになるでしょう。

レコードに統計データを追加

このWithを利用して、各レコードに合計・平均・消費税額といった値を付け足してみましょう。先ほど作成したリストボックスのItemsの式を次のように修正します。

▼リスト5-38

```
ForAll(
    テーブル1,
    {
        name: 支店,
        label: 支店 & " [" & 前期 & ", " & 後期 & "]",
        record: ThisRecord,
        ave: With(
            ThisRecord,
            Average(
                前期,
                後期
            )
        ),
        sum: With(
            ThisRecord,
            Sum(
                前期,
                後期
            )
        ),
        tax: With(
            {
                rec: ThisRecord,
                rate: 0.1
            },
            RoundDown(
                (rec.前期 + rec.後期) * rate,
                0
            )
        )
    }
)
```

ForAllで作成するレコードに、ave, sum, taxといった項目をさらに追加しました。これらはいずれもWith関数で処理を行っています。例えばaveは、次のようにして平均を計算しています。

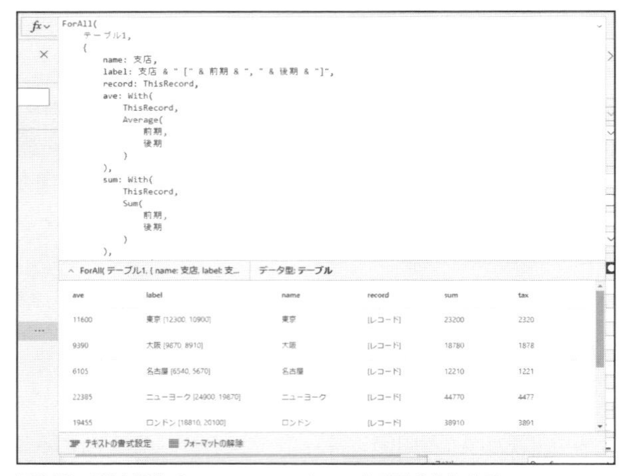

図5-78：With関数でave, sum, taxといった項目を追加する。

```
ave: With(ThisRecord, Average(前期, 後期))
```

Withの第1引数であるレコードにはThisRecordを指定し、そのあとの式にAverage関数を指定しています。これで前期·後期の平均が値として返されるようになります。sumの合計計算も基本的には同じです。

taxの消費税計算は考え方は同じですが、少し書き方が変わっています。

```
tax: With({rec: ThisRecord, rate: 0.1}, RoundDown(……))
```

第1引数のレコードにはrecとrateという項目を持つレコードを用意しておきました。こうすることでThisRecord以外の必要な値も渡すことができます。

選択レコードの統計データを表示

作成したave, sum, taxといった値がリストボックスの項目から利用できるようにしてみましょう。まず、リストボックスを選択したときのOnSelectの式を少し書き換えておきます。

▼リスト5-39

```
UpdateContext({sel_item: Self.Selected})
```

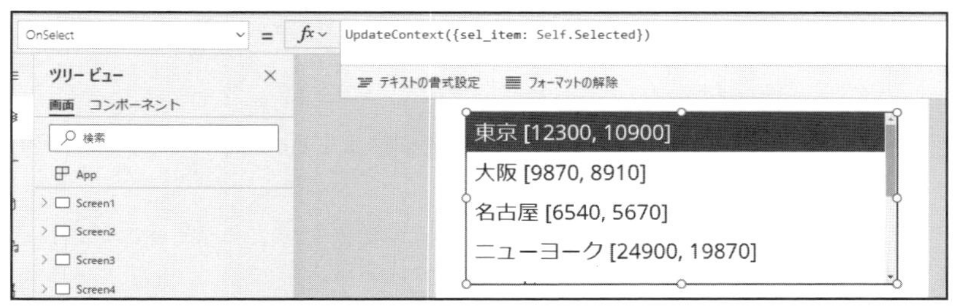

図5-79：OnSelectの値を修正する。

ここではsel_item変数にSelf.Selectedを代入するようにしました。Self.Selectedではリストボックスで選択された項目が得られます。この項目はテーブル1のレコードではなくForAllで生成されたテーブルのレコードですから、その中にave, sum, taxも含まれています（テーブル1のレコードもrecordに用意されています）。このレコードの値を使ってラベルに表示をしましょう。ラベルのTextの式を次のように書き換えてください。

▼リスト5-40

```
"（合計:" & sel_item.sum & ", 平均:"
    & sel_item.ave & ", 消費税:" & sel_item.tax
```

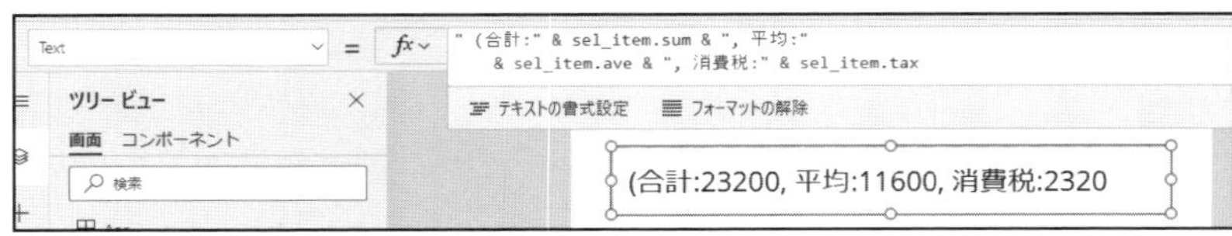

図5-80：ラベルのTextを書き換える。

選択した項目の合計・平均・消費税額がラベルに表示されるようになりました。プレビューを実行し、リストボックスをクリックして表示を確かめてみましょう。

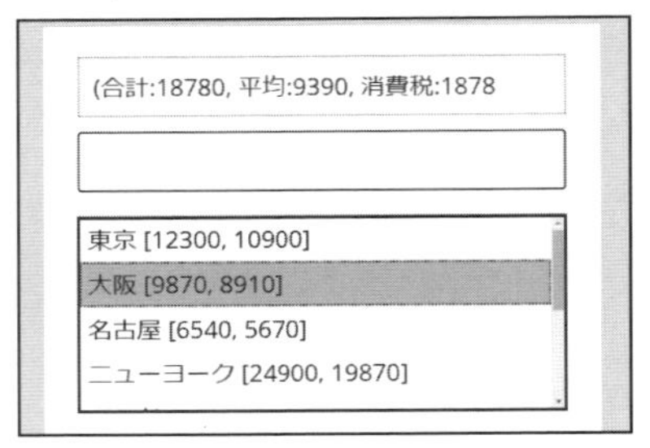

図5-81：クリックした項目の合計平均消費税額が表示される。

Power Fxは「関数」がすべて!

これで、Power Fxの基本的な機能について一通り覚えたことになります。まだ取り上げていない機能もいろいろとありますが、Power Appsのアプリで使う主な機能はだいたい網羅できたはずです。

Power Fxは、いわゆるプログラミング言語とはかなり違うものです。プログラム的なこともできますがベースとなる考え方がまったく違うので、逆にプログラミングの素養がある人ほどうまく飲み込めないことも多いようです。

プログラミング的な考えでPower Fxを捉えてしまいがちな人は、両者の根本的な違いをしっかりと頭に入れておいてください。それは、こういうことです。

「Power Fxは関数を記述するのみ。それ以外はできない」

ここではIfによる分岐やSetでのグローバル変数など、より高度な処理に必要な機能もいろいろと取り上げました。しかし、「Ifや変数が使える＝プログラミングと同じようなことができる」と考えてはいけません。

分岐も変数も、すべて「関数の働きとして、そういうことが行われる」というだけです。Power Fxの文法として制御や変数などが用意されているわけではありません。あくまで「関数の働き」に過ぎないのです。

ですから、「こういうことはできないかな？」と考えたら、まず最初にやるべきは「それを実現する関数が用意されているか」を調べることです。なければそれはできない、と考えましょう。Power Fxをマスターするためには、ひたすら「関数のマスター」あるのみ、なのです。

Chapter 6

コンポーネントの活用

Power Appsでは開発者が独自に部品を作成することができます。
それが「コンポーネント」です。
コンポーネントを作成することでオリジナルのUIや関数のような処理も作成できます。
その基本的な利用法をここで身につけていきましょう。

Chapter 6

6.1. コンポーネントの基本

コンポーネントとは？

アプリではさまざまなコントロールが用意されており、それらを組み合わせてUIを構築します。しかし毎回アプリを作るたびに、すべてのUIを一から作っていくのはそれなりに大変です。業務用のアプリというのはベースとなるデータはだいたい似通っているもので、同じようなUIのアプリをいくつも作ることになることはよくあることでしょう。

ならば、よく利用されるUIや機能を部品化し、どこからでも利用できるようにすれば、開発の効率もぐんとアップするはずです。そこで考えられたのが「コンポーネント」です。

コンポーネントはコントロールと同じようにスクリーンに配置して利用できる部品です。ただし、コントロールとの一番の違いは「自分で作れる」という点です。コンポーネントはコントロールを使って自分で設計することができるのです。作成したコンポーネントはアプリにインポートして、コントロールと同じように使うことができます。

コンポーネントはプレビュー版！

ここでコンポーネントについて1つ注意しておきたいことがあります。それは、「コンポーネントは、まだ正式リリース前のプレビュー版の機能である」という点です。

本書執筆時（2021年4月）現在、コンポーネントは正式な機能としてリリースされていません。ですから今後アップデートなどにより機能が変わったりする可能性がある、という点を理解してください。

ただし、現時点でコンポーネントはPower Apps開発者に広く受け入れられており、これがいきなりなくなったり、まったく互換性のない形でアップデートされることは考えにくいでしょう。「プレビュー版ではあるが、これから先もそのまま利用し続けられ、近い将来に正式版となる可能性が高い」と思われることから本書でも取り上げることにします。

アプリでコンポーネントを利用するには？

プレビュー版であるため、アプリでコンポーネントを使えるようにするためには設定が必要です。まずアプリの「ファイル」メニューをクリックし、表示を切り替えてください。

図6-1：「ファイル」メニューで表示を切り替える。

左側のリストから「設定」をクリックして表示を切り替えます。これで右側にアプリの設定に関する表示が現れます。

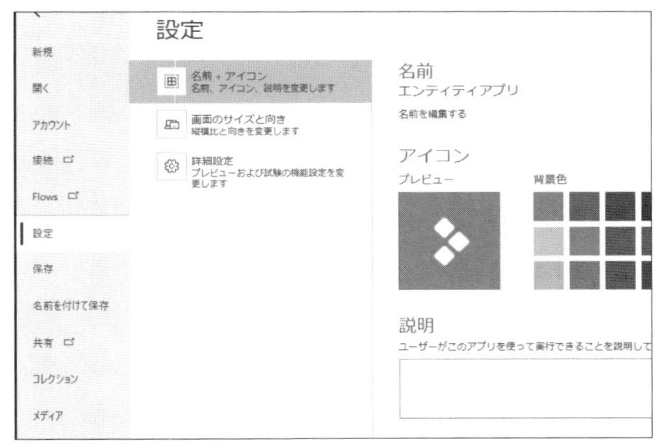

図6-2：「設定」を選択する。

「詳細設定」という項目をクリックして選択し、右側のリストから「コンポーネント」という項目を探してONにしてください。これでコンポーネントがアプリから利用可能になります。

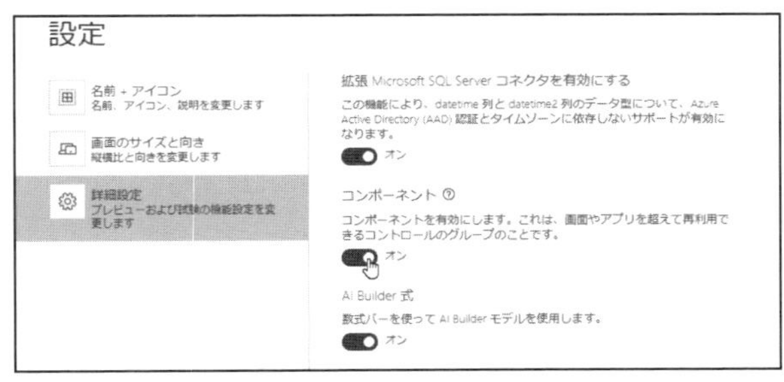

図6-3：「詳細設定」の「コンポーネント」をONにする。

ただし現在のPower Appsでは、アプリを作成するとデフォルトで「コンポーネント」がONの状態になっているようです。すでにONになっている場合はそのままにしておきます。

コンポーネントを作る

では、コンポーネントを作成してみましょう。コンポーネントはすでに開発中のアプリ内で作ることもできますが、独立したファイルとして作成することもできます。ここでは新たにコンポーネントのファイルを作成することにします。

Power Appsのホーム画面で左側のリストにある「アプリ」を選択し、アプリの一覧を表示してください。

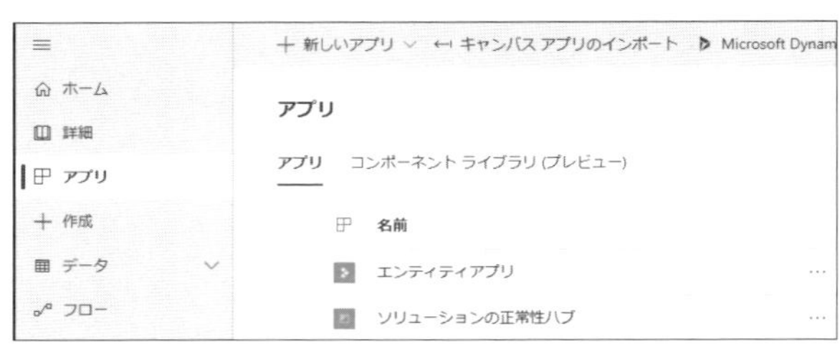

図6-4：「アプリ」を選択する。

アプリの一覧リストの上に「アプリ」と「コンポーネントライブラリ（プレビュー）」という項目が用意されています。「コンポーネントライブラリ」というのはコンポーネントがいくつも保存されているライブラリファイルのことです。コンポーネントは複数のものを1つのファイル内に作成することができます。ですから「ライブラリ」なのですね。

「コンポーネントライブラリ（プレビュー）」をクリックして表示を切り替えてます。そして、画面に表示される「コンポーネントライブラリの作成（プレビュー）」ボタンをクリックしましょう。

「コンポーネントライブラリの作成（プレビュー）」の表示は、コンポーネントの正式リリース後は「コンポーネントライブラリ」と変わるでしょう。

図6-5：「コンポーネントライブラリ（プレビュー）」に表示を切り替える。

画面にコンポーネントライブラリ作成のパネルが現れ、コンポーネントライブラリの名前を入力します。ここでは「MyComponent」としておきましょう。そして右下の「作成」ボタンをクリックします。

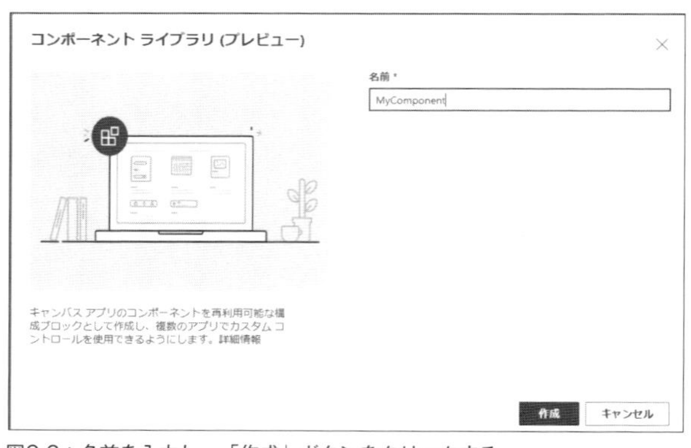

図6-6：名前を入力し、「作成」ボタンをクリックする。

新たにタブが開かれPower Apps Studioが現れます。ただし表示されるのはスクリーンではなく、コンポーネントの編集画面です。ここでアプリと同じようにコンポーネントを編集していきます。

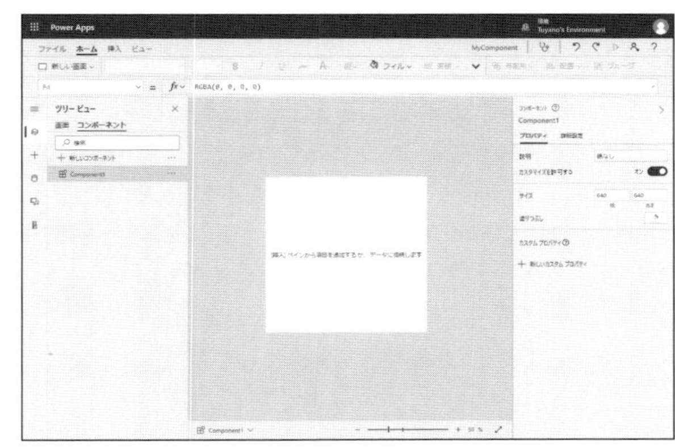

図6-7：Power Apps Studioのウインドウが表示される。

MyComponentを保存する

開発に入る前に、コンポーネントライブラリを保存しておきましょう。「ファイル」メニューをクリックして表示を切り替え、左側のリストから「名前を付けて保存」を選択してください。そして「クラウド」を選び、名前を「MyComponent」と入力して「保存」ボタンをクリックします。これでコンポーネントライブラリが保存されました。

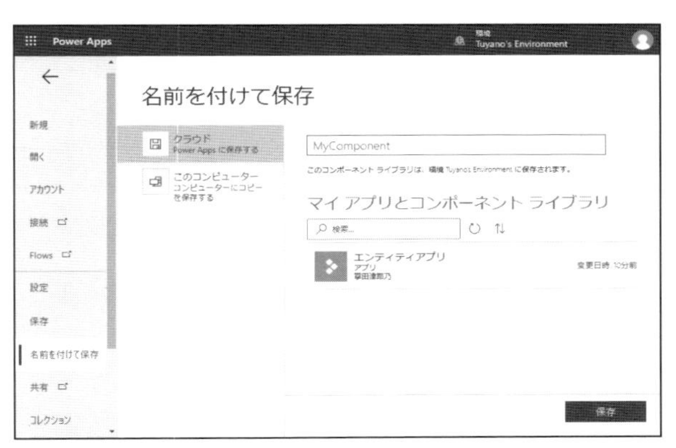

図6-8：「名前を付けて保存」でMyComponentを保存する。

左側のリストから「アプリ」をクリックして表示を切り替え、「コンポーネントライブラリ（プレビュー）」を表示してみましょう。保存した「MyComponent」という項目が表示されます。これが保存したコンポーネントライブラリです。コンポーネントライブラリはここにリスト表示され、いつでも開いて再編集できます。

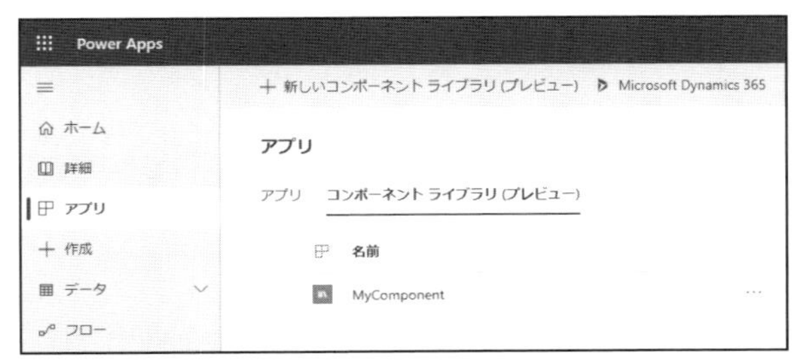

図6-9：保存したコンポーネントライブラリがリスト表示される。

時刻を表示するコンポーネント

コンポーネントの編集画面であるPower Apps Studioに戻りましょう。コンポーネントの作成は基本的にアプリと同じです。アプリではスクリーンにコントロールを配置しましたが、コンポーネントはコンポーネントの上にコントロールを配置して作成します。

では、実際に簡単なコンポーネントを作成してみましょう。左端の「挿入」アイコンをクリックして表示を切り替え、コントロールの一覧から「タイマー」をクリックして配置してください。

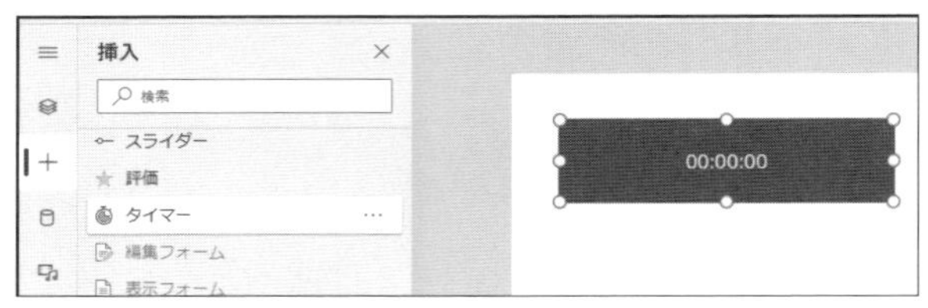

図6-10：タイマーを追加する

タイマーは一定時間ごとに表示を更新できました。これを利用し、時計のコンポーネントを作ってみます。まず配置したタイマーを選択し、属性タブから以下の属性を設定しておきましょう。

期間	100
繰り返し	ON
自動開始	ON

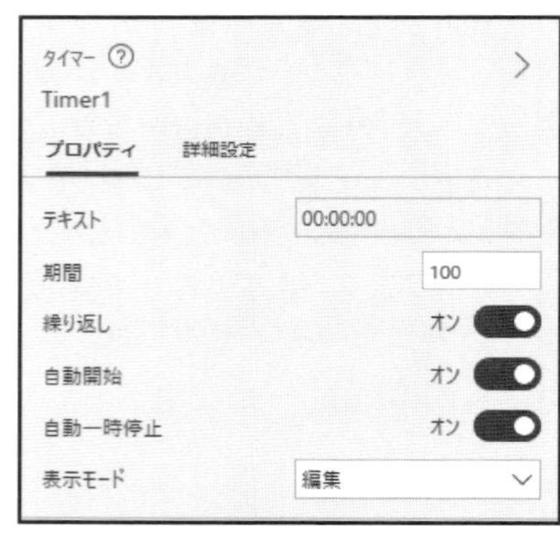

図6-11：タイマーの属性を設定しておく。

続いて表示のデザインを行います。属性タブからフォントやカラーを変更して見やすいデザインに修正しましょう。

図6-12：タイマーのフォントや色を変更する。

タイマーをコンポーネントの左上に配置し、コンポーネント（背景の部分）をクリックして属性タブから「サイズ」の幅と高さを調整して、タイマーがコンポーネントにピッタリ収まるぐらいの大きさに調整します。

図6-13：コンポーネントの大きさを調整する。

式を設定する

時刻を表示するためのPower Fxの式を記入しましょう。まずはタイマーの時間が経過した際に実行される処理です。配置したタイマーを選択し、数式バーのコンボボックスから「OnTimerEnd」を選択してください。そして以下の式をバーに入力します。

▼リスト6-1

```
Set(
    TimerComponent1_time,
    Now()
)
```

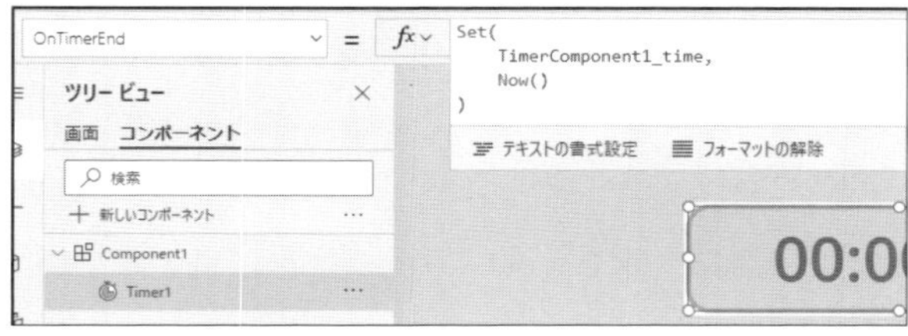

図6-14：OnTimerEndに式を記入する。

ここではフォーマットして掲載していますが、1行にまとめて書いてももちろん問題ありません。すべて1行に続けて書いて右端の「v」マークの部分をクリックし、「テキストの書式設定」をクリックすると読みやすいフォーマットで表示されます。ここではSet関数を使い、TimerComponent1_timeというグローバル変数にNowの値を設定しています。タイマーは繰り返しをONにしていますから、100ミリ秒ごとにこれが実行され、常に現在の日時がTimerComponent1_time変数に代入されることになります。

タイマーの表示も修正しましょう。数式バーのコンボボックスから「Text」を選択し、以下の式をバーに入力してください。

▼リスト6-2

```
Text(
    TimerComponent1_time,
    "[$-ja]hh:mm:ss"
)
```

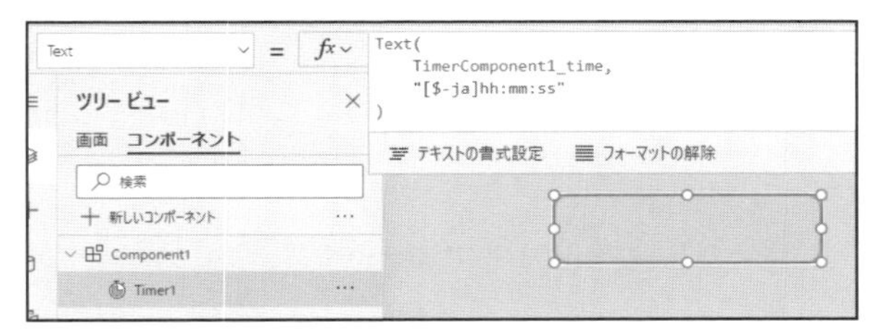

図6-15：タイマーのTextに式を入力する。

これで時計コンポーネントの完成です。といっても、コンポーネントはアプリのように「プレビューで実行」とはいきません（コンポーネントは単体で実行できないので）。動作を確認するためには、実際にコンポーネントを使ってみないといけません。

時計コンポーネントを利用する

コンポーネントを使ってみましょう。実はコンポーネントライブラリには、アプリのスクリーンも用意されています。左端の「ツリービュー」アイコンをクリックして表示を切り替え、ツリービューの「コンポーネント」から「画面」に表示を切り替えてください。デフォルトで用意されている「Screen1」の編集画面になります。

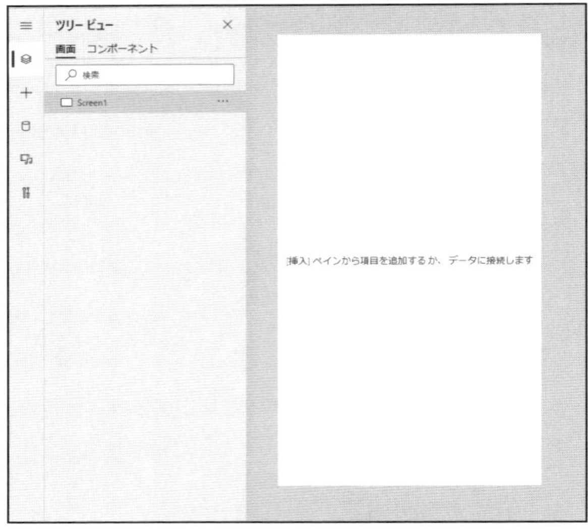

図6-16：ツリービューから「画面」に表示を切り替える。

では、スクリーンにコンポーネントを配置しましょう。左端にある「挿入」アイコンをクリックして表示を切り替え、コントロールの一覧から「カスタム」というところを見てください。そこに作成したコンポーネント（Component1）が表示されています。これをクリックしてスクリーンに配置します。

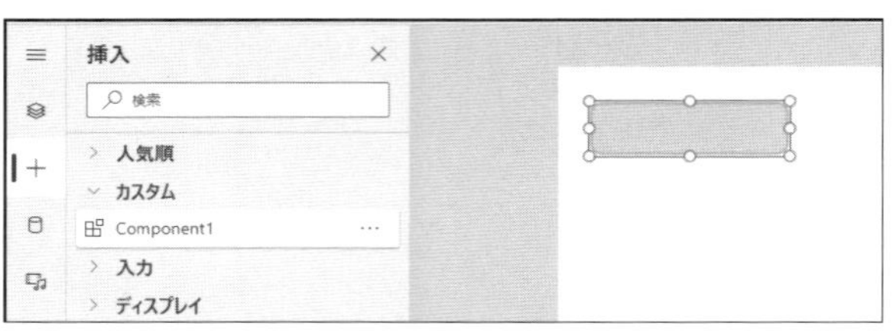

図6-17：「カスタム」にあるComponent1を追加する。

配置したら、プレビューで実行しましょう。コンポーネントにリアルタイムに現在の時刻が表示されます。

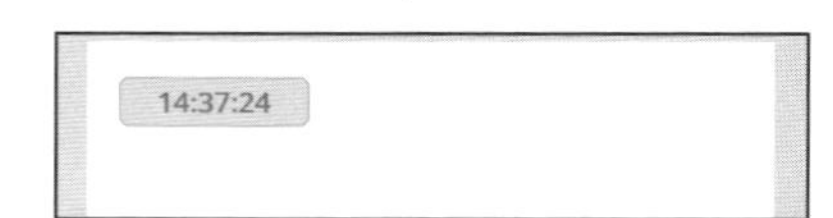

図6-18：プレビューでコンポーネントの動作を確認する。

コンポーネントの制約

コンポーネントは、基本的にアプリの作成と同じ感覚で作ることができます。コンポーネント内にUI部品となるコントロールを配置し、属性に式を設定する。これでコンポーネントは完成します。ただし、コンポーネントにはいろいろと制約があることは知っておいてください。

コンポーネントをアプリに配置した場合、コンポーネント内にあるコントロールには直接アクセスできません。配置したコンポーネントの属性タブを見ると、位置と大きさ、そして背景色の属性しか表示されないことがわかるでしょう。中にあるコントロールの属性などは一切利用できないのです（ただし、コンポーネントには独自の属性を作成できます。これはあとで説明します）。

また逆に、コンポーネント内から配置されているスクリーンの情報を得ることもできません。コンポーネントは完全に「閉じた世界」なのです。外部からその中にアクセスできませんし、中からその外にアクセスすることもできないのです。

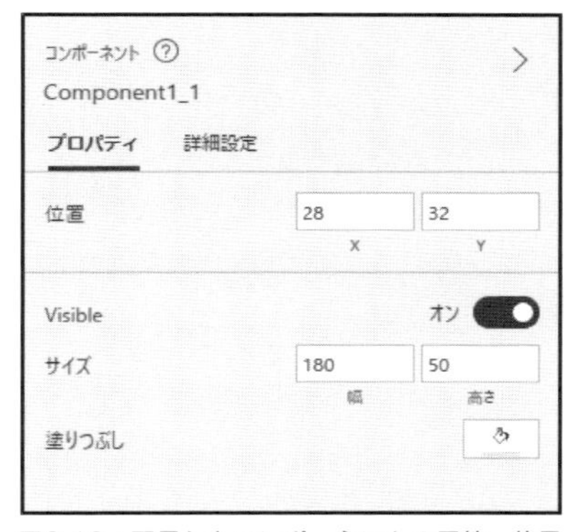

図6-19：配置したコンポーネントの属性。位置と大きさ、背景色しか属性がない。

コンポーネントの変数の扱い

コンポーネントを作成するとき、注意したいのが「変数の扱い」です。アプリとコンポーネントのもっとも大きな違いは、おそらく「コンテキスト変数が使えない」という点でしょう。コンポーネントではUpdate Contextによるコンテキスト変数が利用できないのです。

また、グローバル変数は使えますが、これもアプリのグローバル変数とは扱いが異なるので注意が必要です。コンポーネントのグローバル変数は、アプリ側から見ると「コンポーネントのコンテキスト変数」のように扱われます。試しに「ビュー」メニューで表示されるツールバーの「変数」をクリックして変数を確認してみてください。Component1の中にある変数としてTimerComponent1_timeが表示されます。グローバル変数としては扱われないのです。

図6-20：「変数」では、TimerComponent1_timeはComponent1の内部にある変数になっている。

UIを操作するコンポーネントの作成

先のサンプルは、ただ配置しておくだけで何も操作しませんでした。今度は簡単な入力や処理の実行をユーザーが操作するようなコンポーネントを作成してみましょう。

まず、新しいコンポーネントを用意します。左端にある「ツリービュー」アイコンをクリックして表示を切り替え、「コンポーネント」タグから「新しいコンポーネント」をクリックします。これで新しいコンポーネント（ここでは「Component2」とします）が追加され、その編集画面に切り替わります。

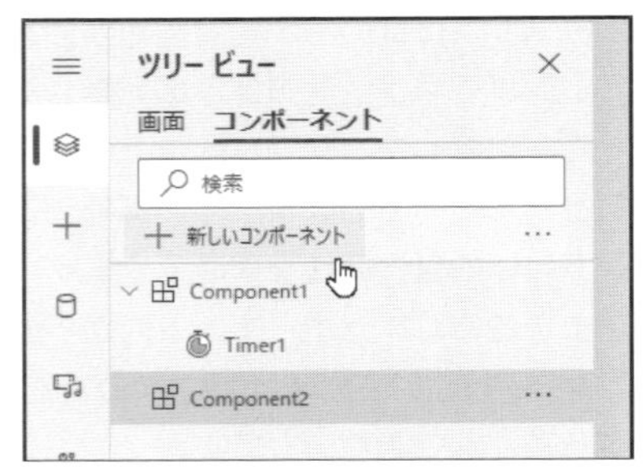

図6-21：「新しいコンポーネント」をクリックして2つ目のコンポーネントを作る。

コンポーネントにコントロールを配置しましょう。今回は「ラベル」「テキスト入力」「ボタン」といったコントロールをそれぞれ1つずつ配置します。位置や大きさなどは適当に揃えてください。

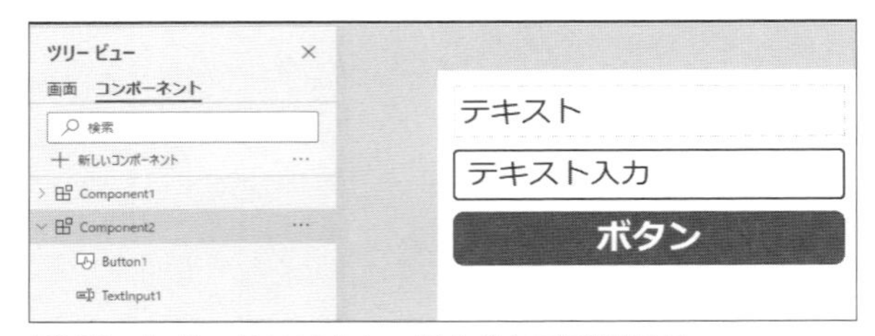

図6-22：ラベル、テキスト入力、ボタンを1つずつ配置する。

今回は数値を入力して計算するので、テキスト入力の書式を変更しておきましょう。配置したテキスト入力を選択し、属性タブから「書式」の値を「数値」にしてください。

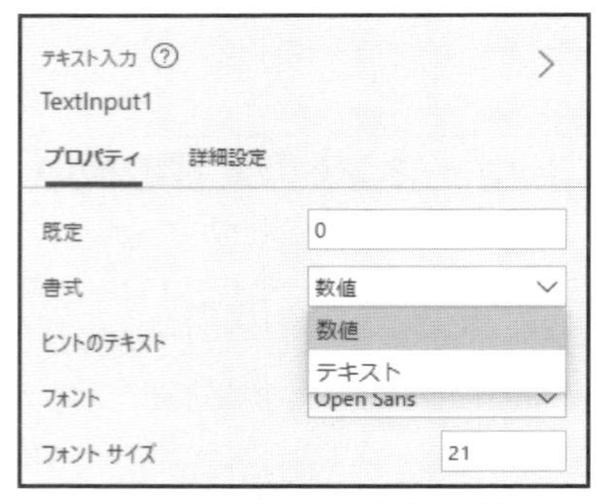

図6-23：テキスト入力の「書式」を「数値」に変更する。

これでコントロール類は用意できました。コンポーネントを選択し、属性タブからサイズ（幅と高さ）を変更して、コントロール類がきれいに収まる大きさに調整してください。

図6-24：コンポーネントの大きさを調整する。

OnResetに式を入力する

コンポーネントにPower Fxの式を用意しましょう。まずはコンポーネント本体からです。数式バーのコンボボックスから「OnReset」という項目を選び、次のように記述をします。

▼リスト6-3

```
Set(
    inputValue,
    0
);
Set(
    result,
    0
);
```

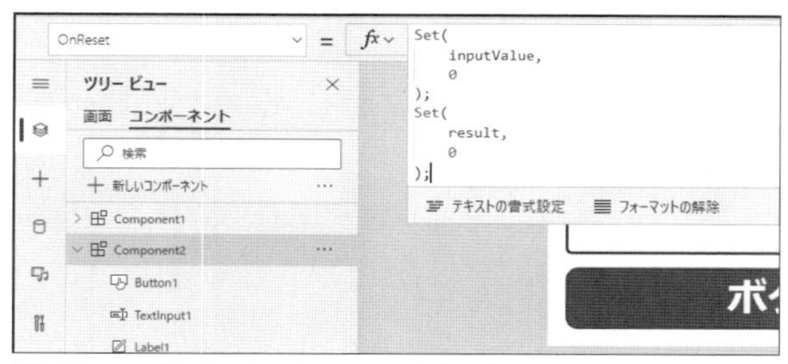

図6-25：コンポーネントのOnResetに式を入力する。

「OnReset」という属性は、コンポーネントがリセットされる際に呼び出される処理を指定するためのものです。コンポーネントが組み込まれ表示される際もリセットされるので、これで初期状態を設定することができます。

ここでは2つのSet関数を使い、inputValueとresultという変数を初期化しています。これらはそれぞれ入力した値と計算結果の値を保管するのに使います。

テキストの入力と表示

続いて、テキスト入力の処理を用意しましょう。テキスト入力を選択し、数式バーのコンボボックスからOnChangeを選んで以下の式を入力してください。

▼リスト6-4

```
Set(
    inputValue,
    Self.Text * 1
)
```

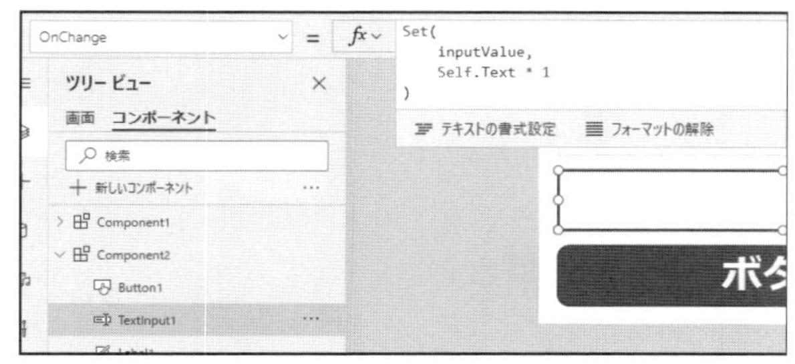

図6-26：テキスト入力のOnChangeに式を入力する。

OnChangeはテキスト入力に書かれている値が変更された際に呼び出されるものでした。ここでは自身のTextに1をかけて数値に変換したものをinputValueに代入しています。これで入力した値がinputValueに保管されるようになります。

次は、結果を表示するラベルの処理ですね。これはTextに「result」と入力しておくだけです。これでresult変数の値がそのままラベルに表示されるようになります。

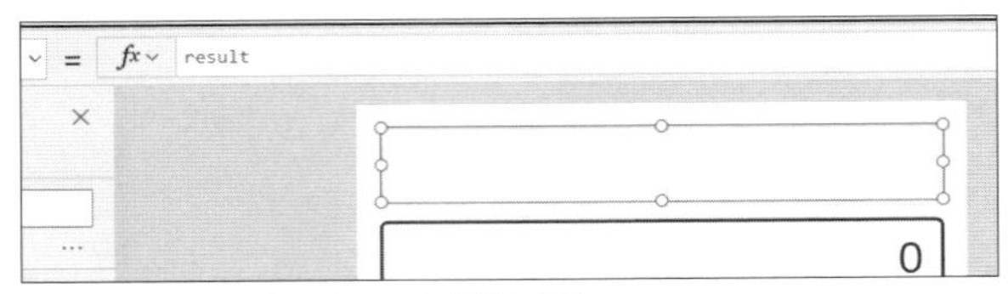

図6-27：ラベルのTextにresultを設定する。

ボタンクリックで計算する

最後に、ボタンをクリックした際に実行する計算処理を作成しましょう。ボタンを選択し、数式バーのコンボボックスからOnSelectを選んで以下の式を入力してください。

▼リスト6-5

```
Set(
    result,
    RoundDown(
        inputValue * 1.1,
        0
    )
)
```

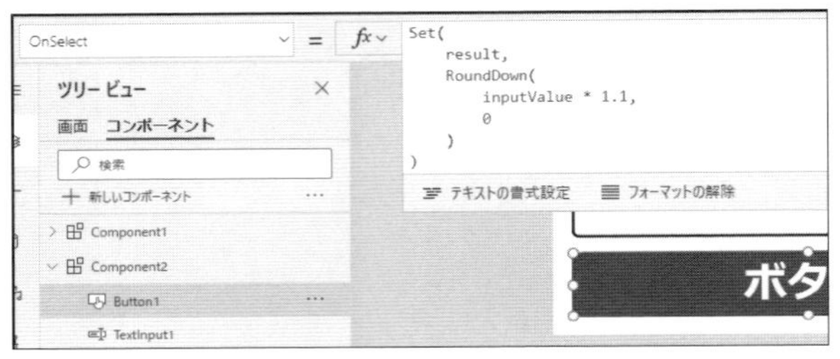

図6-28：ボタンのOnSelectに式を入力する。

ここではSetでresultに値を代入しています。設定する値は、inputValue * 1.1をRoundDownで端数切捨てしたものです。これで入力した値の1.1倍の値が表示されるようになります。

コンポーネントを使ってみる

作成したコンポーネントを実際に使ってみましょう。左端の「ツリービュー」アイコンをクリックし、「コンポーネント」から「画面」に表示を切り替えてください。これでスクリーンの編集が行えるようになりました。そのまま左端の「挿入」アイコンをクリックし、現れたコントロール類の一覧から「カスタム」に追加された「Component2」をクリックしてスクリーンに配置しましょう。なお、先に追加したComponent1はもう削除してしまってもいいでしょう。

図6-29：コンポーネントを配置する。

配置したらプレビューでスクリーンを実行してみてください。配置したコンポーネントのテキスト入力に整数を記入してボタンをクリックすると入力した金額の税込み金額を計算し、ラベルに表示します。

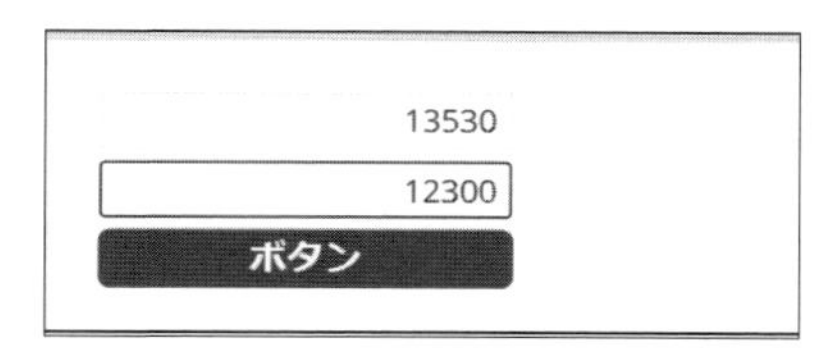

図6-30：プレビューで実行する。金額を記入しボタンをクリックすると税込価格を計算する。

このように、操作するコントロールが組み合わせられたコンポーネントもスクリーンに配置すれば通常のコントロールとまったく同様に動作します。ただし、コンポーネント内にあるコントロールにはアクセスできないので、配置したコンポーネントの設定をいろいろ操作することはできません。配置したコンポーネントの属性を見てみると、先ほどの時計コンポーネントと内容はまったく変わらないことがわかります。どんなに複雑なコンポーネントでも、属性に表示されるのは位置と大きさ、背景色だけなのです。

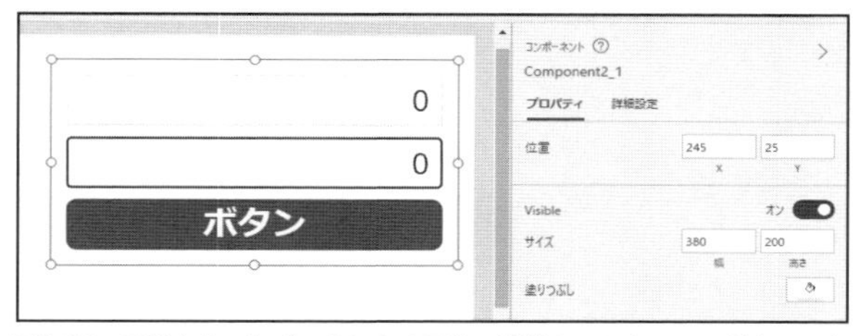

図6-31：配置したコンポーネントの属性。複数のコントロールがあっても属性は時計コンポーネントと変わらない。

コンポーネントを公開する

とりあえずコンポーネントを作って動かすことができるようになりました。コンポーネントは他のアプリからインポートして使える、というのが大きなメリットです。実際にどうやって使うのか、やってみましょう。

コンポーネントを外部から利用できるようにするには、コンポーネントを公開する必要があります。「ファイル」メニューを選んで左側のリストから「保存」を選択します。そこに表示される「保存」ボタンをクリックしてコンポーネントライブラリを保存しましょう。

図6-32：「保存」からコンポーネントライブラリを保存する。

続いて、同じ画面に「公開」というボタンが表示されます。これがコンポーネントを公開するためのボタンです。これをクリックしてください。

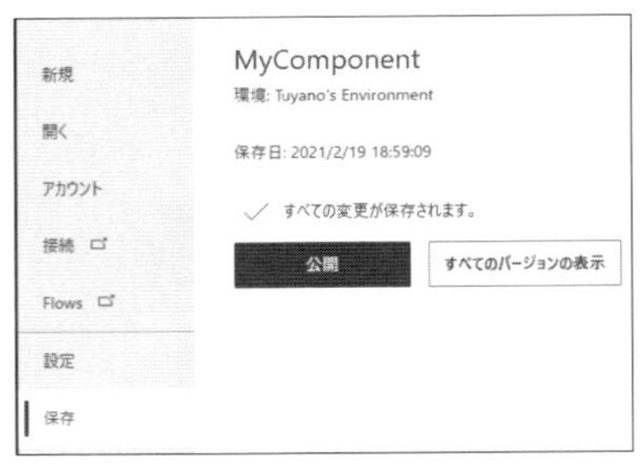

図6-33：「公開」ボタンをクリックしてコンポーネントライブラリを公開する。

公開を確認するアラートが表示されます。そのまま「このバージョンの公開」ボタンをクリックしてください。コンポーネントライブラリが公開されます。これでコンポーネントライブラリのコンポーネントが他のアプリから利用できるようになります。

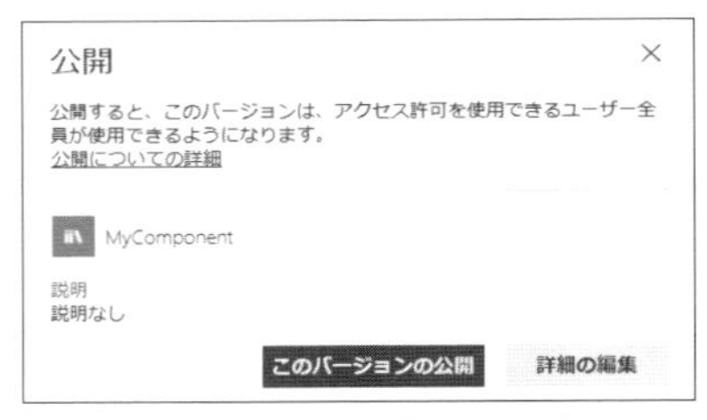

図6-34：アラートにある「このバージョンの公開」ボタンをクリックする。

他のアプリからコンポーネントを利用する

Chapter 5まで使ってきたエンティティアプリをPower Apps Studioで開き、編集画面を表示しましょう。すでにタブを閉じてしまっている人はPower Appsのホーム画面の左端にあるリストから「アプリ」を選び、現れたアプリの一覧から「エンティティアプリ」の左端のチェックマークをクリックして選択し、上部の「編集」をクリックします。これでPower Apps Studioが起動し、編集画面が現れます。

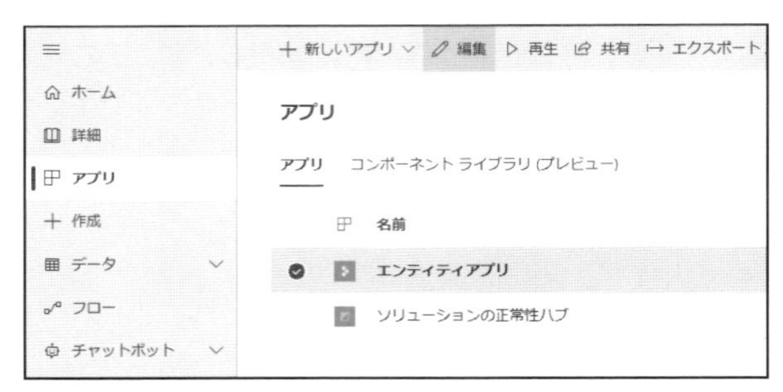

図6-35：「アプリ」画面でアプリを選択して「編集」をクリックすると、Power Apps Studioが起動する。

場合によってはこのあと、OneDriveへのアクセスを求めるパネルが現れるかもしれません。この表示が現れたら「許可」ボタンをクリックしてください。

図6-36：OneDriveへのアクセスを求められたら許可しておく。

Power Apps Studioの画面になったら「ホーム」メニューのツールバーから「新しい画面」をクリックし、「空」を選んで新しいスクリーンを作成しましょう。ここにコンポーネントを配置することにします。

図6-37：「新しい画面」から「空」を選んでスクリーンを作成する。

コンポーネントをインポートする

コンポーネントをインポートしましょう。左端の「挿入」アイコンをクリックし、コントロールの一覧が表示されたら、その最下部に表示される「コンポーネントをさらに取得」というリンクをクリックしてください。

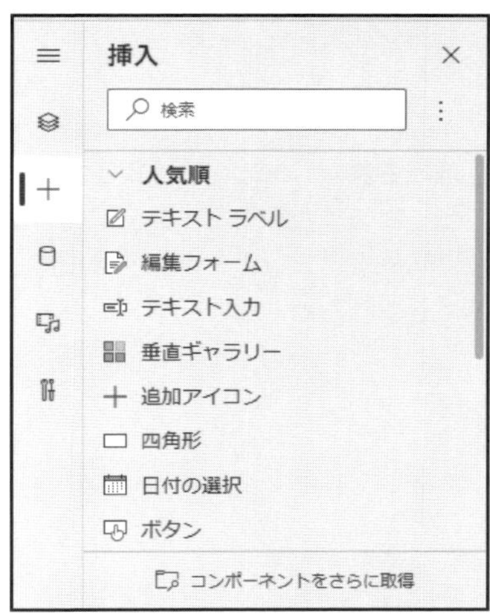

図6-38：「コンポーネントをさらに取得」を選ぶ。

画面の右側にサイドバーが現れます。ここに利用可能なコンポーネントが一覧表示されるので、先ほど作った「Component2」を選択しましょう。そして下部にある「インポート」ボタンをクリックしてください。

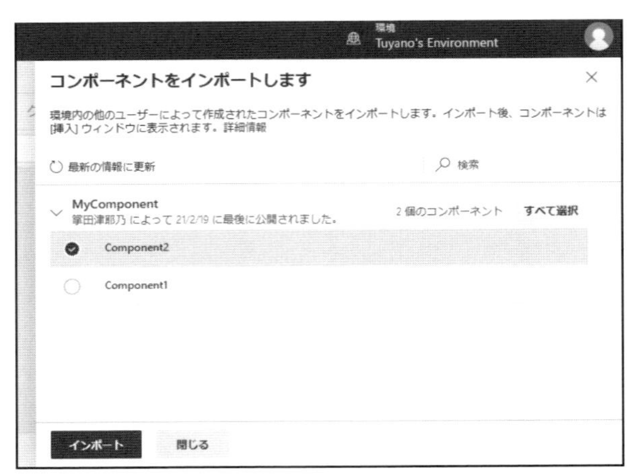

図6-39：コンポーネントを選択して「インポート」ボタンをクリックする。

これでコンポーネントがインポートされました。左端にある「挿入」アイコンを選択し、コントロールの一覧から「ライブラリコンポーネント」というところを見てください。インポートした「Component2」が表示されるようになります。

図6-40：「ライブラリコンポーネント」というところにコンポーネントが追加される。

追加されたComponent2をクリックしてスクリーンに配置してみましょう。先ほどコンポーネントライブラリにあったスクリーンに追加したのと同じように、コンポーネントが組み込まれます。そのまま実行すればちゃんとコンポーネントは機能し動きます。他のアプリでも問題なくコンポーネントが使えることが確認できましたね！

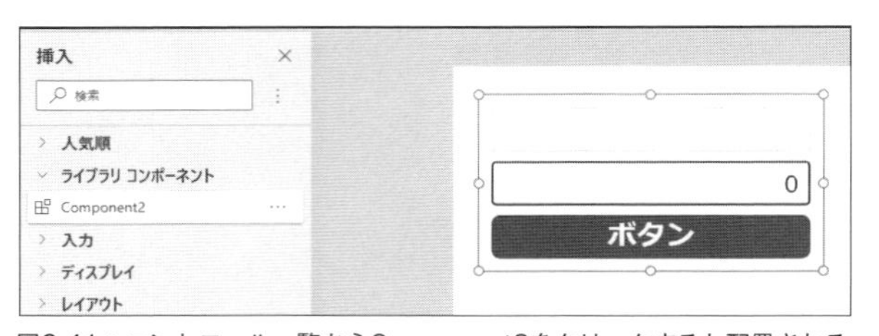

図6-41：コントロール一覧からComponent2をクリックすると配置される。

Chapter 6

6.2. カスタムプロパティ

プロパティは自分で作る！

コンポーネントの基本的な作り方と使い方はわかってきました。けれど、コンポーネントというものが思ったよりも不自由なことにも気がついたはずです。

なにより不自由なのは「コンポーネントの内部にアクセスできない」ということ。コンポーネントには位置と大きさ、背景色の属性しか用意されておらず、内部の情報を得ることも、こちらから情報を渡すこともできないのです。

が、これはあくまで「デフォルトの状態では」の話です。実をいえば、コンポーネントには「カスタムプロパティ」と呼ばれる機能が用意されています。これは、属性タブに表示される属性を自分で定義して利用する機能です。

このカスタムプロパティを使うことでコンポーネント内部と、コンポーネントを追加したアプリとの間でさまざまな情報をやり取りできるようになります。

このカスタムプロパティはいくつかの種類があります。以下に簡単にまとめておきましょう。

入力プロパティ	コンポーネントに外部から値を設定するためのものです。
出力プロパティ	コンポーネントに用意された値を外部から取得するためのものです。
動作プロパティ	コンポーネント内部で必要に応じて処理を呼び出すためのものです。

この3つのプロパティにより、コンポーネントをより使いやすくしていくことができるようになります。

Power Apps Studioのツリービューで「コンポーネント」を選択し、先ほど作成したComponent2を選択してください。属性タブを見ると、「カスタムプロパティ」という項目が用意されていることがわかるでしょう。そこに「新しいカスタムプロパティ」というリンクがあります。これで独自のプロパティを作成するのです。

図6-42：コンポーネントの属性タブには、カスタムプロパティのための項目が用意されている。

入力プロパティを作成する

では、実際に新しいプロパティを作成してみましょう。先ほどのComponent2を選択し、属性タブの「新しいカスタムプロパティ」をクリックしてください。属性タブの左側にプロパティの設定を行うためのパネルが現れます。

ここにはプロパティに関する図のような項目が用意されています。これらを設定していくことで、独自のプロパティが作れるようになります。

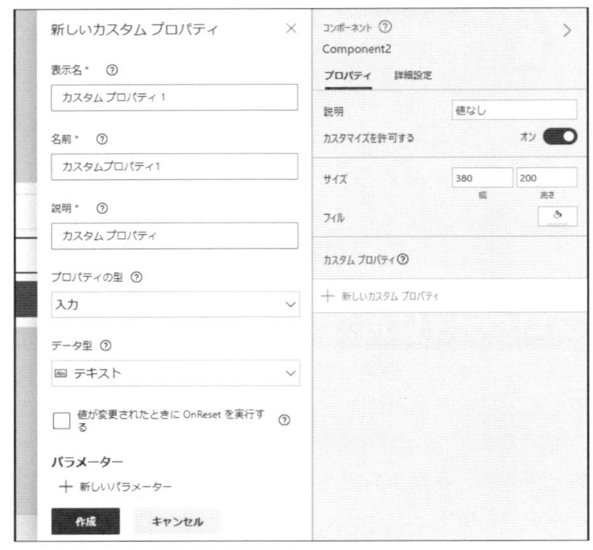

図6-43：新しいプロパティの設定を行うパネルが現れる。

input1プロパティの作成

カスタムプロパティを作りましょう。パネルに表示される項目に次のように入力します。

表示名	input1
名前	input1
説明	(説明なのでそれぞれ自由に)
プロパティの型	入力
データ型	数値

(「値が変更されたときに……」のチェックはOFFのままにしておく)

一番下には「パラメーター」という項目があります。値を受け渡すパラメーターを作成するためのものですが、今回はそのままにしておいてください。

上記を設定したら、「作成」ボタンをクリックしてください。これでinput1というカスタムプロパティが作成されます。

図6-44：項目を入力し「作成」ボタンをクリックしてinput1プロパティを作る。

入力プロパティについて

今回作成したのは「入力プロパティ」という型のプロパティです。コンポーネントへの値の入力を行うためのものです。外部からコンポーネントに値を設定したりするのに用いられます。

入力のためのものですから、このプロパティの値を外部から取り出そうとしてもうまくいきません。input1は値を設定するだけで、取得はできないのです。

出力プロパティを作成する

続いて、もう1つカスタムプロパティを作成しましょう。先ほどは入力プロパティでしたが、今度は出力プロパティを作成してみます。

表示名	output1
名前	output1
説明	(説明なのでそれぞれ自由に)
プロパティの型	出力
データ型	数値

(「値が変更されたときに……」のチェックはOFFのままにしておく)

図6-45：項目を入力し、output1プロパティを作る。

出力プロパティについて

このoutput1は「出力プロパティ」と呼ばれ、コンポーネントから値を取り出すためのものです。コンポーネントの処理結果などを外部から取り出して利用するような場合に使います。

出力プロパティですから入力とは逆に、値の設定はできません。output1は外部から値を取り出せますが、output1に値を設定できないのです。

カスタムプロパティを確認

プロパティが作成できたら、Component2の属性タブを見てプロパティを確認しましょう。カスタムプロパティのところに「input1」「output1」という項目がそれぞれ追加されています。これが、今作成したコンポーネントのプロパティです。

図6-46：作成したプロパティが追加されている。

コンポーネントの動作を確認

作成したカスタムプロパティを使いましょう。ツリービューで「画面」に表示を切り替えて、Screen1にコンポーネントを追加して確認することにします。

先にComponent2をここに配置していましたね。これをそのまま使います。もし削除してしまっていたら、新たに追加しましょう。左端のアイコンから「挿入」アイコンを選択し、コントロール類の一覧が現れたら「カスタム」内にある「Component2」をクリックしてスクリーンに配置してください。コンポーネント名は、ここでは「Component2_1」としておきます。

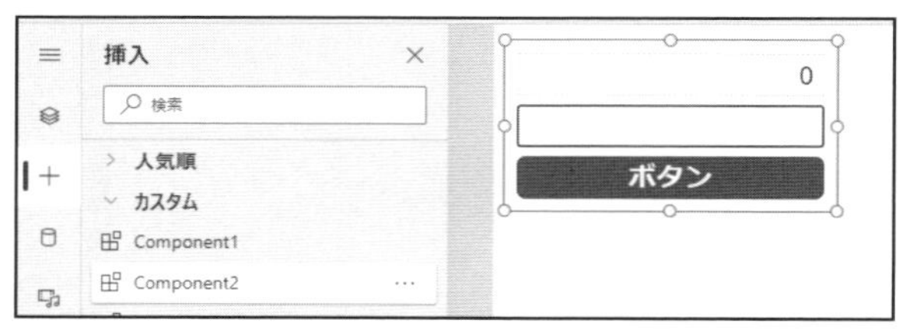

図6-47：スクリーンにComponent2を配置しておく。

プレビューを実行して動作を確認しておきましょう。先にComponent2を配置して動作確認をしましたが、今回もまったく同様に動作するはずです。カスタムプロパティを追加しただけでは、コンポーネントには何も影響は与えません。カスタムプロパティはPower Fxでまだ使っていませんから当然ですね。

現在の動作を、カスタムプロパティを利用する形に修正していきましょう。

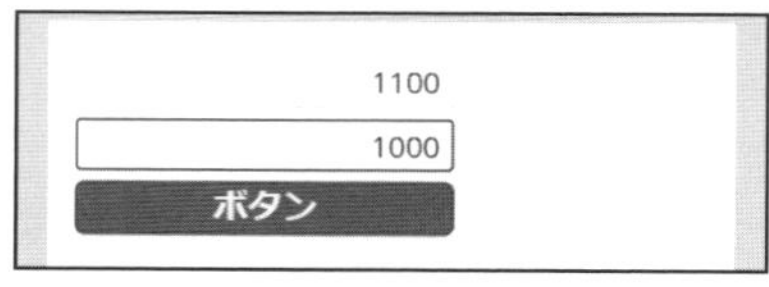

図6-48：動作を確認する。

式を修正する

では、作成したカスタムプロパティを利用する形で処理を行うようにコンポーネントの式を修正していきましょう。ツリービューで「コンポーネント」に表示を切り替え、コンポーネントの編集画面に戻ってください。

今回はコンポーネントのテキスト入力、ラベル、ボタン、そしてコンポーネント自体のすべてに式を設定する必要があります。順に作業してください。

TextInput1のDefault設定

まずはテキスト入力からです。配置されているテキスト入力（TextInput1）を選択して数式バーのコンボボックスから「Default」を選択してください。そして次のように式を入力します。

▼リスト6-6

```
Text(Component2.input1)
```

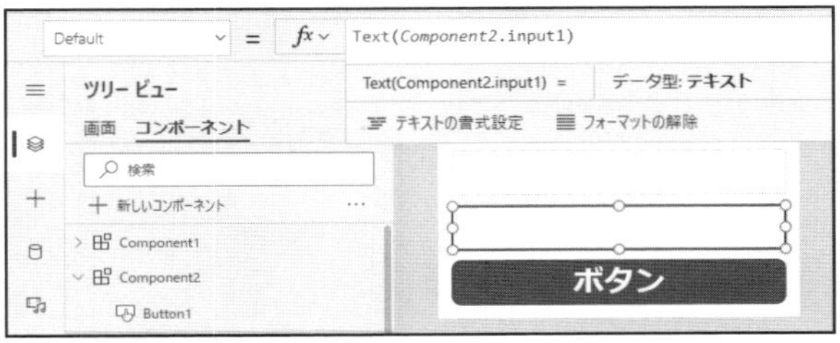

図6-49：Defaultに式を設定する。

ここで使った「Default」という属性はテキスト入力のデフォルト値として使われる値です。コントロールの初期値としてこの値が設定されます。

属性タブでいえば、「既定」という属性がこれに相当します。これに設定した値が初期値としてテキスト入力に表示されます。属性タブから既定の値部分にマウスポインタを持っていくと、「fx」と表示されるのがわかるでしょう。値として式が設定されていることを示すものです。

図6-50：属性タブの「既定」には「fx」と表示される。

TextInput1のOnChange設定

続いて、テキスト入力のOnChangeを修正しましょう。数式バーのコンボボックスから「OnChange」を選択し、以下の式を記述してください。

▼リスト6-7

```
Set(
    input1v,
    Value(Self.Text)
)
```

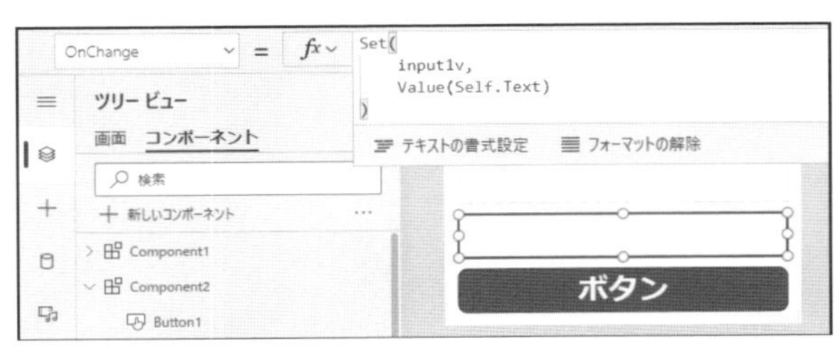

図6-51：OnChangeに式を記入する。

入力したテキストを「input1v」という変数に設定しています。input1vは、input1プロパティの値を保管するものです。

ここではSelf.Textをそのまま設定するのではなく、Valueという関数を使って設定しています。Value関数は引数に用意した値を数値に変換するものです。これにより、入力したテキストが数値としてinput1vに保管されるようになります。

Label1のText設定

次はラベルを設定しましょう。配置したラベル(Label1)を選択し、数式バーのコンボボックスから「Text」を選択して以下の式を記入してください。

▼リスト6-8

```
Text(output1v)
```

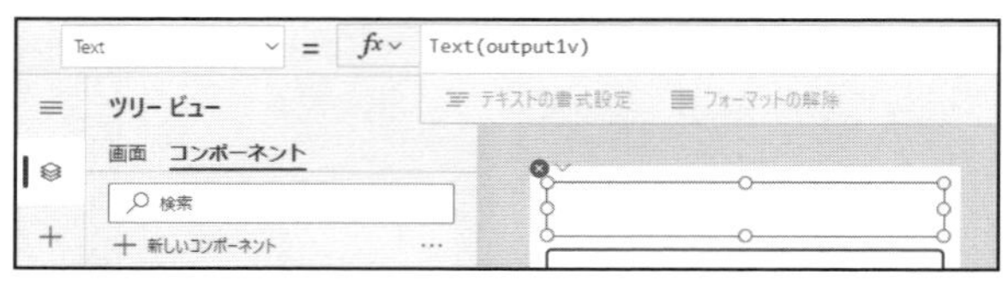

図6-52：ラベルのTextに式を入力する。

output1v変数の値をText関数でテキストに変換して設定しています。現時点では、おそらくコントロールの左上に赤い「×」が表示されるでしょう。これは、記入した式にエラーが発生していることを示すものです。

まだoutput1v変数が用意されていないためエラーになっていますが、この先修正していけば解消されるので、今は気にしないでください。

Button1のOnSelect設定

続いてボタンを設定します。配置したボタン（Button1）を選択してください。そして数式バーのコンボボックスから「OnSelect」を選んで以下の式を入力しましょう。

▼リスト6-9

```
Set(
    output1v,
    RoundDown(
        input1v * 1.1,
        0
    )
)
```

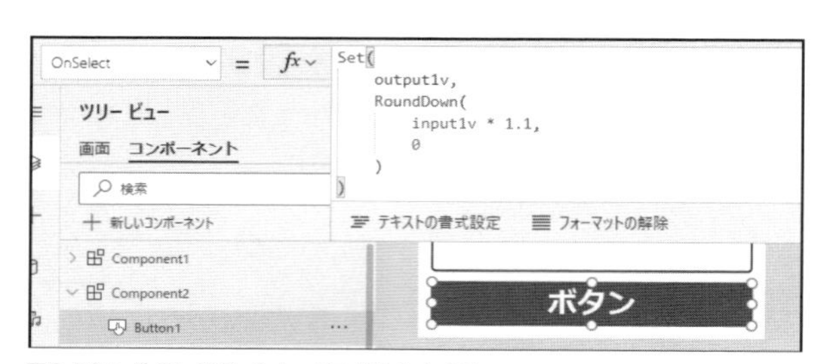

図6-53：ボタンのOnSelectに式を入力する。

ここでボタンをクリックすると、output1v変数にinput1vを1.1倍した値を端数切り捨てで設定します。output1vは先ほどラベルのTextに使っていましたら、これでラベルに計算結果が表示されるようになりました。

なお、これを記入することで先ほどラベルに表示されていたエラーマークは消え、エラーは解消されます。

Component2のOnResetを削除

最後にコンポーネント本体の設定を行いましょう。まず数式バーのコンボボックスから「OnReset」を選択し、そこに記述してあった式を削除してください。

続いてコンボボックスから「output1」を選択し、「output1v」と記述をします。output1は先ほどカスタムプロパティとして作成した、あのoutput1です。これでoutput1v変数の値がoutput1の出力として使われるようになります。

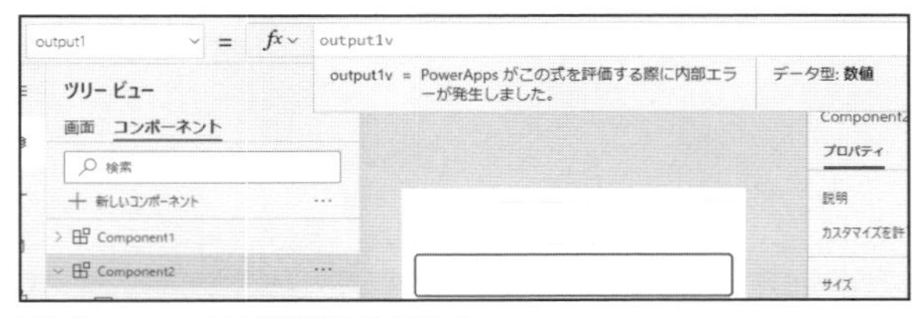

図6-54：output1に値を設定しておく。

出力プロパティを利用する

ではコンポーネントを利用しましょう。すでにComponent2はスクリーンに配置してありましたね。ツリービューで「画面」に表示を切り替え、スクリーンに配置したComponent2を選択してください。

出力プロパティから使ってみましょう。左端の「挿入」アイコンを選択し、コントロールの一覧から「テキストラベル」をクリックしてスクリーンに配置しましょう。

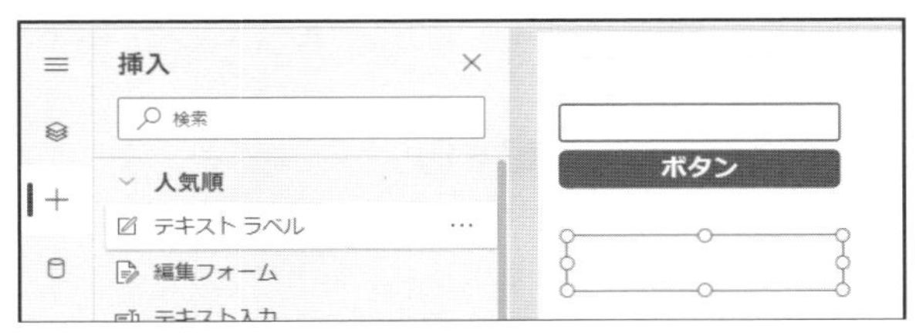

図6-55：スクリーンにテキストラベルを追加する。

配置したラベルを選択し、数式バーのコンボボックスから「Text」を選んで以下の式を記入してください。

▼リスト6-10

```
Text(Component2_1.output1)
```

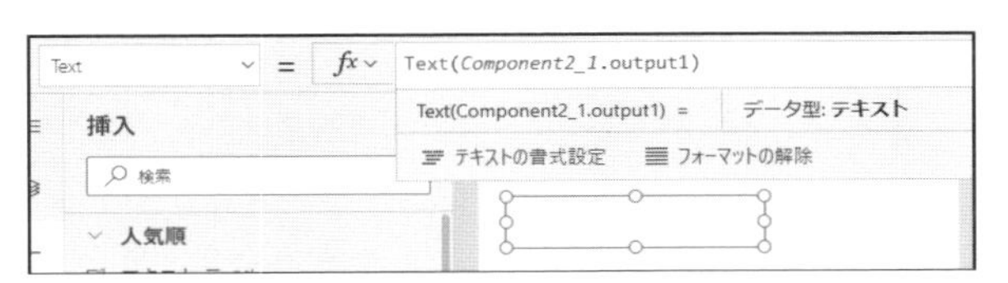

図6-56：ラベルのTextに式を入力する。

ここではComponent2_1のoutput1を利用しています。output1は数値なので、これをTextでテキストにして設定しています。これでコンポーネントのoutput1出力がラベルに表示されるようになるはずです。

動作を確認する

プレビューで動作を確認しましょう。テキスト入力に数値を書いてボタンをクリックすると、税込金額が表示されます。

コンポーネントだけでなく、先ほど配置したラベルにも金額が表示されるのがわかるでしょう。コンポーネントの実行結果が外部のラベルで利用できることが確認できます。

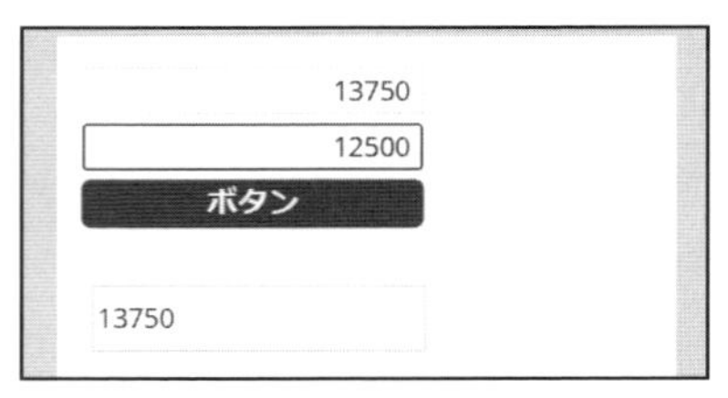

図6-57：数値を記入してボタンをクリックすると、配置したラベルにも金額が表示される。

入力プロパティを利用する

続いて入力プロパティを利用しましょう。左端の「挿入」アイコンをクリックし、コントロールの一覧から「テキスト入力」をクリックしてスクリーンに配置してください。このテキスト入力からコンポーネントに値を入力できるようにしましょう。

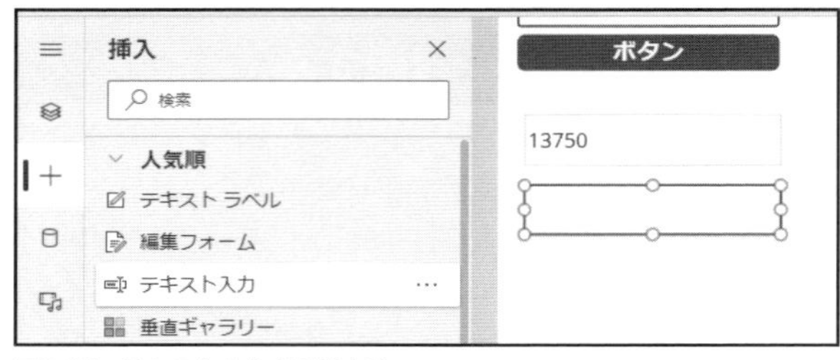

図6-58：テキスト入力を配置する。

OnChangeを設定する

配置したテキスト入力を選択し、式を設定します。数式バーのコンボボックスから「OnChange」を選んでください。そして以下の式を入力します。

▼リスト6-11

```
Set(
    inputCom2,
    Value(Self.Text)
)
```

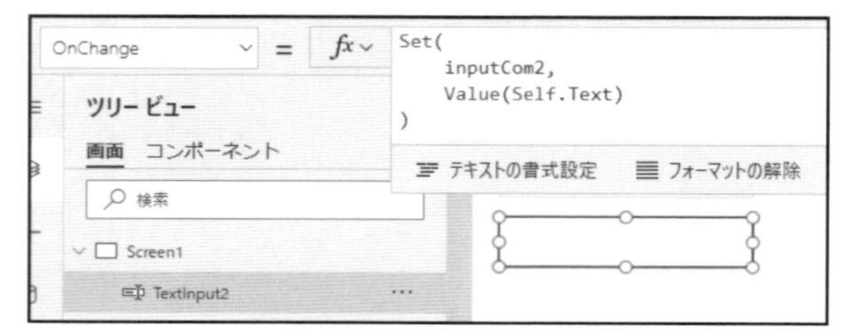

図6-59：ここではテキスト入力のTextの値をinputCom2という変数に保管している。Textはテキストなので、Value関数を使って数値に変換したものを設定しておいた。

コンポーネントのinput1を設定

続いてコンポーネントに設定をしましょう。配置したコンポーネント（Component2_1）を選択し、数式バーのコンボボックスから「input1」を選択してください。そして「inputCom2」と入力をします。

これで、input1プロパティにinputCom2変数の値が設定されるようになりました。

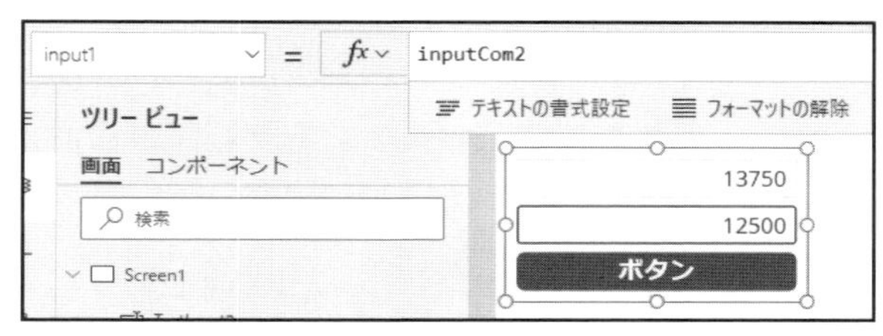

図6-60：input1プロパティにinputCom2を設定する。

動作を確認する

プレビューを実行し、動作を確認しましょう。コンポーネントの動作は問題なく動くはずですね。配置したテキスト入力に数値を記入し、Enter/returnキーを押してください。

これで入力した値がinputCom2変数に設定され、inputCom2変数の値がコンポーネントのinput1に設定されるはずです。が、実際に試してみると、テキスト入力に値を入力してもコンポーネントの入力テキストは変わりません。もちろんボタンをクリックしても更新はされません。

新たに作成したテキスト入力を操作してもコンポーネントには値が入力されないようです。これはなぜなのでしょう？

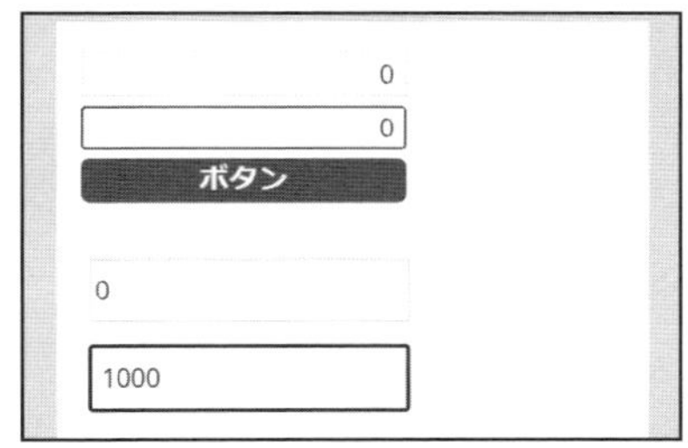

図6-61：テキスト入力に値を記入してもコンポーネントは更新されない。

リセットと値の更新

なぜinput1入力プロパティを設定してもコンポーネントの表示が更新されないのか？ それはプロパティの値が変更された際、表示が更新されるように設定されていないからです。

そもそもテキスト入力のText属性は、外部から属性で操作できるようになっていません。ラベルのText属性などとは扱いが違うのです。テキスト入力のText属性は値を取り出して利用するだけです。その意味で、出力プロパティに似ています。

では、どうやってテキスト入力のテキストを変更するのか。それは「リセット」を使うのです。テキスト入力は初期化時にDefaultで設定した値がTextとして設定されます。外部からリセットを行うと、テキスト入力はDefaultの値に初期化されます。

先にテキスト入力のDefaultに以下の式を設定したのを思い出してください。

```
Text(Component2.input1)
```

テキスト入力がリセットされると、この値がDefaultとしてTextに設定されます。これにより、input1入力プロパティの値がテキストに表示されるわけです。

OnResetを実行させる

ということは、あとは「どうやってコンポーネントをリセットさせるのか」ですね。実は、これを行うための設定がカスタムプロパティに用意されています。

ツリービューから「コンポーネント」に表示を切り替え、コンポーネントの属性タブからカスタムプロパティの「input1」の項目を見てください。ここにある「数値」という項目をクリックすると、input1の設定を編集するパネルが現れます。

このパネルの下のほうに「値が変更されたときにOnResetを実行する」というチェックボックスがあります。これをONにして「保存」ボタンをクリックし、保存してください。

このチェックボックスはinput1が変更された際にコンポーネントのOnResetを呼び出すようにします。つまり、input1が変更されるとOnResetが実行され、Defaultの値がテキスト入力のTextに設定されるようになります。

図6-62：input1の「値が変更されたときにOnResetを実行する」をONにする。

再度、動作をチェック

もう一度動作を確認しましょう。ツリービューから「画面」に切り替えてプレビューを実行します。今度はテキスト入力に数値を入力して Enter / return すると、その値がコンポーネントのテキスト入力に設定されるようになります。これでinput1が外部から操作できるようになりました！

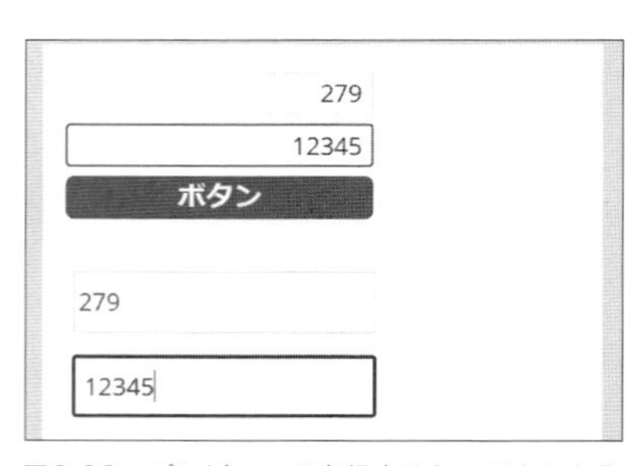

図6-63：プレビューで実行すると、テキスト入力に書いた値がコンポーネントに設定されるようになった。

動作プロパティを使う

プロパティには入力と出力の他に、もう1つ「動作」というものが用意されています。用意された処理を実行するためのプロパティです。

例えばボタンのコントロールではOnSelectに処理を用意しておくと、ボタンをクリックした際にそれが実行されます。このように「用意された処理を実行する」ためのプロパティが「動作」なのです。値の設定や取得を目的とする入力・出力プロパティとは少し扱いが異なるものといえます。

これも実際に簡単なサンプルを作成して使い方を理解していきましょう。

onMyEventプロパティの作成

ツリービューで「コンポーネント」に表示を切り替えてください。Component2を選択し、属性タブから「カスタムプロパティ」にある「新しいカスタムプロパティ」をクリックします。

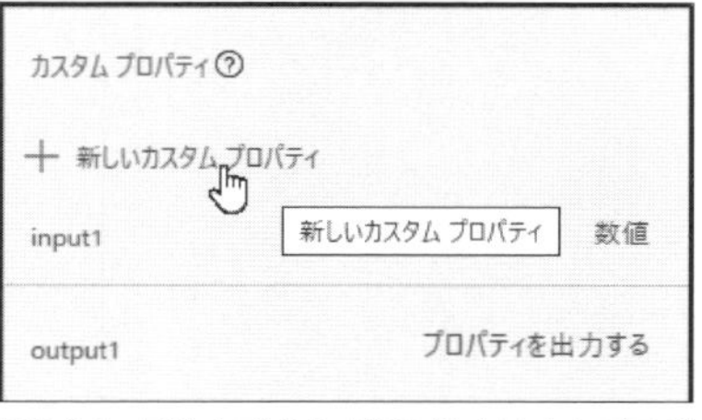

図6-64：属性タブから「新しいカスタムプロパティ」をクリックする。

画面にカスタムプロパティの設定を行うパネルが現れます。次のようにプロパティの設定を行いましょう。

表示名	onMyEvent
名前	onMyEvent
説明	(説明なのでそれぞれ自由に)
プロパティの型	動作
データ型	テキスト

図6-65：onMyEventという名前で動作プロパティを作成する。

これらを入力して「作成」ボタンをクリックすればonMyEvent動作プロパティが作成されます。属性タブでプロパティが追加されていることを確認しましょう。

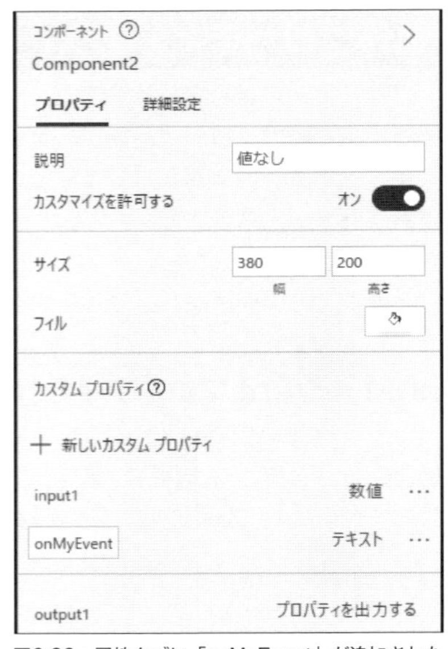

図6-66：属性タブに「onMyEvent」が追加された。

動作プロパティは「内部」で使う

作成されたonMyEvent動作プロパティは数式バーのコンボボックスにも表示されます。ここで式を入力することもできますが、実をいえばコンポーネント（Component2）のonMyEventに処理を記述してもこれは実行されないのです。

動作プロパティは外部から処理を設定して使うものなのです。スクリーンに追加されたComponent2のonMyEventに処理を記述することでonMyEventが呼び出されるとそれが実行されるようになる、というものです。

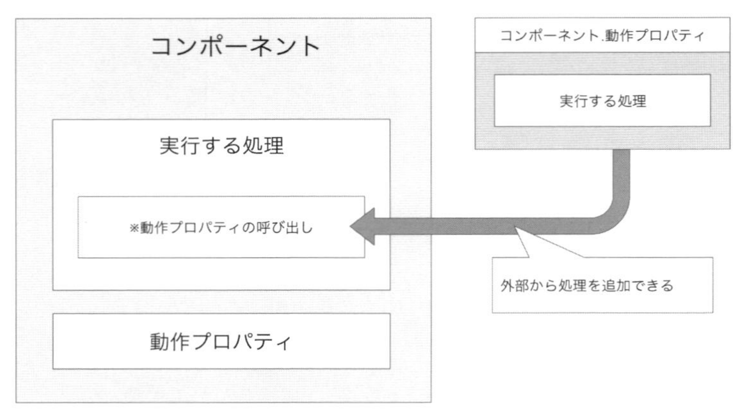

図6-67：動作プロパティをコンポーネント内に組み込んでおくことで、外部からコンポーネントで実行する処理を追加できる。

コンポーネント側で行うべきことは、onMyEventに処理を用意することではなく、「どういうときにonMyEventが呼び出されるか」を指定することです。つまり、コンポーネントの中であらかじめ「こういうときにonMyEventが実行される」ということを組み込んでおくのですね。

これにより外部からコンポーネント内部で実行される処理を追加し、カスタマイズできるようになります。これが動作プロパティの働きなのです。

onMyEventをボタンから呼び出す

onMyEventを実行する処理を追記しましょう。ボタンをクリックした際にonMyEventを呼び出すようにしてみます。ボタンを選択し、数式バーのコンボボックスからOnSelectを選択します。そして記述されている式を次のように修正します。

▼リスト6-12

```
Set(
    output1v,
    RoundDown(
        input1v * 1.1,
        0
    )
);
Component2.onMyEvent();
```

図6-68：ボタンのOnSelectに式を入力する。

リストを見て気がついたでしょうが、ここでは2つの関数を呼び出しています。1つ目のSet関数は先に記述してあったものです。

2つ目のComponent2.onMyEvent();が今回新たに追記した部分になります。ここでは「onMyEvent()」というように、プロパティ名のあとに()を付けて呼び出していますね。動作プロパティは、このように関数と同じような書き方をします。こうすることでプロパティが呼び出され、そこに設定されている式が実行されるようになるのです。これでコンポーネントのボタンをクリックするとoutput1v変数を更新したあと、onMyEventを実行するようになります。

onMyEventを利用する

作成されたonMyEventプロパティを使ってみましょう。ツリービューで「画面」をクリックして表示を切り替えてください。スクリーンに配置したコンポーネント（Component2_1）を選択し、数式バーのコンボボックスから「onMyEvent」を選んで以下の式を入力しましょう。

▼リスト6-13

```
Notify("答えは、" & Text(Component2_1.output1))
```

ここではComponent2_1.output1の値をText関数でテキストに変換し、Notify関数でメッセージとして表示しています。これで計算結果が表示されるわけですね。

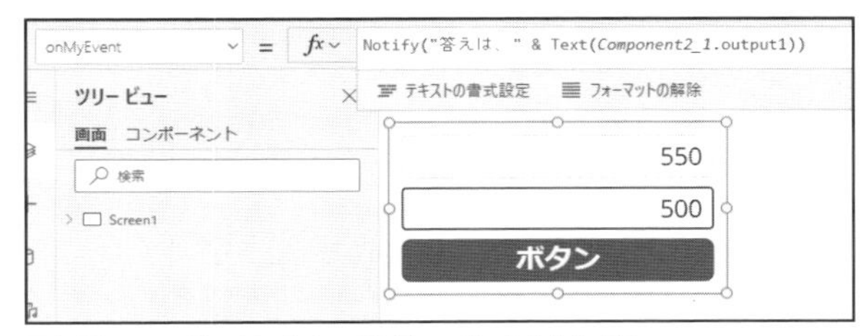

図6-69：コンポーネントのonMyEventに式を入力する。

プレビューで確認する

入力できたら、実際にプレビューで動作を確認しましょう。テキスト入力に値を記入してボタンをクリックすると結果がコンポーネントに表示されると同時に、「答えは、〇〇」とメッセージが表示されるようになります。

このように、動作プロパティを使うことでコンポーネントの機能をカスタマイズすることができます。

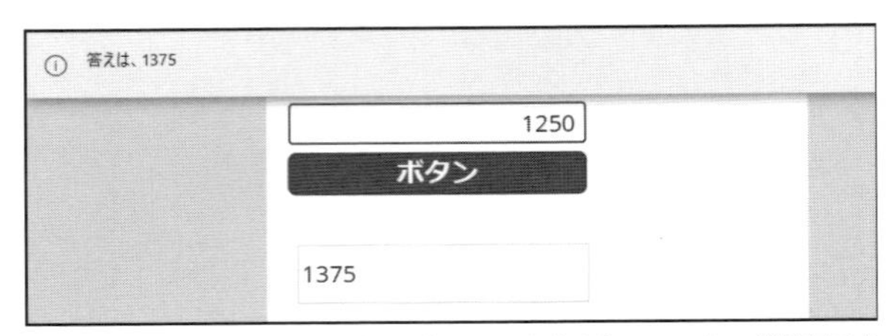

図6-70：コンポーネントのボタンをクリックすると、メッセージが表示されるようになる。

Chapter
6
6.3.
パラメーターと関数コンポーネント

パラメーターの利用

カスタムプロパティを作成するとき、パネルの一番下に「パラメーター」という項目があったのに気づいたことでしょう。カスタムプロパティでは、呼び出す際に値を渡すためのパラメーターを用意することができます。

パラメーターはプロパティを呼び出すときに値を渡すためのものです。基本的に「出力プロパティ」で使うものと考えてください。出力プロパティはコンポーネントから値を受け取るためのものです。これに引数を渡し、それに応じた値を取り出せるようになるわけです。

これも実際に使ってみて働きを理解することにしましょう。

output1の修正

先ほど出力プロパティとしてoutput1というものを作成しました。これにパラメーターを追加してみましょう。

ツリービューで「コンポーネント」に表示を切り替えてください。Component2を選択し、属性タブから「output1」の右側に見える「プロパティを出力する」というリンクをクリックすると、output1 プロパティの設定パネルが現れます。

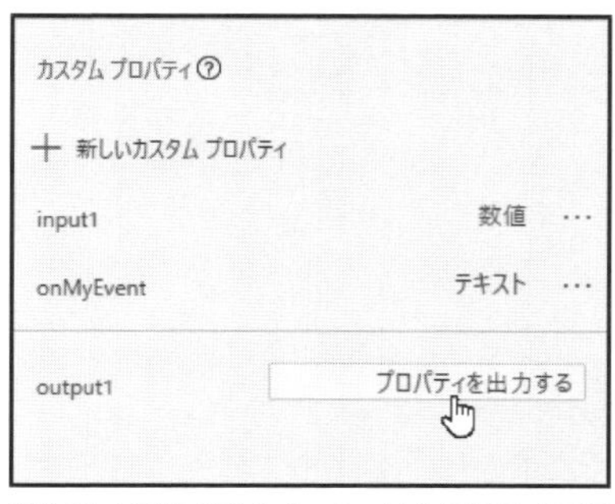

図6-71：属性タブの「output1」にある「プロパティを出力する」をクリックする。

パネル下部にある「パラメーター」というところの「新しいパラメーター」というリンクをクリックしてください。パネルの表示がパラメーター作成のものに切り替わります。

図6-72：「新しいパラメーター」をクリックする。

現れたパラメーター作成の表示には、パラメーターの名前と型に関する以下の項目が用意されています。それぞれ設定して「作成」ボタンをクリックしてください。これでパラメーターが追加されます。

パラメーター名	param1
説明	(説明なのでそれぞれ自由に)
データ型	数値
必須	ON

図6-73：パラメーターの設定を行い、「作成」ボタンをクリックする。

パネルの表示がカスタムプロパティの設定画面に戻ります。パラメーターのところには、新たに作成した「param1」という項目が追加されました。

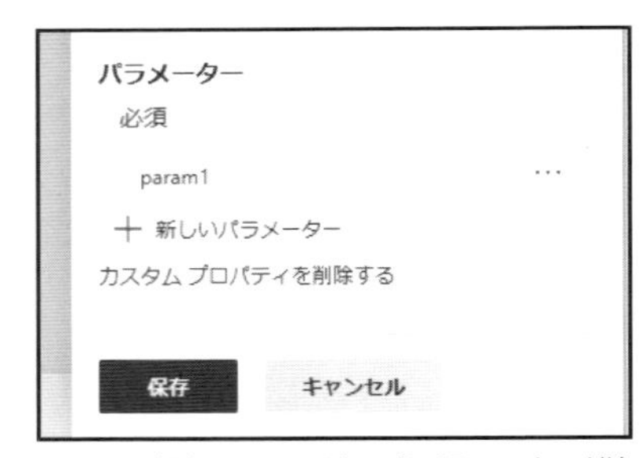

図6-74：新たにparam1というパラメーターが追加された。

コンポーネントの式を修正

修正したoutput1を利用するようにコンポーネントのPower Fx関係を修正していきましょう。

まずはボタンからです。コンポーネントに配置したボタンを選択し、数式バーのコンボボックスから「OnSelect」を選んで式を次のように書き換えてください。

▼リスト6-14

```
Set(
    output1v,
    input1v
);
Component2.onMyEvent();
```

先ほどのサンプルでもOnSelectでoutput1vに値を設定しましたが、このときに計算した結果をoutput1vに設定していましたね。今回は、ただinput1vの値をoutput1vに設定しているだけです。計算はまったく行っていません。

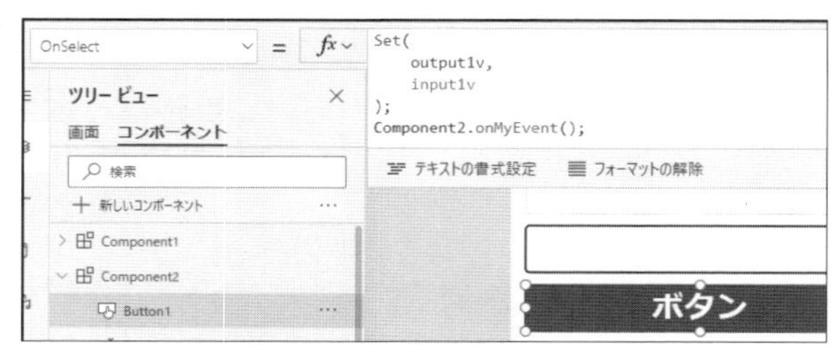

図6-75：ボタンのOnSelectに式を入力する。

ラベルのTextを修正する

続いてラベルの修正です。ラベルの「Text」属性に設定しておいた式を書き換えましょう。次のように変更してください。

▼リスト6-15

```
Text(Component2.output1(1.1))
```

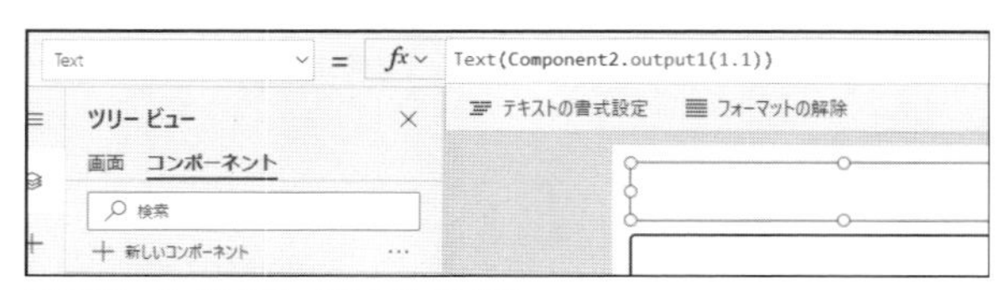

図6-76：ラベルのTextの式を変更する。

先ほどのサンプルでは、このText属性でComponent2.output1の値を設定していましたが、今回の式を見るとComponent2.output1(1.1)というようにパラメーターが使われていますね。ここでは「1.1」という値をパラメーターに渡し、その結果をテキストとして表示するようにしてあります。

ここでもまだ計算は行っていません。修正したoutput1を利用しているだけです。

コンポーネントのOnResetを修正

最後にコンポーネントの本体(Component2)の式を修正します。数式バーのコンボボックスで「OnReset」を選択し、以下の式を入力しましょう。

▼リスト6-16

```
Set(
    input1v,
    Component2.input1
)
```

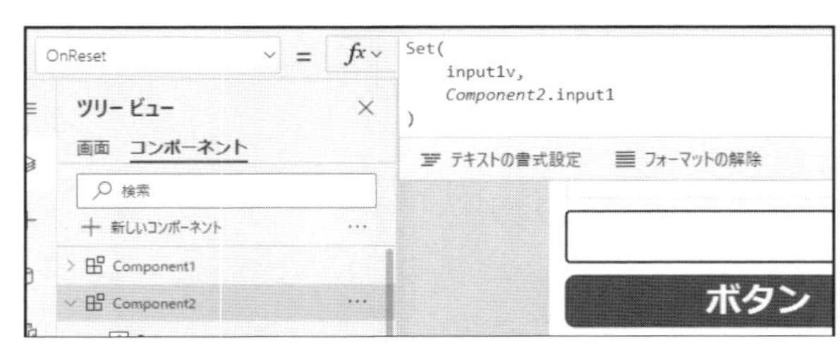

図6-77：コンポーネントのOnResetに式を設定する。

ここではOnResetでinput1プロパティをinput1vに設定しています。これにより、コンポーネントがリセットされるとinput1プロパティの値がinput1v変数に設定されるようになります。これでテキスト入力のテキストやinput1プロパティを使った外部からの入力が、すべてinput1v変数に値が保管されるようになりました。

そしてボタンのOnSelectでは、input1vの値をoutput1vに設定していましたね。ということは、ボタンをクリックして更新されるoutput1v変数の値を使って最終的な結果（output1プロパティ）が得られるようにすればいい、というわけですね。

output1の設定

コンポーネントのoutput1プロパティに設定を行いましょう。コンポーネント(Component2)を選択し、数式バーのコンボボックスで「output1」を選択してください。そして次のように式を記入しましょう。

▼リスト6-17

```
RoundDown(
    output1v * param1,
    0
)
```

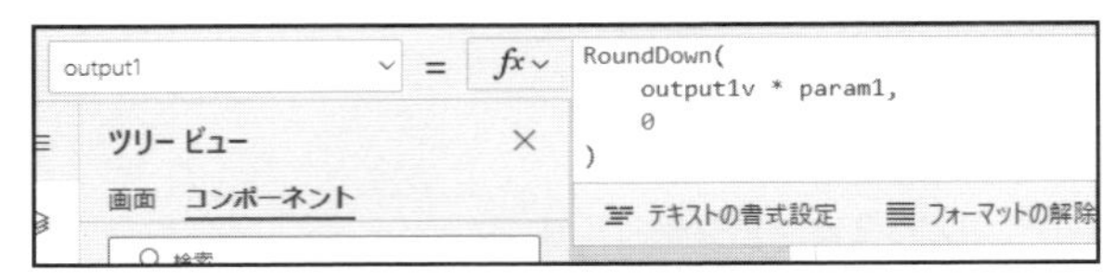

図6-78:output1に式を入力する。

ここではoutput1vにparam1をかけた結果を値に設定しています。param1というのは先ほどoutput1プロパティに追加したパラメーターですね。これで、パラメーターの値を使って計算した結果がoutput1に設定されるようになりました。

修正output1を利用する

では、パラメーターを追加したoutput1を外部から利用してみましょう。ツリービューで「画面」をクリックして表示を切り替えてください。スクリーンに配置してあるラベルを選択して、Textの式を次のように書き換えましょう。

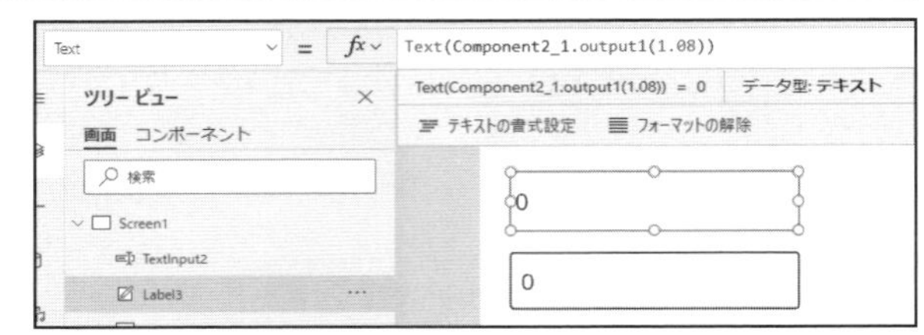

図6-79:ラベルのTextの式を修正する。

▼リスト6-18

```
Text(Component2_1.output1(1.08))
```

ここではComponent2_1からoutput1(1.08)というようにして呼び出していますね。パラメーターに1.08という値を設定しています。

onMyEventの修正

もう1つ、onMyEventも修正しておきましょう。スクリーンに配置したComponent2コンポーネント(Component2_1)を選択し、数式バーのコンボボックスから「onMyEvent」を選択して次のように入力してください。

▼リスト6-19

```
Notify("税込:"
    & Text(Component2_1.output1(1.1))
    & ", 軽減税率:"
    & Text(Component2_1.output1(1.08))
)
```

ここではNotifyを使って、output1(1.1)とoutput1(1.08)の値をメッセージとして表示しています。

パラメーターを使うと同じoutput1でありながら、異なる結果を得ることができるようになるのですね。

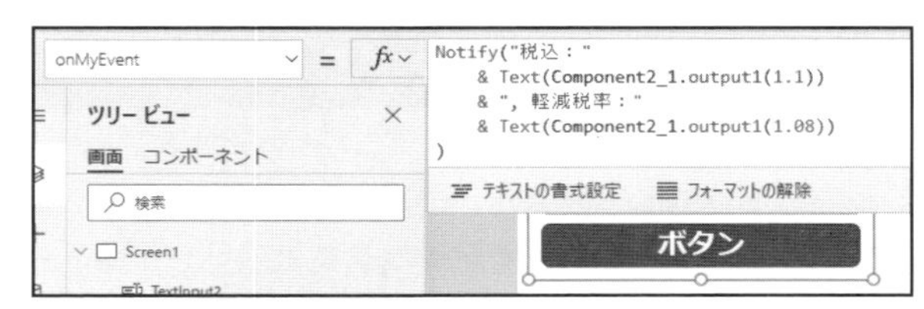

図6-80：onMyEventに式を入力する。

動作を確認する

修正したoutput1を試してみましょう。プレビューを実行し、値を入力してボタンをクリックしてください。コンポーネント内には税率10%の結果が、スクリーンに配置したラベルには税率8%の結果が表示されます。またNotifyにより、2つの値がメッセージとして表示されます。

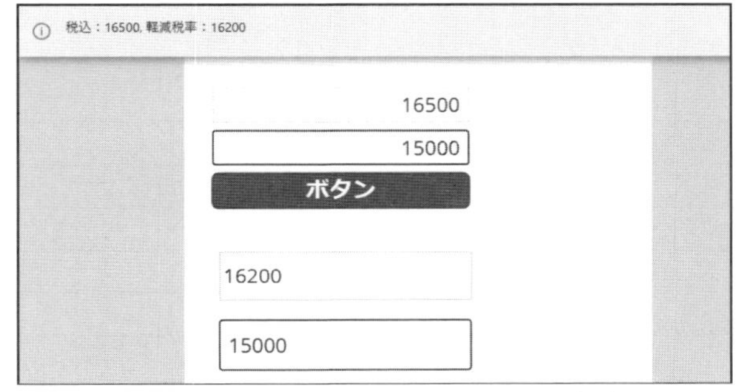

図6-81：数値を入力してボタンをクリックすると、コンポーネントとラベルに異なる値が表示され、メッセージが表示される。

関数ライブラリとしてのコンポーネント

このパラメーターを利用した出力プロパティ、どこかで見たことがあるような気がしませんか？　そう、Power Fxの式で使っている「関数」です。パラメーター付きの出力プロパティは「自分で定義した関数」として機能するのです。純粋な計算だけを行う関数ならばUIもいりません。コントロールなど一切用意することもなく、よく使う処理をいつでも利用できるようになります。

では、「関数ライブラリ」としてのコンポーネントを作成してみましょう。ツリービューで「コンポーネント」に表示を切り替え、「新しいコンポーネント」をクリックして新たなコンポーネントを作成します。属性タブから、コンポーネントの名前を「Func」と変更しておきましょう。

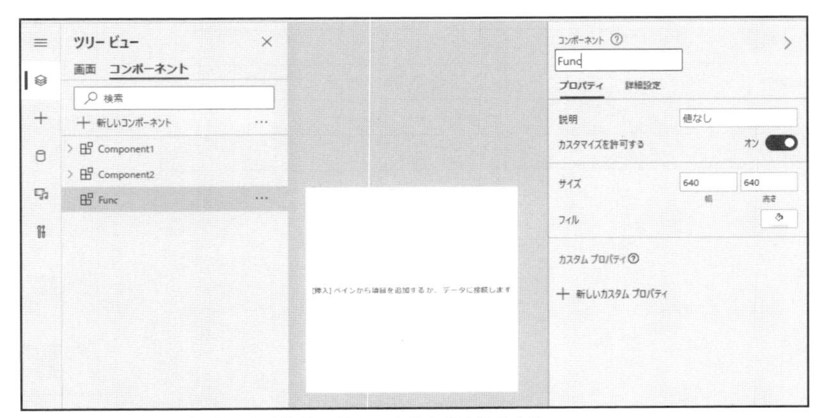

図6-82：新しいコンポーネントを作り、「Func」と名前を設定する。

getData関数を作成する

簡単な関数としてのカスタムプロパティとして「getData」というものを作成してみます。引数にテーブルと数値を渡すと、テーブルのvalueを数値で演算した結果のテーブルを作成して返す、というものにしてみます（具体的な働きは完成してから確かめますから、今は深く考えなくてかまいません）。

Funcコンポーネントの属性タブから「新しいカスタムプロパティ」をクリックし、次のように設定を行いましょう（「作成」ボタンはまだクリックしないように！）。

表示名	getData
名前	getData
説明	（説明なのでそれぞれ自由に）
プロパティの型	出力
データ型	テーブル

図6-83：カスタムプロパティの作成パネルに入力する。

続いてパラメーターを作成します。「新しいパラメーター」をクリックし、パラメーターの作成パネルを呼び出します。そこで次のように設定を行い、「作成」ボタンで保存をしましょう。

パラメーター名	data
説明	（説明なのでそれぞれ自由に）
データ型	テーブル
必須	ON

図6-84：dataパラメーターを作成する。

もう1つパラメーターを用意しましょう。「新しいパラメーター」をクリックし、次のようにパラメーターの設定を行って作成してください。

パラメーター名	param1
説明	(説明なのでそれぞれ自由に)
データ型	数値
必須	ON

図6-85：param1パラメーターを作成する。

これで「data」「param1」という2つのパラメーターが追加されました。内容を確認し、問題なければ「作成」ボタンをクリックしてgetDataプロパティを作成しましょう。

図6-86：2つのパラメーターが用意できたら「作成」ボタンをクリックして作成する。

getDataの式を作成する

getDataの式を作成していきましょう。まず、dataパラメーターに値を指定します。数式バーのコンボボックスを見ると、「getData」という項目の下に「param1」が見えます。これが、パラメーターとして作成したparam1です。これを選択し、以下の式を入力してください。

▼リスト6-20

```
Table({value: 10})
```

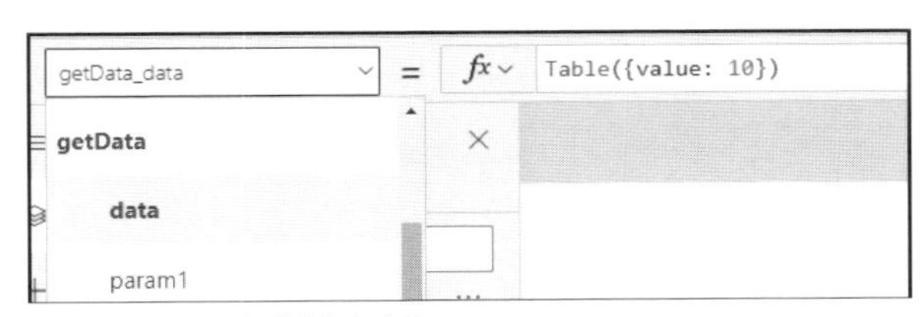

図6-87：param1に式を入力する。

「パラメーターに設定される値」というのは、実は特別な意味があります。それは、「そのパラメーターで扱うデータ型」を示す働きをするのです。通常、テキストや数値ならばダミーの値を適当に用意するだけで問題ないのですが、テーブルの場合はそうはいきません。なぜなら、「どういう値がレコードに用意されているか」をきちんと設定しておかなければ、うまく値をやり取りできなくなります。

ここでは{value: 10}というレコードをダミーとして用意しておきました。これにより、このparam1では{value: 数値}というレコードのテーブルを受け取るようになります。

getDataの処理を設定

あとはgetDataプロパティに処理を用意するだけです。数式バーのコンボボックスからgetDataを選択し、次のように記述をしてください。

▼リスト6-21

```
ForAll(
    data,
    RoundDown(
        value * param1,
        0
    )
)
```

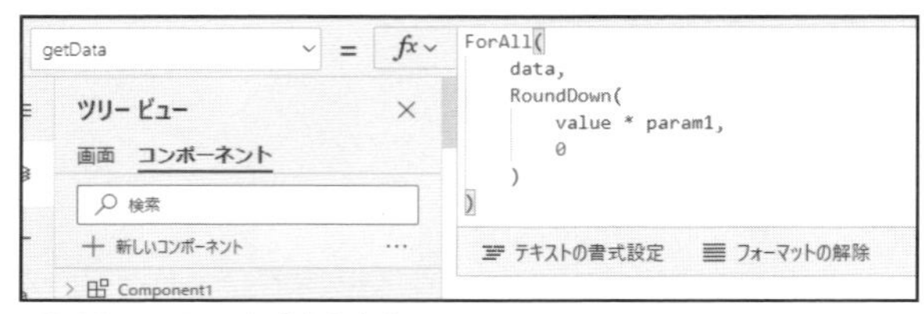

図6-88：getDataに式を入力する。

ここではForAll関数を使い、dataの全レコードについて処理を実行しています。実行しているのはvalue * param1の結果の端数を切り捨てた値を作成する作業です。valueというのはThisRecord.valueのこと（つまり、ForAllで取り出される各レコードのvalue値のこと）です。これにパラメーターのparam1をかけた値を計算し、RoundDownで端数を切り捨てているわけですね。

これで、dataのvalueの値にparam1を掛け算したレコードがgetDataの値として返されるようになりました。

getRnd関数を作成する

もう1つ、関数として使えるカスタムプロパティを用意しましょう。コンポーネントの属性タブから「新しいカスタムプロパティ」をクリックしてカスタムプロパティ作成のパネルを呼び出し、次のように設定してください（まだ作成はしません）。

表示名	getRnd
名前	getRnd
説明	（説明なのでそれぞれ自由に）
プロパティの型	出力
データ型	数値

図6-89：カスタムプロパティの作成パネルで設定を行う。

続いてパラメーターを作成します。「新しいパラメーター」をクリックしてパラメーター作成のパネルを呼び出し、次のように入力をしてください。

パラメーター名	max
説明	(説明なのでそれぞれ自由に)
データ型	数値
必須	ON

図6-90：新しいパラメーター「max」を作成する。

「作成」ボタンをクリックしてパラメーターを作成し、再びカスタムプロパティの作成パネルに戻ります。内容を確認し、「作成」ボタンでプロパティを作成しましょう。

図6-91：maxパラメーターを追加したら、「作成」ボタンでプロパティを作成する。

getRndの処理を作成する

では、作成したgetRndプロパティに処理を用意しましょう。今回は、パラメーターの値は設定する必要はありません。数式バーから「getRnd」を選び、以下の式を入力してください。

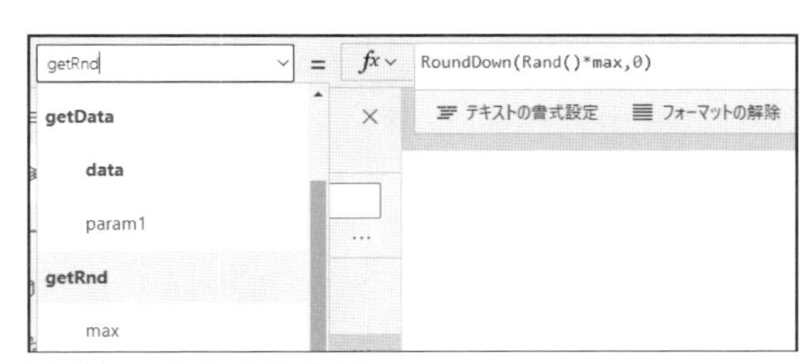

図6-92：getRndに式を入力する。

▼リスト6-22

```
RoundDown(Rand()*max,0)
```

Rand関数にmaxパラメーターを掛け算し、端数を切り捨てた値をgetRndの値として返しています。つまり、ゼロからmaxまでの間の乱数を作成するものだった、というわけです。

プロパティを確認

これで、Funcコンポーネントに「getData」「getRnd」という2つの出力プロパティが作成できました。属性タブで問題なくプロパティが表示されることを確認しておきましょう。どちらもちゃんと「出力」プロパティになっていますね？　入力のままだとうまく機能しないので注意してください。

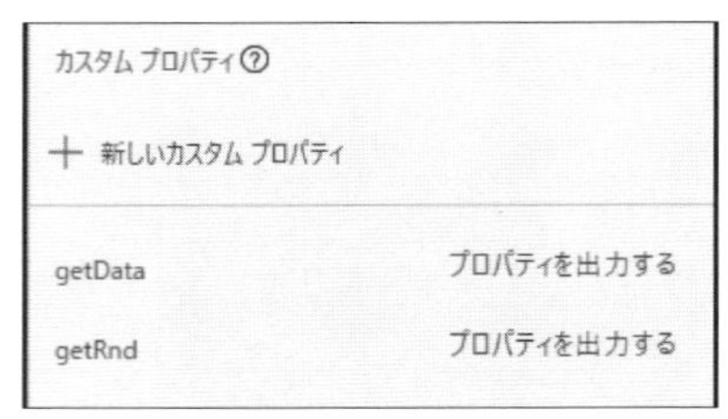

図6-93：属性タブに表示されるカスタムプロパティ。

関数コンポーネントを利用する

では、作成したFunc関数コンポーネントを利用してみましょう。ツリービューで「画面」をクリックして表示を切り替えてください。そしてコントロール類の一覧から「カスタム」内にある「Func」をクリックして画面に配置します。けっこう大きなサイズで追加されるので、ドラッグして適当に大きさを調整しておきましょう。

このFuncコンポーネントは何もコントロールがありませんから何も表示されません。見えないくらいに小さくしてどこか邪魔にならないところに置いておくとよいでしょう。

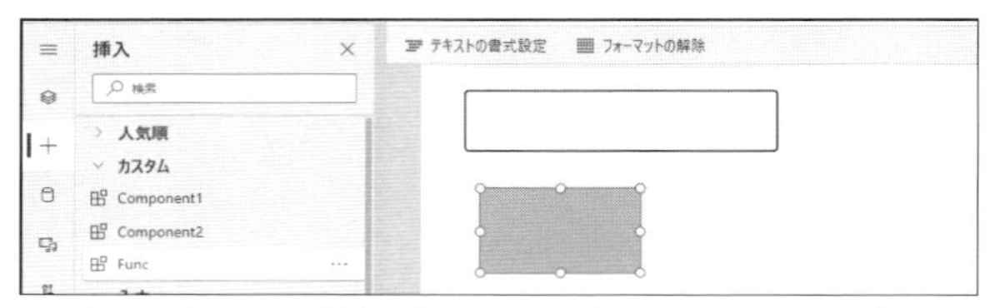

図6-94：スクリーンに追加したFuncコンポーネント。わかりやすいように背景色を変えてある。

コントロールを用意する

getDataはテーブルを値として返します。利用するためにはいくつかコントロールを用意しておく必要があるでしょう。ここではテキスト入力、ボタン、リストボックスといったものを用意することにします。これらはそれぞれ以下の働きをします。

テキスト入力	getDataのパラメーター（param1）の値を入力するためのもの。
ボタン	getDataを実行する。
リストボックス(2つ)	元のリストとgetDataで変換されたリストを表示する。

スクリーンにこれら計4個のコントロールを配置しましょう。位置や大きさなどはそれぞれで適当に調整してかまいませんが、テキスト入力だけは以下の属性を設定しておいてください。それ以外の属性はデフォルトのままでいいでしょう。

名前	inputValue
書式	数値

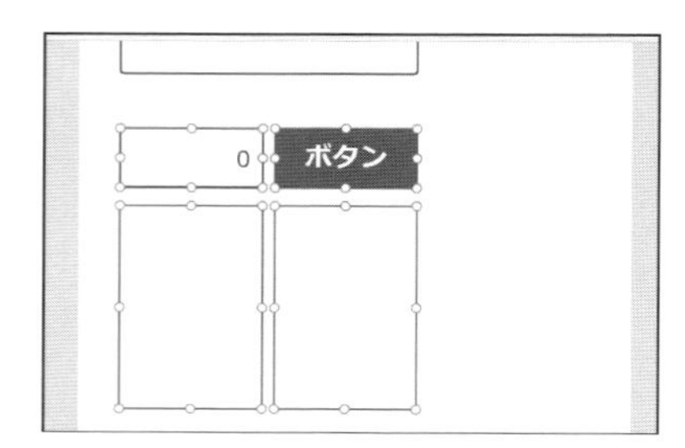

図6-95：テキスト入力、ボタン、2つのリストボックスを作成する。

式を作成する

用意したコントロールを使ってFuncコンポーネントの関数を利用する処理を作りましょう。まず、テキスト入力（inputValue）からです。数式バーのコンボボックスから「OnChange」を選んで、以下の式を入力しましょう。

▼リスト6-23

```
UpdateContext({invalue: Value(Self.Text)})
```

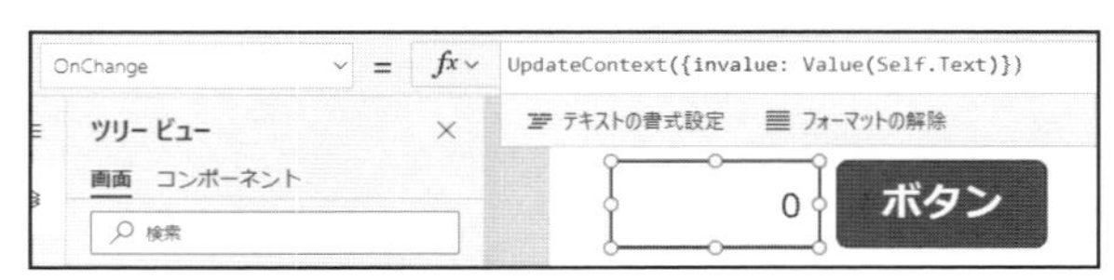

図6-96：OnChangeに式を入力する。

ここではUpdateContextを使って、invalueという変数にテキスト入力のTextの値を設定しています。Valueを使い、数値に変換しておくようにしました。

ボタンのOnSelectを設定する

続いてボタンです。数式バーのコンボボックスから「OnSelect」を選択し、以下の式を記入してください。

▼リスト6-24

```
UpdateContext(
    {
        mydata: Table(
            {value: Func_1.getRnd(100)},
            {value: Func_1.getRnd(100)},
            {value: Func_1.getRnd(100)},
            {value: Func_1.getRnd(100)},
            {value: Func_1.getRnd(100)}
        )
    }
)
```

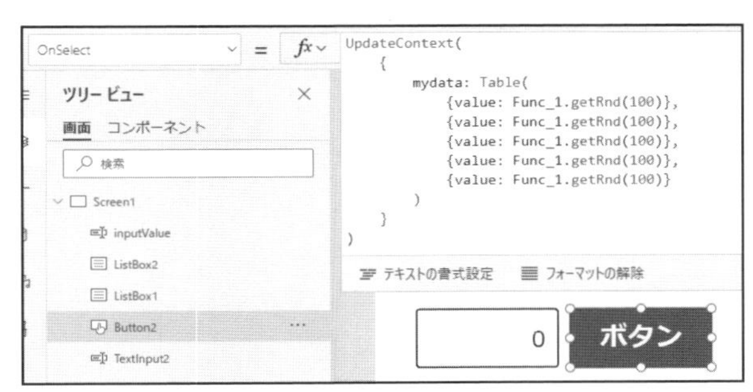

図6-97：ボタンのOnSelectに式を入力する。

ここではUpdateContextでmydataという変数にテーブルを設定しています。テーブルはtable関数を使い、valueという項目の値だけを持つレコードを5つ用意しました。各valueはFunc_1のgetRnd関数を使って100までの乱数を設定しています。getRndのおかげで、乱数の作成が非常に楽に行えるようになりましたね。

リストボックスのItemsを設定

残るは2つのリストボックスです。それぞれ数式バーのコンボボックスから「Items」に次のように値を入力します。

▼リスト6-25：1つ目のリストボックス

```
mydata
```

▼リスト6-26：2つ目のリストボックス

```
Func_1.getData(mydata,invalue)
```

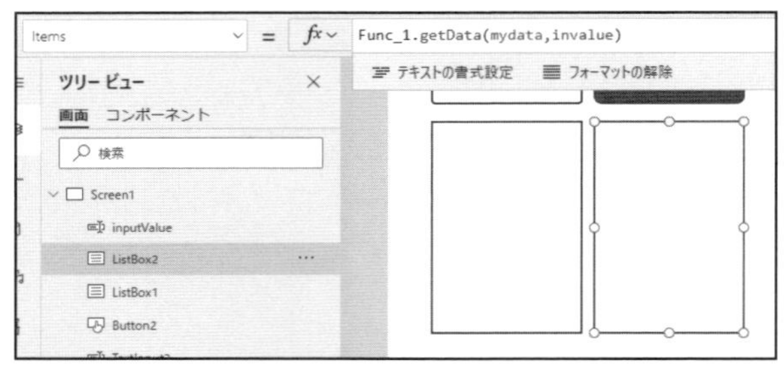

図6-98：リストボックスのItemsに式を入力する。

1つ目にはmydata変数の値をそのままItemsに設定しています。これでmydataのテーブルが表示されるようになります。

2つ目にはFunc_1の「getData」関数を呼び出して値を設定しています。関数の引数にはmydataとinvalueを指定しています。これでmydataにinvalueをかけ合わせて作られたテーブルがリストに表示されるようになります。

動作を確認する

プレビューを実行して動作を確認しましょう。テキスト入力に適当な数値を記入してボタンをクリックすると、2つのリストボックスに元のテーブルとgetDataで変換したテーブルがそれぞれ表示されます。ボタンをクリックするたびにリストの値はランダムに変わります。

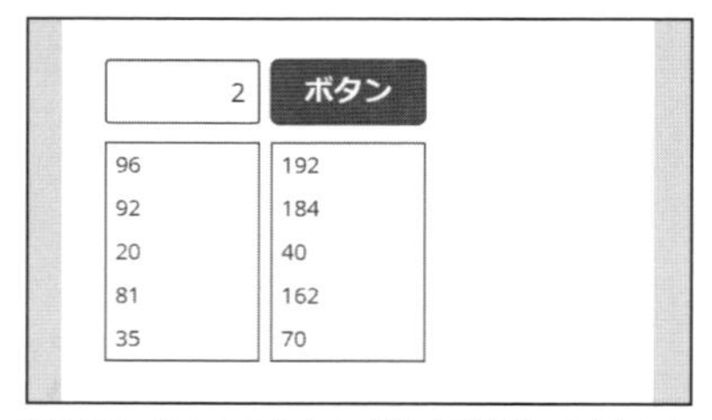

図6-99：テキスト入力に「2」と記入してボタンをクリックすると、左側のリストボックスにランダムな数値が、右側にはその2倍の数値が表示される。

関数としてのコンポーネント

以上、コンポーネントを関数ライブラリとして利用するサンプルを作成してみました。関数が作成できるようになるとさまざまな処理をコンポーネントに作成し、いつでも利用できるようになります。ある程度汎用的な関数が一通り用意できれば、その便利さが実感できるようになるでしょう。

ただし、関数としてカスタムプロパティを利用する場合も、完全に自由に処理を組み立てられるわけではありません。いろいろと考えなければならない点もあります。

●データ型は非常に厳密

getDataではテーブルを利用した処理を作成しましたが、このとき、dataパラメーターにテーブルの値を指定しました。このテーブルの構造と完全に一致したものだけがdataパラメーターに設定できます。用意されている項目が違っていると、もう使うことはできません。したがって、「どんなテーブルでも使える汎用的な関数」というのは作れないのです。

●外部テーブルは利用可能

ここではTable関数でテーブルを作成しましたが、コンポーネントでは「データの追加」を使って外部にあるデータテーブルなどを利用することは可能です。ですから、データテーブルから必要な処理を行ったレコードを取得したり、特定のレコードを抽出したりするのに関数コンポーネントは活用できます。ただ、すでに述べたようにテーブルの構造が完全に一致していないと引数などとしてやり取りできない点はよく理解しておきましょう。

●出力プロパティでは変数が使えない

複雑な処理を作成する場合、考えなければならないのが「値の保管」です。例えば関数として呼び出された際に、Setで値を保管しておければずいぶんと面白いことができそうですね。けれど、出力プロパティではSet関数は使えません。出力プロパティ内ではコンポーネントの状況を変更するような関数は利用できないのです。

出力プロパティで行えるのは「計算などの処理を行い、値を返す」ということのみです。値をラベルなどに設定したり、変数に保管したりできればいろいろ応用ができるでしょうが、そうした処理はすべて行えません。

●動作プロパティも関数化できる

ここでは出力プロパティを使いましたが、パラメーターを使えるのはこれだけではありません。動作プロパティもパラメーターを用意して関数化することができます。

ただし、動作プロパティはコンポーネント内から呼び出すものです。あらかじめコンポーネント内に組み込んでおき、外部から処理を追加するような使い方をするためのものです。ですから、出力プロパティのように外部から関数的に呼び出すことはできません。

——以上のように、関数ライブラリとしてコンポーネントを作る場合は注意すべき点がいくつかあります。ただ、その多くはコンポーネントや変数などを扱う場合の制約です。純粋な演算処理（数値演算やテキスト・日時の計算など）のための関数は、ほぼ問題なく作成できるでしょう。

まずは「計算を行う関数ライブラリ」としてコンポーネントを用意することを考えてみましょう。それだけでも十分、関数コンポーネントのメリットは感じられるはずですよ。

Chapter 7

モデル駆動型アプリの作成

Power Appsではキャンバスアプリの他にも、
「モデル駆動型アプリ」というアプリが作成できます。
このアプリの働きと基本的な使い方について説明しましょう。

Chapter 7

7.1. モデル駆動型アプリとモデルの用意

モデル駆動型とは?

ここまで作成してきたアプリは、すべて「キャンバスアプリ」とよばれるものでした。キャンバスアプリは開発者が自分で使用するテーブルやUI(スクリーン)を作成し、さまざまな処理を実装していくものでした。そういった意味ではローコード開発環境ではありますが、手順としては一般的なアプリ開発とそう違いはない開発スタイルであることがわかります。

こうした一般的なアプリ開発とは別に、Power Appsには「モデル駆動型」と呼ばれるアプリ開発も用意されています。モデル駆動型アプリとは、これまでのキャンバスアプリとは根本的に開発スタイルが異なります。

モデル駆動型アプリは「ビジネスデータのモデル化」にターゲットを絞ってアプリの開発を行うものです。さまざまな業務用のデータをベースにして、そのデータを扱うためのどのような仕組みを用意すべきかを設定してアプリの作成を行います。

モデル駆動型アプリの開発はテーブルなどを組み込み、使用するコンポーネント(ダッシュボード、フォーム、ビューなど)を作成し設定していくことで行います。具体的なスクリーンのデザインや処理の作成などは行いません。

UIは配置したコンポーネントにより自動的に生成され、実行される処理も用意されている機能の組み合わせで行います。アプリの表示や処理などではなく、「データをどのようにモデル化して利用するか」を考えて作成するのです。

UIなどを作る必要がないため、アプリ作成は非常に簡単に行えます。逆に、アプリの表示などを細かく制御することはできません。レイアウトなどはすべて自動生成されたものをそのまま利用するしかないのです。

C O L U M N

コンポーネントとは?

ここで「コンポーネント」という言葉が出ましたが、これはChapter 6で作成した「キャンバスアプリで使うコンポーネント」とは別のものです。

データテーブルの作成

モデル駆動型アプリは「データありき」です。データがなければ作ることはできません。そこで、まず最初にサンプルのデータテーブルを作成しておきましょう。

Power Appsのホーム画面に戻ってください。左側のリストから「データ」内の「テーブル」を選択し、上部の「新しいテーブル」をクリックしてください。

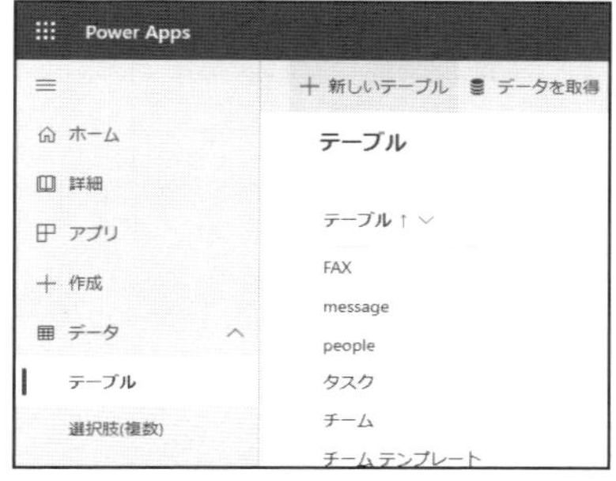

図7-1：「新しいテーブル」をクリックする。

右側からサイドバーが現れ、新しいテーブルの設定を行います。ここでは「sampledata」と名前を入力しましょう。プライマリキーはデフォルトのまま（表示名、名前は「Name」）でいいでしょう。

図7-2：sampledataという名前で作成する。

列の追加

sampledataテーブルが選択された状態に戻ります。続いてテーブルに列を作成しましょう。上部にある「列の追加」をクリックしてください。

図7-3：「列の追加」をクリックする。

列の設定パネルがサイドバーとして右側に現れます。ここで列を作成していきます。まずは次のような列を追加しましょう。設定を行い、「完了」ボタンをクリックすれば新しい列が追加されます。

表示名	score1
名前	score1
データ型	数値
必須	任意
検索可能	ON

図7-4：score1という列を作成する。

同様に、もう１つ列を作成しておきましょう。基本的には１つ目と同じで、名前が違うだけのものです。

表示名	score2
名前	score2
データ型	数値
必須	任意
検索可能	ON

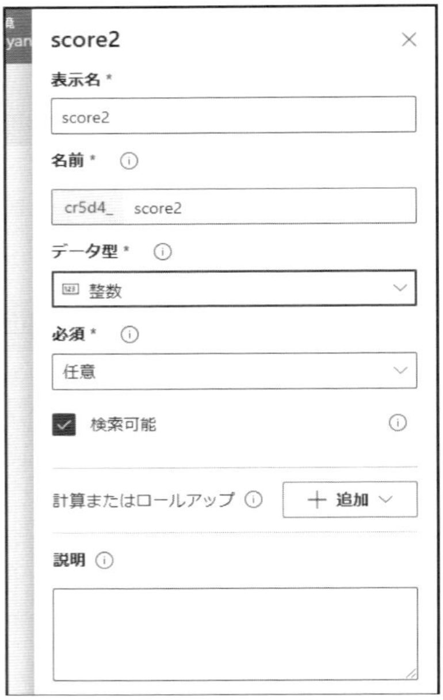

図7-5：score2という列を作成する。

これでsampledataテーブルに「Name」「score1」「score2」といった列が追加されました。列の内容を確認したら、「テーブルの保存」ボタンをクリックして保存しましょう。

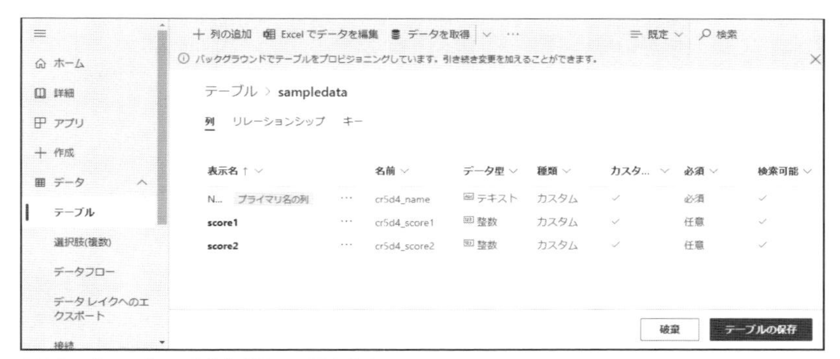

図7-6：「テーブルの保存」ボタンで保存する。

ビューの修正

テーブルを作成したら、あとやるべきことは？　そう、「ビューの修正」「フォームの修正」、そして「レコードの作成」でしたね。では順に作業しましょう。

まずはビューの修正です。sampledataテーブルが選択された状態で「ビュー」をクリックして、ビューの一覧リストに表示を切り替えてください。そして「アクティブなsampledata」というビューをクリックして開いてください。

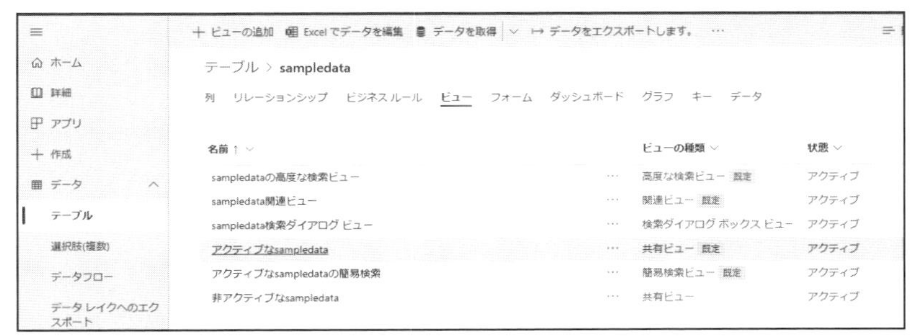

図7-7：「アクティブなsampledata」を開く。

ビューの編集画面が現れます。初期状態では「Name」と「作成日」だけが表示されていますね。ここにscore1とscore2を追加していきます。

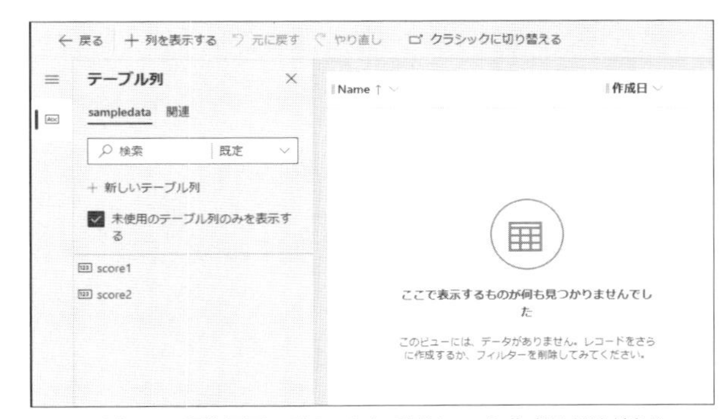

図7-8：ビューの編集画面。デフォルトではNameと作成日だけがある。

テーブル列に表示されている列のリストから、「score1」「score2」を中央のテーブル表示部分に挿入してください。並び順などはそれぞれで使いやすい形に調整しておくといいでしょう。

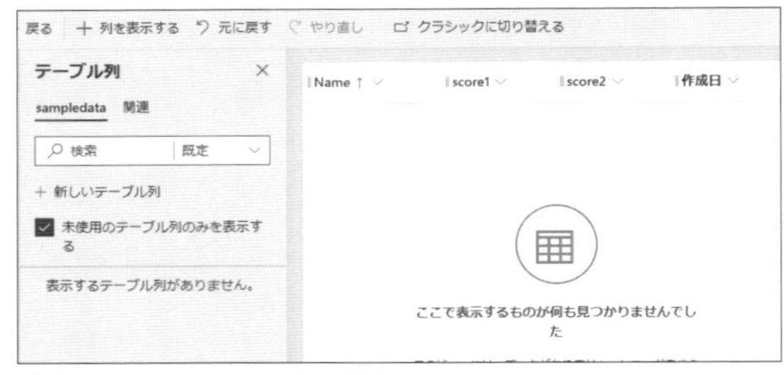

図7-9：score1, score2の項目を追加する。

列の項目を用意できたら右上の「上書き保存」ボタンをクリックし、保存します。続けて「公開」ボタンをクリックして公開しましょう。これでビューが使えるようになりました。

図7-10：「上書き保存」ボタンをクリックし、続けて「公開」ボタンをクリックする。

フォームの修正

続いてフォームの修正です。sampledataを選択した状態で「フォーム」をクリックし、フォームの一覧に表示を切り替えましょう。フォームの種類が「Main」となっている項目の名前部分（「情報」のところ）をクリックしてフォームの編集画面を開いてください。

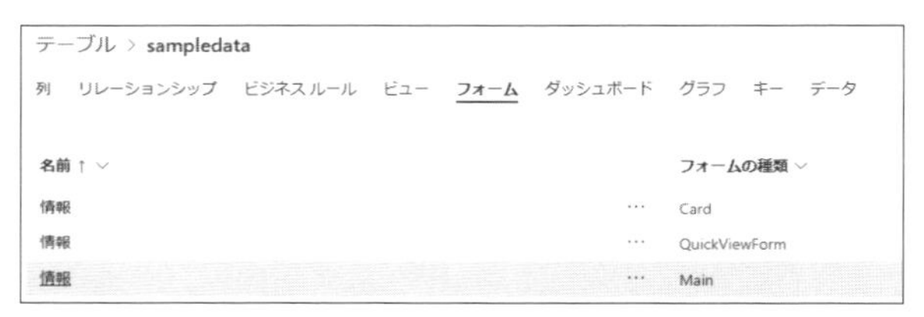

図7-11：Mainのフォームをクリックして開く。

フォームの編集画面が現れます。初期状態では「Name」と「所有者」の2つのみが表示されているでしょう。これに先ほどのscore1, score2を追加していきます。

図7-12：ビューの編集画面。これにscore1, score2を追加する。

左側に見えるアイコンから「テーブル列」を選択してください。列の一覧リストが表示されるので、ここから「score1」「scpore2」をクリックしてフォームに挿入します。使いやすいように、それぞれで項目を上下にドラッグして並び順を整えておきましょう。

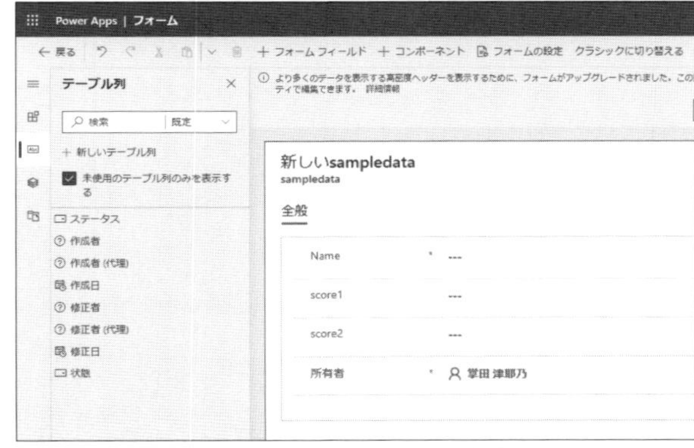

図7-13：score1とscore2を追加し、並び順を調整する。

これでフォームの修正ができました。右上の「保存」ボタンをクリックして保存し、さらに「公開」ボタンで公開してください。これで修正したフォームが使えるようになります。

図7-14：「保存」ボタンをクリックし、さらに「公開」ボタンで公開する。

レコードの追加

あとはサンプルレコードをいくつか作成しておきましょう。sampledataテーブルを選択した状態で「データ」をクリックして表示を切り替えます。そして上部の「レコードの追加」をクリックしましょう。

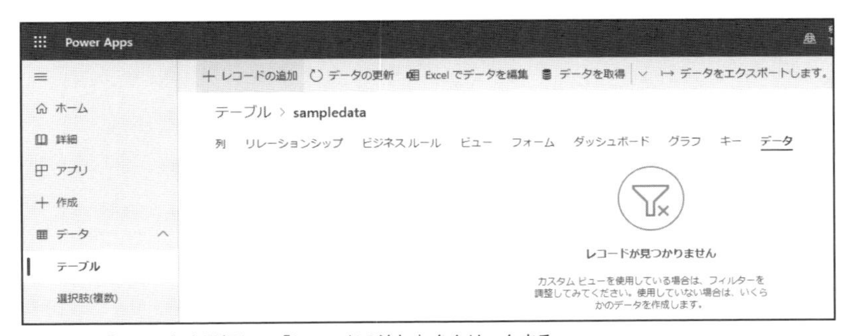

図7-15：「データ」を選択し、「レコードの追加」をクリックする。

レコード作成フォームが現れたらName, score1, score2を適当に記入し、「上書き保存」をクリックして保存をします。

図7-16：フォームで値を入力し、「上書き保存」で保存する。

同様にいくつかのレコードを作成し、用意してください。レコードの値はそれぞれで適当に記入してかまいません。

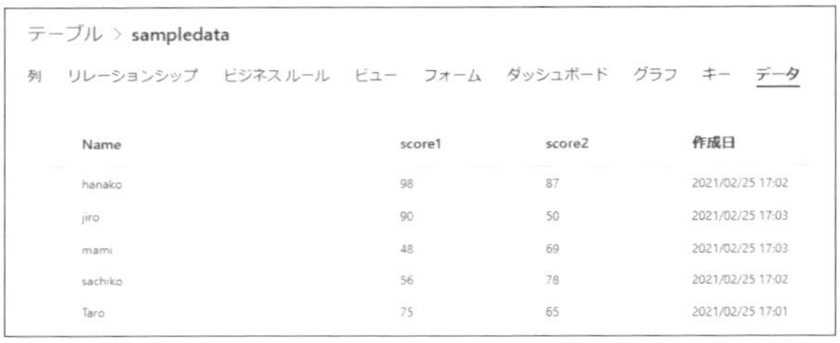

テーブル > sampledata

列　リレーションシップ　ビジネスルール　ビュー　フォーム　ダッシュボード　グラフ　キー　データ

Name	score1	score2	作成日
hanako	98	87	2021/02/25 17:02
jiro	90	50	2021/02/25 17:03
mami	48	69	2021/02/25 17:03
sachiko	56	78	2021/02/25 17:02
Taro	75	65	2021/02/25 17:01

図7-17：いくつかのダミーレコードを作成したところ。

グラフの作成

キャンバスアプリでテーブルを利用したときは、これでテーブルの作業は完了でしたが、モデル駆動型アプリで利用する場合は、もう１つやっておきたいことがあります。それは「グラフ」の作成です。

グラフというのはその名の通り、テーブルのデータをグラフとして表示するためのものです。sampledataテーブルを開いた状態で、上に見える「列」「リレーションシップ」といったリンクの中に「グラフ」というものが見つかります。これをクリックしてください。グラフの一覧に表示が切り替わります。といっても、まだグラフは作っていないので何も表示はされません。

図7-18：sampledataのグラフ。まだ何も表示されない。

では、グラフを作成しましょう。上に見える「グラフの追加」という表示をクリックしてください。新たにウインドウが開かれます。

図7-19：「グラフの追加」をクリックする。

グラフ追加のウインドウについて

「グラフの追加」で現れるウインドウには、作成するグラフの細かな設定を行うための項目がいろいろと用意されています。簡単に内容をまとめておきましょう。

メニューバー	上部には「ファイル」「ホーム」といったメニューがあり、これらを切り替えることで下のツールバーの表示が変わります。
ツールバー	デフォルトでは「ホーム」メニューのツールバーが表示されています。「上書き保存」というところにはグラフの保存のためのアイコンが並びます。その右側の「グラフ」というところに作成するグラフの表示に関するアイコンが並びます。ここから項目を選んでグラフを作成します。
グラフのプレビューで使用するビュー	使用するビューを選びます。ここでは「アクティブなsampledata」にしておきます。
ここにグラフ名を入力してください	グラフの名前を記入します。
凡例エントリ（系列）	グラフとして表示する数値の列を指定するものです。「系列を追加します」をクリックすることで複数の列を追加できます。
横（カテゴリ）列のラベル	横軸として使う列を指定するものです。
説明	説明のテキストを用意しておけます。

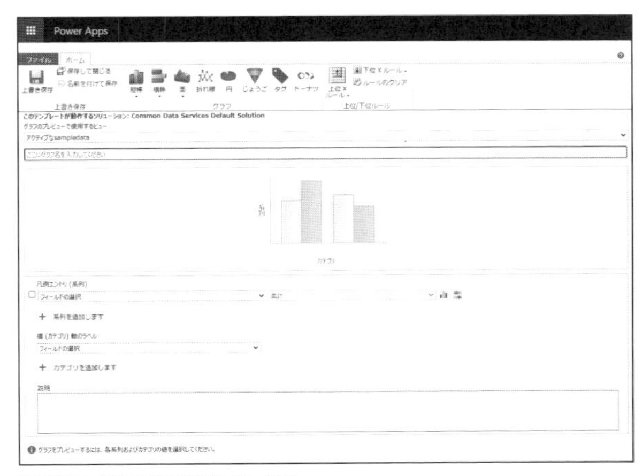

図7-20：グラフ設定のウインドウ。

グラフを設定する

では、グラフを作成しましょう。ここではscore1とscore2を積み上げ式で棒グラフにしてみます。次のように項目を設定してください。

- 縦棒「積み上げ縦棒」を選ぶ。
- グラフ名「Nameごとのscore1, score2」と入力する。
- 凡例エントリに2つの列を用意。1つ目を「score1」「合計」、2つ目を「score2」「合計」としておく。
- 横（カテゴリ）列のラベル「Name」を選択する。

ここではscore1, score2の2つの列をグラフとして表示します。これらを一通り設定したら「上書き保存」アイコンをクリックして保存しておきましょう。

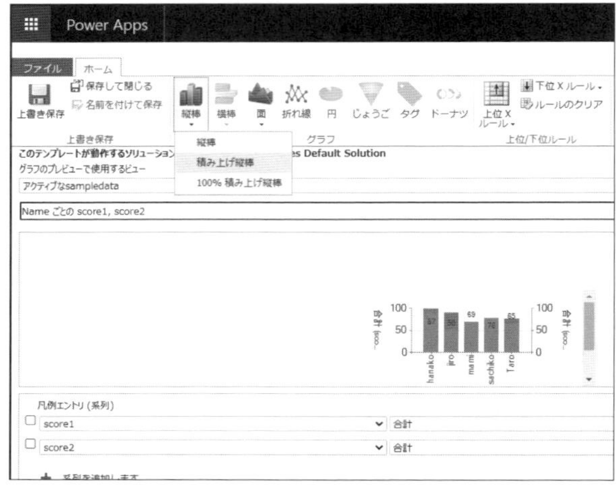

図7-21：グラフの設定を行い、上書き保存する。

これでグラフが作成されました。やり方がわかったら、凡例エントリを「score1のみ」「score2のみ」といったグラフも作成してみましょう。

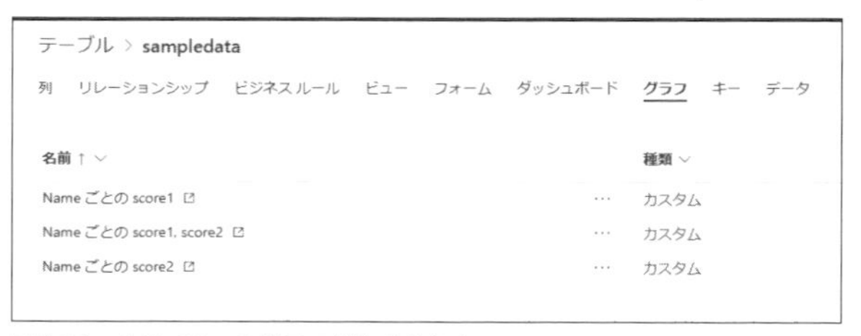

図7-22：全部で3つのグラフが作成された。

テーブルの設定が一通りできましたので、次節から作成したsampledataテーブルを使ってモデル駆動型アプリを作成してみることにしましょう。

Chapter 7

7.2. モデル駆動型アプリの作成

モデル駆動型アプリの作成

モデル駆動型アプリはキャンバスアプリと同様にPower Appsのホーム画面から作成することができます。

左側のリストから「ホーム」または「作成」を選択し、「モデル駆動型アプリを一から作成」をクリックしてください。

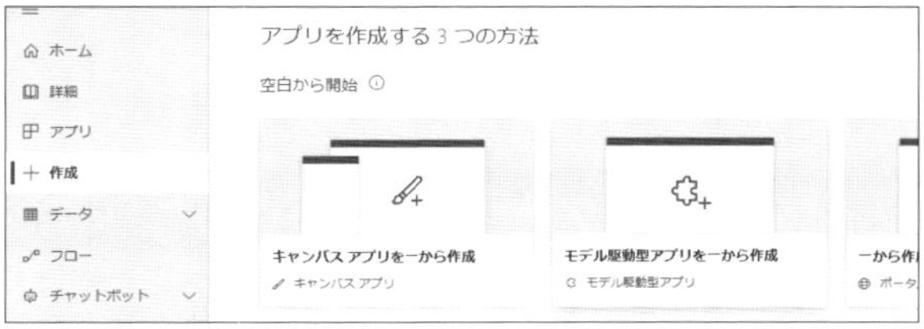

図7-23：「モデル駆動型アプリを一から作成」をクリックして作成する。

あるいは左側のリストから「アプリ」を選択し、上部に見えるバーの「新しいアプリ」から「モデル駆動型」メニューを選択しても作成することができます。

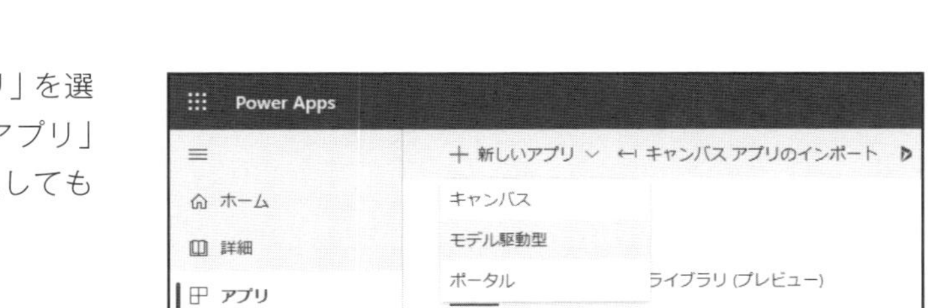

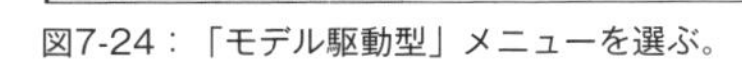

図7-24：「モデル駆動型」メニューを選ぶ。

画面にアプリ作成のパネルが現れます。右下にある「作成」ボタンをクリックしてください。

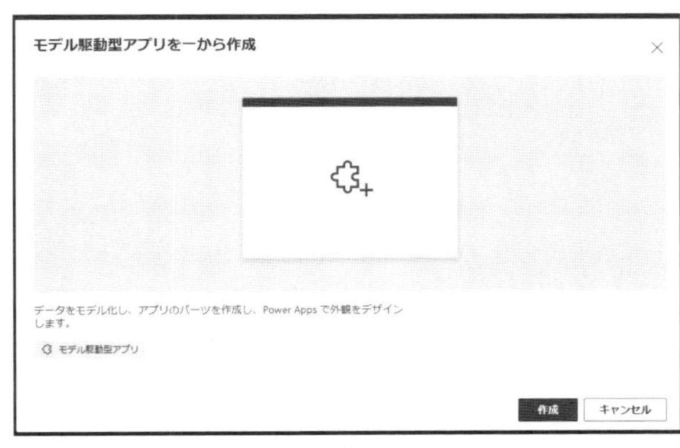

図7-25：「作成」ボタンをクリックする。

新しいタブが開かれ、アプリ作成の設定が現れます。ここで名前に「MyModelApp」と入力しておきましょう。その他の項目はデフォルトのままでかまいません。右上にある「完了」ボタンをクリックすればアプリが作成されます。

図7-26：アプリ名を入力し、「完了」ボタンをクリックする。

アプリデザイナーについて

アプリが作成されると、「アプリデザイナー」と呼ばれる専用の編集ツールで開かれます。アプリデザイナーは、いくつかのコンポーネントが配置されたものです。「サイトマップ」「ダッシュボード」「業務プロセス」といったテキストの表示された部品が見えますね？　これらが、モデル駆動型アプリのコンポーネントです。

画面に広く表示されているエリア（背景がグレーの部分）はいくつかの細かなエリアに分かれており、そこにコンポーネントが配置されています。用意されているのは次のようなエリアです。

サイトマップ	アプリ全体の構成を担当する部分です。モデル駆動型アプリでは左側に表示を切り替えるリストが用意されますが、そこに表示される項目をここで作成します。
ダッシュボード	各種の情報を整理して表示するのがダッシュボードです。ダッシュボードは自分で複数作成して使うことができます。
エンティティビュー	エンティティとはテーブルのことです。アプリで使用するテーブルと、そのテーブルに用意されるフォームやビューなどを管理するものです。

アプリの作成は、「専用のダッシュボードの用意」「エンティティビューやダッシュボードをサイトマップに組み込む」「利用するエンティティビューを調整する」といった作業を行って完成します。画面表示であるUIの作成や各種のビジネスロジックの作成などは行いません。

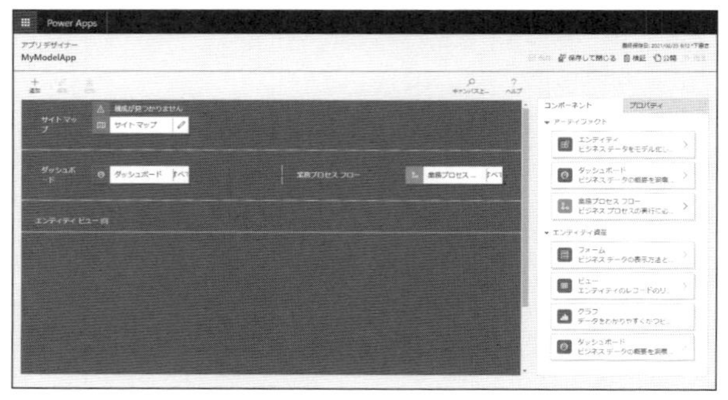

図7-27：アプリデザイナーの画面。

ダッシュボードを作成する

では、モデル駆動型アプリの編集を行いましょう。最初に「ダッシュボード」の作成から行います。

ダッシュボードはモデル駆動型アプリの中で唯一、画面表示に関する設定を行うものです。といってもキャンバスアプリのように自由に部品を配置するのではなく、用意されているコンポーネントを決まった形に並べて表示する、といったものです。

アプリデザイナーの「ダッシュボード」というエリアには、「ダッシュボード | すべて」という項目が表示されています。これがダッシュボードのコンポーネントです。これをクリックしてください。

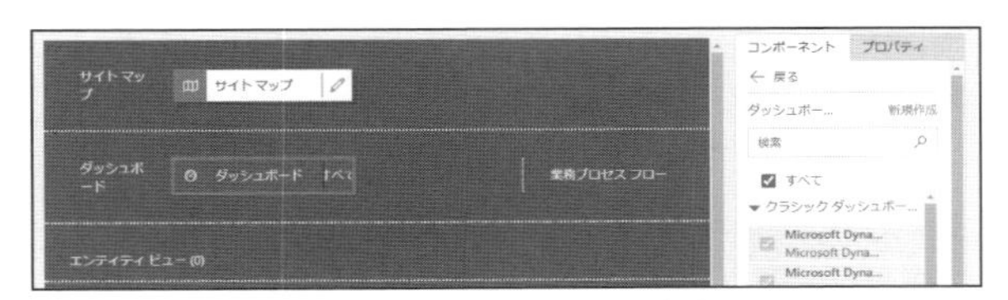

図7-28：「ダッシュボード」コンポーネントを選択する。

右側のエリアにダッシュボードの一覧が表示されます。Power Appsではデフォルトで多数のダッシュボードが用意されています。それらは主にMicrosoft Dynamic 365に関するものです。Dynamic 365はマイクロソフト社が提供する中小企業向けのERPソリューションで、Power Appsなどと連携して利用できるように設計されています。このDynamic 365のためのダッシュボードが一通り揃っていたのですね（Dynamic 365については本書とは直接関係ないため、ここでは特に触れません）。

ただし、自分で作成したテーブルなどを利用するためのものはありませんから、これは自分で作成する必要があるのです。

図7-29：ダッシュボードにはDynamic 365用のものが多数用意されている。

パネルの右上にある「新規作成」というリンクをクリックしてください。以下の項目を持つメニューがプルダウンします。

クラシックダッシュボード	従来型のダッシュボード。
対話型ダッシュボード	インタラクティブに操作するダッシュボード。

タイプは違いますが、作り方や設定などはほとんど変わりありません。片方の使い方がわかれば、同じ考えでもう一方も使えるようになります。ここでは「クラシックダッシュボード」を選んで作成しましょう。

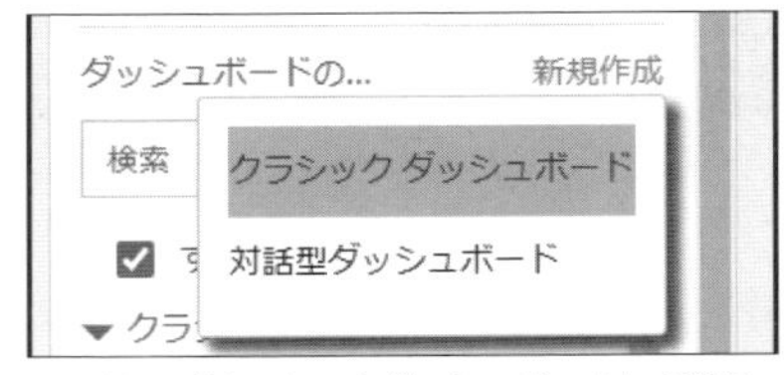

図7-30：「クラシックダッシュボード」を選ぶ。

画面に「レイアウトの選択」というパネルが現れます。ここでダッシュボードに配置するコンポーネントのレイアウトを選びます。自分で見やすいと思うものを選んでおきましょう(サンプルでは「3列 標準ダッシュボード」にしておきます)。「作成」ボタンをクリックすると、ダッシュボード作成のための新しいウインドウが開かれます。

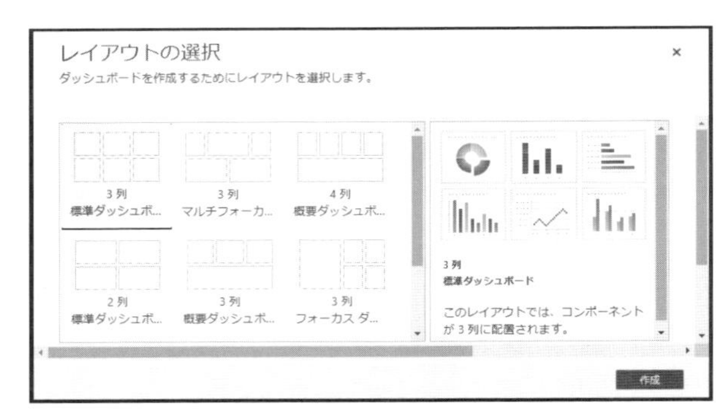

図7-31：「レイアウトの選択」でレイアウトを選ぶ。

ダッシュボードの設定

ダッシュボード設定のための画面が表示されます。上部に「名前」というフィールドがあり、そこにダッシュボード名を記入します。その下には先ほど選んだレイアウトの配置で四角いエリアが並んで表示されています。エリア1つ1つの中央に5種類のアイコンが表示されています。これらのアイコンは、それぞれ以下の役割を果たすものです。

グラフの挿入	エリアに新しいグラフを設定します。
リストの挿入	エリアにテーブルのレコードのリストを設定します。
アシスタントの挿入	インタラクティブに操作する「アシスタント」と呼ばれるものを設定します。
iframeの挿入	コンポーネントをURL指定で組み込むためのものです。
Webリソースの挿入	Webサイトのリソースを取得し組み込むためのものです。

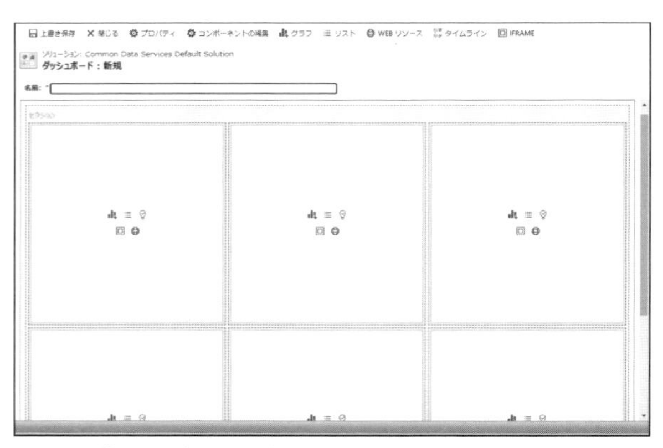
図7-32：ダッシュボードの設定ウインドウ。

コンポーネントを設定する

ダッシュボードにコンポーネントを設定しましょう。左上のコンポーネントのエリアにある「リストの挿入」アイコンをクリックしてください。リストの設定を行うパネルが現れます。

ここでは「レコードの種類」と「ビュー」を選びます。レコードの種類は「sampledata」を、ビューには「アクティブなsampledata」をそれぞれ選びましょう。そして「作成」ボタンをクリックすれば、コンポーネントが作成されます。

図7-33：レコードの種類とビューを選んで作成する。

今度はグラフを追加しましょう。2つ目のエリアにある「グラフの挿入」アイコンをクリックし、現れたパネルで以下の3項目を選びます。

レコードの種類	「sampledata」を選択します。
ビュー	「アクティブなsampledata」を選択します。
グラフ	表示したいグラフを選択します。

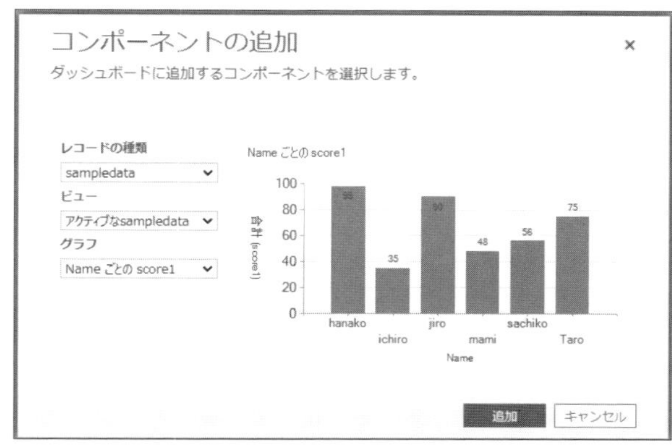

図7-34：グラフのコンポーネントの設定。

同様に、表示したいテーブルのリストやグラフを必要なだけコンポーネントとして追加してください。必要なものがすべて用意できたら、ダッシュボードは完成です。上部の名前のフィールドに「mydashboard」と入力し、「上書き保存」をクリックして保存をすれば作業完了です。

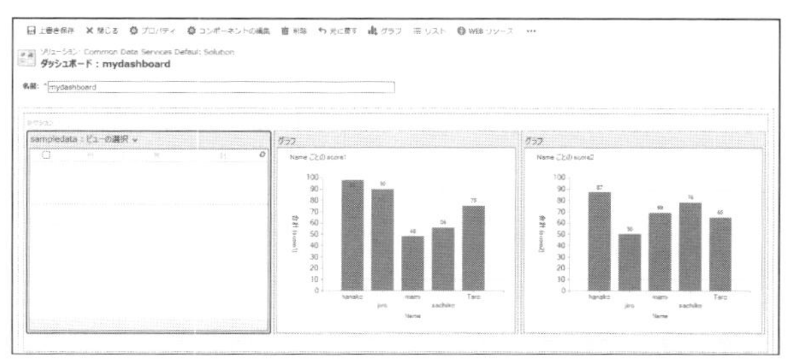

図7-35：作成したダッシュボード。3つのコンポーネントを用意した。

使用ダッシュボードの設定

これで、mydashboardというダッシュボードができました。このダッシュボードを使うようにアプリデザイナーで設定を行いましょう。

「ダッシュボード」のコンポーネントを選択し、右側に表示されるダッシュボードのリストから「mydashboard」を選択します。デフォルトでは「すべて」のチェックがONになっていますのでこれをOFFにし、「mydashboard」だけを選択すればいいでしょう。

図7-36：ダッシュボードのリストから「mydashboard」を選択する。

設定したら、アプリデザイナーに表示されている「ダッシュボード」コンポーネントの右側の「v」をクリックして表示を展開してください。「クラシックダッシュボード」という項目内に「mydashboard」が表示されます。これで、作成したダッシュボードが利用されるようになりました。

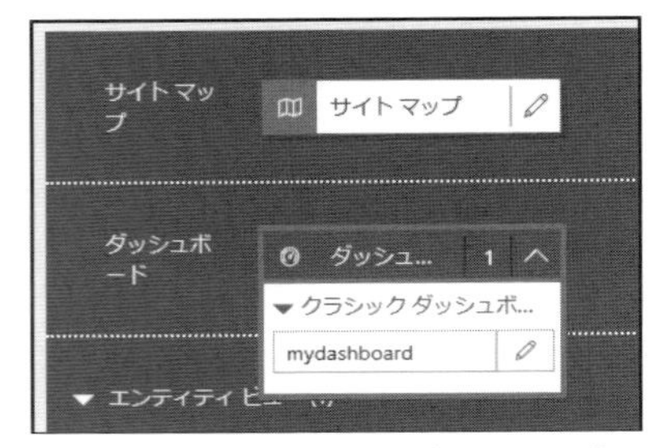

図7-37：ダッシュボードのコンポーネントに「mydashboard」が表示されるようになった。

サイトマップの作成

続いてサイトマップを作成します。サイトマップはアプリで表示される内容を決定するものです。ここでどういう内容を表示するかが決まります。

アプリデザイナーの「サイトマップ」コンポーネントの鉛筆のアイコンをクリックしてください。画面に「サイトマップデザイナー」という表示が現れます。ここでサイトマップを作成します。

「新しいエリア」という項目のところに、「新しいグループ」「新しいサブエリア」といった項目が表示されています。サイトマップは「エリア」「グループ」「サブエリア」の3つで構成されています。

エリア	一番ベースとなるものです。このエリアの中に各種項目を用意します。
グループ	エリア内に用意するもので、サブエリアを役割などでいくつかに分けるのに使います。これ自体は単に整理のためのものでクリックしたりはできません。
サブエリア	グループ内に用意する項目です。アプリの表示を行う部分です。サブエリアをクリックすることで、指定の表示が現れるようになります。

つまりサイトマップはエリア内に必要なグループを用意し、そこに具体的な表示を行うサブエリアを追加する、という形で作成していくわけです。

図7-38：サイトマップデザイナーの画面。

エリアの設定

まず、配置されている「新しいエリア」という項目をクリックしてください。選択したエリアの設定が右側に現れます。エリアにはタイトル、アイコン、IDといった項目が用意されていますが、設定するのは「タイトル」だけと考えていいでしょう。ここでわかりやすい名前を付けておきます（ここでは「グループ１」）。

ただし、エリアは領域を分けるためのものですので、このエリアの設定（タイトルなど）が画面に表示されることはありません。単に、サイトマップを管理する際にわかりやすくするためにタイトルを付けておく、ぐらいに考えておきましょう。

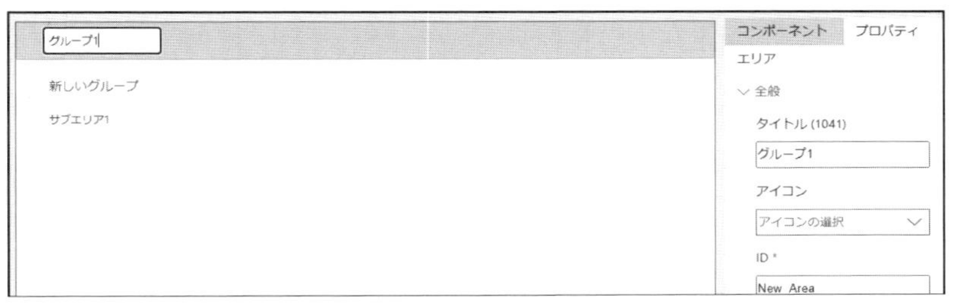

図7-39：エリアの設定。タイトルを変更できる。

グループの設定

続いてグループの設定です。「新しいグループ」項目をクリックすると、右側にグループの設定が現れます。これもエリアと同じく、タイトル、アイコン、IDといった項目が用意されており、基本的にはタイトルだけ設定すればいいでしょう。

エリアと異なりグループはサブエリアをまとめるものであり、画面にもタイトルが表示されます。ですから、用意するサブエリアの内容がわかるようなタイトルを付けておくとよいでしょう。

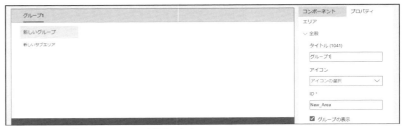

図7-40：グループの設定。タイトルを設定できる。

サブエリアを作成する

サイトマップの中でもっとも重要なのが「サブエリア」です。これが、実質的にアプリの表示内容を設定します。

デフォルトでは「新しいサブエリア」という項目が用意されてますので、これをクリックしましょう。右側にサブエリア設定の項目が表示されます。タイトル、アイコン、IDといった項目はサブエリアにもありますが、その他に重要な項目が用意されています。

種類	表示する内容を指定するものです。「ダッシュボード」「エンティティ」「Webリソース」「URL」といった項目が用意されています。
エンティティ	種類から「エンティティ」を選択したとき、表示するエンティティ（テーブル）を指定します。
URL	種類から「Webリソース」「URL」を選んだとき、アクセスするURLを指定します。
既定のダッシュボード	種類から「ダッシュボード」を選んだとき、表示するダッシュボードを指定します。

サブエリアは、まず「種類」で表示内容を選び、それから「エンティティ」「URL」「既定のダッシュボード」などで表示する項目を指定していきます。

図7-41：サブエリアの設定。まず「種類」を選び、それから必要な設定を行う。

ダッシュボードを表示する

サブエリアにダッシュボードを表示させましょう。「種類」から「ダッシュボード」を選んでください。そして「既定のダッシュボード」から「mydashboard」を選びます。これで、mydashboardを表示するサブエリアが作成されます。

図7-42：サブエリアにダッシュボードを設定する。

sampledataを表示する

続いてもう1つサブエリアを用意しましょう。上にある「追加」をクリックし、現れた項目から「サブエリア」を選んでください。

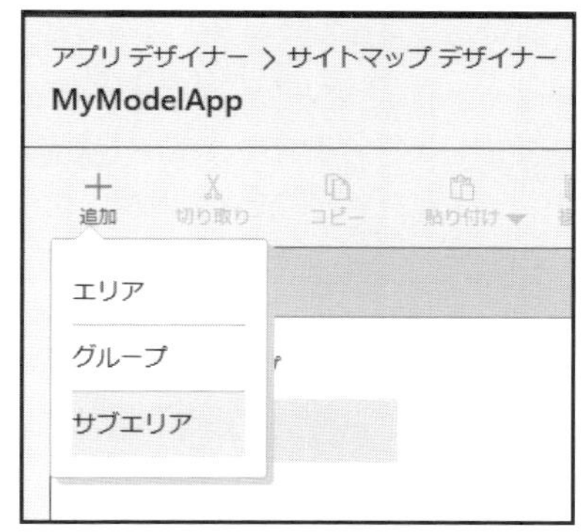

図7-43：「追加」から「サブエリア」を選ぶ。

一番下に、新たにサブエリアが追加されます。画面の右側にはサブエリアの設定が現れます。ここでサブエリアの設定を行います。

図7-44：作成されたサブエリア。これを設定する。

「種類」から「エンティティ」を選択し、「エンティティ」から「sampledata」を選ぶと、タイトルには自動的に「sampledata」が設定されます。これでサブエリアは完成です。

修正したら、右上の「保存」をクリックして保存しましょう。これでサイトマップは完成です。

図7-45：種類をエンティティにし、エンティティにsampledataを選ぶ。

エンティティの設定

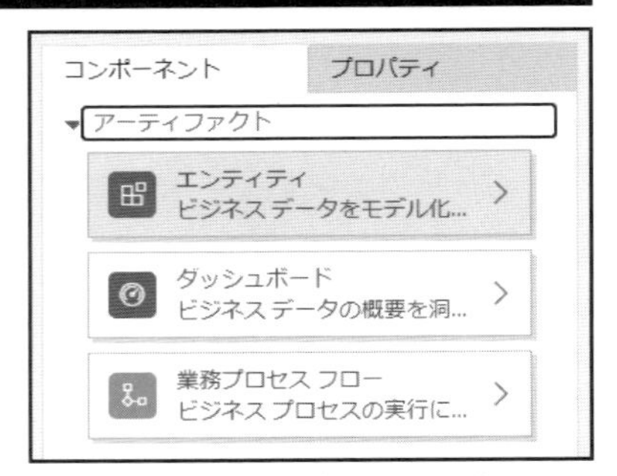

図7-46：「エンティティ」をクリックする。

ダッシュボードとサイトマップを設定すると、その下の「エンティティ」のところにいくつかの項目が表示されるようになっているでしょう。ダッシュボードやサイトマップで利用するエンティティが自動的に追加されていたのですね。

エンティティに表示されるテーブル類は、右側の「アーティファクト」というところにある「エンティティ」という項目で設定します。この項目をクリックしてください。

図7-47：テーブルの一覧リストが表示される。

右側のパネルの表示が変わり、利用可能なテーブルの一覧リストが表示されます。この中から使用したいテーブルを選んでチェックをONにしていけばいいのです。

現在チェックがONになっている項目をすべてOFFにし、リストの中から「sampledata」を探してチェックをONにしましょう。つまり、sampledataだけが選択された状態になります。これで左側のコンポーネントを表示したエリアの「エンティティ」に「sampledata」の項目だけが表示されるようになります。

図7-48：リストから「sampledata」だけを選択する。

右側パネル上部の「戻る」をクリックして元の表示に戻りましょう。これでアプリデザイナーのエンティティには「sampledata」のみが表示された状態になります。右上にある「保存」をクリックして保存しておきましょう。

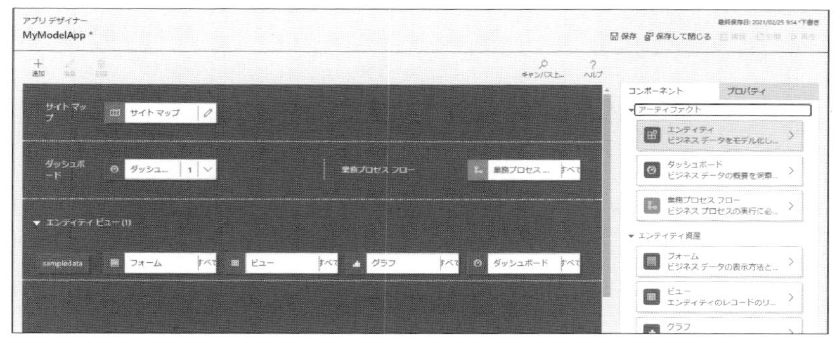

図7-49：アプリデザイナーのエンティティにはsampledataだけが表示されるようになった。

エンティティの項目設定

表示されているエンティティのコンポーネントには、その横に「フォーム」「ビュー」「グラフ」「ダッシュボード」といった項目が表示されています。これらは、そのコンポーネントで利用する内容を指定するものです。

例として、sampledataの「ビュー」をクリックしてみましょう。右側のパネルにsampledataで利用可能なビューが一覧表示されます。この中から使用するビューを個別にON/OFFすることができます。同様にしてフォーム、グラフ、ダッシュボードも利用するものを設定できます。

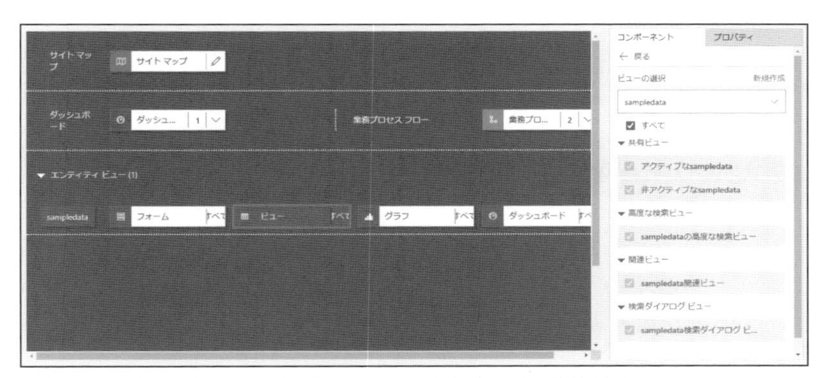

図7-50：sampledataの「ビュー」を選ぶと、利用可能なビューの一覧が現れる。

アプリの公開と実行

一通りの設定ができたら、アプリを使ってみましょう。アプリを使うためには右上にある「保存」で保存を行い、それから「公開」をクリックして公開する必要があります。

図7-51：保存したあと「公開」をクリックして公開する。

アプリを実行する

アプリを実行してみましょう。右上にある「再生」ボタンをクリックすると新しいタブが開かれ、アプリが表示されます。

起動すると1つ目のサブエリアが選択され、mydashboardが表示されます。画面にはいくつかのコンポーネントが並び、sampledataのリストやグラフが表示されているのが確認できるでしょう。これがダッシュボードです。指定した複数のコンポーネントを1ページにまとめて表示し内容を確認できます。

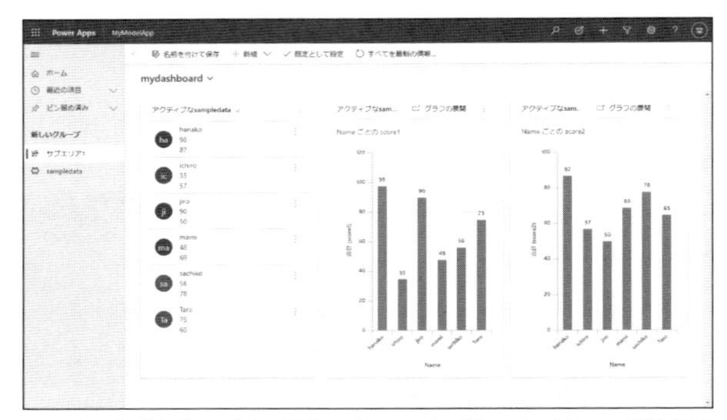

図7-52：起動したアプリの画面。デフォルトではmydashboardが表示される。

左側のエリアにはサイトマップで設定したグループとサブエリアが表示されているのがわかるでしょう。ここで項目を選択すると、その表示に切り替わるようになっているのです。

図7-53：左側にはサイトマップの項目が表示されている。

sampledataを表示する

左側にある「sampledata」をクリックし、表示を切り替えてみましょう。すると、見慣れた画面が現れます。そう、Power Appsの「テーブル」でテーブルのデータを表示したときの画面とほぼ同じものです。あらかじめ用意されているビューを使って表示しているので、基本的にはPower Appsの「テーブル」での表示と同じものになるのです。レコードの作成や、すでにあるレコードの編集・削除といった基本機能も標準で用意されています。

ただし、まったく同じというわけではありません。それぞれの列名が表示されている部分では、クリックすると並び順を変えたりフィルター処理（特定の条件にあったものだけを表示する）の項目が表示されます。データを整理する機能がより強化されていることがわかります。

図7-54：sampledataの表示画面。

上部に見える「グラフの表示」をクリックするとリストの表示エリアが分割され、左側にグラフが表示されるようになります。グラフ上部のグラフ名部分をクリックすると利用可能なグラフがドロップダウンして現れ、その場で表示を変更することもできます。

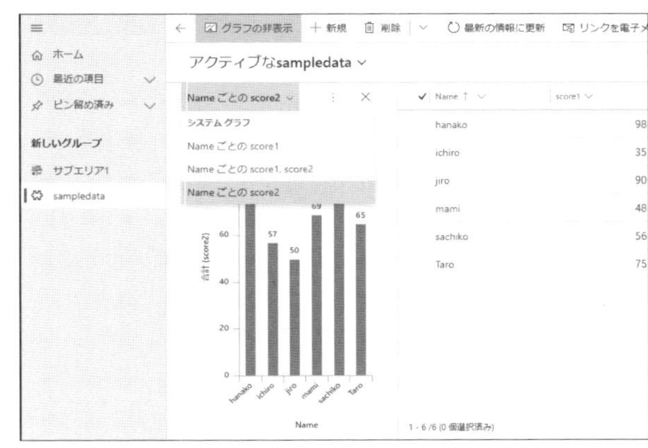

図7-55：グラフを表示させることもできる。

モバイルでの利用

以上、モデル駆動型アプリの作成から実行まで一通り行いました。実際に試してみてどのような印象を持たれたでしょうか？「これ、アプリなの？」と疑問に思った人も大勢いたことでしょう。パソコンではアプリらしく感じないでしょうが、スマートフォンでの利用を考えると違和感はなくなるでしょう。

スマートフォンの場合はPower Appsアプリをインストールし、その中からアプリを起動して動かしました。モデル駆動型アプリも、このPower Appsのアプリリストに表示され実行できるのです。実際にPower Appsアプリで、作成したMyMobileAppを起動してみましょう。すると、mydasyboardの画面が表示されます(図7-56)。最初のコンポーネントがトップに表示されていることでしょう。

スマートフォンのように縦長の画面の場合ではコンポーネント類は横に並ばず、縦に並んで表示されます。縦方向にスクロールしていくと、図7-57のようなコンポーネントが表示されるようになります。

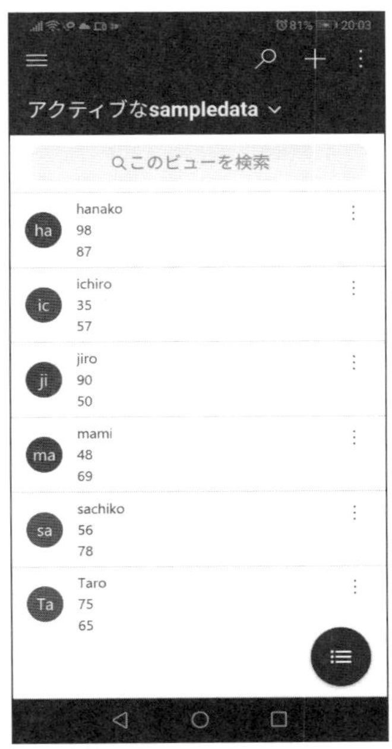

図7-56：スマホでMyMobileAppを起動したところ。mydashboardが表示される。

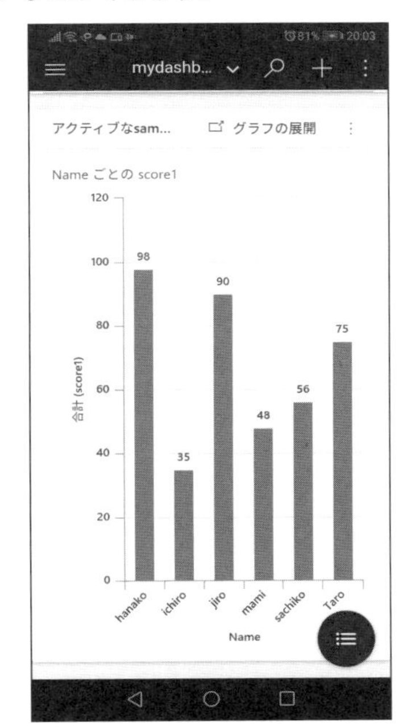

図7-57：縦にスクロールすると、グラフのコンポーネントが表示された。

Webブラウザでは、左側に表示されたサイトマップの項目は左上の「≡」アイコンをタップすると表示されます。ここから別のサブエリアに移動できます（図7-58）。

sampledataのようなエンティティの画面もレコードの一覧が表示され、上部にあるアイコンなどを使ってレコード作成やその他の作業が行えるようになっています（図7-59）。

図7-58：左からサイトマップが表示される。

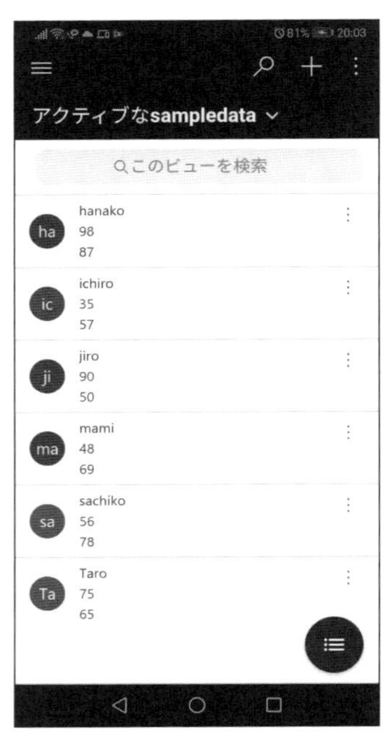

図7-59：sampledataサブエリアの表示。レコードの作成や編集なども行える。

このようにPower Appsアプリ内からモデル駆動アプリを起動すると、キャンバスアプリと変わらない感覚で利用できることがわかるでしょう。

業務用データの利用というのは、だいたいにおいて必要な機能などは同じようなものになります。データがすでにあるなら、標準で用意されている基本的な機能をコンポーネントとして組み合わせるだけでアプリ化できるモデル駆動型アプリは、「業務内容を素早くアプリ化する」という点ではキャンバスアプリよりも優れているのです。

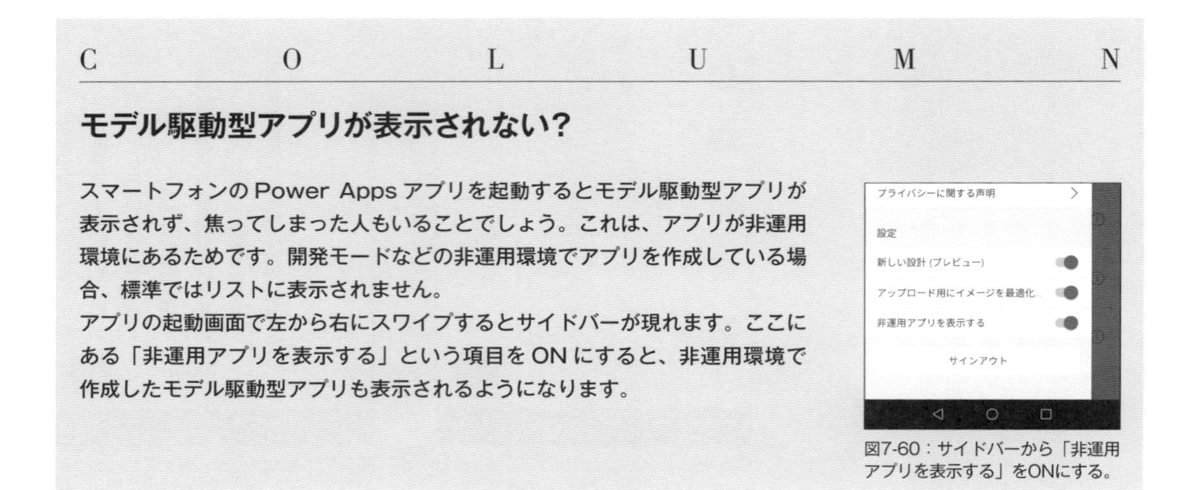

COLUMN

モデル駆動型アプリが表示されない？

スマートフォンのPower Appsアプリを起動するとモデル駆動型アプリが表示されず、焦ってしまった人もいることでしょう。これは、アプリが非運用環境にあるためです。開発モードなどの非運用環境でアプリを作成している場合、標準ではリストに表示されません。
アプリの起動画面で左から右にスワイプするとサイドバーが現れます。ここにある「非運用アプリを表示する」という項目をONにすると、非運用環境で作成したモデル駆動型アプリも表示されるようになります。

図7-60：サイドバーから「非運用アプリを表示する」をONにする。

Chapter 8

ポータルの作成

「ポータル」はPower Appsのテーブル情報などを利用できるWebサイトです。
ここではポータル作成の基本と、
カスタマイズに必要な「Liquid」という簡易言語について説明しましょう。

Chapter
8

8.1.

ポータルの作成

ポータルとは?

キャンバスアプリ、モデル駆動型アプリの他に、Power Appsで開発できるアプリがもう1つあります。それは「ポータル」と呼ばれるものです。

ポータルはWebサイトです。キャンバスアプリなどでデータを利用したアプリを作成しましたが、同じようなやり方でWebサイトを作成します。一般のWebサイトはHTMLで内容を記述していきますが、ポータルは用意されている部品を組み合わせてページを作っていきます。この点ではキャンバスアプリと似ています。また、Power Appsに用意されているデータテーブルなどもそのまま埋め込んで表示できるため、すでにあるデータをWebブラウザからアクセスして利用するのに最適です。

ポータルの作成もキャンバスアプリなどと同様にPower Appsのホーム画面から行えます。ホーム画面で「一から作成するポータル」をクリックしてください。

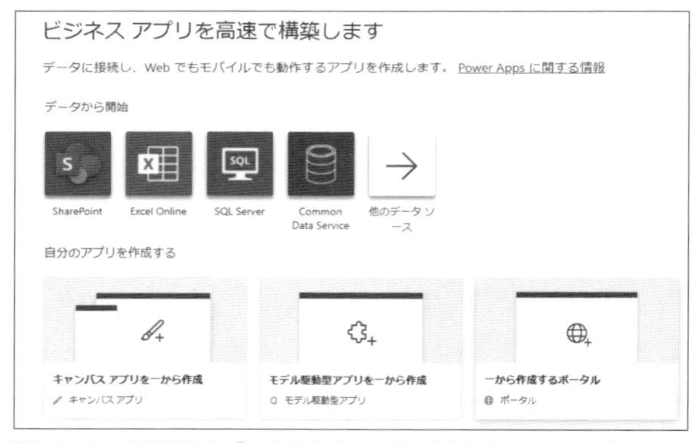

図8-1:ホーム画面から「一から作成するポータル」をクリックする。

画面に「一から作成するポータル」というパネルが現れるので名前とアドレス、言語を選択します。

注意したいのはアドレスの指定です。ポータルは「○○.powerappsportals.com」というアドレスで公開されます。この○○の部分をアドレスとして指定します。

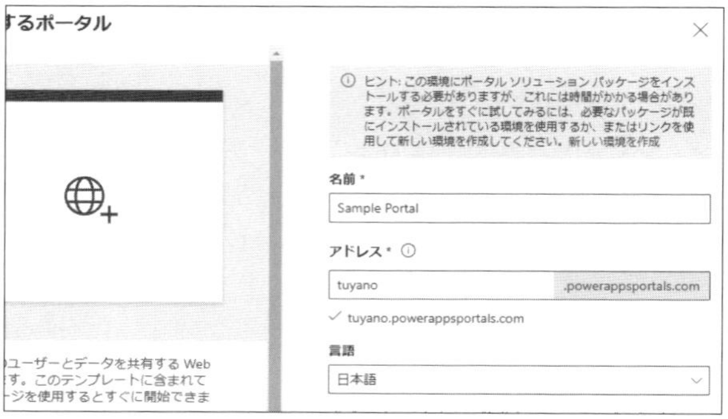

図8-2:名前、アドレス、言語を指定し、作成する。

このアドレスは同じ名前を使えません。すでに使われている名前だと「作成」ボタンが選択できないので、誰も利用していない名前を考えて入力し、「作成」ボタンでポータルを作成してください（すでに名前が使われている場合、再入力になります）。

作成すると画面の右上に「ポータルのプロビジョニングが進行中」という表示が現れます。これにはしばらく時間がかかります。作業が終了すると通知（右上のベルのアイコンで表示されるメッセージ）が表示されます。通知が届いたら、作成したポータルが使えるようになっています。

なお、表示されるメッセージは消してしまってもかまいません。

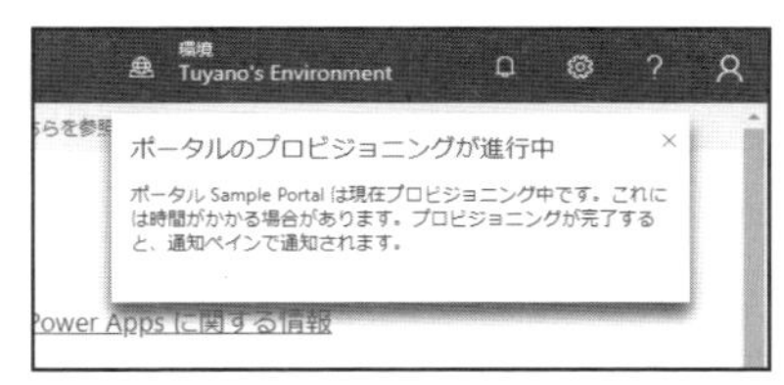

図8-3：プロビジョニング進行中のメッセージが表示される。

Portal Studioでポータルを編集する

プロビジョニングが終わったら、ホーム画面の「自分のアプリ」または「アプリ」画面から作成したポータルを選択し、上部の「編集」をクリックしてください。編集ツールによってポータルが開かれます。

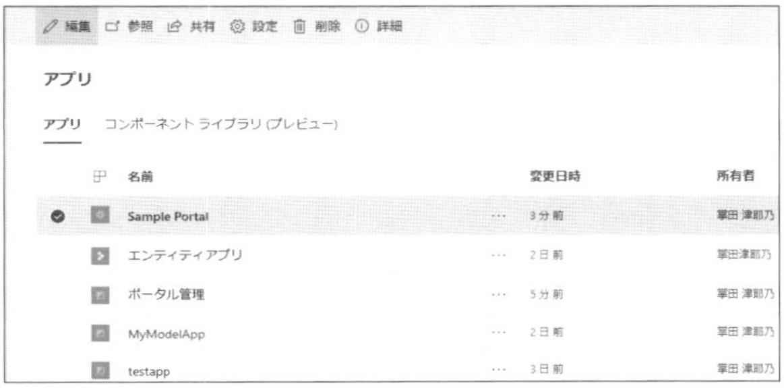

図8-4：作成したポータルを選択し、「編集」をクリックする。

Power Appsに用意されている編集ツールは「Power Apps Portal Studio」（以後Portal Studioと略）というものです。ツールが起動すると左端にいくつかのアイコンが縦に並び、中央には編集中のWebページのデザイナー（デザイン画面）が広く表示されています。右側にはキャンバスアプリの属性タブと同様に、選択した項目の属性を編集するパネルが表示されています。

ここで左端にあるアイコンを選んで必要な部品を配置し、デザイナーで部品の配置をデザインして右側の属性タブで部品の属性を編集する、といった作業でWebページを作成していきます。アプリとWebサイトという違いはありますが、基本的なアプローチはキャンバスアプリと非常に似ています。

図8-5：Power Apps Portal Studioの画面。

コンポーネントと属性

試しに、ページに配置されている「Power Appsポータルへようこそ!」というテキストをクリックして選択してみましょう。すると、右側の属性タブの表示が変わります。

ポータルでも画面に配置する部品のことを「コンポーネント」と呼びます。属性タブには選択されたコンポーネントの属性が表示されています。クリックしたコンポーネントはテキストを表示するためのもので、属性パネルにはテキストの配置とフォントの色の属性が表示されているでしょう。

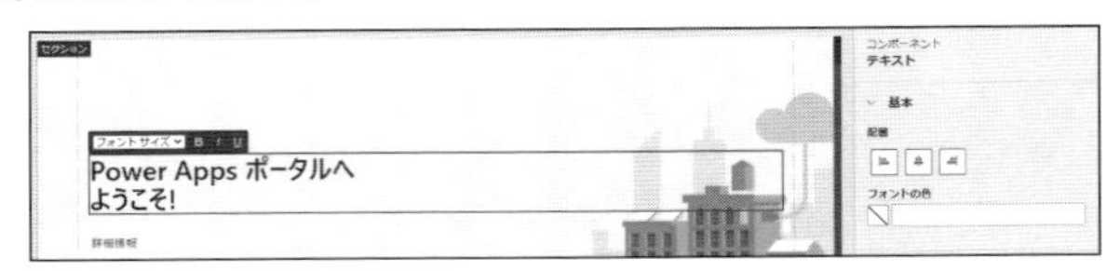

図8-6：textの属性は、配置と色が用意されている。

コンポーネントのタブと属性

textのフォントサイズなどはどこで変更するのでしょう？　これは属性タブではなく、デザイナーに配置したコンポーネント自身に用意されています。クリックしてtextを選択すると、その上部にタブのようなものが表示されるのがわかるでしょう。そこに「フォントサイズ」「B」「I」「U」といった表示が見えます。

これらはフォントサイズと、ボールド、イタリック、アンダーラインの設定を行うためのアイコンです。textを選択し、これらをクリックして選ぶと、選択部分の表示が変わるようになっているのです。このように、コンポーネントの表示は属性タブと配置したコンポーネントのタブ部分の両方を組み合わせて行います。

図8-7：配置したコンポーネント。タブ部分にサイズとスタイルの設定が用意されている。

新しいWebページを作る

新しいWebページを用意して、実際にポータルの作成をいろいろと試してみることにしましょう。上部に見えるメニューバーから「新しいページ」をクリックしてください。下に項目が現れます。

空白	何もない状態のページです。
ランディング	最初にデフォルトで用意されているトップページです。
固定レイアウト	あらかじめ用意されているテンプレートを使って作成します。

今回は「空白」を選んで、まっさらな状態からページを作成していくことにしましょう。

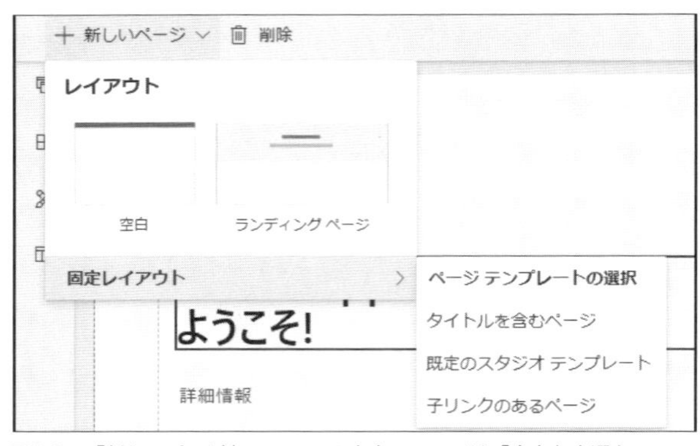

図8-8：「新しいページ」メニューの内容。ここでは「空白」を選ぶ。

空白のページについて

「空白」を選ぶと何もない状態のページが作成されます。が、実際に作られるページを見ると、まったく何もないわけではありません。ページには大きく3つのコンポーネントが配置されていることがわかるでしょう。それぞれ次のようなものです。

ヘッダー	ページの上部にある横長のエリアです。会社名（サンプルでは「Contoso Ltd」）と各ページへのリンクまたはハンバーガーメニュー（「≡」アイコン）が用意されています。横幅に応じて自動的にリンクか「≡」アイコンが表示されます。
セクション	中央の何もないエリアにある四角い枠の部分です。ここにコンテンツを配置します。
フッター	一番下にあるグレーの横長部分です。コピーライトの表示がされています。

これらのうち、ヘッダーとフッターはすべてのページに共通して用意されるものです。削除しないでください。中央にあるセクションの部分がコンテンツとして編集する部分になります。

図8-9：作成された空白ページ。ヘッダーとフッターは用意される。

ヘッダーのタイトルを修正する

実際にページを作成してみましょう。まず、ヘッダーにあるタイトル（「Contoso Ltd」の表示）を変更します。この部分を選択し、書かれているtextを変更してください。

図8-10：タイトルのtextを変更する。

修正したら、元のトップページに戻ってみましょう。左端にあるアイコンの中から「ページ」アイコン（一番上のもの）をクリックしてください。

これはポータルに用意されているページを階層的に表示するものです。ここからページをクリックすると、そのページがデザイナーに用意され編集できるようになります。

では、「ホーム」をクリックして選択してください。

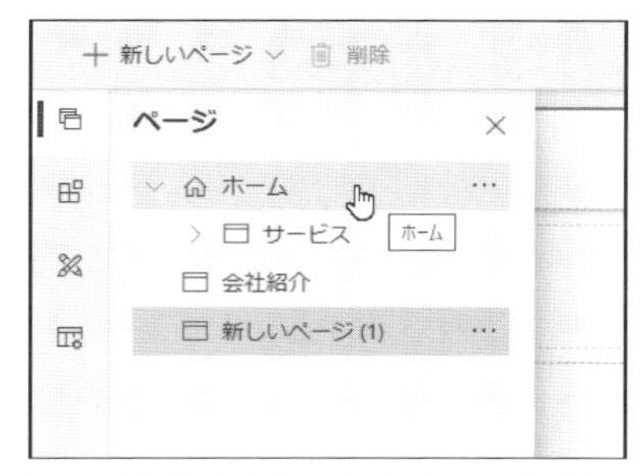

図8-11：「ページ」アイコンをクリックして「ホーム」を選ぶ。

最初に表示されたページに戻ります。ヘッダー部分をよく見てください。タイトルが修正したものに変わっていることがわかるでしょう。ヘッダーとフッターは各ページごとに用意されているのではなく、すべてのページで共通したものであることがわかります。

表示を確認したらまた「ページ」アイコンをクリックし、新たに作成したページに戻りましょう。

図8-12：ホームのヘッダーもタイトルが変更されているのがわかる。

セクションと列

ポータルのページコンテンツを作成するには、ポータルのページのレイアウトがどのようになっているかを理解する必要があります。

ポータルのコンテンツ部分は、「セクション」と「列」という2つのコンポーネントを組み合わせてコンテンツのレイアウトを作成しています。

セクション	コンテンツのエリアに配置される領域です。縦に必要なだけ並べて配置することができます。
列	セクション内に用意されるコンポーネントで、コンテンツをいくつかの列に整理するのに使います。1列～3列のものが用意されています。

セクションは複数のコンテンツを整理するのに使います。セクションごとに配置することで、例えばあとからコンテンツの並び順を変更したりといった作業が簡単に行えるようになります。

そして列により、複数のコンテンツを横に並べて配置することが可能になります。「セクション」と「列」はレイアウトの基本として理解してください。

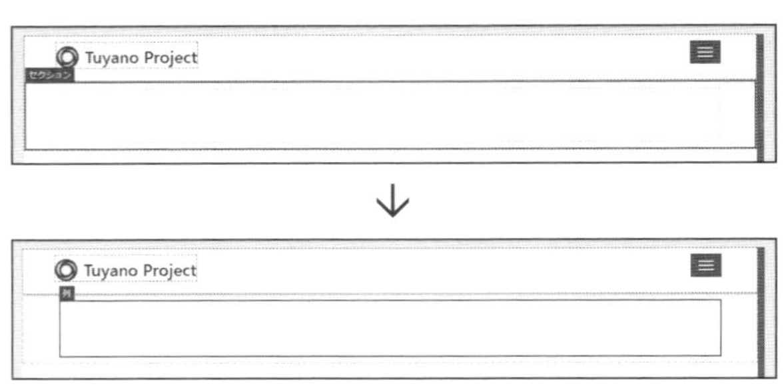

図8-13：コンテンツは「セクション」の中に「列」があり、その中に配置される。

コンポーネントについて

　ではコンポーネントを配置しましょう。コンポーネントは左端の「コンポーネント」アイコン（上から2番目のもの）をクリックするとリストが表示されます。ここから使いたいコンポーネントを選んでデザイナーに配置します。

　用意されているコンポーネントは2つの種類に分かれています。「セクションレイアウト」と「ポータルコンポーネント」です。

セクションレイアウト	セクション内に配置する「列」のレイアウトです。これ自体は配置しても何も表示はされません。
ポータルコンポーネント	ポータルにコンテンツとして配置するコンポーネントです。

　デフォルトで用意されているセクションには、すでに1列の列レイアウトが設定されていますから、セクションレイアウトはこれ以上追加する必要はありません。そのまま列レイアウト内にポータルコンポーネントを配置すればいいだけです。

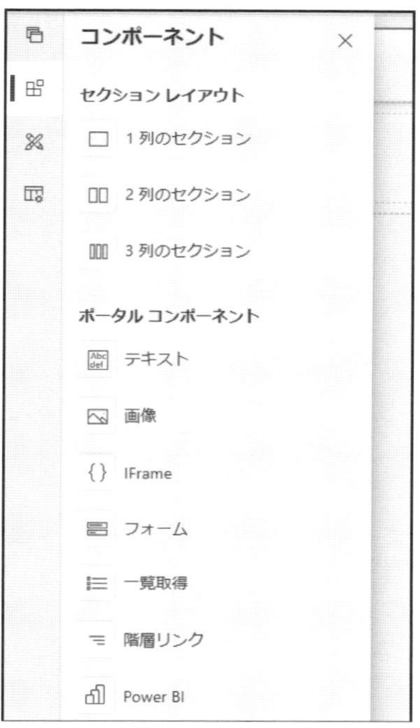

図8-14：用意されているコンポーネント。

テキストを配置する

　デザイナーに配置されているセクション内の列レイアウトを選択し、「コンポーネント」アイコンのリストから「テキスト」をクリックしましょう。列レイアウト内にテキストが追加されます。

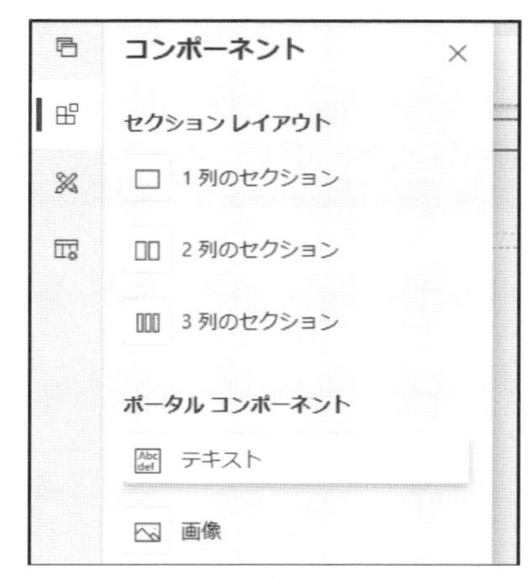

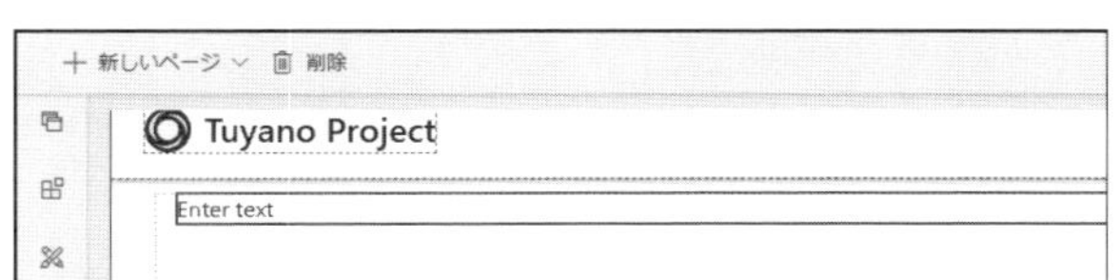

図8-15：コンポーネントのリストから「テキスト」をクリックすると、選択した列内に配置される。

配置されたテキストのテキストを変更し、フォントサイズなどを調整してページコンテンツのタイトルを作成しましょう。

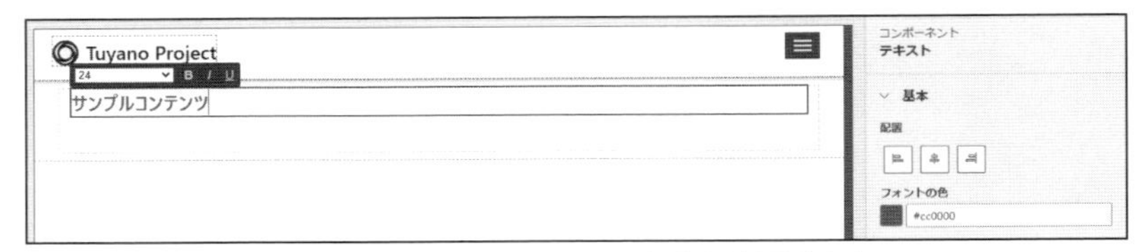

図8-16：配置されたテキストを書き換え、フォントサイズや色などを設定する。

カラーについて

テキストの色は属性タブにある「フォントの色」で設定できます。左側の四角いエリアをクリックすると下にカラーピッカーが表示されます。色を選択すると、その色の値（6桁の16進数）がフォントの色のフィールドに書き出され、その色に変更されます。

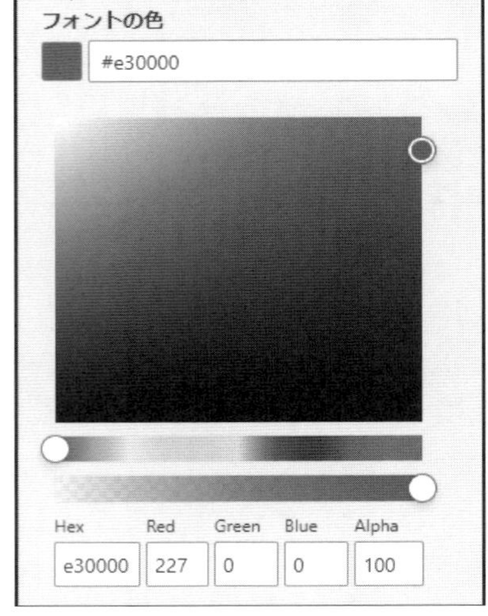

図8-17：「フォントの色」は、カラーピッカーで色を設定する。

イメージの表示

続いてイメージの表示を行ってみましょう。先ほど追加したテキストを選択した状態で左端の「コンポーネント」アイコンをクリックし、「画像」をクリックしてください。テキストの下に画像コンポーネントが追加されます。

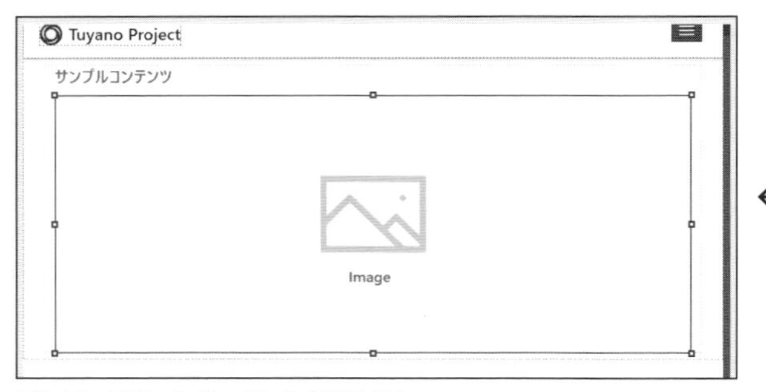

図8-18：画像コンポーネントを追加する。

画像コンポーネントはイメージを表示するためのものです。イメージはポータル内に用意しておくか、あるいは外部にあるもののアドレスを指定して行います。

イメージの指定は属性タブから行います。配置したイメージを選択すると、属性タブに以下のラジオボタンが表示されます。

画像	ポータル内に用意されているイメージを表示する。
外部URL	ポータル外にあるイメージをURL指定で表示する。

まずはポータル内にあるイメージを表示させてみましょう。ラジオボタンが「画像」になっていると、その下に「画像」というポップアップメニューが表示され、ポータル内に用意されている画像ファイルが一覧表示されます。

ここから「product A.png」というファイルを選んでみましょう。そのイメージが表示されます。

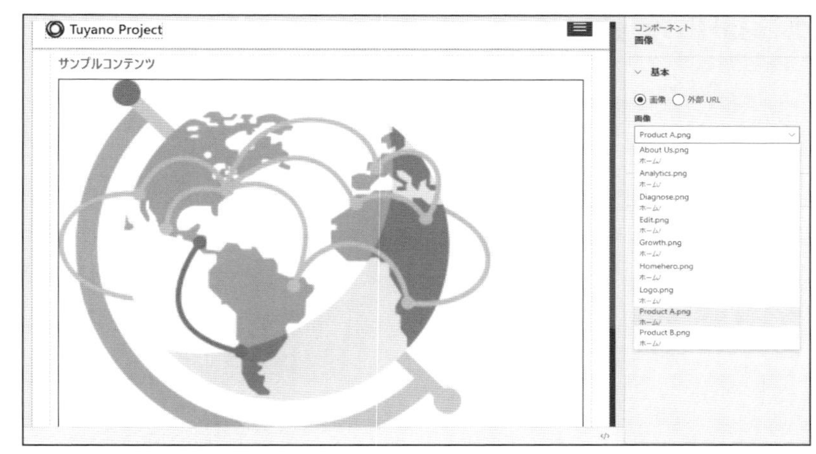

図8-19：画像ポップアップメニューからproduct A.pngを選んで表示する。

これはサンプルで組み込まれている画像ファイルです。かなり大きく表示されるので、コンポーネント周囲の□部分をドラッグして大きさを調整しておきましょう。

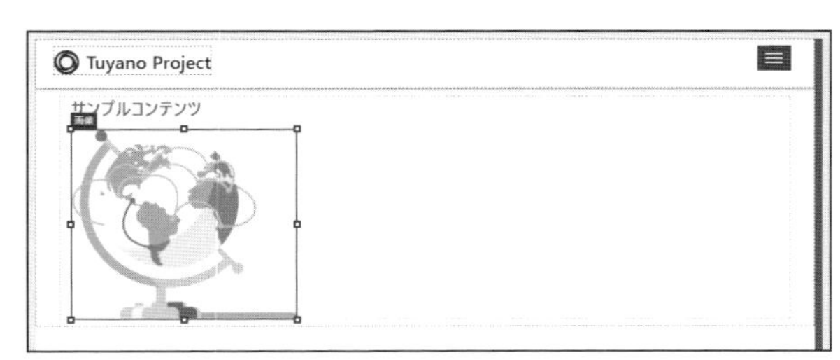

図8-20：コンポーネントの周辺部をドラッグして大きさを調整する。

イメージをアップロードする

自分でイメージを用意して表示したいときは、属性タブの「画像」ポップアップメニューの下にある「画像のアップロード」リンクを使います。これをクリックして表示したいイメージファイルを選択してください。そのイメージがアップロードされ、画像コンポーネントに表示されます。

アップロードしたイメージファイルは、以後、「画像」ポップアップメニューに追加されます。いつでもどのページでも画像コンポーネントでそのイメージを表示できるようになります。

図8-21：「画像のアップロード」でイメージをアップロードして表示する。

外部URLの利用

外部のイメージを表示させる方法も試してみましょう。属性タブから「外部URL」ラジオボタンをクリックして選択してください。下に「URL」というフィールドが現れるので、ここに表示させるイメージのURLを指定します。サンプルとして次のように入力してみてください。

https://picsum.photos/id/1/200/300

図8-22：サンプルイメージのURLを指定し表示する。

サンプルイメージが表示されます。これもコンポーネントは拡大されるので、適当な大きさに調整して利用するとよいでしょう。コンポーネントの外枠部分を適当にドラッグして調整してください。このように、URLを指定するだけで外部のイメージをページ内に埋め込んで表示できます。実に簡単ですね！

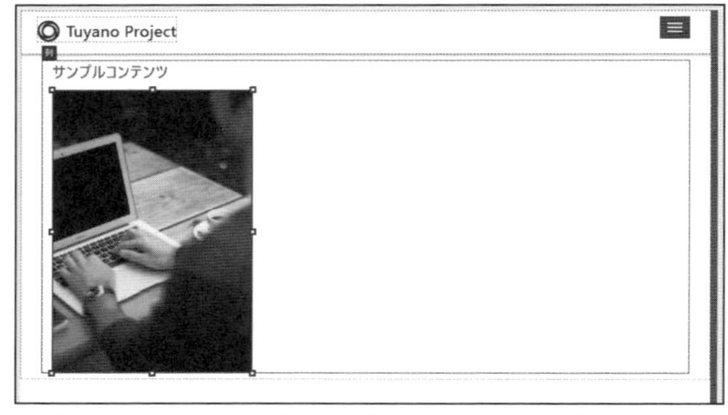

図8-23：イメージの枠部分をドラッグして大きさを調整する。

「一覧取得」でテーブルを表示する

一般のWebサイトでなくポータルを利用する最大のメリットは、「用意したレコードをそのまま扱える」という点でしょう。Power Appsではデータテーブルを作成し、業務用データを保管しておけます。このデータテーブルをそのままWebページで表示できればポータルの利用価値も俄然上がりますね。

データテーブルのレコード表示は「一覧取得」というコンポーネントを使って行います。左端の「コンポーネント」アイコンをクリックして一覧を呼び出し、「一覧取得」をクリックしましょう。デザイナーに一覧取得コンポーネントが配置されます。といっても、まだ何も設定をしていませんからデータは表示されません。

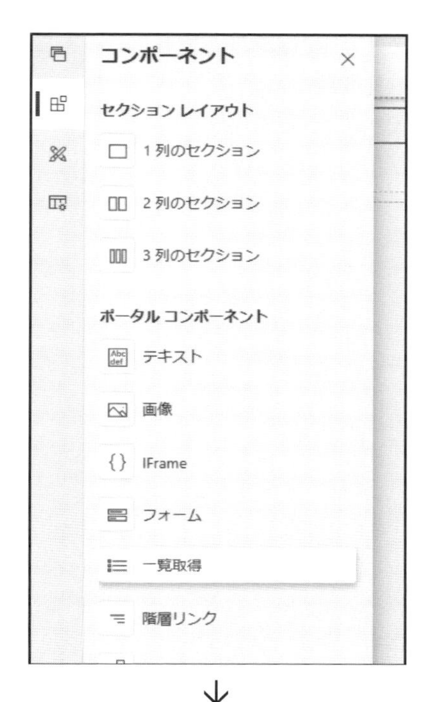

図8-24：「一覧取得」コンポーネントを配置する。

一覧取得の属性

配置された一覧取得コンポーネントがクリックされていると、属性タブに見たことのないものがいろいろと表示されているのがわかるでしょう。ここには次のようなものが用意されています。

新規作成／既存のものを使用	すでにある一覧取得を再利用するか、新たに作るか。
名前	コンポーネントの名前。
テーブル	使用するテーブルの選択。
ビュー	使用するビューの選択。
新しいレコードの作成	レコード作成機能のON/OFF。
詳細の表示	レコードの詳細表示機能のON/OFF。
レコードの編集	レコードの編集機能のON/OFF。
レコードの削除	レコード削除機能のON/OFF。

これらの属性を設定して、データテーブルのレコードを扱う一覧取得コンポーネントを作成していきます。

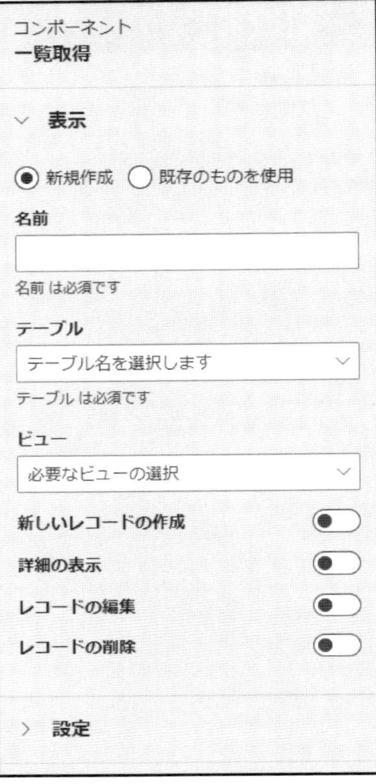

図8-25：属性タブに表示される一覧取得コンポーネントの属性。

sampledataを表示する

配置した一覧取得コンポーネントに「sampledata」のレコードを表示させてみましょう。一覧取得コンポーネントを選択し、属性タブから次のように設定を行ってください。

- 「新規作成」ラジオボタンを選択する。
- 「名前」に「sampledata」と入力する。
- 「テーブル」から「sampledata」を選択する。
- 「ビュー」から「アクティブなsampledata」を選択する。

その他の項目はデフォルトのままにしておきます。これで一覧取得にsampledataテーブルを「アクティブなsampledata」ビューで表示する設定ができました。

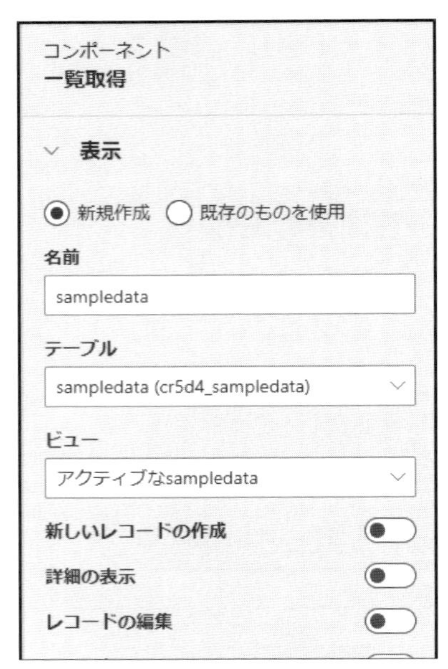

図8-26：一覧取得の属性を設定する。

Webサイトを表示する

では、修正したポータルを実際に表示してみましょう。ポータルは修正すると、ほぼリアルタイムに保存されます。右上の保存のリンクが「保存済み」になっていれば最新の状態が保存されています。そのまま「Webサイトの参照」をクリックしてください。

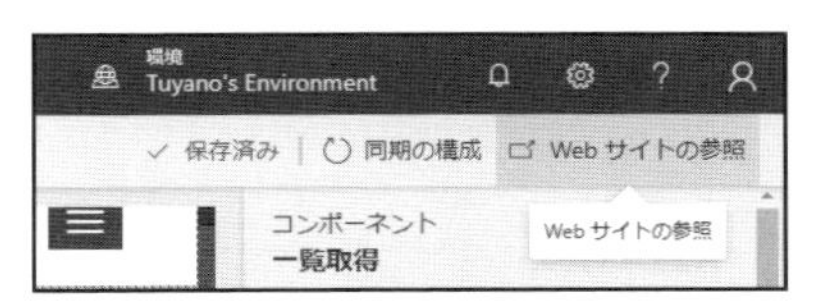

図8-27：「Webサイトの参照」をクリックする。

新しいタブが開かれ、ポータルのWebサイトが表示されます。トップページではなく、「Webサイトの参照」をクリックしたときに編集していたページが表示されます。

ここで、先ほど作成した一覧取得の表示を確認しましょう。設定したsampledataのレコード内容が表示されていれば正常に動作しています。

サンプルコンテンツ

Name ↑	score1	score2
hanako	98	87
ichiro	35	57
jiro	90	50
mami	48	69
sachiko	56	78
Taro	75	65

図8-28：sampledataの内容が表示される。

フォームによるsampledataの作成

テーブルはただ一覧取得で表示するだけでなく、レコードを操作する機能を実装させることも可能です。レコードの操作の基本はCRUDと呼ばれています。

Create	レコードの新規作成。
Read	レコードの取得。
Update	レコードの更新。
Delete	レコードの削除。

このCRUDの機能を一通り作成できれば、テーブルの基本操作は行えるようになるでしょう。順に機能を実装していきましょう。

フォームの用意

まずはレコードの新規作成からです。レコードの作成を行うには作成用のフォームを用意しておく必要があります。これは「フォーム」という専用のコンポーネントとして用意されています。

左端の「コンポーネント」アイコンをクリックし、「フォーム」をクリックしてデザイナーに配置しましょう。配置場所はどこでもかいません（最終的に削除するので）。

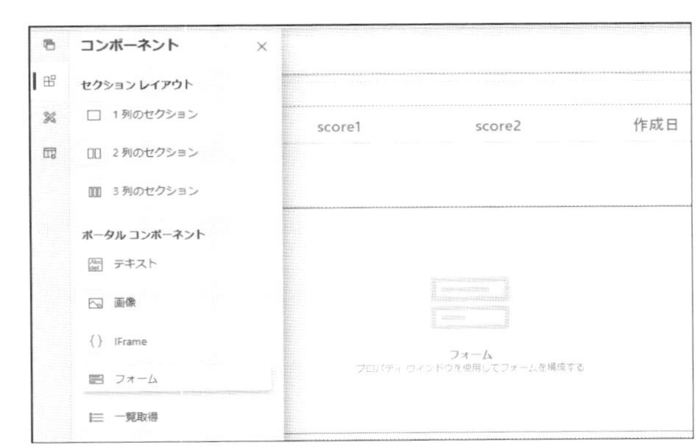

図8-29：「フォーム」コンポーネントを配置する。

配置したフォームを選択し、属性タブから設定を行います。すべての項目を設定する必要があります。

新規作成／既存のものを使用	新たに作成するので「新規作成」を選ぶ。
名前	フォームの名前。ここでは「new sampledata」としておく。
テーブル	ポップアップメニューから「sampledata」を選ぶ。
フォームレイアウト	ポップアップメニューから「情報」を選ぶ。
モード	ポップアップメニューから「挿入」を選ぶ。

テーブルは、レコードを作成するテーブルを選びます。フォームレイアウトは、そのテーブルに用意されているフォームから選択をします。モードはどういう用途のためのフォームか指定するもので、「挿入」を選択すると新規作成のフォームとして扱われるようになります。

図8-30：フォームに名前、テーブル、フォームレイアウト、モードをそれぞれ指定する。

一覧取得の新規作成を設定する

フォームが用意できたらデザイナーに配置した「一覧取得」コンポーネントを選択し、レコード新規作成のための設定を行いましょう。

属性タブから「新しいレコードの作成」の項目をクリックしてONにしてください。その下に項目が新たに追加されるので、それぞれ次のように設定します。

対象の種類	ポップアップメニューから「フォーム」を選ぶ。
下のポップアップメニュー	作成した「new sampledata」フォームを選ぶ。

これで、新しいレコードを作成する際に「new sampledata」フォームを利用してレコードを作成する機能が用意されます。

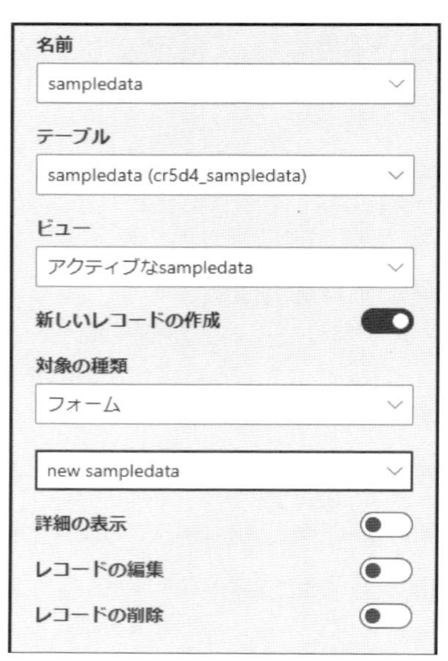

図8-31：sampledataの一覧取得で「新しいレコードの作成」をONにし、対象の種類を設定する。

設定できたら、フォームはもうWebページに表示させておく必要はありません。デザイナーに配置されているフォームを選択して削除しておきましょう。

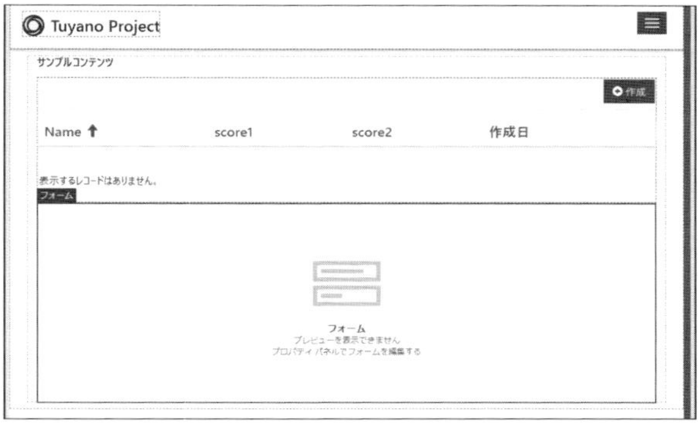

図8-32：デザイナーに配置したフォームを選択し、削除する。

実行して動作を確認

「Webサイトの参照」をクリックしてポータルのWebサイトを開き、動作を確認しましょう。アクセスするとsampledataのレコードの一覧が表示されますが、その右上に「作成」というボタンが追加表示されます。これをクリックするとパネルが開かれ、そこに作成したフォームが表示されます。

図8-33：「作成」ボタンをクリックすると、フォームのパネルが開かれる。

フォームには、sampledataの項目であるName, score1, score2が用意されます。その下に、イメージに表示されている文字を入力する項目が用意されています。これらの項目に値を入力して「送信」ボタンをクリックするとフォームが送信され、レコードが追加されます。sampledataの一覧に、送信されたレコードが追加されているのを確認しましょう。

Name	score1	score2
hanako	98	87
ichiro	35	57
jiro	90	50
kumi	67	89
mami	48	69

図8-34：フォームを送信すると、sampledataテーブルにレコードが追加される。

詳細表示の作成

続いてレコードの詳細表示の作成です。といっても、sampledataではテーブルの一覧ですべての項目が表示されていますからあまり意味はありませんが、項目数が多いテーブルの場合、一覧表示には必要最低限の項目だけを表示し、詳細表示の画面ですべてを表示させることが多いでしょう。

こうした詳細表示も、ポータルでは簡単に追加できます。これもやはりフォームを用意しておく必要があります。

左端の「コンポーネント」アイコンを選び、「フォーム」コンポーネントを適当な場所に配置してください（最後に削除するのでどこでもかまいません）。そして属性タブから次のように項目を設定します。

新規作成／既存のものを使用	新たに作成するので「新規作成」を選ぶ。
名前	フォームの名前。ここでは「all sampledata」としておく。
テーブル	ポップアップメニューから「sampledata」を選ぶ。
フォームレイアウト	ポップアップメニューから「情報」を選ぶ。
モード	ポップアップメニューから「読み取り専用」を選ぶ。

基本的な部分は先ほどのレコードの新規作成フォームと同じですが、モードを「読み取り専用」にしておきます。これにより、レコードの内容を表示するだけのフォーム（入力フィールドなどは表示されない）が用意されます。

図8-35：新しいフォームを用意し、属性を設定する。

作成したフォームを使って詳細表示の設定を行いましょう。デザイナーに配置した「一覧取得」コンポーネントを選択し、属性タブから「詳細の表示」をONにしてください。

そして、下に現れた以下の項目を設定しましょう。

対象の種類	ポップアップメニューから「フォーム」を選ぶ。
下のポップアップメニュー	作成した「all sampledata」フォームを選ぶ。

設定して保存したら、デザイナーに配置したフォームのコンポーネントは削除してかまいません。

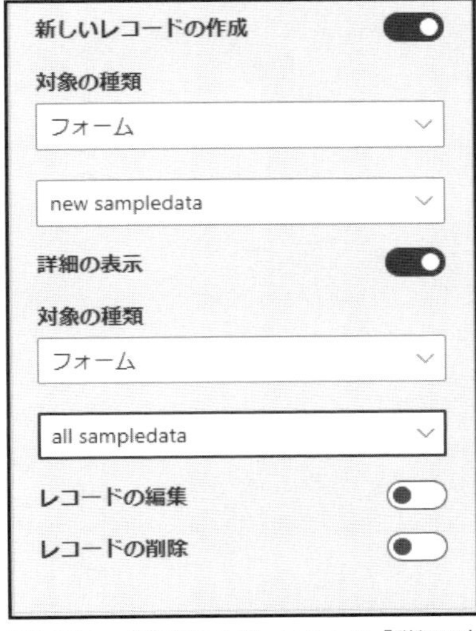

図8-36：一覧取得コンポーネントの「詳細の表示」をONにして設定を行う。

実行して表示を確認

修正できたら「Webサイトの参照」をクリックしてポータルのWebサイトを開き、動作を確認しましょう。sampledataの一覧が表示されている部分が少し変更され、各列の右端に「v」マークが表示されるようになります。これをクリックすると、「詳細の表示」というメニューがポップアップ表示されます。

図8-37：レコードの一覧の「v」をクリックし、「詳細の表示」メニューを選ぶ。

メニューを選ぶと画面にパネルが開かれ、そのレコードの詳細表示が現れます。現時点では表示される内容は一覧リストのときと同じですが、詳細表示のやり方はこれでわかりました。

図8-38：詳細表示のパネルが開かれる。

詳細表示で多数の項目を表示させる

では詳細表示のときに、より多くの項目を表示させるにはどうすればいいのでしょうか？　これはポータルではなく、「フォーム」コンポーネントに設定するフォームレイアウトの問題です。

先ほどのサンプルでは新規作成のときのフォームと同じフォームレイアウトを使っていました。ですから表示される内容も同じものだったのです。より多くの項目を表示するフォームレイアウトを用意しておけば、詳細表示で一覧表示とは異なる表示が行えるようになります。

Power Appsのホーム画面で左側の項目から「データ」内の「テーブル」を選択し、テーブルの一覧リストを表示します。その中から「sampledata」を選択します。

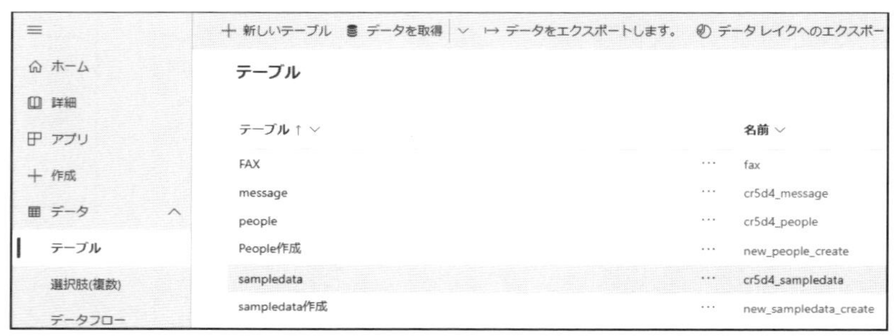

図8-39：「テーブル」から「sampledata」を選ぶ。

sampledataが表示されたら、「フォーム」リンクをクリックしてフォームのリストに表示を切り替えます。ここで新しいフォームを作成します。

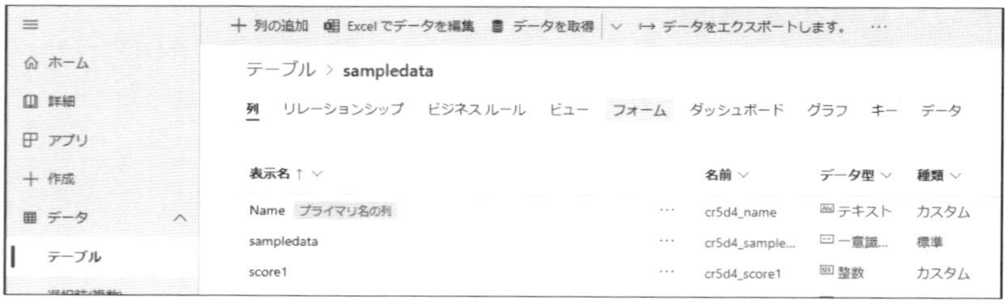

図8-40：「フォーム」をクリックして表示を切り替える。

上部にある「フォームの追加」をクリックし、プルダウンして現れるメニューから「メインフォーム」を選択します。

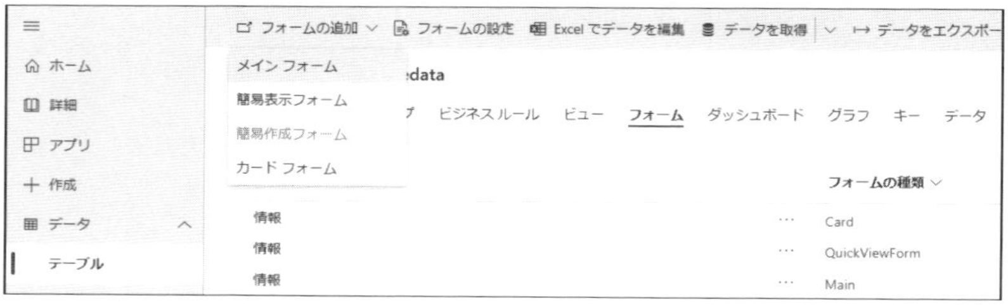

図8-41：「フォームの追加」から「メインフォーム」を選ぶ。

フォームの編集ツールで新しいフォームが開かれます。左端のアイコンから「テーブル列」アイコンをクリックして列のリストを表示し、それらをクリックしてデザイナーに列を追加していきます。

一通り追加したら右上の「保存」ボタンで保存し、「公開」ボタンで公開をしておきましょう。

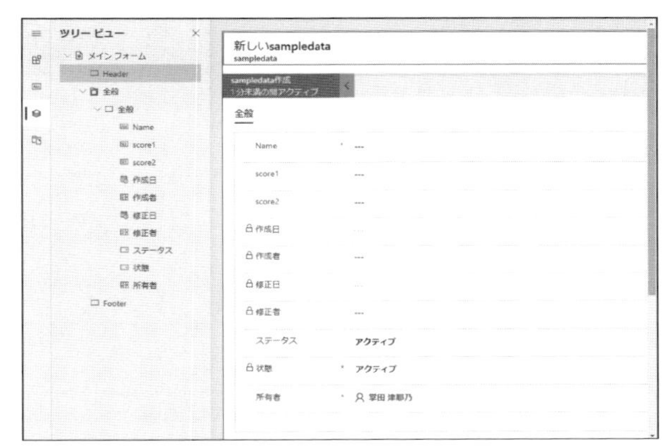

図8-42：新しいフォームで多くの項目を追加する。

フォームのレイアウトが用意できました。あとは先ほどの手順をもう一度繰り返すだけです。Portal Studioで「フォーム」コンポーネントを追加してから属性タブで「新規作成」を選択し、sampledataテーブルと、先ほど新たに作成したフォームを指定します。

こうして作成したフォームを、一覧取得コンポーネントの「詳細の表示」にあるフォームとして指定をします。これで、新たに用意したフォームが詳細表示として使われるようになります。

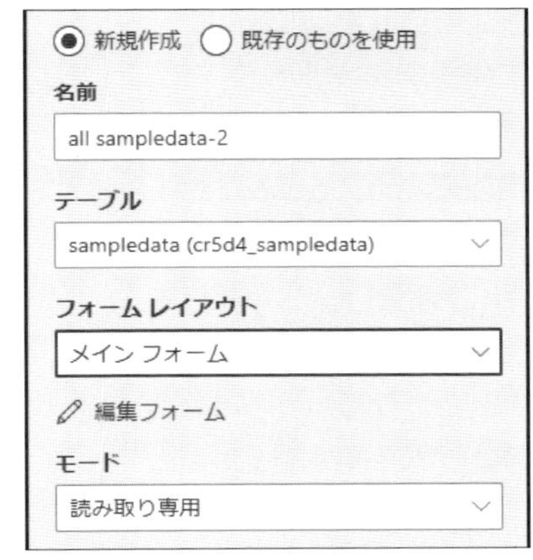

図8-43：フォームの属性で作成したフォームを指定する。

これらの設定ができたら、「Webサイトの参照」でポータルのWebサイトにアクセスして表示を確認しましょう。sampledataのリストの項目から「詳細の表示」メニューを選ぶとパネルが現れ、先ほどのフォームを使って情報を表示するようになります。

図8-44：多数の情報が表示されるようになった。

レコードの編集を行う

続いて、すでにあるレコードの更新です。これもやはりフォームを作成して一覧取得に設定をします。

左端の「コンポーネント」アイコンをクリックして「フォーム」コンポーネントを適当な場所に配置し、属性タブで次のように設定を行いましょう。

新規作成／既存のものを使用	新たに作成するので「新規作成」を選ぶ。
名前	フォームの名前。ここでは「edit sampledata」としておく。
テーブル	ポップアップメニューから「sample data」を選ぶ。
フォームレイアウト	ポップアップメニューから「情報」を選ぶ。
モード	ポップアップメニューから「編集」を選ぶ。

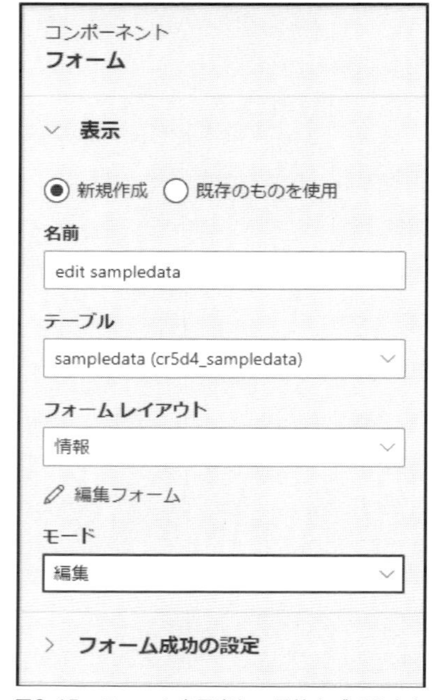

図8-45：フォームを用意し、属性タブで設定をする。

続いて「一覧取得」コンポーネントを選択し、属性タブから「レコードの編集」をONにします。そして下に現れた項目を次のように設定します。

対象の種類	ポップアップメニューから「フォーム」を選ぶ。
下のポップアップメニュー	作成した「edit sampledata」フォームを選ぶ。

設定できたら、配置したフォームは削除してもかまいません。

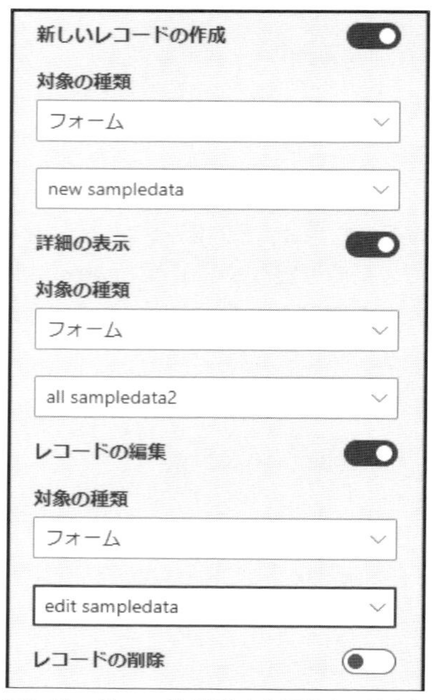

図8-46：「レコードの編集」をONにして設定を行う。

動作を確認する

必要な設定ができたので、動作を確認しましょう。「Webサイトの参照」をクリックしてポータルを実行し、sampledataの一覧を表示させます。その右端の「v」をクリックすると、「編集」という項目がメニューに追加されています（表示されない場合は下のコラムを参照）。

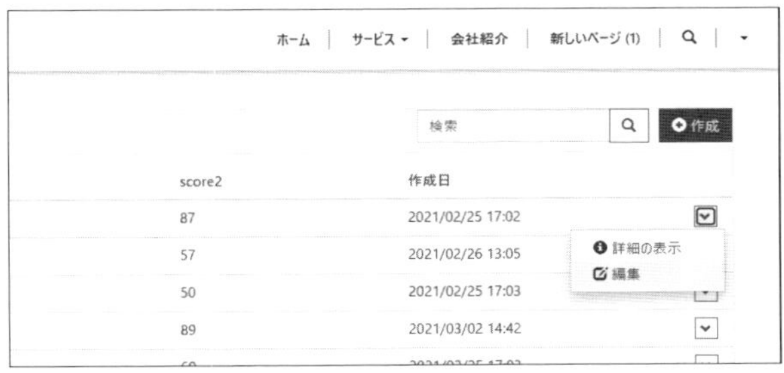

図8-47：「v」をクリックすると「編集」メニューが表示される。

この「編集」メニューを選ぶと画面にパネルが現れ、メニューを選んだ項目の内容がフォームに表示されます。この値を書き換えて送信すればレコードの内容が更新されます。

図8-48：「編集」メニューを選ぶとフォームが現れ編集できるようになる。

「編集」メニューが表示されない！

おそらく、実際に試してみた人は「v」をクリックして現れるところに「編集」メニューが表示されないはずです。これはエンティティのアクセス権が設定されていないためです。レコードの変更や削除など保管されているテーブルの情報を改変するような操作は、アクセス権の設定を行わなければいけません。

アクセス権の設定については後述しますので、ここでは編集と削除の使い方だけ頭に入れておきましょう。のちほどアクセス権の設定を行ったあとで、改めて確認をしてください。

レコードの削除をする

最後はレコードの削除です。フォームは必要ありません。一覧取得の設定だけで追加できます。

配置されている「一覧取得」コンポーネントを選択し、属性タブから「レコードの削除」をONにしてください。これで削除が追加されます。

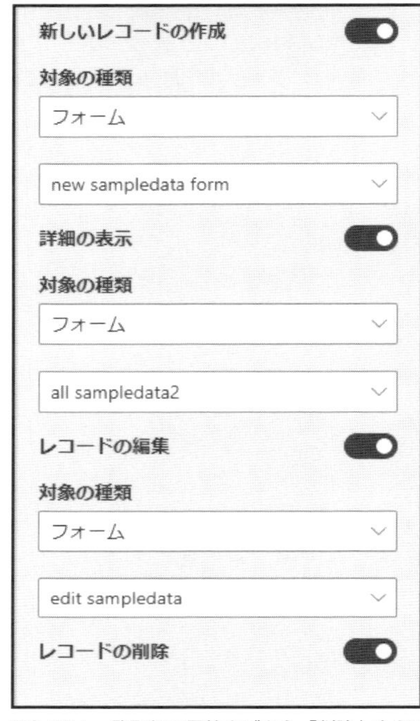

図8-49：一覧取得の属性タブから「削除」をONにする。

削除はこれだけです。「Webサイトの参照」をクリックしてポータルを実行し、sampledataテーブルのレコードにある「v」をクリックしてください。「削除」メニューが追加されています。これを選ぶと画面に確認のアラートが表示され、そこで「削除」ボタンをクリックすればレコードが削除されます（これもアクセス権が設定されていないとメニューが表示されないので注意してください）。

↓

図8-50：レコードの一覧にある「v」から「削除」メニューを選び、アラートで「削除」ボタンをクリックすると削除される。

アクセス権とポータル管理

これでテーブルのCRUDの作成は行えるようになりました。しかし実際にやってみると、編集や削除のメニューが表示されなかったはずです。すでにコラムで触れましたが、アクセス権の問題です。

ポータルにはさまざまな情報にアクセスするためのアクセス権を設定するための仕組みが用意されています。それらを設定することで、ポータル内から必要な情報にアクセスできるようになります。

ポータルのサイト内からテーブルにアクセスできるようにするためには、以下の2つの設定が必要になります。

エンティティのアクセス権	エンティティ（テーブル）でどのような操作を許可するかを指定するもの。
Webロール	Webにアクセスする人のロール（役割、管理者や匿名ユーザーなどの分類）ごとにアクセス権を設定するもの。

この2つの設定を行うことで、必要なテーブルをポータル内から操作できるようになります。

ポータル管理アプリについて

アクセス権の設定は、「ポータル管理」という専用のアプリを使って行います。Power Appsのホーム画面で左側の項目から「アプリ」を選択し、アプリの一覧を表示してください。ポータルを作成すると、そこに「ポータル管理」というアプリが追加されているのがわかるでしょう。アクセス権の設定は、このポータルアプリを起動して行います。

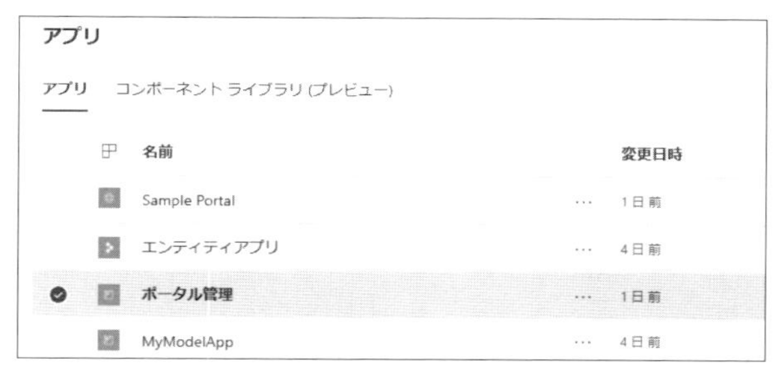

図8-51：「アプリ」画面を見ると、「ポータル管理」というアプリが自動的に追加されているのがわかる。

ポータル管理を起動すると、画面の左側に各種機能の一覧が表示された画面が現れます。ここから項目を選ぶと、その設定内容が右側のエリアに表示されるようになっています。

起動時には「Webサイト」という項目が選択されています。これは、ポータルとして用意されているWebサイトの管理画面です。右側のエリアにはポータルとして作成されているWebサイトの一覧が表示されます。「スターターポータル」という項目が表示されているでしょう。これは「Sample Portal」ポータルのWebサイト名です。

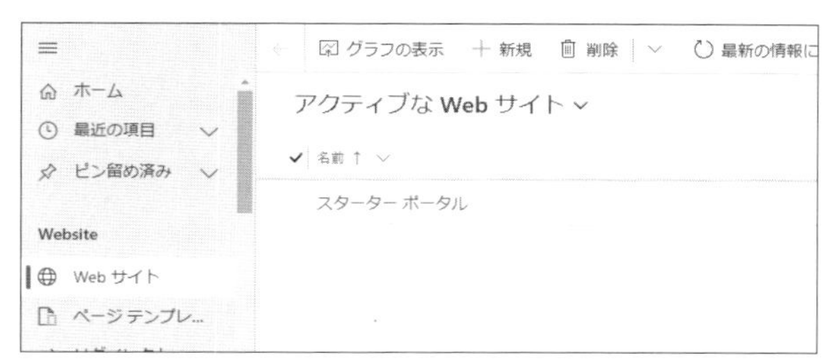

図8-52：ポータル管理アプリの画面。起動時は「Webサイト」が表示されている。

エンティティのアクセス許可

では、左側の一覧から「エンティティのアクセス許可」という項目を探してクリックしてください。一覧の横幅が狭く項目名がちょっとわかりにくいですが、「Security」項目の中にあります。

これを選択すると「アクティブなエンティティのアクセス許可」の一覧が表示されます。もっとも、デフォルトでは何も用意されてはいません。ここにアクセス許可の設定を作成します。

上部にある「新規」という項目をクリックしてください。

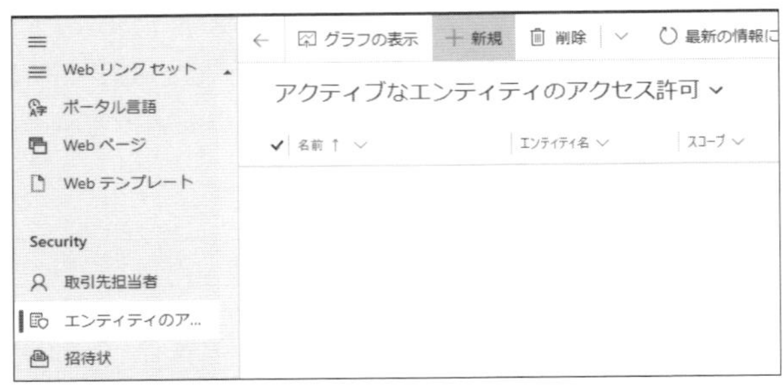

図8-53：「エンティティのアクセス許可」から「新規」をクリックする。

アクセス許可を作成する

「新しいエンティティのアクセス許可」という表示が現れます。ここにある項目でアクセス許可の設定を作成していきます。次のように設定しましょう。

名前	アクセス許可の名前。ここでは「access sampledata」としておく。
エンティティ名	右側のポップアップメニューから「sampledata」を選ぶ。
Webサイト	入力フィールドをクリックして Enter / return キーを押し、現れた「スターターポータル」メニューを選ぶ。
スコープ	「グローバル」を選ぶ。
特権	「読み取り」「書き込み」「作成」「削除」「追加」「追加先」のすべてをONにする。

エンティティのアクセスは「特権」というところにあるチェックボックスで設定します。どのような操作を許可するかを指定するのです。ここではすべての操作を許可するので、すべてをONにしてあります。

設定したら、上部の「上書き保存」または「保存して閉じる」項目をクリックすると保存されます。

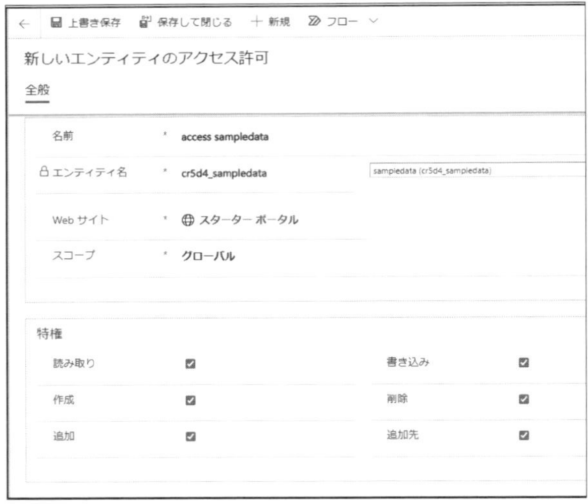

図8-54：アクセス権の設定画面。「特権」でアクセス権を設定する。

Webロールの設定

続いて「Security」にある「Webロール」という項目を選択してください。Webロールとは Web にアクセスする利用者の役割を管理するものです。デフォルトでは「管理者」「匿名ユーザー」「認証されたユーザー」といった項目が用意されています。これらにより、それぞれのユーザーにどのようなアクセス権を割り当てるかを決定します。

図8-55：Webロールの画面。3つのロールが用意されている。

管理者から設定をしましょう。「管理者」をクリックすると、管理者のロールの設定画面が現れます。デフォルトでは「全般」が表示されています。

図8-56：管理者のWebロール設定。

ここから「関連」というリンクをクリックしてください。メニューがポップアップして現れるので、「エンティティのアクセス許可」メニューを選びます。

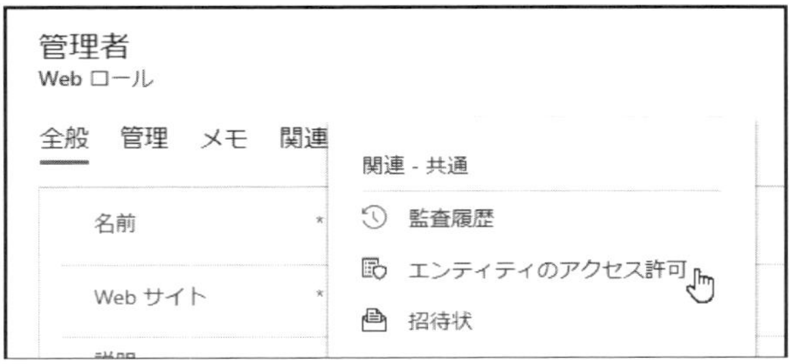

図8-57：「エンティティのアクセス許可」メニューを選ぶ。

エンティティのアクセス許可の一覧が表示されます。ただし、現時点ではまだ何も作成されていません。ここに設定を作成します。

一覧リストの上にある、「既存のエンティティのアクセス許可の追加」というリンクをクリックして作成しましょう。

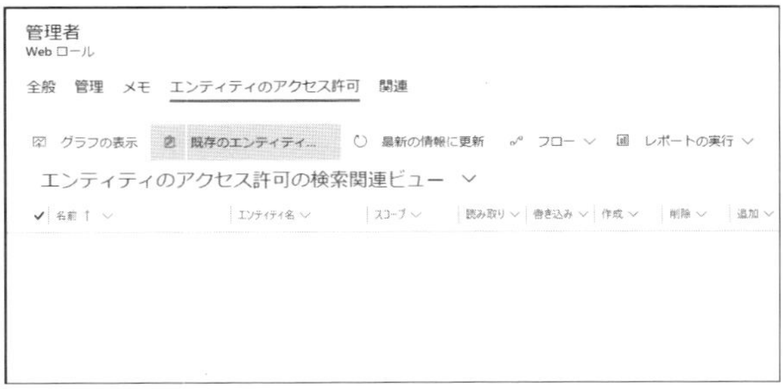

図8-58：エンティティのアクセス許可を作成する。

画面の右端からサイドバーのパネルが現れるので、追加するテーブルを用意します。先に作成した「access sampledata」が表示されるので選択し、「追加」ボタンをクリックします。

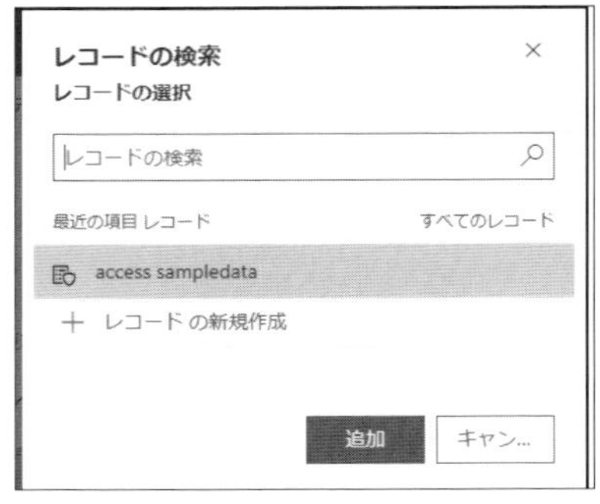

図8-59：「access sampledata」を選択する。

エンティティのアクセス許可に「access sampledata」が追加されます。これで、このアクセス権が管理者に割り当てられるようになりました。

やり方がわかったら、「認証されたユーザー」にも「access sampledata」を割り当ててください（匿名ユーザーには割り当てないでおきます）。

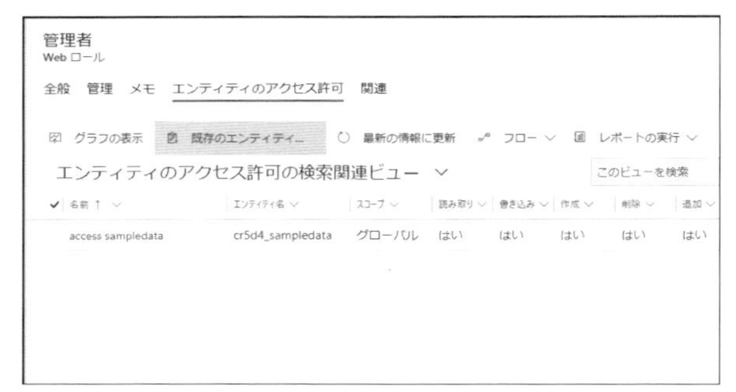

図8-60：「access sampledata」が追加された。

テーブルのアクセス許可を有効にする

これでアクセス権の設定はできましたが、もう1つやるべきことが残っています。それは「一覧取得」コンポーネントの設定です。

デザイナーに配置した一覧取得を選択し、属性タブの一番下にある「設定」というところを展開表示してください。ここに「リストでの検索を有効にする」「テーブルのアクセス許可を有効にする」という項目が表示されます。これらを2つともONにしておきましょう。

これで、用意したアクセス権を使ってテーブルにアクセスできるようになりました。

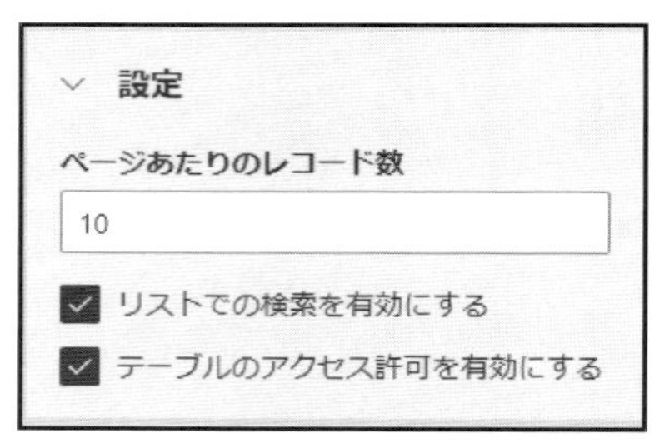

図8-61：一覧取得の設定を変更する。

動作を確認する

　では、ポータルサイトにアクセスして動作を確認しましょう。「Webサイトの参照」をクリックしてポータルのWebサイトを開いてください。

　開かれたポータルサイトを見ると、「これらのレコードを表示するためのアクセス許可がありません。」と表示されるでしょう。匿名ユーザーにアクセス権を設定していないためです。サインインしていないと、このようにデータは表示されません。

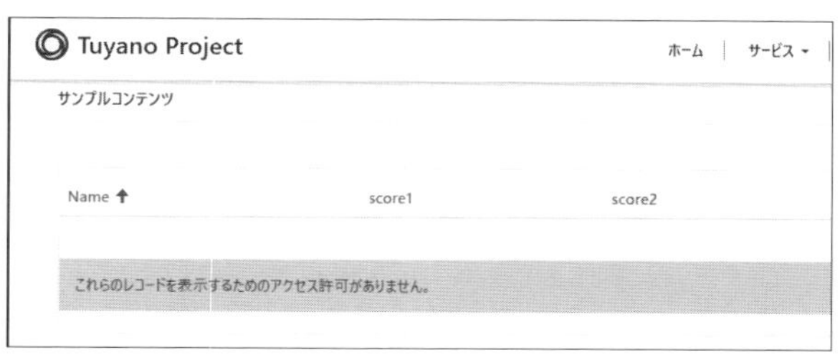

図8-62：初期状態では、レコードは表示されない。

サインインする

　サインインしたユーザーは「認証されたユーザー」のロールで管理されます。ここにはaccess sampledataのアクセス許可設定が追加されていました。つまり、認証ユーザーならばポータルサイトからsampledataにアクセスできるようになります。

　では、画面右上にある「サインイン」をクリックしてください。横幅が狭い場合は「≡」アイコンをクリックすると現れるメニュー内に用意されています。すると、画面にサインインのフォームが現れます。ここからユーザー名とパスワードを入力し「サインイン」ボタンをクリックすればサインインできます。

図8-63：サインイン画面。ここでユーザー名とパスワードを入力する。

アカウントを登録する

　ただし、デフォルトではまだユーザーは登録されていませんから、アカウント登録を行う必要があります。フォーム上部にある「登録」リンクをクリックしてください。

　ここでメールアドレス、アカウント名、パスワード（2ヶ所）を入力して「登録」ボタンをクリックすればアカウントが登録されます。

図8-64：アカウントの登録フォーム。それぞれ入力して「登録」ボタンをクリックすると登録される。

登録されると「プロファイル」というページに移動します。ここで登録されたアカウント情報を入力できるようになっています。もちろん、入力しなくとも問題ありません。こういうアカウントの管理機能がデフォルトで用意されている、ということです。

図8-65：プロファイルにはアカウント情報が用意されている。

認証ユーザーでアクセスする

サインインできたら、上部のヘッダーに表示されているページのリンク（デフォルトでは「新しいページ(1)」）をクリックすると、sampledataのページに移動します。今度は、問題なくすべてのレコードが表示されます。

レコード右端の「v」をクリックすれば、「詳細の表示」「編集」「削除」といったメニューが表示され、使えるようになります。

Tuyano Project　ホーム | サービス | 会社紹介 | 新しいページ (1)

サンプルコンテンツ

検索　作成

Name	score1	score2	作成日
hanako	98	87	2021/02/25 17:02
ichiro	35	57	2021/02/26 13:05
jiro	90	50	2021/02/25 17:03
kumi	67	89	2021/03/02 14:42
mami	48	69	2021/02/25 17:03
rica	81	72	2021/03/02 20:51
sachiko	56	78	2021/02/25 17:02
Taro	75	65	2021/02/25 17:01

詳細の表示　編集　削除

図8-66：サインインするとsampledataのレコードが表示され、編集や削除もできるようになる。

Chapter 8

8.2.

Liquidによるコンテンツの作成

Webページのソースコード

ポータルの画面は基本的にコンポーネントを配置して作成していきますが、これだけでは細かな表示は作れません。コンポーネントにはない表示を作りたいという場合は、Webページのソースコードを直接編集して作ることも可能です。

デザイナーの画面をよく見ると、その右下に「</>」と表示されたマークが見えるでしょう。これはソースコードエディターのアイコンです。クリックするとデザイナーの下部にソースコードエディターが開かれ、Webページのソースコードを直接編集できるようになります。

図8-67：デザイナーの下部にある「</>」をクリックすると、ソースコードエディターが開く。

HTMLの基本コード

Webページのソースコードはどのようになっているのでしょうか？　Webページは一般に「HTML」を使って記述されています。ポータルも例外ではありません。作成したWebページのソースコードを見ると、おそらく次のようなものが書かれていることでしょう。

▼リスト8-1

```
<div class="row sectionBlockLayout" style="display: flex; flex-wrap: wrap; ⏎
  padding: 8px; margin: 0px;">
  <div class="container">
    <div class="col-md-12 columnBlockLayout" style="display: flex; ⏎
      flex-direction: column;">
      <p><b>サンプルコンテンツ</b></p>{% include 'entity_list' key: 'sampledata' %}
    </div>
  </div>
</div>
```

細かな部分はそれぞれの表示内容によって異なっているでしょうが、だいたいこのような形になっているはずです。これをもう少し整理すると、次のようになります。

```
<div class="セクションのクラス（sectionBlockLayout）">
  <div class="コンテナ（container）">
    <div class="列のクラス（columnBlockLayout）">
      ……表示コンテンツ
    </div>
  </div>
</div>
```

セクション用の<div>タグ内に「コンテナ」と呼ばれる<div>タグがあり、その中に「列」レイアウトのための<div>タグがあります。この中に、実際に「列」レイアウト内に表示されるコンポーネントのタグが記述されます。

これらのタグはclass属性の中に必ず用意するクラスというのが決まっています。例えばセクションのタグは、classに「sectionBlockLayout」というクラスが必ず用意されます（というよりsectionBlockLayoutが指定されているタグがセクションのタグとして認識されます）。sectionBlockLayout、container、columnBlockLayoutというクラスがある<div>タグをチェックすれば、それぞれのタグがどのような構造で組み込まれているのかがよくわかるでしょう。

この3つの<div>がポータルのWebページの基本的な構造になります。セクションや列を追加すれば、そのタグが上記の構造の形で追加されていくことになります。この基本構造を守ってソースコードを記述すれば表示が崩れたりすることはありません。

C　O　L　U　M　N

ポータルとBootstrap

ソースコードを見ると、class属性に多くの見慣れない値が設定されているのに気づくでしょう。これらは「Bootstrap」というCSSフレームワークのクラスです。ポータルでは標準でBootstrapをサポートしており、そのクラスを使って基本的な表示を作成しています。
Bootstrapについては本書では特に説明しませんので、別途学習してください。

Liquidについて

デフォルトで記述されているソースコードを見てみると、通常のHTMLとは異なる記述がされている部分に気がつくでしょう。このようなものです。

```
{% include 'entity_list' key: 'sampledata' %}
```

これは、実は「一覧取得」コンポーネントを表示している部分なのです。コンポーネントでは複雑なテーブル表示を行っているのに<table>などのタグは書かれていません。代わりに、{% …… %}という形の記述がされています。

これは「Liquid」と呼ばれるものを使った記述です。LiquidとはPower AppsのWebページ作成用に用意されている簡易テンプレート言語です。Liquidを使うことで、HTML内に特殊な情報を出力させることができるようになります。

Liquidの基本は以下の２種類の特殊な記号です。

{% …… %}	内部に書かれたLiquidの処理を実行する。
{{ …… }}	内部に書かれている値を出力する。

{% %}に必要な処理を記述し、{{ }}に出力内容を記述する。これが基本です。これによりHTML内にさまざまな情報を埋め込み、表示させることができるようになります。

現在の日時を表示する

では、実際に簡単なLiquedのサンプルを書いて動かしてみましょう。ソースコードエディターでclass属性に"columnBlockLayout"と書かれている<div>タグの閉じタグ（</div>タグ）のあとを改行してください。以下の「ここを改行する」という部分です。

```
<div class="row sectionBlockLayout" style="display: flex; flex-wrap: wrap; ↲
  padding: 8px; margin: 0px;">
  <div class="container">
    <div class="col-md-12 columnBlockLayout" style="display: flex; ↲
      flex-direction: column;">
      <p><b> サンプルコンテンツ </b></p>{% include 'entity_list' key: 'sampledata' %}
    </div>
      ↑
    ここを改行する
      ↓
  </div>
</div>
```

そして、改行したところに以下のソースコードを追記してください。

▼リスト8-2

```
<div class="col-md-12 columnBlockLayout">
  <p class="alert alert-info h3">{{ now }}</p>
</div>
```

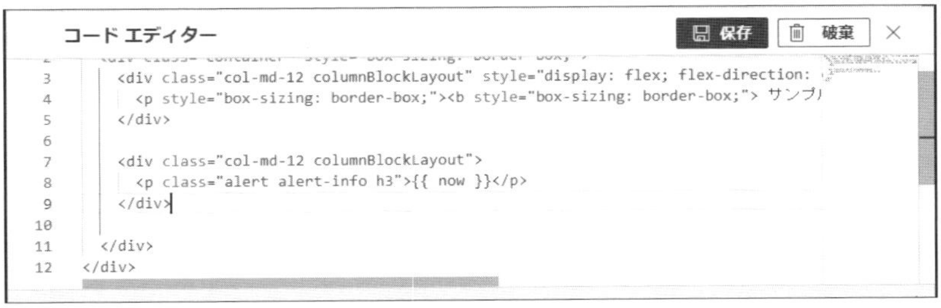

```
コード エディター                                   保存  破棄  ×
3    <div class="col-md-12 columnBlockLayout" style="display: flex; flex-direction:
4      <p style="box-sizing: border-box;"><b style="box-sizing: border-box;"> サンプ
5    </div>
6
7    <div class="col-md-12 columnBlockLayout">
8      <p class="alert alert-info h3">{{ now }}</p>
9    </div>
10
11   </div>
12 </div>
```

図8-68：ソースコードエディターでソースコードを追記する。

　ここではcolumnBlockLayoutクラスの<div>タグ（つまり「列」レイアウトのタグ）を用意し、その中に<p>タグを記述しています。

　この<p>タグの中には{{ now }}というLiquidの記述が用意されています。「now」というのは現在の日時の値を返すオブジェクトです。これはPower Fxの式で使いました。nowオブジェクトを{{ }}で出力していたのですね。

　保存すると、デザイナー部分に現在の日時がプレビュー表示されるようになります。これが追記したソースコードの表示です。こんな具合に自分でソースコードを追加していくことで、独自の表示をWebページに足していけるのです。

図8-69：デザイナーのプレビュー表示で現在の日時が表示されるようになった。

C　O　L　U　M　N

style属性は自動生成される

Liquidのソースコードの中で一番面倒そうなのはstyle属性です。どのタグにも長い値が記述されていますね。「これを全部書くのか」と思うとげんなりすることでしょう。
が、実を言えばclassでsectionBlockLayoutやcolumnBlockLayoutが指定されている<div>では、style属性は保存した際に自動的に生成され割り当てられるようになっています。つまり、これらの長いstyleは書く必要はないのです。書かなくともPower Appsが自動的に設定してくれます。

Webテンプレートについて

　Liquidを利用した表示を行いたい場合はWebページを作成するたびにソースコードを編集し、記述する必要があります。多数のWebページがあって、それらすべてにカスタマイズした表示を追加したい場合、これはけっこう大変です。

　こうしたときのためにPower Appsでは「Webテンプレート」という機能が用意されています。これはWebページで利用できるテンプレート機能です。あらかじめソースコードをWebテンプレートとして登録しておけば、それを読み込んでソースコード内に埋め込み表示させることができます。

Webテンプレートを作成する

Webテンプレートを作成してみましょう。作成は「ポータル管理」アプリを使って行います。Power Appsのホーム画面からポータル管理アプリを起動してください。

ポータル管理には「Webテンプレート」という機能が用意されています。左端のリストから「Webテンプレート」を探し、クリックしてください(「コンテンツ」の一番下にあります)。

選択すると、ポータルに用意されているWebテンプレートの一覧リストが表示されます。ポータルにはデフォルトで多数のWebテンプレートが用意されていたのですね。

図8-70：「Webテンプレート」を選択すると、テンプレートの一覧リストが表示される。

では、Webテンプレートを作成しましょう。上部に見える「新規」項目をクリックしてください。「新しいWebテンプレート」という表示が現れます。ここでWebテンプレートの情報を入力していきます。

「名前」には「now_time」と指定しておきましょう。「Webサイト」は入力フィールドを Enter / return すると項目がポップアップして現れるので、「スターターポータル」を選んでおきます。

その下の「ソースコード」にWebテンプレートの内容を記述します。次のように書いておきましょう。

▼リスト8-3

```
<div class="col-md-12 columnBlockLayout">
  <p class="alert alert-info h4">{{ now }}</p>
</div>
```

記述したら、上部にある「上書き保存」をクリックしてください。これで内容が保存されます。Webテンプレートの作成は、わずかこれだけです。

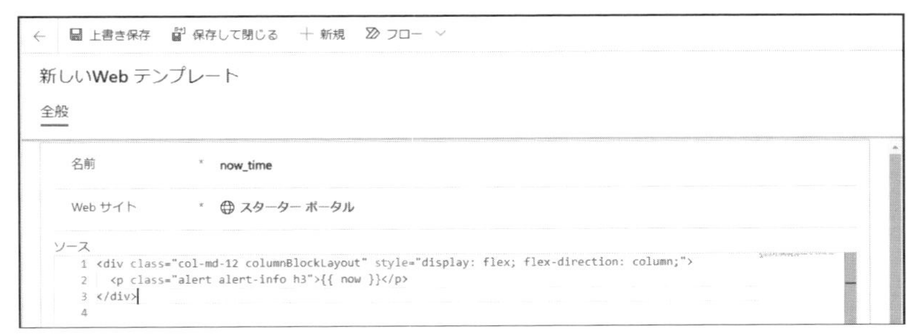

図8-71：Webテンプレートの内容を記述し、保存する。

includeでWebテンプレートを埋め込む

作成したWebテンプレートを使ってみましょう。先ほどのWebページの編集画面に戻ってソースコードエディターを開いてください。そして、{% now %}と書かれていた部分を次のように書き換えましょう。

▼リスト8-4

```
{% include "now_time" %}
```

図8-72：デザイナーにWebテンプレートの表示がされる。

これで、先ほど作成したnow_timeというWebテンプレートが表示されるようになります。Webテンプレートの利用は、このように「include」というものを使って行います。

```
{% include "Webテンプレート名" %}
```

たったこれだけで作成したWebテンプレートをその場にはめ込み、表示させせることができるようになります。

パラメーターの利用

作成したWebテンプレートは決まった形の表示を行うだけでした。表示のスタイルなどをもう少しカスタマイズできるようになれば、さらに便利になりますね。

Webテンプレートでは、パラメーターを使って値を受け渡すことができます。パラメーターというのは、{% include %}でWebテンプレート側に渡す値です。次のような形で記述します。

```
{% include "Webテンプレート" キー：値 キー：値 …… %}
```

パラメーターは「キー」という名前と、それに設定する値で構成されます。例えば「A:100」とすれば、Aというキーに100という値が渡されます。

こうして指定されたパラメーターは、Webテンプレート側ではそのまま変数として利用できるようになります。例えば「A:100」ならばAという変数が用意され、そこに100が保管されるのです。そのまま、例えば {{ A }} とすれば100が出力されるというわけです。

パラメーターを実装する

先ほど作成したnow_timeを修正して、パラメーターを使った表示のカスタマイズが行えるようにしてみましょう。now_timeのソースコードを次のように書き換えてください。

▼リスト8-5

```
<div class="col-md-12 columnBlockLayout">
  <p class="alert alert-{{ type }} h{{ h }}">{{ now }}</p>
</div>
```

図8-73：now_timeのソースコードを修正する。

typeとhという変数を使って表示を行うようになりました。あとは、これらの値をパラメーターで渡すだけです。

Webページの編集画面に戻ってソースコードエディターを開き、先ほど記述した{% include "now_time" %}を次のように書き換えてみましょう。

▼リスト8-6

```
{% include "now_time" type:"danger" h:2 %}
```

図8-74：typeとhパラメーターで背景色とテキストサイズを変更する。

ここではtype:"danger" h:2というようにパラメーターを指定してあります。これで淡い赤色の背景にやや大きめのフォントサイズで現在の日時が表示されるようになります。このように指定すると、now_timeの<p>タグにはclass="alert alert-danger h2"というようにclass属性が設定されるようになります。これにより表示の背景色とフォントサイズが変わったのですね（ここで使われているalertやalert-dangerといったクラスはBootstrapに用意されているものです。詳しくはBootstrapについて学習してください）。

ifによる条件分岐

Liquidには簡単な構文の機能も用意されています。それは「if」というものです。ifはキャンバスアプリで使ったPower Fxにもありましたね。Liquidのifは条件によって異なる表示を行うためのものです。これは次のように記述します。

```
{% if 条件 %}
  ……true時の表示……
{% else %}
  ……false時の表示……
{% endif %}
```

{% if %}はifのあとにチェックする条件の式を指定します。2つの値を比較する形の式になります。Liquidには==, !=, <, <=, >, >=といった演算記号（条件演算子）が用意されています。これらの記号は2つの値を比較し、条件に合致すればtrue、しなければfalseを返します。

条件の式がtrueだった場合、そのあとにあるものをそのまま表示します。falseだった場合は{% else %}以降にあるものを表示します。{% else %}部分は省略することもでき、その場合はfalseだと何も表示されなくなります。

パラメーターで異なる表示をする

ifの簡単な利用例を作成してみましょう。これもnow_timeを修正して使ってみることにします。now_timeのソースコードを次のように書き換えてください。

▼リスト8-7

```
<div class="col-md-12 columnBlockLayout">
{% if flag %}
  <p class="card card-body text-{{ type }} h{{ h }}">{{ now }}</p>
{% else %}
  <p class="alert alert-{{ type }} h{{ h }}">{{ now }}</p>
{% endif %}
</div>
```

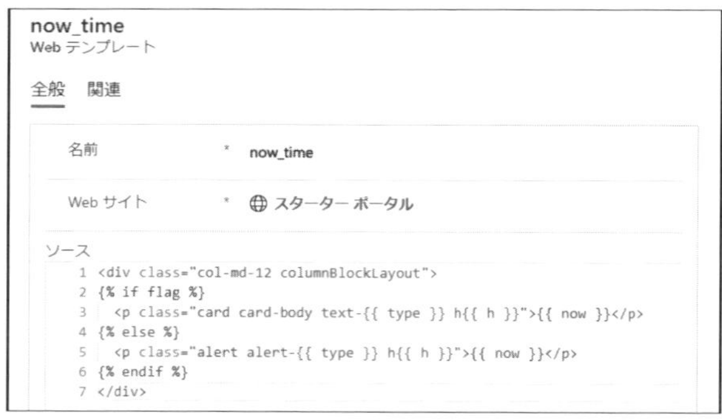

図8-75：now_timeのソースコードを修正する。

ここでは{% if flag %}としてflagという変数をチェックしています。この値がtrueかfalseかによって異なる表示を行うようにしているわけですね。

now_timeの利用を修正しましょう。ポータルのWebページ編集画面に戻り、ソースコードエディターを開いてください。そして{% include "now_time" %}の部分を次のように書き換えます。

▼リスト8-8

```
{% include "now_time" type:"primary" h:4 flag:true %}
```

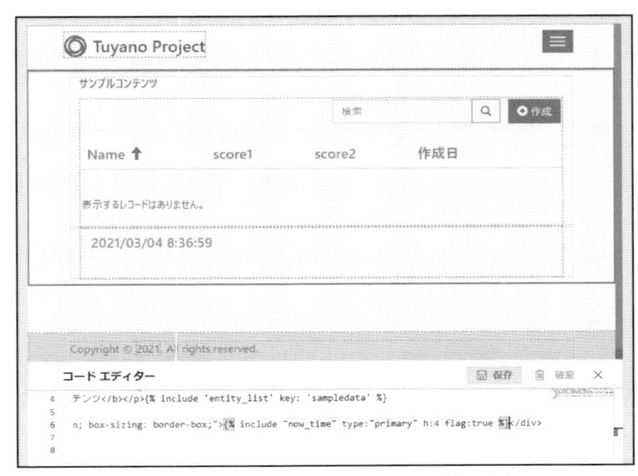

図8-76：flag:trueとした場合、そのままテキストが表示される。

このように修正すると、青いテキストとして現在の日時が表示されます。表示を確認したら、この部分を次のように書き換えてみましょう。

▼リスト8-9

```
{% include "now_time" type:"warning" h:4 flag:false %}
```

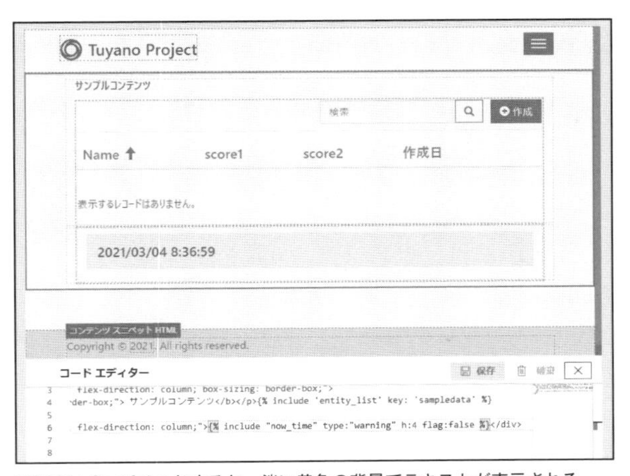

図8-77：flag:falseとすると、淡い黄色の背景でテキストが表示される。

実行すると、今度は淡い黄色の背景で黒いテキストが表示されます。flagの値がtrueかfalseかによって表示が変わることがわかるでしょう。

変数のアサイン

より本格的な表示処理を作りたいと思う人は、「変数は使えないのか？」と考えるかもしれません。ちゃんと用意されています。「assign」というものを使うのです。

```
{% assign 変数 = 値 %}
```

このように実行することで変数を定義することができます。こうして変数を定義し、ifの条件チェックなどに利用することができます。

ただし、Liquidの変数はそれほど便利なものではありません。なぜか？　それは、「演算子がない」からです。Liquidに用意されている演算子は論理演算子と条件演算子だけ。四則演算の演算子などは用意されていません。これでは変数を作ってもあまり役には立ちそうにありませんね。

では、Liquidでは計算は一切行えないのでしょうか？　実をいえば、そういうわけでもないのです。演算子は確かにないのですが、「フィルター」と呼ばれる機能を使って四則演算を行わせることはできるのです。

フィルターについて

フィルターというのは、値に何らかの処理を追加するのに使うものです。これは次のような形で利用されます。

```
{% 値など | フィルター %}
```

例えばテキストをすべて大文字や小文字にして表示したければ、こんな具合に記述すると可能になります。

▼リスト8-10

```
{% assign msg = "This is sample message." %}
<p class="h3">{{ msg | upcase}}</p>
<p  class="h3">{{ msg | downcase}}</p>
```

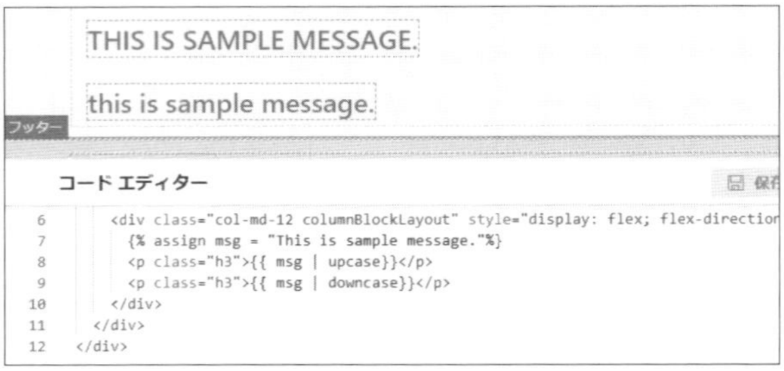

図8-78：テキストをすべて大文字・小文字にする。

こうすると、"This is sample message."というテキストをすべて大文字・小文字にしたものが表示されます。ここでは{{ msg|upcase}}というようにして、upcaseやdowncaseというフィルターを指定しています。これにより、変数msgの値が大文字や小文字に変換処理されたものが表示されていたのです。フィルターを使えば、用意されている値にさまざまな処理を適用して出力させることができます。

演算フィルター

このフィルター機能を利用して四則演算を行わせるための機能が用意されています。次のようなフィルターです。

plus:値	指定の値を加算する。
minus:値	指定の値を減算する。
times:値	指定の値を乗算する。
divided_by:値	指定の値を除算する。

これらのフィルターは引数を持っています。例えば「○○ | plus:1」とすれば、○○に1を足した値が出力されるわけです。正直、かなり面倒くさいですし、複雑な計算をさせるためにはいくつものフィルターを組み合わせなければいけませんが、計算できないことはありません。

では、四則演算を行わせる例を挙げておきましょう。

▼リスト8-11

```
<div class="col-md-12 columnBlockLayout">
  {% assign x = 20 %}
  {% assign y = 4 %}
  {% assign a1 = x | plus:y %}
  {% assign a2 = x | minus:y %}
  {% assign a3 = x | times:y %}
  {% assign a4 = x | divided_by:y %}
  <p class="h3">{{ a1 }}, {{ a2 }}, {{ a3 }}, {{ a4 }}</p>
</div>
```

ここでは変数xとyにそれぞれ20と4を入れておき、それらを元に四則演算の結果をa1 ～ a4に保管して表示しています。四則演算するだけで、これだけ{% assign %}を用意しなければならないわけで、かなり大変なのは確かですね。

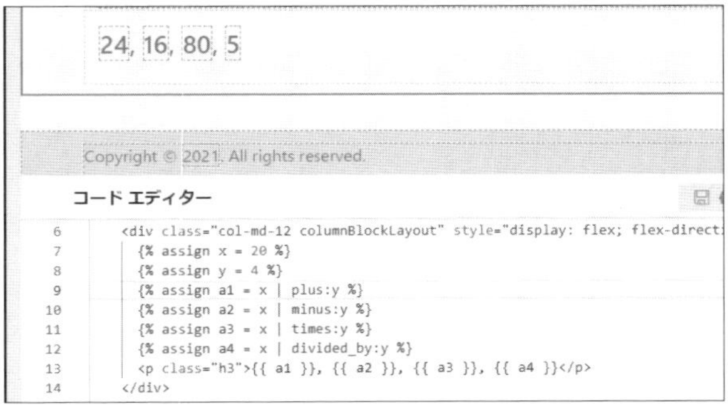

図8-79：20と4を加減乗除した結果を表示する。

このフィルターは1つの{% %}内に連続して記述することもできます。ですから、例えばa, b, cの合計を変数xに入れるという場合はこんな具合に記述できます。

```
{% assign x = a | plus:b | plus:c %}
```

フィルターは手前のもの（左側にあるもの）から順に実行されるため、通常の四則演算のように「掛け算割り算を、足し算引き算より先に計算する」というようなことは行いません。()に相当するものもありませんから、複雑な計算になるといくつかの{% %}に分けて記述する必要があるでしょう。

配列について

assignでは整数やテキストの値だけでなく、「配列」も作ることができます。配列というのは多数の値をひとまとめにして扱う特殊な値です。ただし、これにはちょっとしたテクニックが必要です。

```
{% assign 変数 = "……テキスト……" | split: セパレーター %}
```

「split」というフィルターは、テキストの値をセパレーターで切り分けて配列を作成するものです。セパレーターというのはテキストを分割する際に用いる記号です。例えば「splie: ","」とすれば、テキストをカンマで分割して配列を作成します。「"a,b,c" | split: ","」というようにすれば、"a", "b", "c"という3つの値を持つ配列が作成されます。

作成された配列内の値は変数[番号]という形で番号を指定して取り出すことができます。例えばassignでxという変数に配列を入れたなら、x[0]とすれば最初の値が取り出されます。なお、配列の番号はゼロから始まります。1からではないので注意してください。

forによる繰り返し

配列はその中から1つ1つ値を取り出して利用するよりも、「配列の中の値をすべて処理する」といった使い方をすることが多いでしょう。すべての値を表示する、すべての値を合計する、といった処理ですね。

そのためには「for」というものを使います。これは、配列から順に値を取り出して繰り返し処理を実行するものです。

```
{% for 変数 in 配列 %}
  ……繰り返し実行……
{% endfor %}
```

このようにすることで配列から値を1つずつ取り出しては変数に収め、そのあとの処理を実行していきます。{% for %}から{% endfor %}までの間の部分に配列から取り出した変数を使って処理を用意すれば、すべての値について処理が実行されるわけですね。

配列の値をすべて書き出す

配列とforは実際に試してみないと動作のイメージがつかみにくいかもしれません。ごく簡単な例を挙げておきましょう。配列にいくつかの値を用意し、それをすべて表示させてみます。

▼リスト8-12

```
<div class="col-md-12 columnBlockLayout">
  {% assign d = "apple,orange,banana" | split:"," %}
  <ol>
    {% for n in d %}
    <li class="h4">{{ n }}</li>
    {% endfor %}
  </ol>
</div>
```

これは、配列dに保管されているすべての値を<li>で出力するものです。ここではd = "apple,orange, banana" | split: ","として、"apple"、"orange"、"banana"という3つのテキストを持つ配列dを作成しています。そして、それをforで順に表示させています。dの内容をいろいろと変更して試してみてください。

1. apple
2. orange
3. banana

Copyright © 2021. All rights reserved.

コードエディター

```
6      <div class="col-md-12 columnBlockLayout">
7        {% assign d = "apple,orange,banana" | split:"," %}
8        <ol>
9          {% for n in d %}
10         <li class="h4">{{ n }}</li>
11         {% endfor %}
12       </ol>
13     </div>
14   </div>
15 </div>
```

図8-80：配列の値をすべて表示する。

データの合計を計算する

今度は数値を配列で利用する例も挙げておきましょう。配列に保管されている値すべての合計を計算して表示します。

▼リスト8-13

```
<div class="col-md-12 columnBlockLayout">
  <p class="h3">
    {% assign d = "10,20,30,40,50" | split:"," %}
    {% assign total = 0 %}
    {% for i in d %}
      {{ i }},
      {% assign n = i | integer %}
      {% assign total = total | plus:n %}
    {% endfor %}
    total: {{ total }}
  </p>
</div>
```

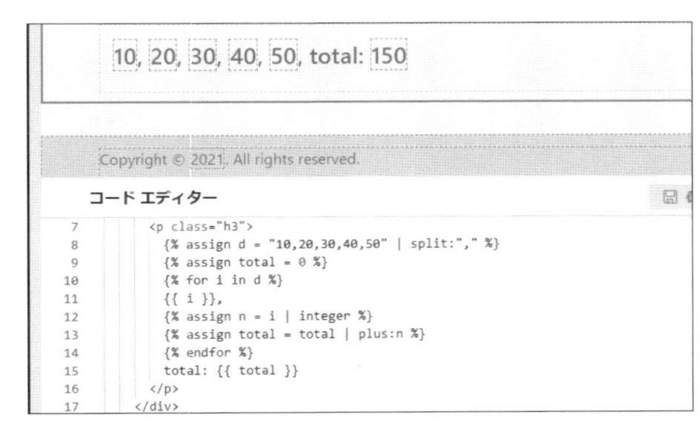

図8-81：配列の値を合計して表示する。

d = "10,20,30,40,50" | split: ","として書く整数の配列を作成しています。そこからforで値を取り出し計算するのですが、計算の前にこういうことをしていますね。

```
{% assign n = i | integer %}
```

この「integer」というフィルターは、値を整数に変換するためのものです。splitで作成した配列は、1つ1つの値はすべてテキストとして保管されています。そこで、このintegerで整数に変換して計算をしているのですね。逆に、値をテキストに変換する「string」というフィルターもあります。

エンティティの表示

もう1つ、forによる繰り返し処理の例を挙げておきましょう。テーブルのレコードを取り出して出力するというサンプルです。

▼リスト8-14

```
<div class="col-md-12 columnBlockLayout">
  {% entitylist name:"sampledata" %}
  Loaded entity list {{ entitylist.adx_name }}.
  {% entityview %}
  <ol>
    {% for n in entityview.records %}
    <li class="h4">{{ n.○○_name }} ({{n.○○_score1}}, {{n.○○_score1}})</li>
    {% endfor %}
  </ol>
  {% endentityview %}
  {% endentitylist %}
</div>
```

（※○○の部分は、それぞれのsampledataテーブルの列に割り当てられたテキストを指定する）

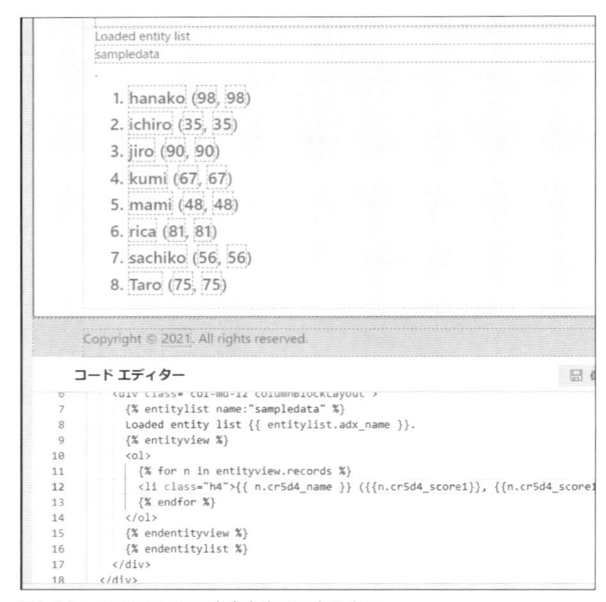

図8-82：sampledataの内容をすべて表示する。

sampledataテーブルの最初のページのレコード内容をすべて書き出していく例です。sampledataのname, score1, score2の値を出力していきます。

テーブルの列には「表示名」と「名前」という2つの名前が用意されていましたね。例えば、nameの列ならば表示名は「name」ですが、名前は「cr5d4_name」などといった具合に「ランダムなテキスト_name」という名前になっています。レコードの値を取り出すときは、表示名ではなく名前のほうを使います。この名前はそれぞれの環境ごとに異なります。自分のsampledataに割り当てられている名前を指定してください。

テーブルからレコードを取り出す

テーブルからレコードを取り出す手順を説明しましょう。いくつかの処理を段階的に実行していく必要があります。基本的な処理の流れを整理すると次のような形になるでしょう。

```
{% entitylist name:"テーブル名" %}
  {% entityview %}
    {% for n in entityview.records %}
      ……レコードの処理……
    {% endfor %}
  {% endentityview %}
{% endentitylist %}
```

いくつものわかりにくい文が並んでいますね。これらの役割について順に説明しておきましょう。

▼テーブルの取得

```
{% entitylist name:"テーブル名" %}
  ……実行内容……
{% endentitylist %}
```

「entitylist」というのはnameで指定した名前のテーブル情報について処理を行うためのものです。2文の間には指定したテーブルに関する処理を記述します。

▼ビューの取得

```
{% entityview %}
  ……実行内容……
{% endentityview %}
```

{% entitylist %}で取得したテーブルのビューを指定します。nameで名前を指定することもできますが、デフォルトで使われるビューを指定するだけなら単に{% entityview %}だけでかまいません。この2文の間に指定したビューで得られる情報に関する処理を記述します。

▼繰り返しレコード処理

```
{% for n in entityview.records %}
  ……実行内容……
{% endfor %}
```

forによる繰り返しですね。entityview.recordsはビューから得られる現在のページのレコード配列が得られます。このentityview.recordsから順にレコードを取り出して処理することができます。

Liquidで利用可能なオブジェクト

ここではentitylistというものからテーブル情報を取り出し、さらにentityviewでビューの情報を取り出しています。entitylistやentityviewはLiquidで利用可能な「オブジェクト」です。

Liquidではポータル内のさまざまな機能や情報を扱うためのオブジェクトがいろいろと用意されています。これらを{% %}内で使うことで各種の操作が行えるようになっているのです。例えば、このような形で記述されていましたね。

```
{% entitylist %}
   ……実行内容……
{% endentitylist %}
```

このように{% オブジェクト %} ~ {% endオブジェクト %}という形で記述することにより、2文の間でentitylistで得られたオブジェクトを扱うことができるようになります。entityviewも同様です。now_timeで利用していた「now」も、実をいえばオブジェクトです。現在の日時を扱うオブジェクトだったのですね。

こんな具合にLiquidにはたくさんのオブジェクトが用意されています。その中にはentitylistのように複雑なものもあり、とてもここですべてを説明することはできません。「覚えておくと便利なオブジェクト」について簡単にまとめておくことにしましょう。

userオブジェクト

fullname	アクセスしているユーザーのフルネーム。
roles	ユーザーのロール(役割)。

userは現在アクセスしているユーザーの情報を扱うオブジェクトです。fullnameとrolesという2つの値が用意されています。

pageオブジェクト

url	ページのURL。
title	ページのタイトル。
parent	このページが含まれているサイトマップ。
children	このページ内にあるサイトマップ。

pageは現在のページに関する情報を扱うオブジェクトです。urlやtitleといった値を持ちます。parentやchildrenはサイトマップでそのページがどこに組み込まれているか、あるいはサイトマップでページ内に配置されているページはどういうものがあるかを扱うものです。これらはpageオブジェクトではなく、サイトマップを扱うsitemapというオブジェクトとして得られます。

sitemapオブジェクト

root	ホームのノード。
current	このサイトマップのノード。

sitemapはpageのparent/childrenで得られるオブジェクトです。これには上記の2つの値が用意されています。

これらの値は「ノード」(node)と呼ばれるオブジェクトが設定されています。ノードには次のような値が用意されています。

sitemap nodeオブジェクト

url	ページのURL。
title	ページのタイトル。
parent	このページが含まれているサイトマップノード。
children	このページ内にあるサイトマップノード。
description	ノードの説明テキスト。

sitemapのrootやcurrentで得られるノードのオブジェクトです。ノードにはparentやchildrenがあり、そこからさらにノードを取り出したりできます。

sitemapとノードは扱い方がよくわからないでしょうから、簡単な例を挙げておきましょう。以下はポータルサイトのトップページ(ホーム)と、その中にあるページの一覧を表示するサンプルです。

▼リスト8-15

```
<div class="col-md-12 columnBlockLayout">
  <p class="h3">{{ sitemap.root.title }}</p>
  <ol>
    {% for ob in sitemap.root.children %}
    <li class="h4">{{ ob.title}}</li>
    {% endfor %}
  </ol>
</div>
```

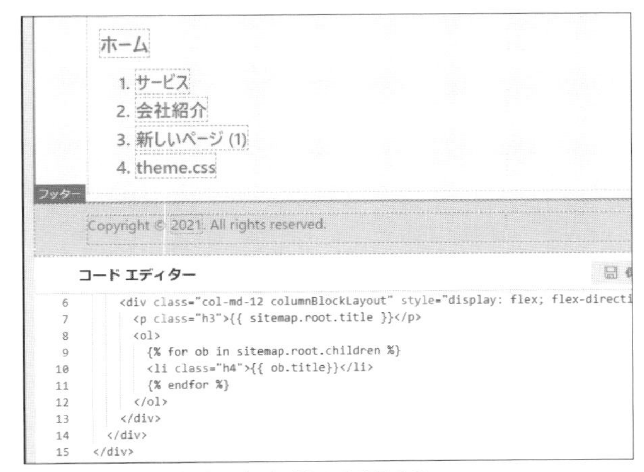

図8-83:ホームと各ページのタイトルを表示する。

「リクエスト」(request)というのはWebブラウザなどのクライアントからサーバーへのアクセスを示す用語で、各種の情報を保持するものとして次のような値が用意されています。

requestオブジェクト

url	リクエストのURL。
host	リクエストのホスト名(ドメイン)。
path	リクエストのパス。
query	リクエストのクエリー。
params	リクエストのパラメーター(配列)。

アクセスするURLは「ドメイン」「パス」「クエリー」といったテキストで構成されています。こんな感じですね。

http:// ドメイン / パス /? クエリー

ドメインがアクセスするサーバーを示し、パスでサーバー内のWebページを、クエリーでページに受け渡す各種情報を指定します。requestではこれらの情報を取り出すことができます。

これもパスやクエリーの使い方がよくわからないでしょうから、簡単なサンプルを挙げておきましょう。

▼リスト8-16

```
<div class="col-md-12 columnBlockLayout">
  <ol>
    {% assign items = request.path | split:"/" %}
    {% for item in items %}
    <li class="h4">{{ item }}</li>
    {% endfor %}
  </ol>
  <ol>
    {% assign items = request.query | split:"&" %}
    {% for item in items %}
    <li class="h4">{{ item }}</li>
    {% endfor %}
  </ol>
</div>
```

図8-84：プレビューでパスとクエリーを分解し、表示する。

request.pathとrequest.queryの値をsplitで分解し、forで繰り返し表示しています。デザイナーではPortal StudioのURLの内容がプレビュー表示されます。

「Webサイトの参照」でポータルサイトを開き、次のような形でアクセスをしてみてください（「アドレス」と「ページのパス」にはそれぞれのポータルサイトに割り当ててあるアドレスと作成したページのパスを指定）。

https:// アドレス .powerappsportals.com/ ページのパス /?id=123&pass=hoge&check=true

実行すると、クエリーのところに「?id=123」「pass=hoge」「check=true」と値が表示されます。クエリーはパスのあとに「?キー=値&キー=値&……」という具合に記述するもので、さまざまな値をアクセスする先に渡すことができます。

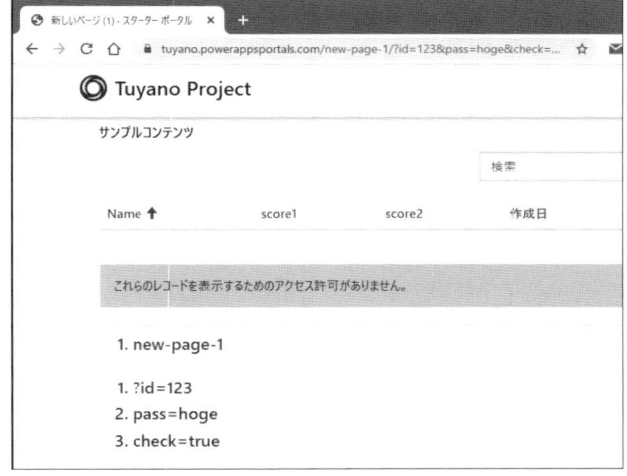

図8-85：アクセスすると、クエリーの情報が表示される。

entityviewオブジェクト

entityviewはすでに使いましたね。recordsでレコードを取得することができましたが、それ以外にもテーブルに関する各種の値が用意されています。

records	現在のページのレコード（配列）。
total_records	全レコード数。
columns	列ビューで得られる列オブジェクト（配列）。
page	現在のページ番号。
page_size	1ページあたりのレコード表示数。
total_pages	全体のページ数。
first_page	最初のページ番号。
last_page	最後のページ番号。
previous_page	前のページ番号。
next_page	次のページ番号。

レコードとページに関する値がいろいろと用意されているのがわかります。これらを使いこなすにはentityviewで「どのページのレコードを取得するか」が重要になります。

これは、「page」という値を用意することで設定できます。{% entityview %}のところで次のように記述するのです。

```
{% entityview page:番号 %}
```

こうすることで指定のページのビューを得ることができます。あとは、そこからrecordsを取り出せばいいのです。

pageの値を変数やパラメーターなどで操作すれば、必要に応じて特定のページのデータを取り出すこともできるようになります。

これも簡単な利用例を挙げておきましょう。クエリーパラメーターを使ってページ番号を指定し、特定のページのレコードを表示します。

▼リスト7-17

```
<div class="col-md-12 columnBlockLayout">
  {% assign pn = request.params["page"] | integer %}
  {% entitylist name:"sampledata" %}
  <p class="h4">Loaded entity list {{ entitylist.adx_name }} (page={{ pn }}).</p>
  {% entityview page:pn page_size:3 %}
  <ol>
    {% for n in entityview.records %}
    <li class="h4">{{ n.〇〇_name }} ({{n.〇〇_score1}}, {{n.〇〇_score1}})</li>
    {% endfor %}
  </ol>
  {% endentityview %}
  {% endentitylist %}
</div>
```

(※〇〇の部分は、それぞれのsampledataテーブルの列に割り当てられたテキストを指定する)

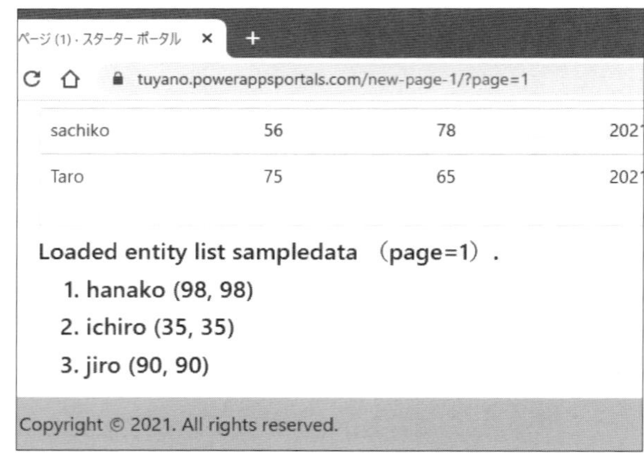

図8-86：URLの終わりに「?page=番号」と付けると、そのページを表示する。

「Webサイトの参照」でポータルサイトを開き、アクセスするアドレスの末尾に「?page=1」と追記してアクセスをしましょう。すると、sampledataの最初の3レコードが表示されます。page=2にすると、4～6個目のレコードが表示されます。最初から3レコードずつページ分けして表示されるようになっているのですね。

最初に、次のようにしてpageの値を取り出しています。

```
{% assign pn = request.params["page"] | integer %}
```

クエリーで送られる値はparamsにまとめられており、params["page"]とすることでpageパラメーターの値を取り出せます。そして取り出した値を元に、entityviewで指定ページを開くのです。

```
{% entityview page:pn page_size:3 %}
```

page:pnとすることで、pn変数のページが得られます。また、page_size:3として1ページあたりのレコード数を3にしておきました。これで、レコードを3つずつページ分けして取り出せるようになります。

C O L U M N

Power Fxについて

2021年3月、マイクロソフト社は「Power Fx」というソフトウェアを発表しました。これはオープンソースのローコードプログラミング言語です。このニュースを耳にして、Power AppsとPower Fxの関係がよくわからなくて混乱した人も多かったことでしょう。

Power Fxというのは、Power Appsで使われている数式の簡易言語をPower Apps以外にも広げようというものです。つまり、「オープンソース化されたPower Appsの数式機能」と考えればよいでしょう。

もともとPower Appsの数式はExcelのセルに記述される数式をベースに設計されていました。Excelのユーザーは世界中にいます。こうした人々がその知識を活かしてローコード開発を行えるようにしよう、というのがPower Fxの基本的な考え方です。

Power Fxにより「Excelの数式」「Power Appsの数式」「その他のローコード環境の数式」がすべて同じ言語で動くようになるかもしれません。マイクロソフト社はこのPower FxをJavaScriptなどのプログラミング言語へも広げたいと考えているようですから、将来的には「数式関係はどの言語でもすべてPower FxでOK」となる可能性もあるでしょう。

今、Power Appsを学んでいる皆さんは、いわば「Power Fxが標準となった世界」を一足先に体験しているのかもしれませんね。

Index

●ま

●ら

掌田津耶乃（しょうだ つやの）

日本初のMac専門月刊誌「Mac+」の頃から主にMac系雑誌に寄稿する。ハイパーカードの登場により「ビギナーのためのプログラミング」に開眼。以後、Mac、Windows、Web、Android、iOSとあらゆるプラットフォームのプログラミングビギナーに向けた書籍を執筆し続ける。

最近の著作本：
「React.js&Next.js超入門 第2版」（秀和システム）
「Vue.js3超入門」（秀和システム）
「Electronではじめるデスクトップアプリケーション開発」（ラトルズ）
「Unity C# ゲームプログラミング入門 2020対応」（秀和システム）
「ブラウザだけで学べる シゴトで役立つやさしいPython入門」（マイナビ）
「Android Jetpackプログラミング」（秀和システム）
「Node.js超入門 第3版」（秀和システム）

著書一覧：
http://www.amazon.co.jp/-/e/B004L5AED8/

ご意見・ご感想：
syoda@tuyano.com

本書のサポートサイト：
http://www.rutles.net/download/518/index.html

装丁　米本　哲
編集　うすや

Power Appsではじめるローコード開発入門 Power Fx対応

2021年5月30日　　初版第1刷発行

著　者　掌田津耶乃
発行者　黒田庸夫
発行所　株式会社ラトルズ
〒115-0055　東京都北区赤羽西4-52-6
電話 03-5901-0220　FAX 03-5901-0221
http://www.rutles.net

印刷・製本　株式会社ルナテック

ISBN978-4-89977-518-8